覆盖型岩溶地区
岩溶岩土工程技术研究

王玉洲　郭纯青　盛连成　田西昭　
朱子仁　张志豪　钱　明　贾贵智　等　著

国家自然科学基金项目：中国西南岩溶区旱涝灾害演变机理及水安全
（41172230／D0213）

桂林理工大学专著出版基金
桂林理工大学环境科学与工程博士学位立项建设基金　　　　　　　　　　联合资助
中国石油工程建设公司

科 学 出 版 社

北　京

内 容 简 介

岩溶发育区可溶岩和已有岩溶洞穴在岩溶作用下易形成地下架空结构，导致地表沉降或地面塌陷等地质灾害的发生。岩溶发育的复杂性、多变性和特殊性，尤其是覆盖型岩溶的隐蔽性和探测方法的局限性，对岩溶区的工程建设造成很大的困扰。本书在前期收集的中石油云南安宁化工项目区域地质资料的基础上，采用综合勘察方法对该场地岩溶进行探测，分析安宁化工项目岩溶发育区溶洞形态及展布特征；采用多种方法对钻遇溶洞进行半定量评价，并结合 FLAC^{3D} 数值模拟进行综合评价，为工程建设提供可靠依据；针对本场地的岩溶发育特点，提出有针对性的岩溶地基处理措施及运营期地基稳定性监测方法；为解决数值建模的复杂性，编制了快速建模软件，为今后做类似的岩溶洞穴稳定性评价提供便利。

本书可供水文地质、岩土工程、勘查技术、计算机工程和地质灾害防治等相关领域的科研人员及高校师生阅读参考。

图书在版编目（CIP）数据

覆盖型岩溶地区岩溶岩土工程技术研究／王玉洲等著 . —北京：科学出版社，2017.3

　　ISBN 978-7-03-051832-3

Ⅰ. ①覆… Ⅱ. ①王… Ⅲ. ①岩溶区–岩土工程–工程技术–研究 Ⅳ. ①TU4

中国版本图书馆 CIP 数据核字（2017）第 032607 号

责任编辑：王 运／责任校对：何艳萍 张小霞
责任印制：徐晓晨／封面设计：铭轩堂

科学出版社 出版
北京东黄城根北街 16 号
邮政编码：100717
http://www.sciencep.com

北京建宏印刷有限公司 印刷
科学出版社发行 各地新华书店经销
*
2017 年 3 月第 一 版　开本：787×1092　1/16
2018 年 4 月第二次印刷　印张：24 1/4
字数：575 000
定价：679.00 元
（如有印装质量问题，我社负责调换）

作者名单

王玉洲　　郭纯青　　盛连成　　田西昭

朱子仁　　张志豪　　钱　明　　贾贵智

胡君春　　方浩亮　　张德永　　李荣先

刘小明　　李志宇　　王　良　　张庚成

马永峰　　田月明　　郗启超　　杨　军

王经国　　张国明　　马丙太　　李红超

龙西亭

前　　言

云南省安宁市新建一大型化工项目，该区域处于岩溶发育区，大规模岩溶作用形成了地下架空结构，破坏了岩体完整性，降低了岩体强度，增加了岩石渗透性，这种由岩溶作用所形成的复杂地基常常会导致下伏溶洞顶板坍塌、土洞发育的地面大规模塌陷、岩溶地下水突水、地基不均匀沉降等，将对工程建设产生严重危害。地下发育的大规模溶洞群对拟建建筑物的安全和稳定构成严重威胁，是项目建设面临的最主要的工程地质问题。

该场地岩溶上覆 8m 以上的第四纪覆盖层，为覆盖型岩溶发育区。覆盖型岩溶不同于裸露型岩溶，上覆地层给岩溶的探测、评价和治理带来很大困难。为确保项目建设的安全性，笔者在进行广泛、深入调研的基础上，从工程勘察、设计和治理三方面对该项目岩溶发育区内岩溶的发育程度、分布规律、稳定性评价、治理方案设计、治理工艺、基础选型、地下水模拟等进行研究，形成一套针对覆盖型岩溶的勘察、设计和治理体系，并将收集和研究的成果编订成册，为在此类地基上进行工程建设的同仁提供借鉴。

第 1 章在广泛搜集资料的基础上总结国内外岩溶方向的研究历史和现状，并提出针对覆盖型岩溶地基的研究方法。第 2 章和第 3 章从地形地貌、区域地质条件、区域构造、区域水文条件总结区域及项目周边岩溶发育的现状。第 4 章为覆盖型岩溶范围及溶洞形态探测方法研究，总结提出三阶段覆盖型岩溶综合勘察方法，逐一采用超声波测试、地质雷达、高密度电法、地震映像法与钻探验证结果进行比较，以经济性和适用性为原则最终确定以高密度电法为主，辅以地震映像法进行岩溶发育范围探测；采用 10m×10m 方格网布置钻孔与电磁波 CT 结合，探测溶洞形态。结合钻探成果，查明岩溶发育规模、埋深、顶板完整性、充填物性质及充填程度等。第 5 章和第 6 章根据综合勘察结果，划分七个研究分区；从岩溶发育的一般规律、水平和垂向规律及溶洞的充填物分布规律三个方面进行研究；结合场地周围地质条件，从地形地貌、地层岩性、岩溶化程度、地质构造、气象水文等多个方面进行岩溶发育影响因素研究。第 7 章为溶洞稳定性评价方法研究，选择工程常用的顶板抗弯强度评价硐室稳定法、顶板抗剪强度评价硐室稳定法、塌落拱理论法、类比法、单跨梁模型法和板梁模型法等六种半定量评价方法，对溶洞的稳定性进行评价。进行覆盖型岩溶地区复杂溶洞形态的三维快速建模研究，开发快速建模软件一套；根据不同的溶洞形态，将发现的溶洞模型进行多种类型概化，结合不同的基础形式，进行溶洞稳定性评价，并与半定量方法进行比较。第 8 章和第 9 章为基础形式和岩溶治理方法研究，根据不同的岩溶发育程度、上部荷载大小及装置重要性，确定基础形式；根据场地情况，进行多种治理方法的适用性研究和评价，确定治理方法。第 10 章为场地地下水模拟研究，根据地层渗透性条件，对含水层和场地边界进行概化，结合抽水、压水试验利用 FEFLOW 软件进行水库水位变化、降雨等多种不利工况下的模拟，研究不同装置区的抗浮设防警戒水位。第 11 章详细介绍覆盖型岩溶快速建模软件的原理和编写过程。

　　中国是世界上岩溶最发育的国家之一，由岩溶塌陷引起的工程事故频发，造成了大量的财产损失。目前，岩溶区的工程建设项目越来越多，岩溶地基的稳定直接关系到工程建设的可行性、工程造价及工程运营的安全性。开展覆盖型岩溶地区岩溶岩土工程技术研究，不仅对该项目预防和治理岩溶塌陷具有指导作用，而且对其他岩溶地区大型工程的岩溶塌陷防治工作也有重要的理论意义和应用价值。

郭纯青

2016 年 5 月

目　　录

第1章 绪 论

云南安宁化工项目位于云南省安宁市草铺镇南约4km，东距安宁市主城区约16km（图1-1）。项目主要包括厂内和厂外工程两大部分：厂内工程包括化工工艺装置（共有18

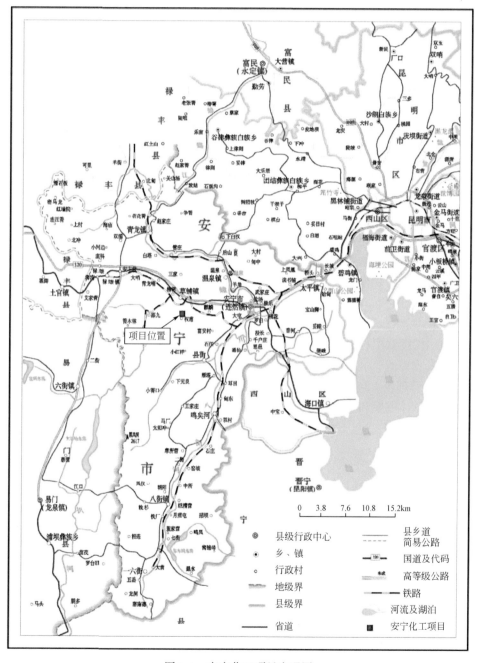

图 1-1 安宁化工项目交通图

个装置区）以及相应的储运、公用工程及辅助设施等；厂外工程包括供电线路、给水设施、排水设施、道路及防护工程、铁路、危险废物填埋场、倒班公寓等，占地面积为2.1km²。

1.1 研究背景及研究意义

1.1.1 研究背景

根据区域资料，云南安宁化工项目区域内分布着泥盆纪和寒武纪的白云岩等可溶性岩层，且其间发育有溶洞。不同形态、不同规模的溶洞在岩溶作用下可能会形成大规模地下架空结构，破坏岩体完整性，降低岩体强度，增加岩石渗透性，致使下伏溶洞顶板坍塌，以及岩溶地下水突水、突泥和涌砂，地基不均匀沉降等不良地质作用，对工程建设产生严重危害。为了确定可行的、有效的和先进的岩土工程勘察方法、稳定性评价体系以及岩溶治理方案，确保工程的安全，开展了"云南安宁化工项目岩溶岩土工程勘察技术研究"课题研究工作。

安宁化工项目总平面（图1-2）布置方案中包括生产装置区、铁路装卸区、汽车装车区、辅助生产区、行政管理区及火炬。

（1）生产装置区。包括各种化工装置。

（2）铁路装卸区。包括成品装车栈桥，液化气、芳烃装车栈桥，普洗、特洗设施，硫黄、聚丙烯固体产品装车站台，动力站燃料煤卸车站台。

（3）汽车装车区。包括成品及液化气装车台。

（4）辅助生产区。包括循环水场、全厂性仓库、氮气站、压缩空气站、全厂总变电所、消防站、检维修中心、环境保护监测站、中央化验室、中央控制室、动力站、消防加压泵站、雨水收集池、事故水池及污水处理场。

（5）行政管理区。包括综合办公楼、倒班公寓、职工食堂等。

根据工艺总体方案和工厂总平面布置方案，安宁化工项目主要建筑工程总建筑面积约18万m²（图1-2）。

1.1.2 研究意义

覆盖型岩溶地区岩溶岩土工程技术研究对于安宁化工项目的工程安全至关重要，是确保该项目地基稳定的关键环节，有着重要的现实意义。

在岩溶水文系统中，有多种岩溶地表形态与岩溶地下含水介质类型及其组合，具时空展布的多样性，并构成岩溶水文过程的复杂与多变性[1]。岩溶洞穴埋藏于地下，其形态、大小、规模、各溶洞间的连通程度、溶洞分布规律难以查清[2]。尽管国内外针对岩溶洞穴

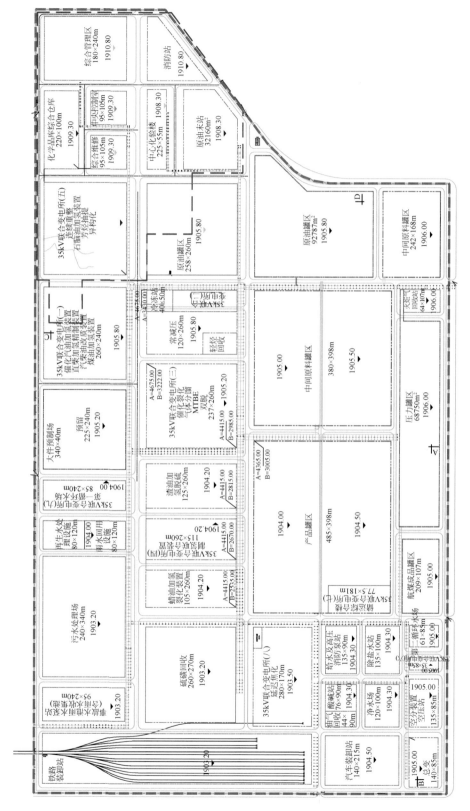

图1-2 安宁化项目工程布置平面图

稳定性问题开展大量的研究工作并取得一定进展，但由于岩溶洞穴系统发育的复杂性，目前在这方面仍有许多根本问题没有解决。现有的岩土力学理论在评价复杂岩溶洞穴稳定性时仍存在着明显的局限性，严重制约了许多重大工程问题的有效解决。

目前，岩溶溶洞顶板稳定性研究主要集中在理论评价阶段，研究整体水平尚处于初级阶段。因此，查清岩溶发育强度及分布规律，寻求行之有效的岩土工程勘察、评价和治理方法，具有重大的理论意义和现实价值。

1.2　国内外研究概况

1.2.1　溶洞稳定性研究现状

自从 1973 年首次在联邦德国举行"岩溶塌陷与沉陷：与可溶岩有关的工程地质问题"国际讨论会以来，溶洞稳定性问题备受国内外专家、学者和工程技术人员的重视，并在研究中取得一定的成果。例如中国工程院院士卢耀如 1999 年出版《岩溶水文地质环境演化与工程效应研究》一书，从岩溶水文地质环境宏观地质背景演化和区域性特征进行对比研究，重点对开发地区岩溶水文地质环境基本特征与工程效应进行研究[3]。George Sowers 在 1996 年编写了 *Building on Sinkholes：Design and Construction of Foundations in Karst Terrain*《塌陷上的建筑物——岩溶区的基础设计与施工》一书，对岩溶塌陷的机理和防治问题作了全面介绍。Tony Waltham 等在 2004 年组织了来自各国的 20 多位专家和学者编写 *Sinkholes and Subsidence：Karst and Cavernous Rocks in Engineering and Construction*《塌陷与沉陷——工程与建设中的岩溶和洞穴岩体问题》一书，对工程活动中岩溶隐患的处置问题作了系统介绍[4,5]。2008 年 2 月 11 日，世界岩溶研究中心在桂林成立，它成为我国首个在联合国授权下设立的并以地质为中心的世界研究机构。

岩溶洞穴稳定性评价的结果对工程设计方案、施工方法有很好的指导作用，直接或间接地影响到工程的投资成本、施工和后期使用的质量及安全[6]。岩溶区溶洞稳定性关乎工程建设安全，是工程建设中必须解决的一大难题，多年来一直受各界专家、学者和工程技术人员的重视，经过长期的理论探索和工程实践，国内在岩溶塌陷形成机制、溶洞稳定性评价、地基沉降预测以及溶洞综合治理等方面取得了一定的成绩（表 1-1）。

表 1-1　部分学者对溶洞稳定性评价的研究现状[7-26]

研究者	年份	研究成果
何宇彬	1993	认为岩溶塌陷的主要原因是岩溶水动力条件
代群力	1994	将岩溶塌陷的机理归纳为：潜蚀论、共振论、真空吸蚀论、重力论、高压冲爆论、液化论和化学溶蚀论等
王建秀	1999	建立了 4 种宏观的概念模型，用以分析铁路下岩溶塌陷的本质成因
陈学军	2001	基于 GIS 的空间数据管理、分析处理和建模技术对岩溶塌陷的潜在危险进行评价
程星	2002	依据工程实例建立盖层地质概化模型并对其稳定性进行了评价

研究者	年份	研究成果
王年生	2006	认为自然因素和抽水因素是岩溶塌陷的主导因素，其中，自然因素决定了岩溶塌陷，抽水因素加速了岩溶塌陷
胡亚波	2007	基于岩溶塌陷坑的三维形态特征及其形成机理，利用物理模型研究和数值模拟研究相结合，综合分析，揭示了复合型岩溶塌陷坑的形成机理
苏欧	2007	针对昆明小哨机场建筑场地面积大、岩溶发育情况复杂的特点，对研究区岩溶发育特征进行分析和总结，并利用科学计算对拟建机场填方区岩溶稳定性进行定量评价
付博	2008	分别采用定性分析、半定量分析及数值模拟分析三种方法对昆明小哨机场拟建航站楼的地下溶洞稳定性进行研究评价，分析研究区内岩溶地基在桩基荷载作用下的稳定性状况，并提出溶洞治理措施
张敏	2009	结合昆明小哨机场野外调查资料和研究区工程地质勘察资料，基于岩溶塌陷机理，建立了相应的数学模型，设计综合单因素叠置分析和动态加权评价相结合的岩溶塌陷预警评价方法
陈海旭	2011	提出在对岩溶地基稳定性进行评价时，除了考虑围岩的物理力学性质外，还要了解工程场地的岩溶发育情况、结构面的特征、溶洞形态、上覆荷载及其他人为因素等；它们都是岩溶地基稳定性评价的重要依据，对于岩溶地基稳定性的影响各不相同
张永杰	2011	利用二级模糊评判模型，对岩溶公路路基稳定性进行分析，并建立了岩溶路基稳定性区间模糊评判的分析方法
周伟	2012	作者对澧水特大桥的地质条件进行岩溶地基稳定性定性评价，再结合理论公式进行定量评价综合分析，最后提出岩溶注浆治理措施
黄伟	2012	对某变电站站址进行了岩溶地基稳定性评价，分析总结评价方法及其适用范围
龙艳魁	2012	结合长沙地铁线工程岩溶发育特点，采用定性和定量进行岩溶稳定性分析评价，得出工程内车站和区间隧道场地岩溶稳定性情况。根据岩溶稳定性评价结果，提出开挖回填、压力注浆，结构物跨越等处理手段对场区内不同岩溶进行处理
林智勇	2013	评价多个因子对椭球状溶洞上路基稳定性影响，提出综合采用稳定安全系数及潜在破坏面作为评价溶洞路基稳定性依据是可行的
唐国东	2013	在分析串珠状溶洞区桩侧及桩身受力特点基础上，分别导得桩周土处于弹性、部分塑性以及完全塑性三个阶段时的桩基沉降计算公式，并基于 FLAC³ᴰ 有限差分计算程序，建立出单桩穿越多个溶洞时简化的三维数值分析模型，并通过改变参数进行对比分析，获得了桩基所穿过的溶洞的数量、溶洞高度、溶洞半径以及溶洞间竖向相对距离等相关因素对桩身沉降的影响规律
李毅军	2015	结合湖南衡桂高速公路建设工程中的岩溶发育特点，采用定性和半定量的岩溶稳定性分析方法对岩溶地基的溶洞进行稳定性分析；通过 FLAC³ᴰ 有限差分软件数值模拟分析方法对研究区内溶洞在不同顶板厚度和跨度情况下位移和应力进行模拟
陈磊鑫	2015	通过现场大比例尺工程地质测绘、物探、钻探、岩土体物理力学实验、半定量分析、FLAC³ᴰ 数值模拟、基于 GIS 的危险性评价等，系统研究工程场区岩溶发育特征、分布规律、发育机制及岩溶地基的稳定性及岩溶塌陷的风险性，探索了地理信息系统对岩溶塌陷的预测效果
曾艺	2015	以 FLAC³ᴰ 数值软件为基础，建立了隐伏溶腔分别位于隧道顶部、底部以及侧部时三种数值计算模型，并将溶腔内水压力简化为法向应力。根据水压力以及位移增长曲线可以判断出岩盘发生破坏的临界水压力，进而得出水压力和岩盘安全厚度之间的关系曲线
刘波	2016	结合 3DEC 离散元程序及等效岩体技术，建立基于 DFN-DEM 耦合的等效岩体模型，构建出多尺度等效节理岩体计算模型，进行等效节理岩体力学参数尺寸效应与各向异性研究；提出了基于 Morris 全局敏感性分析的静荷载下隧道下伏溶洞顶板安全厚度 BP 神经网络建模方法，为实现对隧道下伏溶洞顶板安全厚度确定提供了量化依据

尽管许多学者对溶洞顶板稳定性研究做了大量工作，但目前对溶洞稳定性研究主要还是集中在理论评价方法上，室内物理模型和现场工程的研究并不算多，加之岩溶洞穴的展布具有特殊性和复杂性，以及岩溶发育规律的多变性，尤其是大规模隐伏溶洞群在岩溶水动力作用下，受岩溶场地勘察及测试水平的制约，若想得出一个合理、可行的评价结果，仍需要进行更深入的研究和大量的工程实践工作。

1.2.2 溶洞稳定性研究进展

溶洞稳定性问题实质就是溶洞顶板稳定性问题，包括溶洞顶板塌陷研究和溶洞对地基稳定性影响研究等。目前，对岩溶洞穴稳定性评价研究有了较大进展，其评价方法经历了从定性分析—半定量分析—定量分析的过程[27]。

1.2.2.1 定性分析

定性分析是利用已收集到的工程实测记录，建立集工程地质、岩土物理力学指标、物探测试、地基稳定性评价和岩溶处理方法于一身的经验评价方法，通过初步勘察、简单的岩土物理力学测试，对岩溶工程地质及地基稳定性作出快速定性评价[24]。定性分析是一种经验对照法，仅适合简单且非重要项目（表1-2）。

表1-2 溶洞稳定性定性分析方法

影响因素	对稳定有利	对稳定不利
岩性及厚度	厚层块状、强度高的岩石	泥质岩、白云质灰岩、薄层状有互层且岩性软化
裂隙状况	无断裂、裂隙不发育或胶结好	有断层通过、裂隙发育、岩体被两组以上裂隙切割、裂隙张开、岩体呈平砌状
岩体产状	走向与洞轴正交或斜交、倾角平缓	走向与洞轴平行、陡倾角
洞穴形态及埋藏条件	洞径小与基础尺寸相比、呈竖向延伸井状、单体分布、埋藏深	洞径大、扁平状、复体相连、埋藏浅、在基底附近
顶板情况	顶板岩层厚度与洞径比值大，顶板呈板状或拱状、可见钙质沉积	顶板岩层厚度与洞径比值小、有悬挂岩体、被裂隙切割且未胶结
充填情况	为密实沉积物填满且无水冲蚀的可能	未充填或半充填、水流冲蚀充填物，洞中见有近期塌落物
地下水	无	有水流或间歇性水流、流速大、有承压性

1.2.2.2 半定量分析

半定量分析法主要是对溶洞顶板的安全临界厚度和溶洞距离地基的安全临界距离进行计算，包括结构力学近似分析法、散体理论分析法、试验测试法等（表1-3）。

表 1-3　溶洞稳定性半定量分析方法及主要特点[28-31]

分析评价方法		主要特点
结构力学近似分析法	顶板抗弯强度评价硐室稳定法	计算顶板抗弯厚度，考虑均布荷载及单个洞体形态特征
	顶板抗剪强度评价硐室稳定法	计算顶板抗剪厚度，考虑均布荷载及单个洞体形态特征
	单跨梁模型	当顶板岩层比较完整时，将溶洞围岩视为结构自承重体系，根据洞体形态、完整程度、裂隙情况进行内力分析，求得 H
散体理论分析法	塌落拱理论法	根据一些矿山坑道多年观测和松散体介质中的模型试验得出，当顶板岩体被裂隙切割成块状岩体或碎块状时，可认为顶板将成拱状塌落，其上的荷载及岩体重量则由拱自身承担
	坍塌填塞法	该方法认为洞顶坍塌后，塌落体体积增大，当塌落到一定高度时，洞体自行填满，无需考虑其对地基的影响，塌落高度再加适当的安全系数，便为顶板安全厚度
	经验公式法	该方法认为洞顶坍塌形成空洞，引起围岩强度降低，围岩应力重分布及空洞应力释放，形成松弛带，具有平衡拱作用，再据经验公式计算。考虑荷载及围岩类别
	坍塌平衡法	据坍塌体平衡条件导出公式，计算为此坍塌平衡的最小厚度。考虑散体内摩擦角、黏聚力、容重等
试验测试法法	电阻应变片测试法	对已查明的浅层洞体沿纵横洞轴方向贴设电阻应变片及布置挠度测量，在加荷过程中追踪测量。根据测得的最大应力与岩体抗剪强度对比，若后者大于前者的 5~10 倍，则认为岩溶洞体的顶板是可靠的
	载荷试验法	在有代表性的浅层洞体上通过试验了解在特定条件下洞体的变形特征、破坏形式和顺序。此外，通过试验可以反求顶板岩体参数，建立它与岩样强度指标、岩体纵波速度等的相关性，借此评价其他洞体的稳定性
类比法		该法常用于稳定围岩。根据近似的水平投影跨度 L 和顶部最薄处厚度 h，求出厚跨比 h/L，作为安全厚度评价依据，不考虑顶板形态、荷载大小和性质
荷载传递线交汇法		对于完整的水平顶板参照桥梁设计规范，假定荷载 30°~50° 扩散角向下传递，此传递线交于顶板与洞壁的交点以外时，即认为溶洞壁直接支承顶板上的外荷与自重，顶板是安全的

1.2.2.3　定量分析

现代探测技术手段不断地发展，可以更为详尽地提供岩溶发育形态特征的资料，使各类参数丰富起来，结合现代计算机与计算技术手段，岩溶稳定性的定量评价的方法越来越多而且常被采用，例如数值模拟技术用于岩溶稳定性问题的评价成为现在的热点和发展的趋势[20]。目前，定量评价岩溶稳定性的方法主要有稳定系数法、普氏压力拱理论分析法、数值模拟法、相似模型试验法等（表 1-4）。

表 1-4　溶洞稳定性定量分析方法及主要特点[32-35]

评价方法	主要特点
稳定系数法	岩溶区内建（构）筑物基底以下浅埋体稳定性主要取决于致塌力与抗塌力的相互作用，将致塌力与抗塌力之比设为 K，表示岩溶地基稳定系数。致塌力包括洞体顶部岩土自重荷载与附加荷载、垂向与侧向渗流力、真空吸蚀力、振动力等；抗塌力主要是可能塌落岩土体周边摩阻力与颗粒联结的黏聚力。通过验算和工程经验认为，当 K>1.5 时，岩溶地基稳定；当 K≤1 时，岩溶地基不稳定
普氏压力拱理论分析法	认为在岩土体中可以形成自然平衡拱（压力拱、塌落拱），且压力拱高 h_1 与洞跨度 2b、洞高 h_0、土层内摩擦角与坚固系数 f_1 有关，压力拱高 h_1 和承载力 Px，可以计算得出。假设空洞上有均布荷载为 q，当 q≤Px 时，均布荷载 q 全部由压力拱承担，作用于洞顶垂直荷载 $q_v = \gamma h_1$；当 q>Px 时，$q_v = \gamma h_1 + q - Px$；需要对空洞承载力进行验算，才能判断洞体的稳定性。该法适用于上覆岩土层厚度 h>(2.0~2.5) 的深埋洞体
数值模拟分析法	具有适用性强，处理非均质、非线性、复杂边界问题方便等突出优点。随着近年来计算机技术和计算方法的迅猛发展，数值模拟计算方法有了长足的进步，广泛应用于地基基础工程、地下工程等领域，已经成为岩石力学研究和工程计算的重要手段，对岩溶区围岩的研究也取得了一定的成果。目前主要的数值模拟方法有限差分法、有限单元法、半解析解法、离散法、边界元法、无界元法以及各种方法的耦合等。目前已经开发了比较成熟的数值分析软件，如 FLAC[3D]、ANSYS、MIDAS GTS、RFPA、3D-σ 等
相似模型试验法	指将复杂的溶洞稳定问题通过"实际洞体—几何模型—力学模型—数学模型—计算方法—结论"的模拟方法得出溶洞稳定性系数

1.2.3　溶洞稳定性软件设计

国外对数值模拟研究较多且较为深入，如 FLAC[3D]、ANSYS 及 MIDAS GTS 等数值模拟软件被广泛地应用于许多领域，但在岩溶方面的实例却相对较少。岩溶溶洞数值模拟研究无疑将使岩溶稳定性方面的研究向另一个深度推进，从而为岩溶稳定性的客观评价与其失稳的预测提供依据[36]（表 1-5）。

表 1-5　部分学者对溶洞数值模拟分析的研究现状[37-47]

研究者	年份	研究成果
Heinz Konietzky	2006	利用 Ansys 对德国高速磁浮列车铁路下的溶洞进行数值模拟，研究列车运行时产生的振动对地下溶洞稳定性的影响，并考虑了水位因素
铁道部第二勘测设计院	1984	基于二维有限数值模拟对铁路下溶洞的静力稳定性进行了研究与评价
黎斌	2002	基于二维有限单元对桩基础下的溶洞顶板应力状态进行计算分析，结合多元线性回归，求得桩基础底到溶洞顶部的临界距离值，并求得其临界距离值与溶洞大小及单桩设计荷载之间的关系式
赵明阶	2003	运用二维弹塑性理论分析了隧道围岩周边变形随溶洞在隧道底部不同大小、不同距离分布下的变化情况
曹武安	2005	对岩溶隧道中的溶洞进行数值模拟分析，研究溶洞与围岩之间的关系

研究者	年份	研究成果
王丹辉	2009	在对昆明新机场航站楼区岩溶发育规律分析的基础上，采用 FLAC³ᴰ 对 Hzk107 钻孔溶洞进行三维数值模拟研究，提出以塑性破坏区面积和监测点位移量两个指标综合作为溶洞稳定性评判依据
邱新旺	2012	基于广西六寨至河池高速公路瑶寨隧道中的溶洞，建立了 ANSYS 有限元二维溶洞与隧道模型，以岩层安全厚度的影响因子为研究对象，对模型中的黏聚力和内摩擦角进行强度折减，对溶洞与隧道间岩层的安全厚度预测模型进行了修正
宋建禹	2012	采用 Ansys11.0 对白芷山隧道中 K29+020 断面建立了三维数值模拟模型，研究溶洞与隧道间的安全距离、溶洞高跨比及跨度变化对隧道围岩位移、支护结构内力和锚杆轴力的影响特征
陈宁	2012	利用 FLAC 二维有限差分法对云南临沧某机场的溶洞进行数值模拟研究，结果表明，埋藏浅、顶板破碎的溶洞在其顶板上应力较集中、塑性区较明显且位移量较大，并提出灌浆治理的效果优于跨越方式治理效果
吴明鑫	2013	对高层建筑下的溶洞建立三维有限元数值模拟模型，探讨多种情况下溶洞对地基稳定性影响研究
张军强	2015	研究了代码耦合、文件耦合和 DDE 或 OLE 耦合方式的优缺点，然后以三维地质模型与数值模拟软件 FLAC³ᴰ 的耦合为例，探讨了可视化三维地质模型向可计算网格模型转化的方法，实现了基于三维地质模型的数值模拟。以 Quanty View 为开发平台，设计了水电工程多尺度三维地质建模与分析模块，开发了区域尺度、工程尺度和露头尺度的三维地质建模功能，以及基于三维地质模型进行基础分析的功能、可视化三维地质模型向可计算网格模型转化的功能

计算机的普及，国外类似 FLAC³ᴰ、Ansys 等数值模拟软件的推广，使得岩溶洞穴稳定分析的数值模拟成为可能。由于其在三维模拟方面的便捷性，其在岩溶顶板对地基稳定性评价方面具有很大的潜力，但岩溶溶洞数值模拟研究在国内并未得到推广，整体上看，还处于初步探索阶段。

1.2.4 岩溶勘察研究

岩溶塌陷发育的基础条件是隐伏岩溶的存在。具有高度不均一性的隐伏岩溶发育带的探测一直被认为是极具挑战性的问题。在岩溶地区工程地质勘察中，往往采用地球物理勘探与地质钻探相结合的勘察手段。

1.2.4.1 地球物理勘探

地球物理勘探方法的运用早已受到重视，利用物探的方法可获得有关岩溶特征的多种信息，通过这些信息可以解决一些与岩溶有关的工程、水文和灾害地质等方面的问题。近十几年来，国内外各行业利用物探方法进行了岩溶勘察的工程实践和试验研究，其主要方法有[48]：

（1）电阻率法（电剖面和电测深）。该方法是运用最早的、最常用的和最主要的物探方法，以电测深法和电剖面法为主。它们可以用来测定岩溶化地层的不透水基底的深度，第四系覆盖层下岩溶化地层的起伏情况，均匀碳酸盐地层中岩溶的发育深度，地下暗河和溶洞的规模、分布深度、发育方向，以及圈定强烈岩溶化地区范围和构造破碎带的分布位置等。

（2）高密度电法。该方法对常规电法采用了计算机换极技术、电流场的集流和屏蔽技术，对洞穴的探测精度比常规电法有大幅度的提高，已被广泛应用。高密度电阻率法是以地下介质存在明显的电阻率差异为应用前提。高密度电阻率法与常规电阻率法没有本质的区别，只是实现了野外测量数据的快速、自动和智能化采集。通过一次性布设数十根电极，进行不同方式的测量，可一次性得到更多的信息，使得点距为5m、甚至1m的测量成为可能。

（3）地质雷达。该方法是一种采用高频电磁波的探测技术，在埋深不大的岩溶勘察中能取得令人满意的效果。地质雷达利用一个天线发射高频率短脉冲宽频带电磁波，另一个天线接收来自地下介质界面的反射波。电磁波在介质中传播时，其路径、电磁场强度与波形将随所通过介质的电性质及几何形态而变化。在雷达剖面上，通常可以识别出石灰岩石芽、充填沉积物的落水洞、岩溶洞穴、竖井或溶沟，所以该方法主要用于寻找浅部土洞，确定洞穴的埋深、大小。

（4）无线电波透射法。可深入地下探测钻孔间、隧道间以及它们与地面之间的岩溶分布。

（5）地面地震反射波法。在岩溶地区探测岩溶具有较好的效果。近年来发展起来的表面波（瑞利波）法，就是浅层地震勘探的一项新技术。浅层地震反射法，就是在地表激发弹性波（锤击或放炮），弹性波在地下介质中传播，遇到波阻抗界面就会发生反射，一部分反射至地表，用传感器拾取这些反射波，再计算出这些反射体的形态及空间位置。

（6）跨孔地震法，跨孔地震CT。该方法可以较容易地分辨出岩溶在钻孔间的分布，主要用于岩溶深部勘探。

此外还有声波透射法、微重力法、地球物理遥感测量等其他物探方法。目前使用较多的是高密度电法、浅层地震、地质雷达以及声波电磁波孔间透视、CT层析法等。

1.2.4.2　地质钻探

钻探是广泛应用于工程地质勘察的勘探手段，它能够弥补物探方法不能识别岩土体类型的缺陷，能直观地查明地下岩土体特征。钻探工作的目的是要了解一定深度范围内的岩溶发育情况，尤其当地表无岩溶现象或有覆盖层时，要在地质调查和物探成果的基础上，结合工程要求去指导钻孔布置。工程地质勘察中使用的钻探方法较多，因而要根据具体情况选用适宜的钻探方法。此外，为了利用钻孔更好地了解地下地质情况，配合钻探，往往要进行钻孔压水试验或抽水试验等水文地质工作。条件允许时，还可采用物探测井、钻孔摄影、井下电视等技术手段，以配合了解钻孔周围的地质情况[49]。

1.2.5 岩溶地基设计和处理研究

针对岩溶区的地基基础研究方面，迄今国内还没有进行系统的研究，目前较多报道的是一些学者和工程技术人员针对具体的工程实践过程中所遇到的岩溶地基（溶洞地基和塌陷地基）进行的分析评价。关于岩溶地基设计和治理，目前主要是依据现有的规范和手册进行。

《建筑地基基础设计规范设计》[50]（GB 50007—2011）对目前存在的各种基础形式的适用性及其设计形式作了详细概述，为工程建设提供依据。

《工程地质手册》（第四版）[51]对岩溶发育条件和规律、岩溶勘察、地基稳定性评价和处理措施，土洞的形成、勘察和处理，塌陷形成机理、分布规律、勘察和处理分别进行论述，为工程研究提供了宝贵经验。

《地基处理手册》（第三版）[52]对岩溶地基的处理提出因地制宜地选择处理方案，主要采用清爆换填、跨越、洞底支撑的方法。对土洞和地表塌陷的处理，建议采用挖填、灌填、跨越和排水等方法。

《公路路基设计规范》[53]（JTGD 30—2004）对岩溶地区路基设计，提出了查明、绕避和处理的原则。查明是要求对岩溶的规模、危害程度进行评价；绕避是要求路线从易于处理的地段通过；处理包括导流、跨越、填塞和加固等。规范还要求验算路基基底溶洞顶板安全厚度、溶洞距路基的安全距离。

1.2.6 岩溶地基监测研究

由于土建工程数量的日益增多，出现了更深、更重、更大、更高的大型建筑，这些高、深、重、大建筑涉及的地区，经济更加发达、人口更加密集，其安全稳定与社会经济和人民生活的关系也就更加密切。这种状况导致许多国家采取立法的、行政的、经济的和技术的手段来进一步保证这些建筑的安全，其中包括加强安全监测措施。许多待建工程的地质条件更加复杂，而大型工程对地质条件的依赖又越来越强。这就必然对工程的设计、施工提出了更高的要求，也迫切希望通过监测反馈来改进设计和施工[54]。

纵观近20年安全监测技术的发展，有下列引人注目的特点：①对安全监测的认识更深入、更全面，观测范围进一步扩大，将上部结构、基础和岩土体看作是一个有机整体。②资料分析日趋深入，在注重工作性状研究的同时，安全监控模型的研究得到普遍重视，数据处理向在线实时控制发展，更多地采用了数学模型技术。③新的仪器不断涌现，一些常规方法得到改进，观测手段更丰富、更先进、更智能化，观测精度不断提高。④自动化监测系统有了较快发展，在许多大型重要建筑物及地基基础监测中实现了自动化遥测集控，同时强调了目视巡查和工程地质定性分析的重要性[55,56]。

综上所述，目前国内岩溶地区的工程建设，对建筑地基的勘察、设计、处理和监测，其经验方法手段多于理论方法手段。对工程建设中可能存在的不良地质作用虽然有较多的理论及技术研究成果，但近年来在岩溶地区工程建设过程中还经常发生安全性和耐久性问题。因此，对不同地区岩溶的发育规律、岩溶地基稳定性、岩溶地基承载力、岩溶渗漏治理等值得进行更多的探讨，进一步研究能够真正指导岩溶地区工程设计、施工、建设管理的科学成果，减少施工及营运过程中的损失。

1.3　研究内容方法路线

1.3.1　研究内容

（1）从区域构造方面进行岩溶发育成因分析，从地形地貌、岩石性质、地下水、研究区地质构造等方面入手，进行综合分析。

（2）溶洞的形态、类型、位置、大小、分布规律、溶洞间的连通情况、岩溶的个性与共性、充填情况。尤其研究各种岩溶形态之间的内在联系以及它们之间的特定组合规律。

（3）研究区溶洞的稳定性评价方法集成研究与实现。选择顶板抗弯强度评价硐室稳定法、顶板抗剪强度评价硐室稳定法、塌落拱理论法、类比法、单跨梁模型法和板梁模型法六种方法对每个溶洞进行稳定性评价，结合 FLAC^{3D} 数值模拟，进行综合集成研究。

（4）岩溶地下水的埋藏、补给、径流和排泄情况、水位动态及连通情况，尤其是岩溶泉的位置和高程，场地受岩溶地下水淹没的可能性。

（5）针对本场地的岩溶发育特点，提出有针对性的岩溶地基处理措施及运营期地基稳定性监测方案。

（6）基于 FLAC^{3D} 软件特点及其对溶洞稳定性评价的机理研究，设计一款 FLAC^{3D} 可视化前处理程序软件，并进行相关的试验校正和正确性检验。

1.3.2　研究方法

（1）对安宁化工项目及周边地区进行岩溶地质调查，调查该地区岩溶地质、地貌特征、溶洞赋存状态和该地区针对岩溶的治理方法。

（2）采用地质雷达、高密度电法、跨孔 CT 成像技术和地质钻探、触探相结合的综合勘察方法，查明安宁化工项目岩溶的成因、分布、规模、发展趋势；查明场地地下水的埋藏、运移条件；同时交叉进行岩样、土样、溶洞充填物的物理实验。

（3）采用有限差分分析，建立该地区地层和溶洞的三维地质力学模型，通过数值模拟和模型试验进行溶洞群稳定性分析；进行不良地质危害因素辨识和相互作用机理研究。

（4）应用 FEFLOW 有限元建立场区地下水流数值模型，经过相应的调参和验证，最终对场区地下水系统水位的分布及动态变化进行预测模拟。

（5）采用 Visual Basic 编程软件，专门针对溶洞稳定性评价设计一款集模型建立与参数设置于一体的 FLAC^{3D} 可视化前处理程序软件。

1.3.3 技术路线

充分利用大量的现场资料和前期勘察成果，对多种勘察手段所取得的岩溶洞隙形态特征资料进行综合分析，进行岩溶洞隙稳定性评价和岩溶地基承载特性研究，提出有针对性的岩溶地基处理措施及运营期地基稳定性监测方案（图1-3）。

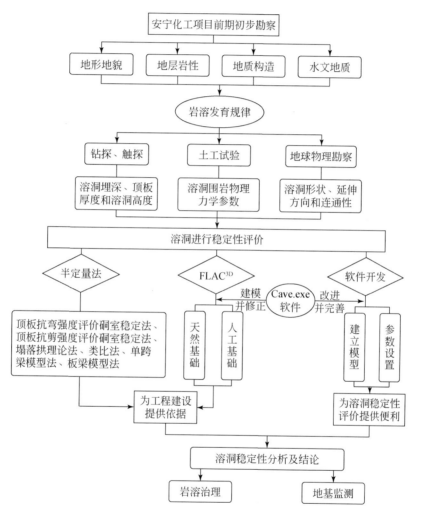

图 1-3 项目研究的技术路线

1.3.4 可行性分析

（1）根据地质灾害评估报告[57]，该地区有可溶岩分布，并在初勘过程中发现溶洞。

（2）在工程施工之前主要进行岩土工程勘察研究，包括对物探和钻探成果进行比对，查明溶洞的形状、大小和连通性；制作该场地地层、溶洞基岩的三维可视化影像；查明地下水的赋存、运动规律；通过土工实验准确掌握不同岩土体的物理力学参数。本工程属于大型工程，需投入较多的人力物力，才能取得较为翔实的基础资料，为本次研究提供相关资料，满足课题研究需求。

（3）所获取的溶洞群规模、分布规律、形态、岩土物理力学参数及岩溶影响因子，满足采用数值方法对溶洞进行三维稳定性分析的要求。

（4）根据稳定性分析的成果，因地制宜，进行岩溶治理方案和基础形式选择。

1.4　本章小结

本章针对安宁化工项目厂区内的岩溶工程地质问题，深入分析了目前国内外在溶洞稳定性研究、岩溶勘察研究、岩溶地基设计和处理研究、岩溶地基监测的现状和进展，针对安宁化工项目的岩溶发育特征和地表建筑类型，开创性地制定了以工程地质理论和水文地质理论相互交叉融合岩土工程技术的研究思路和技术路线，其主要创新点概括如下：

（1）区域的地质、水文地质条件与场地工程地质钻探及地球物理勘探成果结合分析，相互验证，总结厂区岩溶发育的基本规律和控制性因素，为后期厂区地基稳定性评价和地基处理方案的制订，奠定坚实的基础。

（2）将厂区的岩溶详细勘察数据资料与环境水文地质调查资料结合分析，划分厂区内不同形态岩溶的发育规律和控制性因素，开展厂区内岩溶发育分区的研究，针对不同的岩溶形态开展针对性的研究，并对建厂后岩溶进一步发育情况开展预测工作，对厂区内岩溶治理工作开展前期的类型划分。

（3）分别对厂区内的地基开展岩体力学和地下水动力学数值模拟，并将其结果进行综合分析，在对地基稳定性评价的基础上，开展建厂后地下水对建构筑物基础影响的评价，补充地基处理过程中针对岩溶地下水的防治措施。

（4）依据厂区岩溶工程地质和岩溶水文地质条件，针对性地制定以地下水监测预测和建筑物沉降监测预警相结合的地基稳定性监测系统。

第2章 区域自然地理及地质背景

2.1 自然地理概况

2.1.1 交通位置

安宁市位于滇中高原的东部边缘，滇池西面，昆明市的西郊，距离昆明市中心约28km。区域位置东经102°10′~102°37′，北纬24°31′~25°06′。南北长66.5km，东西宽46.4km，市域面积1321km²，其中山区、半山区面积占65%，坝区面积占35%。

安宁化工项目厂址位于安宁市草铺镇境内。草铺镇位于安宁市西郊，距安宁市区公路距离13km，320国道及安楚高等级公路穿境而过，总面积171km²；东邻连然镇，南接县街乡，西靠易门县，北连青龙及温泉两镇，为通往滇西之要冲。场地东面距安宁城区最近6.85km。新建厂外公路向北与320国道相连，并与安楚高速公路在草铺出入口连通。厂区北面为安宁—楚雄高速公路，高速公路以北为当地钢铁企业规划建设用地。厂区以北方向地势较低，视野开阔；以西、以东及以南方向为丘陵地带。规划厂区地理极值坐标：东经102°21′47″~102°23′21″，北纬24°54′15″~24°55′20″。征地面积为2.4996km²。项目地理位置详见图2-1。

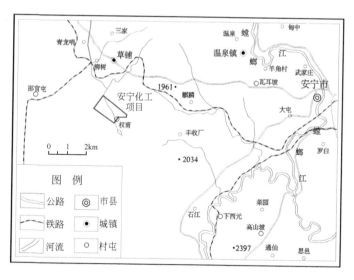

图2-1 安宁化工项目交通位置图

2.1.2 气象水文

2.1.2.1 气象

安宁市地处云南高原腹地，是一个低纬度高海拔地区，属亚热带高原季风温凉气候。每年5月至10月，热带大陆气团和海洋季风在安宁市境内交替，形成全市的海洋性气候，11月至次年4月是大陆性气候。同时安宁境内地区海拔相差近千米，盆岭相间的地形和起伏的地貌等自然地理因素，使气候在同一环流形势的影响下，存在着明显的空间差异和地形小气候特征。

根据安宁市气象站多年的常规气象观测资料统计结果，安宁市年平均风速为1.74m/s，最大风速达19.2m/s。年平均气温为15.4℃，年极端最高气温为33.3℃（1963年5月13日、1977年6月17日），极端最低气温为−7℃（1982年12月27~28日）。平均有效积温为4568.5℃。年无霜期为229天，最长年为271天，最短年为173天。年最大蒸发量为2183.6mm，年最小蒸发量为1626.7mm。年平均日照时数为2054.5h，年均太阳辐射量为9.932kcal/cm²[①]。

由于该场地位于山区小流域出口，且无固定河流存在，缺乏有针对性的长期水文资料。为较准确地模拟该场地地下水位变化情况，本研究选取距离厂区最近的安宁气象站为参考站，获取该地区1960~2012年间的长观降雨资料。

1960~2012年，近53年间区域年平均降雨量为896.9mm，最大年降雨量为1191mm，最小年降雨量为534.2mm（图2-2）；月平均降雨量为在9.6~199.6mm之间变化，其中最大的月降雨量为418.6mm，最少的月降雨量为0，每年5~10月为雨季，占全年降雨量的88%（图2-3）。

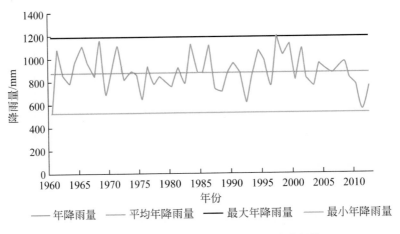

图 2-2　1960~2012 年区域降雨量年际变化规律

---

① 1kcal＝4.1868×10³J。

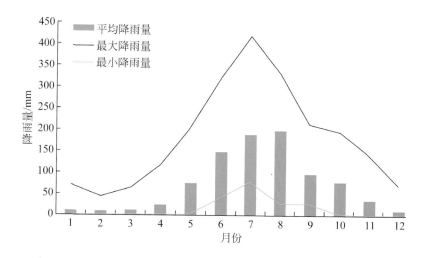

图 2-3　1960～2012 年区域月平均降雨量、最大降雨量和最小降雨量分布图

2000～2012 年，近 13 年间区域年平均降雨量为 850.3mm，月平均降雨量在 8.7～199.7mm 之间变化，最大月降雨量为 351.8mm（图 2-4）。

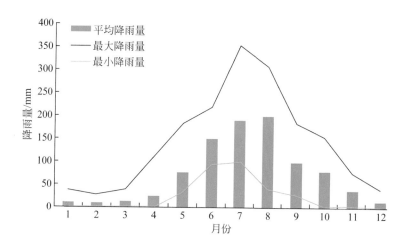

图 2-4　2000～2012 年区域的月平均降雨量、最大降雨量和最小降雨量分布图

2012 年 6 月至 2013 年 5 月，近 1 年内区域降雨量为 743mm，较长期年平均降雨量有所减少；月最大降雨量为 195.2mm，也较历史最大月降雨量有所减少。但是，由近 53 年间降雨量的年际变化可看出，区域降雨量在未来几年有增加的趋势。

2.1.2.2　水文

安宁化工项目地处螳螂川流域，隶属金沙江水系（图 2-5）。

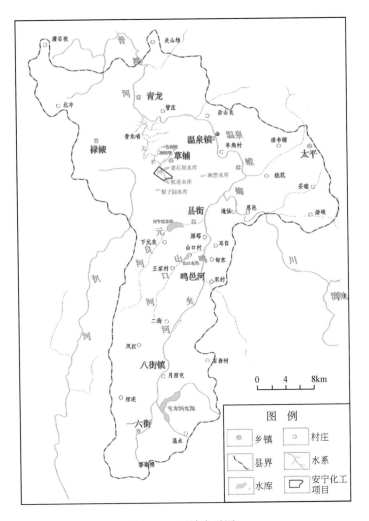

图 2-5　区域水系图

螳螂川：属金沙江水系，是滇池的唯一出水河道，螳螂川全长 252km 左右，属高原河流，水利资源丰富，沿途接纳大量生活、生产污水，河水易受到污染。螳螂川流经安宁，在富民赤鹫与一支流汇合后称普渡河，普渡河继续向北流经禄劝与东川交界向北流，在东川新甸房附近注入金沙江。

无名河：无名河为流经安宁化工项目内唯一的河流，为季节性溪流。主流由区域东南边缘的权甫水库开始向西北方向蜿蜒蛇行，纵贯建设用地，从区域北角流出，最终在小河口汇入螳螂川。该河主要受大气降水补给，流量季节性变化显著。据 1980 年 7 月 ~ 1989年 6 月在滇缅公路青龙哨南侧长期观测结果，地表汇水面积为 34.40km² （不包括上游调节水库的汇水面积 17.1km²），平均流量为 81.26L/s，最大流量是 162.62L/s （1986 年 10 月10 日），最小流量为 0 （出现在 1987 年和 1988 年 6 月及 1989 年 1 月），不均衡系数无限大。一般较大降水出现后，河流流量随即增大，又迅速减少。年平均径流量为2672991m³，平均径流模数是 2.464L/（s·km²），平均径流深度为 0.0777m，平均径流系数是 8.98%。据 1989 年 4 月调查，无名河在青龙哨桥河段以上干枯；青龙哨桥以下 400m 后，开始受地下水的补给，其下游测得流量为 167L/s，全部属于地下水补给。无名河中上游段有小型水库和较大的坝塘五个（权甫水库、老石坝水库、草埔水库、吉地铺水库、柳树坝水库），主要靠大气降水补给，少数接受上游地下水（泉水）的补给，均排泄至无名河。

2.1.3　区域地形地貌

2.1.3.1　地形

安宁市地处滇中高原中部，滇池断陷盆地西部，境内地表起伏变化明显，高原面发育较完整。地形南窄北宽，西南部高，东北部低，区内群山连绵，盆岭相间，坝区面积占 34.3%，山区、半山区面积占 65.7%，最高点为西南部的黑风洞，海拔 2617.70m，最低点为北部青龙镇马鹿塘出境口，海拔 1690.20m，相对高差为 927.50m。

安宁市总体地势南高北低，相对高差较大。历经晋宁和澄江褶皱及喜马拉雅造山运动，形成区内三种基本地貌单元，即构造中低山盆地区、构造侵蚀中高山地貌区和侵蚀溶蚀中低山丘陵谷盆区。构造中低山盆地区主要分布于西部和西南部，构造侵蚀中高山地貌区分布于北部和东部部分地区，侵蚀溶蚀中低山丘陵谷盆区主要分布于中部及中南部地区。较大的盆地为连然–八街–鸣矣河、禄脿、草铺等盆地。

2.1.3.2　地貌

安宁市主要地貌类型为构造地貌、构造侵蚀地貌、岩溶地貌、构造侵蚀溶蚀地貌及侵蚀盆地地貌等。

构造地貌主要分布于太平镇妥乐一带，地势平缓，略有起伏，由中生代地层构成向斜中低山及丘陵地形，构造地形保存完整，地貌对地下水运动控制明显，向斜轴部河谷多泉水出露。构造侵蚀地貌主要分布于中部地区，分布面积较大，是区内的主要地貌类型。岩溶地貌主要分布于中部碳酸盐岩出露地区，由震旦系灯影组、陡山沱组硅质灰岩、白云岩构成，表现为残留夷平面，单斜山和断块中低山，岩溶发育较弱，其上覆有残积红黏土，一般岩层较稳定，地形坡度多在 10°～30°。构造侵蚀溶蚀地貌小面积分布于西北部、东部及中南部部分地区，属过渡型地貌，由夹层型浅变质灰岩、白云岩经褶断溶蚀而成，相对高差 300～600m，地形坡度 20°～30°。侵蚀盆地地貌分布于区内山间盆（谷）地，一般地形平缓，海拔多为 1800～2200m。新生代地层分布于盆地及河谷一带。地形及地貌分布见图 2-6。

安宁化工项目区域属滇中高原构造侵蚀溶蚀切割地貌之丘陵地带，以中低山为主；该区域范围三面环山，地形起伏较大，坡度约为 1.5°～2.0°，中部为近北西西—南东东向的狭长盆地，盆地内地形起伏不大，为侵蚀地貌单元；该区域南部为丘陵地带，为侵蚀、溶蚀地貌单元；西北部丘陵地带紧靠岩溶地貌单元；最高点在其南端权甫水库南侧低山，标高为 1950m，最低标高在其北部吴海塘村公路边，标高为 1885m，相对高差约 65m。该区

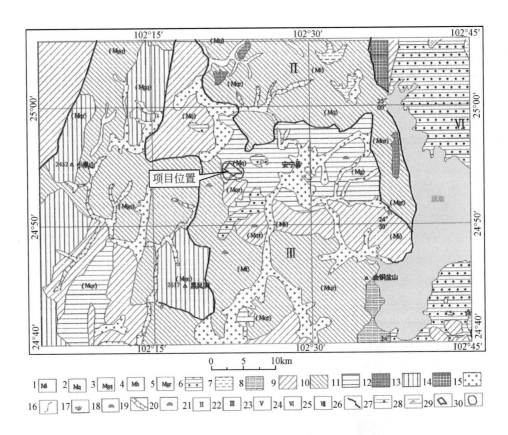

图 2-6　区域地貌类型图

1. 岩溶地貌；2. 侵蚀地貌；3. 构造侵蚀地貌；4. 湖泊地貌；5. 侵蚀、溶蚀地貌；6. 陷落盆地；
7. 湖积台地；8. 溶蚀盆地；9. 低山相对高差 100～500m；10. 中山相对高差 500～1000m；11. 丘
陵相对高差<100m；12. 夷平面；13. 高山对高差>1000m；14. 二级剥蚀面；15. 侵蚀盆地；16. 分
水岭；17. 熔岩山；18. 向斜山；19. 峡谷；20. 单面山；21. 易门-罗茨-西山构造侵蚀中高山分
盆地；22. 安宁-八街侵蚀溶蚀中低山丘陵谷盆地；23. 小营-王家村侵蚀低山丘陵谷盆地；24. 昆明冲
湖积倾斜平原盆地；25. 梁王山-澂江冰蚀溶蚀中高山盆地；26. 地貌区分界；27. 石芽原野；28. 垅
岗洼地；29. 安宁化工项目；30. 调查区位置

域北部、西北部及南部边缘地貌多为丘陵，冲沟发育，中部及东部比较平缓，地表植被较
发育，丘陵地带为树林，平缓地带为农田。

2.2　区域地质条件

2.2.1　区域地层

安宁化工项目位于康滇古陆南段中部，地层主要由两套沉积环境不相同的岩石系列组
成。其一为前震旦系昆阳群，它是具"地槽型"特征，下部以变质火山岩为主，上部以碎屑

岩为主的岩系，构成古陆基底；另一套为浅海–滨海–内陆盆地环境的"地台型"沉积，构成古陆的盖层。后者虽经历了自震旦纪以来的发展、演化阶段，但地层厚度一般不大，且未经变质。多期次的区域构造变动使该区轻度沉降和缓慢隆起，因而地层常有沉积间断或缺失。调查区出露地层有寒武系下统渔户村组（$\in_1 y$）、中谊村组（$\in_1 z$）、筇竹寺组（$\in_1 q$）、泥盆系中统海口组（$D_2 h$）、上统宰格组（$D_3 z$）、二叠系下统倒石头组（$P_1 d$）、侏罗系下统下禄丰组（$J_1 l$）、侏罗系中统上禄丰组（$J_2 l$）地层（图2-7、图2-8），现从新到老描述如下：

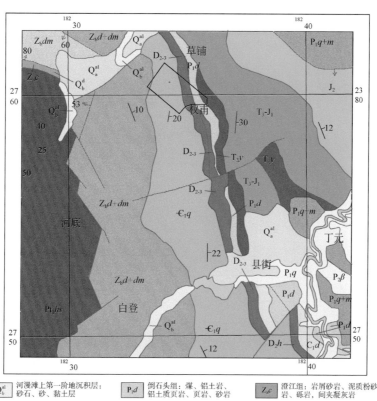

图 2-7　区域地质简图

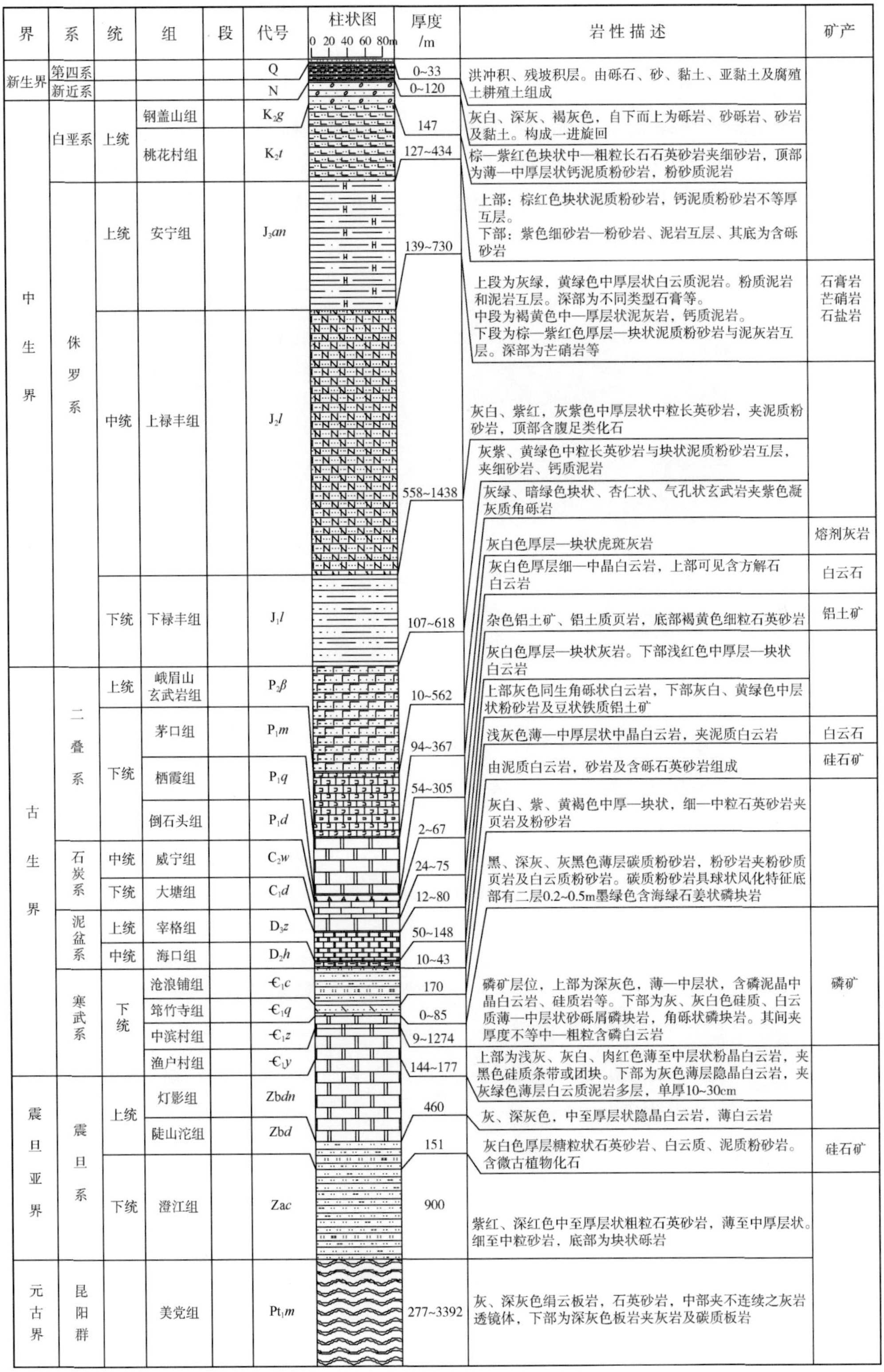

界	系	统	组	段	代号	柱状图 0 20 40 60 80m	厚度/m	岩性描述	矿产
新生界	第四系				Q		0~33	洪冲积、残坡积层。由砾石、砂、黏土、亚黏土及腐殖土耕殖土组成	
	新近系				N		0~120		
中生界	白垩系	上统	钢盖山组		K_2g		147	灰白、深灰、褐灰色,自下而上为砾岩、砂砾岩、砂岩及黏土。构成一进旋回	
		上统	桃花村组		K_2t		127~434	棕—紫红色块状中—粗粒长石石英砂岩夹细砂岩,顶部为薄—中厚层状钙泥质粉砂岩,粉砂质泥岩	
	侏罗系	上统	安宁组		J_3an		139~730	上部:棕红色块状泥质粉砂岩,钙泥质粉砂岩不等厚互层。下部:紫色细砂岩—粉砂岩、泥岩互层,其底为含砾砂岩	
		中统	上禄丰组		J_2l		558~1438	上段为灰绿、黄绿色中厚层状白云质泥岩。粉质泥岩和泥岩互层。深部为不同类型石膏等。中段为褐黄色中—厚层状泥灰岩,钙质泥岩。下段为棕—紫红色厚层—块状泥质粉砂岩与泥灰岩岩互层。深部为芒硝岩等	石膏岩 芒硝岩 石盐岩
								灰白、紫红,灰紫色中厚层状中粒长石英砂岩,夹泥质粉砂岩,顶部含腹足类化石	
								灰紫、黄绿色中粒长石英砂岩与块状泥质粉砂岩互层,夹细砂岩、钙质泥岩	
								灰绿、暗绿色块状、杏仁状、气孔状玄武岩夹紫色凝灰质角砾岩	
								灰白色厚层—块状虎斑灰岩	熔剂灰岩
								灰白色厚层细—中晶白云岩,上部可见含方解石白云岩	白云石
		下统	下禄丰组		J_1l		107~618	杂色铝土矿、铝土质页岩,底部褐黄色细粒石英砂岩	铝土矿
古生界	二叠系	上统	峨眉山玄武岩组		$P_2\beta$		10~562	灰白色厚层—块状灰岩。下部浅红色中厚层—块状白云岩	
								上部灰色同生角砾状白云岩,下部灰白、黄绿色中层状粉砂岩及豆状铁质铝土矿	
		下统	茅口组		P_1m		94~367	浅灰色薄—中厚层状中晶白云岩,夹泥质白云岩	白云石
			栖霞组		P_1q		54~305	由泥质白云岩,砂岩及含砾石英砂岩组成	硅石矿
			倒石头组		P_1d		2~67	灰白、紫、黄褐色中厚—块状,细—中粒石英砂岩夹页岩及粉砂岩	
	石炭系	中统	威宁组		C_2w		24~75	黑、深灰、灰黑色薄层碳质粉砂岩,粉砂岩夹粉砂质页岩及白云质粉砂岩。碳质粉砂岩具球状风化特征底部有二层0.2~0.5m墨绿色含海绿石姜状磷块岩	
		下统	大塘组		C_1d		12~80		
	泥盆系	上统	宰格组		D_3z		50~148		
		中统	海口组		D_2h		10~43		
	寒武系	下统	沧浪铺组		ϵ_1c		170	磷矿层位,上部为深灰色,薄—中层状,含磷泥晶中晶白云岩、硅质白云岩。下部为深灰色薄—中层状砂砾屑磷块岩,角砾状磷块岩。其间夹厚度不等中—粗粒含磷白云岩	磷矿
			筇竹寺组		ϵ_1q		0~85		
			中滨村组		ϵ_1z		9~1274		
			渔户村组		ϵ_0y		144~177	上部为浅灰、灰白、肉红色薄至中层状粉晶白云岩,夹黑色硅质条带或团块。下部为灰黑色薄层状白云岩隐晶白云岩,夹灰绿色薄层白云质泥岩多层,单厚10~30cm	
震旦亚界	震旦系	上统	灯影组		$Zbdn$		460	灰、深灰色,中至厚层状隐晶白云岩,薄白云岩	
			陡山沱组		Zbd		151	灰白色厚层糖粒状石英砂岩、白云质、泥质粉砂岩。含微古植物化石	硅石矿
		下统	澄江组		Zac		900	紫红、深红色中至厚层状粗粒石英砂岩,薄至中厚层状。细至中粒砂岩,底部为块状砾岩	
元古界	昆阳群		美党组		Pt_1m		277~3392	灰、深灰色绢云板岩,石英砂岩,中部夹不连续之灰岩透镜体,下部为深灰色板岩夹灰岩及碳质板岩	

图2-8 区域地层岩性简述图

2.2.1.1　第四系（Q）

红、红褐及褐黄色第四系中上更新统残、坡积黏性土、含砾黏土、角砾及少量的冲积黏性土，坡地地带较浅，5.6～24.1m，平地地带较深，大于 32m。

2.2.1.2　新近系（N）

新近系由淡黄、砖红色松散薄—厚层砾岩、砂岩及灰黑、灰白色黏土层组成。底部与上部为硅质白云岩、石英砾石为主的砂砾岩。构成两个不完整的沉积旋回，具斜层理及交错层理，为河湖相碎屑沉积物。该层覆于不同层位之上，与下伏地层呈不整合接触。厚度 55m。

2.2.1.3　侏罗系中统上禄丰组（J_2l）

灰白、紫红、灰紫色中厚层状中粒长英砂岩，夹泥质粉砂岩，顶部含腹足类化石。厚 558～1438m。

2.2.1.4　侏罗系下统下禄丰组（J_1l）

上部紫灰色、棕红色中厚至厚层状钙泥质粉砂岩，泥质粉砂岩、粉砂质泥岩，夹灰紫灰黄色厚至中厚层状细砂岩、钙质泥岩。下部为紫红、灰紫、黄绿、褐黄色，中厚至厚层状细至中粒长石石英砂岩，与深棕红色中厚层状至块状泥质粉砂岩呈不等厚互层。底部为 4～6m 厚之黄褐、紫红色砾岩。厚 107～618m。与下伏地层为不整合接触。

2.2.1.5　二叠系下统倒石头组（P_1d）

上部为杂色（灰、黑、灰绿、褐红等）铝土岩、铝土矿、耐火黏土矿、铝土页岩和黏土组成，局部夹砂岩、铁铝岩、石灰岩和劣煤小透镜体。底部褐黄色细粒石英砂岩，向上为灰质页岩，含星点状、斑块状黄铁矿；厚 2～67m。与下伏地层为假整合接触。铝土矿呈大小不等之透镜体，赋存于倒石头组中上部，与下覆地层为不整合接触。

2.2.1.6　泥盆系上统宰格组（D_3z）

浅灰色薄—中厚层状中晶白云岩，夹泥质白云岩。厚 50～148m。

2.2.1.7　泥盆系中统海口组（D_2h）

上部砂岩中有时出现含磷碎屑泥—细晶白云岩。下部由含砾石英砂岩、砂岩、泥质岩组成，具数次正粒级旋回。全区分布稳定，但厚度有变化，厚 10～43m，与下覆地层呈假整合接触。

2.2.1.8　寒武系下统筇竹寺组（$\in_1 q$）

寒武系下统筇竹寺组（$\in_1 q$）分上、中、下三段。

1. 寒武系下统筇竹寺组上段（$\mathbb{C}_1q^3$）

深灰色、灰黑色薄层碳质石英粉砂岩及粉砂质岩，水平显微层理发育，含星点状黄铁矿，具球状风化特征，底部为薄层海绿石磷质岩。厚22.4m。

2. 寒武系下统筇竹寺组中段（$\mathbb{C}_1q^2$）

黄灰色、深灰色薄层—中厚层白云质粉砂岩，水平显微层理发育，下部夹多层单层厚1~1.5cm之海绿石砾岩薄层，底部为厚约50~80cm之含磷海绿石底砾岩。厚30m。

3. 寒武系下统筇竹寺组下段（$\mathbb{C}_1q^1$）

黄灰、黑色薄—中层含白云质粉砂岩夹粉砂质页岩，常组成不等厚互层，下部产有三层厚度10~100cm之含磷海绿石粉砂岩。底部为厚约10cm之瘤状海绿石质磷块岩（为全风化含磷白云岩，为与引用报告一致，称为"磷块岩"）。

2.2.1.9　寒武系下统中谊村组（$\mathbb{C}_1z$）

为磷矿层位，亦为标志层之一，层位稳定。据岩性组合及含矿性可分为上、下两段。

1. 寒武系下统中谊村组上段（$\mathbb{C}_1z^2$）

灰白色薄—中层状粉晶白云岩，上部为条纹状硅质岩，其中常见有碳酸盐溶蚀孔洞发育，底部为一层约1~2m之泥质白云岩。全区分布稳定。厚1.5~42.86m。

2. 寒武系下统中谊村组下段（$\mathbb{C}_1z^1$）

据岩性组合及含矿性可分为三层。

（1）寒武系下统中谊村组下段第三层（$\mathbb{C}_1z^{1-3}$）：上部为灰褐色条带状白云质骨屑磷块岩，薄层状砂屑白云质磷块岩；下部为深灰色薄层状凝胶状磷块岩，砂屑状白云质磷块岩，局部夹含磷白云岩。厚14.26m。

（2）寒武系下统中谊村组下段第二层（$\mathbb{C}_1z^{1-2}$）：灰色、深灰色厚层—块状，中—粗粒含磷砂质白云岩。上部与下部夹有多层厚约1~3mm之胶磷矿条呈渐变过渡，底部为一层几厘米至10cm粗粒生物碎屑含磷白云岩。

（3）寒武系下统中谊村组下段第一层（$\mathbb{C}_1z^{1-2}$）：上部深灰色片状砂屑磷块岩夹中层砂屑磷块岩条带状砂屑磷块岩，中部为蓝灰色中层致密状砂屑磷块岩，下部为灰色白云质砂砾屑磷块岩，底部为同生角砾状砂屑磷块岩。厚度9.74m。

寒武系下统中谊村组与下覆地层呈假整合接触。

2.2.1.10　寒武系下统渔户村组（$\mathbb{C}_1y$）

黄灰色、淡肉红色中—厚层微晶白云岩，顶部为一波状起伏之侵蚀面，向下见15~30cm之烟灰色硅质岩，沿裂隙面有较多锰斑点分布。厚度144~177m。

2.2.1.11　震旦系（Z）

震旦系地层分布面积较大，共分下统与上统两个地层，但在安宁化工项目地区仅出露上统地层，并划分为三个岩组。

1. **南沱组（Zbn）**

集中分布在安宁化工项目外围西侧，呈南北走向。岩性为红、暗红色粉细砂质页岩，夹少量粉砂岩薄层，底部为暗红色冰碛砾岩层，砾石成分主要分为石英岩、千枚岩、脉石英及澄江组砂岩，无分选性，有一定滚圆度，具擦痕，铁泥质胶结。

2. **陡山沱组（Zbd）**

该组岩相变化明显，在大区域上，分为西部滨海岩相与东部浅海岩相。但在南部权甫地区主要为滨海相，集中分布在安宁化工项目外围西侧，呈南北走向，岩性为黄色中—厚层状中—粗粒石英砂岩夹细砂岩，偶夹钙质页岩，局部夹细砾岩，波痕及斜层理发育。

3. **灯影组（Zbdn）**

集中分布在安宁化工项目外围西侧，与陡山沱组（Zbd）界线不清，故常合并为一岩组。岩性为硅质夹白云质灰岩，在区域上，显示出由东向西白云质逐渐减少而灰质渐增的特点。垂向变化主要表现为中薄—中层状，且硅质含量增多，常见硅质条带、条纹或硅质层。

2.2.1.12　昆阳群（Pt）

该地层区域分布广泛，主要由一套浅变质砂岩、板岩、灰岩和白云岩组成，厚层巨大，褶皱紧密，构造复杂。昆阳群细分为九个不同的岩类岩组，即：黄草岭组（Pt_1h）、黑山头组（Pt_1hs）、大龙口组（Pt_1d）、美党组（Pt_1m）、因民组（Pt_1y）、落雪组（Pt_1l）、鹅头厂组（Pt_1e）、绿汁江组（Pt_1lz）、柳坝塘组（Pt_1lb）。

在以上九个岩组中，只有黑山头组（Pt_1hs）呈条带状分布在安宁化工项目西侧边界，岩性为石英砂岩、粉砂岩、板岩；岩层产状：走向 NNW（N350°W）左右，倾向 NE，倾角 12°~46°，岩石强烈风化。

2.2.2　区域构造

安宁化工项目位于昆明盆地西侧的螳螂川流域内。区内地质构造的发展演化始终受全球两大板块——欧亚板块与印度板块相对运动的影响，形成了以红河断裂和弥勒-师宗断裂为界的构造格局：两者之间是吕梁和晋宁阶段固结的古老结晶基底，西侧是喜马拉雅阶段的弧后拗陷，东侧为加里东褶皱系。根据《四川省区域地质志》和云南省地质矿产局编汇的《云南省区域地质志》，结合安宁化工项目的实际情况，编制了区内以二级或三级构造为基本单元的大地构造分布图（图 2-9）。从中可以看出，安宁化工项目位于扬子准地台（Ⅰ）之二级构造川滇台背斜（$Ⅰ_1$）中的武定-石屏隆断束（$Ⅰ_1^2$）内。

2.2.2.1　扬子准地台

扬子准地台，具典型的基底和盖层双层结构。基底岩系包括古元古界苴林群、大红山群和中元古界昆阳群。古元古界为优地槽型的一套复理石和钠质火山岩建造，厚逾万米，经吕梁运动褶皱后形成结晶基底，相伴发生了中酸性岩浆侵入和区域动力热流变质作用；

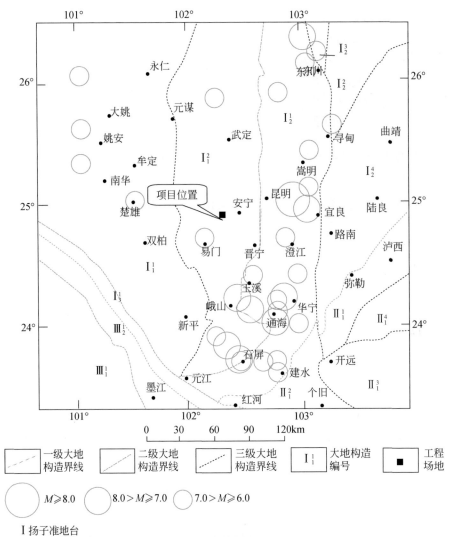

图 2-9　安宁化工项目及周边大地构造分区图

中元古界为冒地槽型的类复理石建造和碳酸盐建造，厚达万米左右，经晋宁运动全面褶皱回返，形成褶皱基底，并伴随发生中酸性岩浆侵入和低温区域动力变质作用，从而结束地槽演化阶段。盖层发育良好，下震旦统为磨拉石建造，仅分布在滇东地区；上震旦统—奥陶统主要为浅海相碳酸盐建造，滇东地区上震旦统底部出现冰碛砾岩建造，上震旦统顶部—下寒武统下部为含磷建造；志留系为笔石页岩和泥质碳酸盐建造；下泥盆统—下二叠统由河湖相红色碎屑建造过渡为长期稳定的浅海相碳酸盐建造；上二叠统下部为基性火山岩建造，上部为陆相、滨海相含煤建造或浅海相碳酸盐建造；中、下三叠统由滨海相砂泥质建造过渡为潟湖相碳酸盐建造；晚三叠世中期后进入地台演化的后期阶段，全区由海相转变为陆相，滇中地区强烈拗陷，形成了上三叠统含煤建造或含煤磨拉石建造，以及侏罗系—中始新统厚度巨大的红色碎屑建造和含盐建造。发生在始新世中、晚期的喜马拉雅运动使地台全面褶皱上升，断层的继承性活动强烈，形成一系列山间或山前断陷盆地，堆积了古近系红色磨拉石建造和新近系内陆屑含煤建造。上新世末期发生的晚喜马拉雅运动使全区进一步抬升，形成云贵、川西高原。

区内岩浆活动相对较弱，除海西晚期基性岩浆的喷发活动面积较大外，其余岩浆活动的规模较小，分布不均匀，相对集中在川滇台背斜上。

区内构造形变以断裂发育为特征，构造线走向以南北向为主，北东向、北西向次之，这些不同方向的断裂将地壳切割成菱形、长条形、三角形断块，其间发育褶皱，且不同构造层间褶皱形态表现也不相同。通常基底褶皱紧密，多呈线状，不对称形式，大多被断裂破坏而形态不完整，轴向以北东向和东西向为主。盖层褶皱相对开阔，且中、新生代构造层与古生代构造层的形变有继承性发展的特点，轴向以北东向和近南北向为主，其次为北西向，明显受边界断裂控制。构造形变的发育主要在燕山期，其后的喜马拉雅构造运动也有着重要的影响。小江断裂带以西，活动断裂相当发育，几个二、三级构造单元的边界断裂，如红河断裂、小江断裂、普渡河断裂、汤郎–易门断裂、元谋–绿叶江断裂、永胜–宾川断裂以及石屏–建水断裂、曲江断裂、楚雄–南华断裂等第四纪以来都发生过强烈的活动。其中，小江断裂带、石屏–建水断裂带、曲江断裂带及红河断裂带北段的最新活动时代一直延续到现代，历史上强震频繁，最高震级都达到了 7 级以上。小江断裂带以东的广大滇东地区，活动断裂相对较弱，断裂活动的最新时代大都在第四纪早期，晚第四纪以来显著减弱，地震活动较弱，历史上仅发生过 5 级左右中强地震，且频度较低。

2.2.2.2　川滇台背斜

安宁化工项目所在的二级构造川滇台背斜（I_1），区内部分的东界为普渡河断裂，西南界是红河断裂，总体为一宽广的背斜构造。在地质发展过程中处于相对隆升状态，盖层发育差，缺失的主要地层有志留系、泥盆系、石炭系和下、中三叠统，并且各系和各统之间均表现出整合或平行不整合接触关系，反映了在盖层发展阶段本区的地壳稳定程度以及以整体性抬升运动为主的性质。岩浆活动主要表现为海西期和印支期基性岩体或岩脉沿不同走向断裂的构造侵位，并有大规模的基性岩浆喷溢，说明了在古生代末和中生代初本区的断裂活动已经具有了相当大的规模。燕山和喜马拉雅两期运动使得该背斜形成了较强的南北向盖层褶皱带。渐新世以来，在南北向深大断裂活动的影响下，断块的差异性抬升运动表现较为突出。从构造层的分布及特点来看，南北向断裂对本构造单元的地质发展演化起到了重要作用，并造成了构造单元内的差异。

2.2.2.3　武定-石屏隆断束

安宁化工项目所在的三级构造武定-石屏隆断束（I_1^2），作为川滇台背斜的次级构造单元，西界是元谋-绿汁江断裂，东界大体为普渡河断裂。该构造的基本特点是基底为中元古界的褶皱基底，盖层发育不完整，主要受晋宁运动形成的古构造形态和加里东期、海西期的断块差异性活动所制。在禄劝、武定一带盖层发育较完整，但地层仍缺失较多，且地层厚度一般较薄，反映了隆起边缘的沉积特点，其他地区处于相对隆起。晚二叠世早期之后，出现了较大的不均匀沉降，发育有较好的基性火山岩建造。中生代沉降表现出西强东弱的特点。新生界仅有的上新统含煤内陆屑建造，分布在一些山间盆地。本区的岩浆活动主要发生在晋宁期、海西期和燕山晚期，以基性岩浆喷溢和侵入为主。构造形变的总体表现是：以断裂为主，在规模较大的断裂两侧常伴生紧密挤压褶皱，且不同构造层间的形变表现不尽相同。基底构造层以东西向断裂和褶皱为主；古生界—中三叠统的盖层形变以南北向、北东向宽缓对称的背、向斜为主，两翼发育同走向的断裂，并常被横断裂破坏；中、新生界多构成平缓开阔的向斜，在新生界构造层中发育有北西向断裂和褶皱。

2.2.2.4　褶皱构造——安宁向斜

安宁向斜自西向东，轴线走向由100°转120°再转90°，为北翼陡，褶幅窄；南翼缓，褶幅宽之不对称斜歪向斜，核部岩层，东部为白垩系，西段为侏罗系，两翼均为古生界至中生界岩层之不连续组合。北翼受一系列断层的破坏，以及近隆起边缘的古地理环境，地层多有断失或缺失，且岩层倾角较陡，一般40°～50°，少数地段可达到70°～80°，甚至倒转。而南翼宽缓，岩层仅有波状起伏，岩层倾角多在10°～30°间，由于盆地西高东低，沉积岩层东厚西薄。向斜呈向西翘起尖灭之势。磷矿层环绕向斜边缘出露。

2.2.2.5　断裂构造

据《云南安宁化工项目工程场地地震安全性评价报告》[58]，安宁化工项目及周边区域范围新构造运动强烈，主要表现为整体大面积间歇性隆升运动、断块差异运动和块体掀斜运动等特点；且处于新构造运动比较活跃的滇中块体之中央部位，夷平面的解体大体围绕着汤郎-易门断裂和普渡河断裂以及外围的元谋-绿汁江断裂展开，以次级块体间的差异升降运动为主要特征（图2-10）。

1. 南北向断层

汤郎-易门断裂是区域性活动断裂，第四纪以来对区域构造环境有强烈的控制作用，也是现代主要地震活动带的控制性构造，如1755年易门6.5级地震和1995年武定6.5级地震，均发生在汤郎-易门断裂带上。近500年来，在汤郎-易门断裂带上共发生两次6.5级左右地震。汤郎-易门断裂具有发生6.5级左右地震的构造条件。

普渡河-西山断裂是滇中"南北向构造带"的主要成分之一，为活动构造。自明代以来至今，500余年的时间内，历史上沿断裂记载的5级以上破坏性地震有15次，其中6级

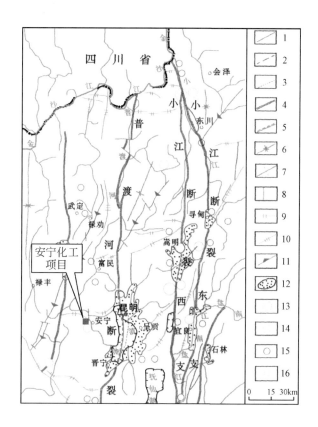

图 2-10　区域地质构造纲要图

1. 实测断层；2. 推测断层；3. 隐伏断层；4. 活动断层；5. 推测活动性断层；
6. 向斜轴；7. 背斜轴；8. 经向构造体系；9. 纬向构造体系；10. 山字型构造体系；
11. 华夏新华夏构造体系；12. 第四纪盆地；13. $M \geqslant 8$ 级地震；
14. $M \geqslant 7$ 级地震；15. $M \geqslant 6$ 级地震；16. $M \geqslant 5$ 级地震

以上 2 次，属中强活动度与中等危险度断层。安宁化工项目位于普渡河断裂带中段以西，断裂离散为数条相互平行的次级断层，有近东西向、北西向和北东向断层分隔，沿断层走向几何连续性不强，单条次级断层的连续长度均不超过 20km。整体考虑区域历史地震背景，已具备发生 6.5 级地震构造条件。

2. 东西向断层

禄脿-温泉断层，该断层走向近东西向，但常被北东和北西两组断层错开，常有扭动。倾角一般在 70°左右，主要发生于安宁向斜西段北翼边缘，下古生界地层与新元古界地层接触带上，有时后者推覆于前者之上。断层沿线，地层倾角变化大，一般倾角较陡（滴水箐至龙树村之间）。此外，受区域作用力影响，向斜边缘常发生北东和北西两组剪切断层，多为平推性质，规模均较小。

3. 北西向断裂

草铺-耳目村断裂，展布于草铺、下西元、县街、猴家臀、耳目村、云龙大村一带，由 2~3 条断层组成。走向北西，倾向北东，全长约 25km。除断裂中段于县街盆地与马厂–县街断裂相交外，还为北东向断层切错，其连续性不强。对安宁化工项目岩溶发育起重要作用的麦地厂断裂即为草铺–耳目村断裂的一部分。

该断裂沿安宁中生代向斜西南翼，顺地层界线作 315° 延展。该断层覆盖于断裂带上的中、上更新统没有构造变形迹象。

4. 北东—北北东向断裂

马厂–县街断裂，该断层为全新世活动断层。断裂展布于安宁化工项目外以南。断层北东起于下西元北，南西经县街盆地、杨兴坪、石宝庵盆地西南、山口村、王家庄，止于马厂盆地南端。走向 40°，倾向南东或北西，倾角 40°~80°，全长约 16km。

断层卫星影像上线性特征清晰。沿断层表现为断层三角面和断层崖地貌，断层地貌特征明显。断层对石宝庵、马厂等第四纪盆地的形成与发育有明显的控制作用。石宝庵盆地长约 5km、宽约 500m，呈北东向延伸，与断裂走向一致。马厂盆地宽 1km，长 8km，显示出活断层的槽谷地貌特征。在县街东北约 500m 的三级阶地砾石–黏土层中（Q）发育多条断层，但上覆一套晚更新世残积层未断开，表明断裂可能在中更新世晚期有过较强活动，其活动时限可能延入晚更新世早期。

禄脿–温泉断裂、草铺–耳目村断裂均为更新世断裂，晚更新世以来无活动迹象。据对区域地震构造环境和发震条件分析，不具备发生 6 级以上地震的构造条件。各断裂活动性见表 2-1。

表 2-1　区域主要断裂活动特性表

编号	断裂名称	走向	性质	区内长度/km	最新活动时代	地震、古地震
F1	普渡河–西山断裂	NS	逆冲兼左旋	20	Q_{2-3}	历史上曾有 2 次 6 级以上地震
F2	汤郎–易门断裂	NS	逆冲兼左旋	60	Q_3	历史上曾有 2 次 6 级以上地震
F3	禄脿–温泉断裂	EW	逆冲	28	Q_{1-2}	
F4	草铺–耳目村断裂	330°~345°	逆冲	25	Q_{1-2}	
F5	马厂–县街断裂	30°	逆冲	18	Q_3	

据《中国地震动参数区划图》（GB 18306—2001）[59]，安宁化工项目及区域范围地震动峰值加速度为 0.2g，对应基本地震烈度值为Ⅷ度；据《云南省地质构造及区域稳定性遥感综合调查报告》[61]，其区域地壳稳定性为地壳次稳定区。

2.2.3　区域地质构造发展演化特征

据《云南省安宁市草铺磷矿区柳树矿段资源储量核实报告》[61]，构造发展史为扬子旋回中晚期的晋宁运动，最终结束该区地槽发展历史，昆阳群地层回返上升，产生褶皱、断裂、变质作用及大区域内的岩浆活动等，构成古陆基底褶皱带，致使上覆地层与之呈角度不整合接触。震旦纪时，地槽回返余波未尽，沉积磨拉石的陆源碎屑岩——澄江砂岩。澄江运动使区域地壳抬升，地槽阶段结束；地台阶段始于震旦纪晚期，海侵规模大，本区处古陆边缘，缺失南沱期沉积；自陡山沱期始为碎屑岩、泥质碳酸盐岩沉积，以及灯影期硅、镁质碳酸盐岩沉积。寒武纪—早二叠世，大范围内平缓开阔的浅海盆地形成，为古陆边缘大陆棚带磷酸盐沉积创造良好的条件，普遍发生中谊村期磷酸盐沉积。加里东运动"昆明隆起"明显，使筇竹寺期发育不全，沉积较薄，个别地区（草埔向斜北翼）缺失沉积；沧浪铺期和龙王庙期沉积或有或无；缺失奥陶纪、志留纪和早泥盆世沉积。中泥盆世地壳下降，海侵范围较广，在早寒武世中谊村期或筇竹寺期地层之上沉积有砾岩、碎屑岩及碳酸盐岩。石炭纪、二叠纪以碳酸盐岩沉积为主。海西运动，地壳上升，广泛发生裂谷型玄武岩喷发。自此之后，地壳不断上升，缺失三叠纪沉积；晚侏罗世时，沉积陆相红色碎屑岩及膏盐岩。

综观区域的地质构造，其发展演化历史可分为三大阶段。

2.2.3.1　前震旦纪地台基底形成

早古生代期间，区域处于印度雏地台与四川雏地台之间的广阔海域，发育优地槽型的火山-复理石建造。吕梁运动使地槽褶皱回返，构成了滇中古陆核，外围地区处于浅海环境，发育冒地槽型的复理石-碳酸盐岩建造。中元古代末期的晋宁运动使得冒地槽褶皱回返，结束了早期地槽发展阶段，海陆分野基本确定。

2.2.3.2　震旦纪—三叠纪槽、台分野转化

震旦纪时期，扬子区全面进入地台发展阶段。澄江运动之后基底固结，至志留纪末发育地台型泥砂质及碳酸盐岩建造，边缘地区发育以冒地槽为主的沉积建造。

泥盆纪—早二叠世，区域的大部分地区基本上处于稳定的构造环境，部分地区构造活动仍很强烈。沿红河断裂产生裂陷扩张而成为优地槽环境，古造山带两侧海侵—海退变化频繁。在早二叠世时，西侧陆块分裂，形成了古特提斯大洋盆地的一部分。晚二叠世古陆有所扩大，滇东部分地区抬升成陆，扬子准地台边缘地带发展成地槽，以致在晚二叠世早期发生了大规模的基性岩浆喷发和侵位活动。早三叠世到晚三叠世中期，古特提斯地槽活动中心已向东迁移至甘孜—理塘一带，受其影响，滇东南发育冒地槽型复理石建造，滇中仍为地台环境。三叠纪晚期的印支运动使得古特提斯海关闭，全区进入陆内发展与改造阶段。

2.2.3.3　侏罗纪—第四纪陆内改造

燕山运动的开始标志着陆内发展阶段的到来。在滇中、川南和兰坪-思茅地区形成了多个大型拗陷陆盆，接受了巨厚的红色碎屑沉积。晚白垩世，由于雅鲁藏布江缝合带的强烈扩张作用，怒江带闭合，并向东俯冲消减，酸性岩浆侵位，老的碰撞带重新复活，滇中楚雄-大姚和思茅-兰坪中生代沉积盆地受到明显改造，晚白垩世的盆地萎缩，古新世—始新世早期的沉积盆地产生侧向迁移。喜马拉雅运动以来，印度板块对欧亚大陆板块的碰撞作用强烈影响到该区域，导致本区继印支运动以后再次强烈的陆内改造，滇西发生大规模

的逆冲-推覆和平移剪切活动，滇中裂陷，形成了现今的活动构造格局。

2.3 区域水文地质条件

2.3.1 含水层组特征

在区域上，安宁化工项目属草铺亚区（图 2-11，图 2-12）。根据地下水赋存的介质条件不同，调查区地下水为孔隙水、裂隙水、岩溶裂隙水含水层，其特性描述如下。

2.3.1.1 孔隙水

孔隙水赋存岩层为：第四系残、坡积含碎石砂土、砂质黏土、黏土，第四系冲、洪积砂层、砂砾石层，新近系黏土岩、砂岩、砂砾岩、砾岩。第四系结构松散，赋水空隙主要为粒间孔隙，主要赋存于砂砾石层；古近系和新近系砂质胶结，固结程度较差，孔隙水赋存于砂岩、砂砾岩中，富水性弱，其分布下伏于第四系，于安宁化工项目西侧无名河以西有分布。调查区孔隙水随季节性变化显著。

2.3.1.2 裂隙水

裂隙水主要赋存于岩石裂隙中的地下水。调查区裂隙水赋存岩层包括：
（1）侏罗系下统下禄丰组（J_1l），中粒长英砂岩夹泥质粉砂岩；
（2）侏罗系中统上禄丰组（J_2l），中粒长英砂岩与块状泥质粉砂岩互层，夹细砂岩；
（3）二叠系下统倒石头组（P_1d），铝土矿，铝土质页岩；
（4）泥盆系中统（D_2h），砂岩、含砾石英砂岩、砂岩、泥质岩；
（5）寒武系下统筇竹寺组（$\in_1q$），碳质粉砂岩，粉砂岩或粉砂质页岩及粉砂岩；
（6）寒武系下统中谊村组下段第三层（$\in_1z^{1-3}$），砂屑白云质磷块岩；
（7）寒武系下统中谊村组下段第一层（$\in_1z^{1-1}$），砂屑磷块岩。
砂岩、粉砂岩中裂隙较发育，表层强—中风化，富水性中等；泥岩、页岩、磷块岩中富水性较弱。

2.3.1.3 岩溶裂隙水

岩溶裂隙水主要赋存于岩溶裂隙中，调查区岩溶裂隙水赋存岩层有：
（1）二叠系栖霞茅口组（P_1q+m），灰岩、白云岩；
（2）泥盆系上统（D_2z），中晶白云岩，夹泥质白云岩；
（3）寒武系下统中谊村组上段（$\in_1z^2$），粉晶白云岩；
（4）寒武系下统中谊村组下段第二层（$\in_1z^{1-2}$），含磷砂质白云岩；
（5）寒武系下统渔户村组（$\in_1y$），粉晶白云岩。

地质时代				厚度/m	地层柱状	富水性	水文地质特征
界	系	统	组	代号			
新生界	第四系			Q			洪冲积、残坡积层，弱含孔隙水。泉水流量0.022~0.51 L/(s·m)
	新近系			N			灰白、深灰、褐灰色，自下而上为砾岩、砂砾岩、砂岩及黏土。弱含孔隙水。泉水流量0.01~0.485 L/s左右，雨季流量较大，干季流量小至干枯
中生界	侏罗系	中统	上禄丰组	J₂l	558~1433			灰白、紫红、灰紫色中厚层状中粒长英砂岩，夹泥质粉砂岩。砂岩含裂隙水。泉水流量0.1~1 L/s。钻孔单位涌水量0.056~2.976 L/(s·m)。泥质粉砂岩为隔水层
		下统	下禄丰组	J₁l	107~618			灰紫、黄绿色中粒长英砂岩与块状泥质粉砂岩互层，夹细砂岩、钙质泥岩。砂岩含裂隙水。泉水流量0.014~0.79 L/s。泥质粉砂岩为隔水层
古生界	二叠系	下统	茅口组	P₁m	94~367			上部灰白色厚层—块状虎斑灰岩。下部灰白色厚层细—中晶白云岩，上部可见含方解石白云岩。含裂隙岩溶水，富水性不均匀，泉水流量0.1~118.24 L/s。钻孔单位涌水量0.017~12.40 L/(s·m)。个别仅为0.00045 L/(s·m)
			栖霞组	P₁q	54~305			
			倒石头组	P₁d	2~67			杂色铝土矿、铝土质页岩，底部褐黄色细粒石英砂岩。为隔水层
	泥盆系	上统	宰格组	D₃z	50~148			上部为浅灰色薄—中厚层状中晶白云岩，夹泥质白云岩。下部为由泥质白云岩、砂岩及含砾石英砂岩组成，含裂隙溶水，泉水流量0.014~5.55 L/s
		中统	海口组	D₂h	10~43			灰白、紫、黄褐色中厚—块状，细—中粒石英砂岩夹页岩及粉砂岩，含裂隙水，泉水流量0.09~0.30 L/s
	寒武系	下统	沧浪铺组	∈₁c	170			黑、深灰、灰黑色薄层碳质粉砂岩，粉砂岩夹粉砂质页岩及白云质粉砂岩。碳质粉砂岩具球状风化特征底部有二层0.2~0.5m墨绿色含海绿石姜状磷块岩，为隔水层，仅在砂岩中含风化裂隙水，泉水流量0.014~0.250 L/s。钻孔单位涌水量0.00039 L/s
			筇竹寺组	∈₁q	0~85			
			中滨村组	∈₁z	10~80			上部为深灰色，薄—中层状，含磷晶中晶白云岩、硅质岩等。下部为灰、灰白色硅质、白云质薄—中层状砂砾屑磷块岩，角砾状磷块岩。其间夹厚度不等之中—粗粒含磷白云岩含岩溶裂隙水，钻孔单位涌水量0.035~1.09 L/(s·m)
			渔户村组	∈₁y	144~177			
震旦亚界	震旦系	上统	灯影组	Zbdn	460			上部为浅灰、灰白、肉红色薄至中层状粉晶白云岩，夹黑色硅质条带或团块。下部为灰色薄层隐晶白云岩，夹绿色薄层白云质泥岩多层，单厚10~30cm,含风化裂隙水，泉水流量1.243~88.34 L/s，为区内主要含水层
								灰、深灰色，中至厚层状隐晶白云岩，薄白云岩，含裂隙岩溶水，泉水流量0.2~6.5 L/s。钻孔单位涌水量0.174~6.54 L/(s·m)
元古界	昆阳群		美党组	Pt₁m	277~3392			灰、深灰色绢云板岩，石英砂岩，中部夹不连续之灰岩透镜体，下部为深灰色板岩夹灰岩及碳质板岩，含裂隙水，泉水流量0.3~2.3 L/s。断层带附近富水性增强，流量可达8.7 L/s

　　　■ 强含水层　　　□ 中等含水层　　　▨ 弱含水层　　　■ 隔水层

图 2-11　区域水文地质特征简图

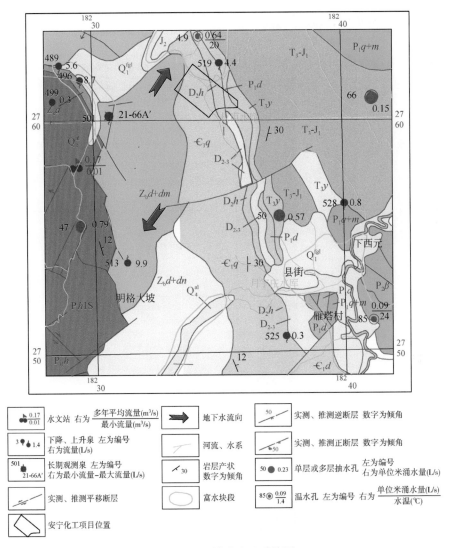

图 2-12　区域水文地质简图

安宁化工项目附近地区内灰岩、白云岩岩层主要发育岩溶裂隙，其次为溶孔、蚀晶洞，其岩溶裂隙水富水性中等，其间磷块岩富水性弱。总体上岩溶裂隙水富水性不均匀，岩溶弱发育。

2.3.2　水文地质结构特征

2.3.2.1　空间分布

1. 水平方向

孔隙含水层呈面状分布在调查区表层，分布面积大，但厚度较小。

裂隙水主要分布于调查区中部及东部，呈南北向条带状展布的砂岩、粉砂岩中，其间含有页岩、泥岩等隔水层，富水性弱，不均匀。

岩溶裂隙水分布于调查区西部及中东部，中东部岩溶裂水呈南北条带状展布，中间 P_1q+m 与 D_1z 中岩溶裂隙水被 P_1d 页岩隔水层阻隔，西部岩溶裂隙水呈片状分布，连通性较好，中间被中谊村组下段第三层（$\in_1z^{1-3}$）与第一层（$\in_1z^{1-1}$）磷块岩隔水层阻隔。

2. 垂直方向

孔隙水在垂直方向厚度较小，存在弱透水性的黏土和黏土岩，总体上垂直方向上透水性弱，据收集及现场调查民井，孔隙水水位深为 $0.7 \sim 3.5m$。

裂隙水赋存于砂岩、粉砂岩中，表层风化，富水性随深度减弱，深部可视为隔水层，收集岩层 $\in_1q$ 观测，其静止水位埋深为 69.1m（孔深 101.05m），水位标高 1840.83m。

岩溶裂隙水发育深度较大，但垂向上受泥岩、页岩、磷块岩等隔水层阻隔，富水性随深度减弱，收集调查区内岩层 $\in_1z^2$ 抽水实验供水孔（孔深 238.37m），水位埋深 50.54m，水位标高 1845.46m，单位涌水量 $1.29L/(s \cdot m)$。收集调查区内岩层 $\in_1z^{1-2}$ 观测终止静止水位钻孔（孔深 92.63m），水位深度 58.00m，水位标高 18441.26m。

2.3.2.2　地下水补排径

安宁化工项目附近地区地下水主要靠大气降水补给，大气降水绝大部分以面流的形式从调查区丘陵地带汇入盆地区域，盆地区地表水流向无名河排泄，最终排泄至螳螂川。大气降水少量入渗地下补给地下水，以沿裂隙迁流为主，以泉群形式出露，流量受大气降水的影响，一般在泉水附近修建有水库，最终排泄至螳螂川。

安宁化工项目附近地区发育有断层麦地厂断裂，断裂走向 $325° \sim 350°$，倾向北东，倾角 $60° \sim 70°$，断裂属逆断层，西盘（上升盘）泥盆系中统（D_2h）及筇竹寺组（$\in_1q$）上冲与泥盆系上统（D_3z）接触，断层破碎带水力联系强，透水性好，形成局部的地下水强径流带。

2.4　本章小结

云南安宁化工项目位于云南省昆明市西郊的安宁市草铺镇境内，交通条件便利，地理位置优越；厂址地处亚热带高原季风温凉气候区，隶属金沙江水系螳螂川流域，无名河穿过厂区，其地下水和地表水受地形控制相互补给；厂区地处滇中高原构造侵蚀溶蚀切割地貌之丘陵地带，以中低山为主，三面环山，地形起伏较大，坡度约为 $1.5° \sim 2.0°$，中部为近北西西—南东东向的狭长盆地，盆地内地形起伏不大，为侵蚀地貌单元，南部为丘陵地带，为侵蚀、溶蚀地貌单元，西北部丘陵地带紧靠岩溶地貌单元。

安宁化工项目位于康滇古陆南段中部，地层主要由两套沉积环境不相同的岩石系列组成。其一为前震旦系昆阳群，它是具"地槽型"特征，下部以变质火山岩为主，上部以碎屑岩为主的岩系，构成古陆基底；另一套为浅海-滨海-内陆盆地环境的"地台型"沉积，构成古陆的盖层。后者虽经历了自震旦纪以来的发展、演化阶段，但地层厚度一般不大，且未经变质。多期次的区域构造变动使该区轻度沉降和缓慢隆起，因而地层常有沉积间断或缺失。安宁化工项目周边出露地层有寒武系下统渔户村组（$\in_1y$）、中谊村组（$\in_1z$）、筇竹寺组（$\epsilon_1 q$）、泥盆系中统海口组（$D_2 h$）、上统宰格组（$D_3 z$）、二叠系下统倒石头组（$P_1 d$）、侏罗系下统下禄丰组（$J_1 l$）、侏罗系中统上禄丰组（$J_2 l$）地层；安宁化工项目位于扬子准地台（Ⅰ）之二级构造川滇台背斜（I_1）中的武定–石屏隆断束（I_1^2）内，区域范围新构造运动强烈，主要表现为整体大面积间歇性隆升运动、断块差异运动和块体掀斜运动等特点，且处于新构造运动比较活跃的滇中块体之中央部位，夷平面的解体大体围绕着汤郎–易门断裂和普渡河断裂以及外围的元谋–绿汁江断裂展开，以次级块体间的差异升降运动为主要特征。

在区域上，根据地下水赋存的介质条件不同，厂址周边地下水为孔隙水、裂隙水、岩溶裂隙水含水层。第四系结构松散，赋水空隙主要为粒间孔隙，主要赋存于砂砾石层；裂隙水主要赋存于砂岩、粉砂岩中，裂隙较发育，表层强—中风化，富水性中等，泥岩、页岩、磷块岩中富水性较弱；岩溶裂隙水主要赋存于灰岩、白云岩岩层，主要发育岩溶裂隙，其次为溶孔、蚀晶洞，其岩溶裂隙水富水性中等，其间磷块岩富水性弱。总体上岩溶裂隙水富水性不均匀，岩溶弱发育。安宁化工项目周边地下水主要靠大气降水补给，大气降水绝大部分以面流的形式从调查区丘陵地带汇入盆地区域，盆地区地表水流向无名河排泄，最终排泄至螳螂川。大气降水少量入渗地下补给地下水，以沿裂隙迁流为主，以泉群形式出露，流量受大气降水的影响，一般在泉水附近修建有水库，最终排泄至螳螂川。安宁化工项目附近发育有断层麦地厂断裂，断层破碎带水力联系强，透水性好，形成局部的地下水强径流带。

第3章 安宁化工项目及周边岩溶环境地质特征

3.1 地 形 地 貌

3.1.1 区域及周边地区地貌特征

安宁化工项目位于云南省安宁市草埔镇南约 1km 的权甫村周边，场区属滇中高原构造侵蚀溶蚀切割地貌之丘陵地带，以中低山为主，见图 3-1 和图 3-2。

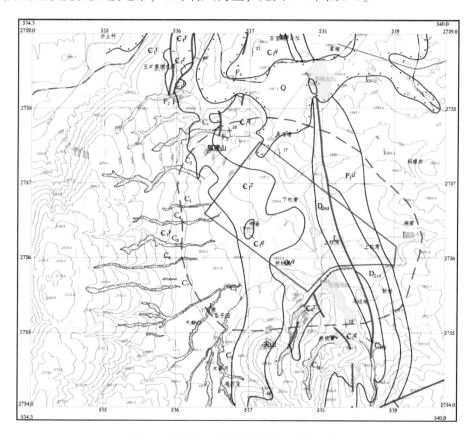

图 3-1 安宁化工项目附近岩溶地形地质图

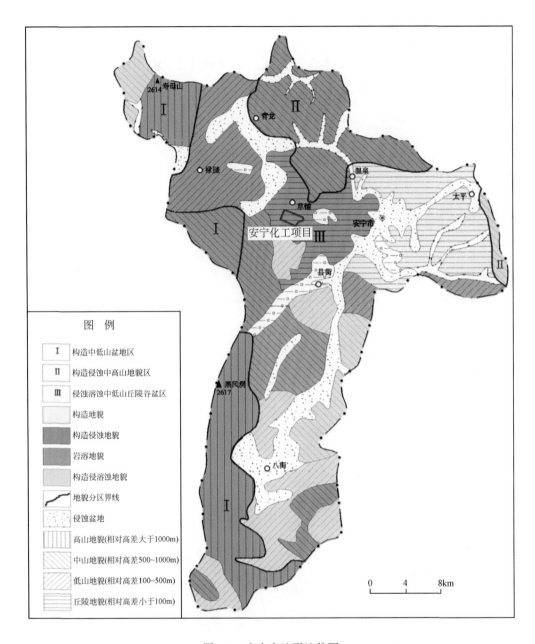

图 3-2　安宁市地形地貌图

　　安宁化工项目选址北西侧边界临吴海塘村坡脚,北东侧边界临老石坝水库,南东侧靠下杈甫水库,南西侧靠核桃箐村。该场地地势南高北低,较为平坦,坡度小于2°。整个场地长约2.4km,宽约1.1km。自然标高为1885～1950m,相对高差为65m。最高点位于场地南角、杈甫水库南侧低山,最低点位于北角吴海塘村。

　　安宁化工项目及周边地形地貌在始建前后常常发生质的变化,分析区域地形地貌对了解与认识岩溶地质会起到一定的帮助,化工厂2011年初遥感图像见图3-3。

图 3-3　安宁化工项目周边原始遥感图像

　　色调特征是识别遥感图像上目标地物的最基本解译标志，石灰岩、白云岩、砂岩等具有灰色调；水是蓝青色；道路是灰白色；建筑物是灰或浅蓝色；耕地为色调均一规则的田块状；植被对光线反射效果较差，呈具有凹凸感的深灰色。安宁化工项目周边地形地貌、水库、主要道路、重要建筑、居民地、植被及现有人类工程活动等均作了解译，其中水库、主要道路、大型人类工程活动、重要建筑在图中进行了标注，而居民地、植被及一般人类工程活动等，因过于分散或占地面积较小，不作标注。需说明的是，由于地面物体对光线的折射及遮挡作用，图片中深灰色部分多数为物体阴影，色彩明亮部分多为实地物体的顶部或向光部分（光线反射效果好），而植被对光线反射效果较差，呈具有凹凸感的深灰色。

3.1.2　区域地形地貌特征

　　岩溶谷地（坡立谷）：是在地壳处于相对稳定的情况下，地下水流的水平作用增强，地下通道不断地扩大，通道顶板不断地坍塌形成许多洼地，最后各个洼地进一步发展互相连通，构成一种底部平坦，长度往往可达十余千米的封闭或半封闭的长条形盆状谷地。岩溶谷地为溶蚀洼地向岩溶平原演化的过渡形态，地壳稳定时间越久发育越完善并具其岩溶平原的雏形。图 3-4 为碗窑场平前中间开阔条形地带，碗窑沟呈东北西南走向的古河道，应是泥盆系中统海口组与上统宰格组白云岩、灰岩（D_{2+3}）的岩溶谷地所形成，在 2011 年前还能种植水稻。

　　岩溶平原：图 3-5 是下权甫村寒武系中谊村组白云岩、灰岩（$\epsilon_1 z$）溶蚀后形成的溶蚀小平原，是权甫村一方良田，第四系覆盖层厚达 20 ~ 40m。

图 3-4　碗窑沟岩溶谷地　　　　　　　　图 3-5　下权甫村溶蚀平原

溶蚀孤峰：图 3-6 是下权甫村狮头山，由寒武系中谊村组 $\mathsf{C}_1 z$ 含磷白云岩岩石组成，高程约 1908m，应属于安宁化工项目厂区内由岩溶溶蚀形成的唯一孤峰地貌。

图 3-6　下权甫村狮头山孤峰

3.2　构造与地层

安宁化工项目位于云南省 1∶5 万昆明地质图幅中南部，在南岭东西向构造、川滇南北向构造与云南"山"字型构造的共同作用下，形成以安宁盆地为代表的现代地质、地貌景观。除昆明盆地，安宁属于该图幅中较典型强隆高原型岩溶盆地之一，控制了区域的地质、地貌、地下水的赋集和运移，对岩溶发育强度起关键的控制作用。因此，研究安宁化工项目的地质特征，首先要研究安宁盆地区域地质特征，为进一步分析研究该区域的岩溶发育规律提供基础资料。

3.2.1　安宁盆地岩溶地质构造特征

安宁市地处康滇古陆地轴东缘，大地构造位于扬子地台西南缘，属滇东台褶皱区。经多期构造活动影响，使区内褶皱及断裂十分发育，构造较为复杂。区内南北两端受东西向和北东向断裂控制，使区内断陷盆地发育，断裂构造线主要呈北东向及东西向展布（表 3-1、图 3-7 和图 3-8）。

表 3-1　安宁市区域构造概述

构造类型	描述
东西向构造	东西向构造由一系列沿东西方向延伸不远的短距离断层组成，常常与近东西和近南向、北西向以及众多的背斜、向斜构成棋盘状构造系统
北东向构造	北东向构造是次级构造系统，对地层破坏性很大，致使分布在这类构造系统中的各类地层，均被切割成面积较小的方块状、棱形状、条带状等各种形状
背斜及向斜构造	背斜及向斜构造在本区轴线走向近南北和近东西，主要分布在权甫西部和安宁南部，沿轴线出露寒武系、泥盆系、石炭系等老地层，两翼出露二叠系、三叠系、侏罗系等新地层；褶皱构造的组合形式，表现在区域上构成背斜-向斜、背斜复式与向斜复式
麦厂断裂	安宁化工项目东部有一断裂穿过（详见图 2.10），该断裂名为麦厂断裂，走向为 325°～350°，倾向北东，倾角为 60°～70°，属逆断裂，西盘（上升盘）泥盆系中统及笻竹寺组上冲与泥盆系上统接触，断层破碎带水力联系强，透水性好，对区域的岩溶发育有着重要的影响

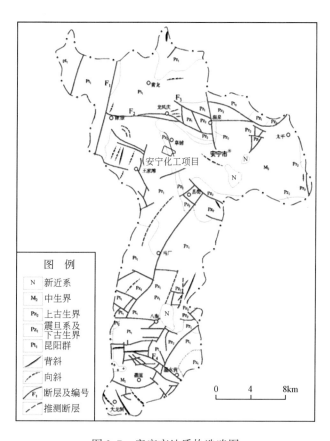

图 3-7　安宁市地质构造略图

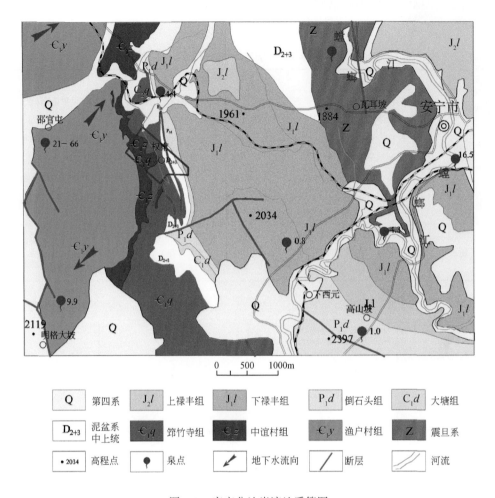

图 3-8　安宁盆地岩溶地质简图

3.2.2　安宁化工项目地层分布特征

安宁化工项目场地上部主要为第四系坡残积黏性土、含砾黏土、角砾及少量的冲积黏性土覆盖，泥质粉砂岩及白云岩出露较少。下伏基岩为下二叠统梁山组（P_1l）黏土岩；中上泥盆统（D_{2+3}）白云岩、灰岩、石英砂岩；寒武系下统筇竹寺组（$\in_1q^1$）砂岩、泥质砂岩、泥岩、碳质砂岩；中谊村组（$\in_1z$）、渔户村组（$\in_1y$）含磷白云岩（见图 3-9和表 3-2）。

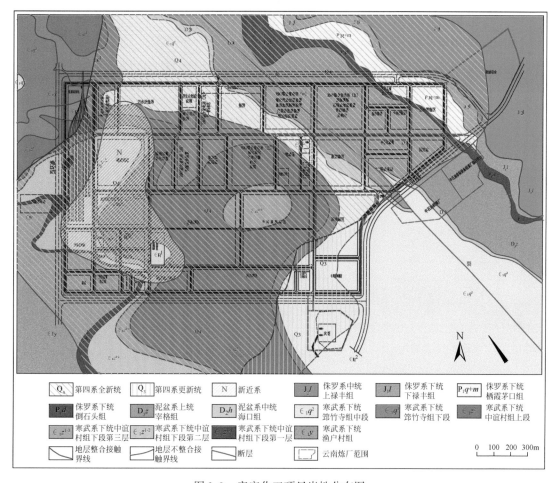

图 3-9　安宁化工项目岩性分布图

表 3-2　安宁化工项目地层简表

地层名称	岩性描述
第四系（Q）	红、红褐及褐黄色第四系中上更新统残、坡积黏性土、含砾黏土、角砾及少量的冲积黏性土，坡地地带较浅，厚为 5.6~24.1m，平地地带较深大于 32m
新近系（N）	由淡黄、砖红色松散薄—厚层砾岩、砂岩及灰黑、灰白色黏土层组成。底部与上部为硅质白云岩、石英砾石为主的砂砾岩。构成两个不完整的沉积旋回，具斜层理及交错层理，为河湖相碎屑沉积物。该层覆于不同层位之上，与下伏地层呈不整合接触。厚度为 55m
侏罗系中统上禄丰组（J₂l）	灰白、紫红、灰紫色中厚层状中粒长英砂岩，夹泥质粉砂岩，顶部含腹足类化石。厚为 558~1438m
侏罗系下统下禄丰组（J₁l）	上部紫灰色、棕红色中厚至厚层状钙泥质粉砂岩，泥质粉砂岩、粉砂质泥岩，夹灰紫灰黄色厚至中厚层状细砂岩、钙质泥岩。下部为紫红、灰紫、黄绿、褐黄色，中厚至厚层状细至中粒长石石英砂岩，与深棕红色中厚层状至块状泥质粉砂岩呈不等厚互层。底部为 4~6m 厚之黄褐、紫红色砾岩。厚为 107~618m。与下伏地层为不整合接触

续表

地层名称			岩性描述
二叠系栖霞茅口组（P_1q+m）			上部为灰白色厚层—块状虎斑灰岩。下部为灰白色厚层细至中晶白云岩，上部可见含有方解石团块之白云岩。上部厚为 94 ~ 367m，下部厚为 54 ~ 305m
二叠系下统倒石头组（P_1d）			上部为杂色（灰、黑、灰绿、褐红等）铝土岩、铝土矿、耐火黏土矿、铝土页岩和黏土组成，局部夹砂岩、铁铝岩、石灰岩和劣煤小透镜体。底部褐黄色细粒石英砂岩，向上为灰质页岩，含星点状、斑块状黄铁矿；厚为 2 ~ 67m。与下伏地层为假整合接触。铝土矿呈大小不等之透镜体，赋存于倒石头组中上部，与下覆地层为不整合接触
泥盆系上统宰格组（D_3z）			浅灰色薄—中厚层状中晶白云岩，夹泥质白云岩。厚为 50 ~ 148m
泥盆系中统海口组（D_2h）			上部砂岩中有时出现含磷碎屑泥—细晶白云岩。下部由含砾石英砂岩、砂岩、泥质岩组成，具数次正粒级旋回。全区分布稳定，但厚度有变化，厚为 10 ~ 43m，与下覆地层呈假整合接触
寒武系筇竹寺组（$\in_1q$）	寒武系下统筇竹寺组中段（$\in_1q^2$）		黄灰色、深灰色薄层—中厚层白云质粉砂岩，水平显微层理发育，下部夹多层单层厚为 1 ~ 1.5cm 之海绿石砾岩薄层，底部为厚约 50 ~ 80cm 之含磷海绿石底砾岩。厚为 30m
	寒武系下统筇竹寺组下段（$\in_1q^1$）		黄灰、黑色薄—中层含白云质粉砂岩夹粉砂质页岩，常组成不等厚互层，下部产有三层厚度为 10 ~ 30 ~ 100cm 之含磷海绿石粉砂岩。底部为厚约 10cm 之瘤状海绿石质磷块岩
寒武系下统中谊村组（$\in_1z$）	寒武系下统中谊村组上段（$\in_1z^2$）		灰白色薄—中层状粉晶白云岩，上部为条纹状硅质岩，其中常见有碳酸盐溶蚀孔洞发育，底部为一层约 1 ~ 2m 之泥质白云岩。全区分布稳定。厚为 1.5 ~ 42.86m
	寒武系下统中谊村组下段（$\in_1z^1$）	寒武系下统中谊村组下段第三层（$\in_1z^{1-3}$）	上部为灰褐色条带状白云质骨屑磷块岩，薄层状砂屑白云质磷块岩。下部为深灰色薄层状凝胶状磷块岩，砂屑状白云质磷块岩，局部夹含磷白云岩，厚为 14.26m
		寒武系下统中谊村组下段第二层（$\in_1z^{1-2}$）	灰色、深灰色厚层—块状，中—粗粒含磷砂质白云岩。上部与下部夹有多层厚约 1 ~ 3mm 之胶磷矿条呈渐变过渡，底部为一层几厘米至 10cm 粗粒生物碎屑含磷白云岩
		寒武系下统中谊村组下段第一层（$\in_1z^{1-1}$）	上部深灰色片状砂屑磷块岩夹中层砂屑磷块岩条带状砂屑磷块岩，中部为蓝灰色中层致密状砂屑磷块岩，下部为灰色白云质砂砾屑磷块岩，底部为同生角砾状砂屑磷块岩，厚度 9.74m。寒武系下统中谊村组与下覆地层呈假整合接触
寒武系下统渔户村组（$\in_1y$）			黄灰色、淡肉红色中—厚层微晶白云岩，顶部为一波状起伏之侵蚀面，向下见 15 ~ 30cm 之烟灰色硅质岩，沿裂隙而有较多锰斑点分布。厚度为 144 ~ 177m

依据《云南安宁化工项目初步勘察报告》（2011 勘-01）[62]，地层共分为 7 大层，各岩土层特征自上而下分述如下。

3.2.2.1　第四系地层

第四系覆盖层多为人工回填、冲洪积、湖相沉积、残坡积成因。

第①层素填土（Q_4^{ml}）：褐红色—灰白色，主要由碎石、黏性土组成，碎石母岩成分主要为白云岩和砂岩，呈棱角状，粒径一般 1～5cm，分布不均匀；黏性土主要为粉质黏土，局部与砂砾、碎石混杂，松散，高压缩性土。

第①-1 层杂填土（Q_4^{ml}）：杂色，主要由项目近期拆迁形成的建筑垃圾、碎石、黏性土等组成，分布不均匀；松散，高压缩性土。

第①-2 层耕土（Q_4^{pd}）：黄褐色—灰褐色，岩性不均匀，含大量植物根系，主要由粉质黏土组成，该层土裂隙较多，深度可达 0.5m，最大宽度可达 3cm。以可塑状态为主。

第②层粉质黏土（Q_4^{al+pl}）：褐红色—紫红色—褐黄色，岩性较均匀，以粉质黏土为主，含少量的硅质、白云岩角砾及氧化锰结核、斑点，切面光滑，有光泽，韧性高，干强度中—高。呈可塑状态，中等压缩性土。

第②-1 层粉质黏土（Q_4^{al+pl}）：灰黄色—褐黄色，岩性较均匀，以粉质黏土为主，局部为黏土，切面光滑，有光泽，韧性高，干强度中等。以软塑状态为主，局部可塑，中—高压缩性土。

第③层含砾粉质黏土（Q_4^{al+pl}）：褐黄色—灰白色—灰褐色，岩性不均匀，以粉质黏土为主，角砾含量在 5%～30%，粒径在 3～30mm，角砾的成分多为白云岩、砂岩及少量硅质岩组成。切面光滑，稍有光泽，韧性高—中等，干强度中—高，局部相变为粉质黏土、含砂粉质黏土，呈可塑—硬塑状态，中等压缩性土。

第③-1 层含有机质黏土（Q_4^{al+pl}）：黑色—灰黑色—灰褐色，相变频繁，局部过渡为泥炭质土、淤泥质土，个别钻孔与力学性质相似的灰褐色黏土互层，有光泽，韧性中等，干强度中等，以软塑状态为主，局部可塑，中—高压缩性土，有机质含量 5.4%～5.8%。

第③-2 层中细砂（Q_4^{al+pl}）：灰褐—灰白色，砂粒的主要矿物成分为石英、长石，多呈次棱角状、浑圆状，分选一般，级配一般，黏粒（<0.005mm）含量约占 7%～40%，局部相变为粉细砂、粉土、粗砂等。呈稍湿、松散状态，液化等级为轻微—中等。

第③-3 层粉质黏土（Q_4^{al+pl}）：灰黄色—灰白色—灰褐色，岩性不均匀，以粉质黏土、黏土为主，二者呈互层关系。切面光滑，稍有光泽，韧性高—中等，干强度中—高，局部相变含砂粉质黏土，以可塑状态为主，局部见软塑，中等压缩性土。

第④层粉质黏土（Q_4^{el+dl}）：灰黄—棕黄—棕红色，以粉质黏土、黏土为主，二者呈互层关系。部分钻孔揭示相变为含砾黏性土、碎石土等，为各种基岩风化后的残、坡积物，主要成分为长石、云母、白云岩等碳酸盐矿物，夹石英颗粒，土质不均匀，呈硬塑—坚硬状态，以中等压缩性土为主，局部为低压缩性土。

第④-1 层红黏土（Q_4^{el+dl}）：褐红色—棕红色，易搓成条，土质较均匀，切面光滑，稍有光泽，韧性中等，干强度中。在 114 组试验数据中，含水比 a_w<0.55（坚硬状态）的有 18 组，0.55<a_w≤0.70（硬塑状态）有 81 组，0.70<a_w≤0.85（可塑状态）的有 5 组，可见该层土以硬塑状态为主，属中等压缩性土，土体结构分类为致密状，偶见裂隙，（<1 条裂隙/m）。通过试验数据揭示勘察范围内红黏土主要为次生红黏土，局部为原生红黏土，无膨胀性。

第④-2 层粉质黏土（Q_4^{el+dl}）：灰黄色—灰褐色，该层主要分布在中风化白云岩基岩面的接触面上。由于中风化基岩面上的上层滞水（或者潜水）通过某种水力通道不断地下渗从而造成下部土层含水率高、土的力学性质偏低。与黏土互层，局部为粉土，含少量角砾，切面光滑，有光泽，韧性高，干强度中等。软塑—可塑状态，中—高压缩性土。

第④-3 层粉土夹粉砂（Q_4^{el+dl}）：灰黄色—灰褐色，该层主要分布在中风化白云岩基岩面的接触面上。由于中风化基岩面上的上层滞水（或者潜水）通过某种水力通道不断地下渗或地下水水平方向的频繁活动致使细粒土被水带走，较粗的粉粒、砂粒留在原地。该层局部含少量角砾，呈很湿、稍密状态。

3.2.2.2　基岩地层

勘察区揭示的基岩主要为寒武系筇竹寺组（$\in_1 q$）碳质泥岩、砂岩等；泥盆系中统海口组（D_2h）、上统宰格组（D_3z）的白云岩、石英砂岩、板岩、角砾岩等；二叠系下统倒石头组（P_1d）的泥岩、砂岩、铝土岩等。

勘察揭示基岩岩性特征介绍如下：

（1）二叠系（P_1d）铝土岩：岩石主要由铁泥质和粒径≤0.1mm 的硬水铝石、少量石英组成。铁质与泥质混染产出，部分泥质重结晶成水云母和绿泥石。硬水铝石主要呈不规则纹层富集产出，部分呈团块状不均匀分布于铁泥质中。

（2）泥盆系白云岩、灰岩（D_{2+3}）：岩石主要由粒径为 0.05~0.1mm 的粉—细晶白云石组成，白云石已重结晶成他形粒状，彼此镶嵌。局部见原岩结构（泥—微晶结构），部分选择性重结晶，晶粒变粗大，并具次生加大边。岩石含部分微裂隙，由铁泥质、后生石英、后生方解石等充填。

（3）泥盆系板岩（D_{2+3}）：岩石主要由粒径≤0.01mm 的隐微晶鳞片状水云母、泥质和少部分石英碎屑等组成。部分泥质与水云母混染产出，水云母连续定向排列构成板状构造。泥质大部分已重结晶成水云母，局部重结晶成高岭石，且呈条纹条痕状聚集产出。

（4）泥盆系石英砂岩（D_{2+3}）：岩石主要由粒径为 0.07~0.2mm 大小的变余砂状石英和少量电气石、锆石、铁泥质等组成。石英普遍已变质重结晶，彼此镶嵌，部分具次生加大边。次生石英围绕石英碎屑构成再生长式胶结。

（5）泥盆系角砾岩（D_{2+3}）：岩石主要由粒径为 2~30mm 的角砾（占78%左右）、砂屑（占15%左右）及填隙物（占5%左右）、金属矿物（占1%~2%）等组成。角砾以泥质角砾为主，局部含砂质角砾。泥质角砾主要由高岭石组成，砂质角砾主要由粒径为 0.03~0.5mm 的泥质岩屑和部分铁泥质组成。泥质岩屑呈不规则状充填于角砾之间，粒径大小不等，主要由显微隐晶质高岭石组成。原岩可能为泥岩夹岩屑砂岩，经动力变质作用被破碎成大小不等的角砾状碎块，角砾碎块间由部分泥质岩屑和铁泥质充填。

（6）寒武系碳质泥岩、砂岩（$\in_1 q$）：黑色—深灰色—灰黑色，具球状风化特征，含软舌螺腕足类、古介形虫、三叶虫等。岩石主要由粒度<0.004mm 的碳泥质及粒度 0.01~0.04mm 的碎屑颗粒组成。碎屑颗粒主要是石英及少量云母碎片，棱角状，均匀分布于碳泥质中，少量金属矿物沿裂纹细脉状分布。

上述基岩在场区内倾向北东 60°~75°，倾角 10°~15°。按基岩的风化程度及力学性质进行地层划分编号，按全风化、强风化、中风化三个带划分 3 大层（⑤层、⑥层、⑦层）。

基岩全风化带（第⑤层）：按地质年代先后顺序划分为全风化泥岩、砂岩（⑤-1）、全风化铝土岩（⑤-2）、全风化角砾岩（⑤-3）、全风化石英砂岩（⑤-4）、全风化板岩（⑤-5）、全风化白云岩、灰岩（⑤-6）、全风化碳质泥岩、砂岩（⑤-7）等构成，其中全风化白云岩、灰岩（⑤-6）由于上部和下部力学性质的差异，又划分为⑤-6-1（上段）、⑤-6-2（下段）两个层位。

第⑤-1 层全风化泥岩、砂岩（P_1d）：褐黄色—灰黄色，泥质、粉砂质结构，层状构造。结构、构造基本破坏，但层理、片理尚可辨认，局部含少量石英颗粒；已蚀变成土状；呈硬塑—坚硬状态，中—低压缩性土。

第⑤-6 层全风化白云岩、灰岩（D_{2+3}）：灰白色—灰褐色—棕黄色，细晶结构，层状构造。已风化成土状，由于该层上部及下部力学性质有较为明显的差异，故对该层细分为第⑤-6-1（上段）和第⑤-6-2（下段）两大层。各地层特点如下：

第⑤-6-1 层全风化白云岩、灰岩（D_{2+3}）：灰白色—灰褐色—棕黄色，细晶结构，层状构造。结构、构造基本破坏，局部夹强风化岩块，层理、片理尚可辨认。已风化成土状，呈坚硬—硬塑状态。

第⑤-6-2 层全风化白云岩、灰岩（D_{2+3}）：灰白色—灰褐色—棕黄色，细晶结构，层状构造。结构、构造已完全破坏，层理、片理难以辨认。由于中风化基岩面上的上层滞水（或者潜水）通过某种水力通道不断地下渗从而造成下部土层含水率高、土的力学性质偏低或通过某种水力通道不断地下渗或地下水水平方向的频繁活动致使细粒土被水带走，较粗的粉粒、砂粒留在原地。已潜蚀或蚀变成土状（呈可塑—软塑状态，偶见流塑）或砂状（呈松散、饱和状态）。

第⑤-7 层全风化碳质泥岩、砂岩（$Є_1q$）：灰黑—深黑色，泥质结构，层状构造。结构、构造基本破坏，已蚀变成土状，局部夹强风化岩块，层理、片理尚可辨认，局部含少量石英颗粒；用手可捏碎；呈硬塑状态，中等压缩性土。

第⑥层基岩强风化带：按地质年代先后顺序划分为强风化泥岩、砂岩（⑥-1）、强风化铝土岩（⑥-2）、强风化角砾岩（⑥-3）、强风化石英砂岩（⑥-4）、强风化板岩（⑥-5）、强风化白云岩、灰岩（⑥-6）、强风化碳质泥岩、砂岩（⑥-7）等。

第⑥-1 层强风化泥岩、砂岩（P_1d）：褐黄色—灰黄色，泥质、粉砂质结构，层状构造。结构、构造大部分破坏，岩体破碎，完整性差，被切割成碎块状，碎块干时用手易折断，遇水软化。

第⑥-5 层强风化板岩（D_{2+3}）：灰色—灰黑色，变余泥质结构，板状构造。结构、构造大部分破坏，岩体破碎，完整性差，被切割成碎块状，碎块干时用手易折断，遇水软化。

第⑥-6 层强风化白云岩、灰岩（D_{2+3}）：灰黄色—褐灰色—灰白色，细晶结构，层状构造。结构、构造大部分破坏，岩体破碎，完整性较差，被切割成碎块状，碎块干时用手难折断，大部分碎块有溶蚀现象。

第⑥-7 层强风化碳质泥岩、砂岩（$Є_1q$）：灰黑—深黑色，泥质结构，层状构造。结构、构造大部分破坏，完整性较差，被切割成碎块状，碎块干时用手易折断，已风化成碎石土或坚硬土状。

第⑦层基岩中风化带：按地质年代先后顺序划分为中风化泥岩、砂岩（⑦-1）、中风化铝土岩（⑦-2）、中风化角砾岩（⑦-3）、中风化石英砂岩（⑦-4）、中风化板岩（⑦-5）、中风化白云岩、灰岩（⑦-6）、中风化碳质泥岩、砂岩（⑦-7）等。

第⑦-1层中风化泥岩、砂岩（P_1d）：褐黄色—灰黄色，泥质、粉砂质结构，层状构造。结构、构造部分破坏，岩石节理发育，节理裂隙褐红色铁锰质充填，易击碎，岩心采取率较高，岩石较完整，RQD=50~90，岩石坚硬程度属于极软岩—软岩，软化系数K_p=0.74。

第⑦-2层中风化铝土岩（P_1d）：灰色—灰黑色，泥质结构，块状构造。岩石主要由铁泥质和粒径≤0.1mm的硬水铝石、少量石英组成，铁质与泥质混染产出，部分泥质重结晶成水云母和绿泥石，硬水铝石主要呈不规则纹层富集产出，部分呈团块状不均匀分布于铁泥质中；结构、构造部分破坏，锤击易碎；岩心采取率较低，岩石质量指标RQD=20~50。岩石坚硬程度属于软岩—较软岩。

第⑦-3层中风化角砾岩（D_{2+3}）：灰色，角砾结构，块状构造。原岩可能为泥岩夹岩屑砂岩，经动力变质作用被破碎成大小不等的角砾状碎块，角砾碎块间由部分泥质岩屑和铁泥质充填，最大角砾可达30mm；结构、构造部分破坏，锤击可碎；岩心采取率较低，岩石质量指标RQD=50。岩石坚硬程度属于软岩—较软岩。

第⑦-4层中风化石英砂岩（D_{2+3}）：灰色—灰白色，变余细粒砂状结构，块状构造。石英普遍已变质重结晶，彼此镶嵌，部分具次生加大边，次生石英围绕石英碎屑构成再生长式胶结层；结构、构造部分破坏，锤击声较清脆，难击碎；岩心采取率较高，岩石质量指标RQD=40~60。岩石坚硬程度属于坚硬岩。

第⑦-5层中风化板岩（D_{2+3}）：灰色—灰黑色—黑色，变余泥质结构，板状构造。部分泥质与水云母混染产出，水云母连续定向排列构成板状构造，泥质大部分已重结晶成水云母，局部重结晶成高岭石，且呈条纹条痕状聚集产出；结构、构造部分破坏，锤击可碎；该层分布在白云岩（D_{2+3}）的上部，与白云岩常呈互层出现，推测为白云岩变质产物。岩心采取率较高，岩石质量指标RQD=50~90。岩石坚硬程度属于较软岩—较硬岩。

第⑦-6层中风化白云岩、灰岩（D_{2+3}）：灰黄色—褐灰色—灰白色，细晶结构，层状构造。主要由微—粉晶白云石和部分铁泥质、石英、黄铁矿、少量白云母、电气石等组成；结构、构造部分破坏，锤击声较清脆，难击碎；该层顶部与第⑦-4层中风化板岩在勘察区东部呈互层出现，大部分岩心有溶蚀现象。该层揭示溶蚀严重，溶洞发育在该层，溶洞充填物状态及特点见本章节末的相关描述。岩心采取率较高，RQD=50~90，岩石坚硬程度属于较硬岩—坚硬岩，软化系数K_p=0.85。

第⑦-7层中风化碳质泥岩、砂岩（$\in_1 q$）：灰黑—深黑色，泥质结构，层状构造。岩石主要由粒度<0.004mm的碳泥质及粒度0.01~0.04mm的碎屑颗粒组成，具球状风化特征。结构、构造部分破坏，层理清晰，岩体裂隙发育，锤击可碎。岩心采取率高，RQD=50~90，岩石坚硬程度属于较软岩—较硬岩。

第⑧层溶洞：空洞，无充填物。

第⑧-1层粉质黏土：灰黄色—灰褐色，为溶洞充填物，岩性不均匀，以粉质黏土、黏土为主，局部粉土，含少量角砾，黏土切面光滑，有光泽，韧性高，干强度中。流塑—软塑状态，局部可塑，高压缩性土。

第⑧-2层碎石土：杂色，为溶洞充填物，碎石以白云岩碎块为主，粒径最大达10cm，土的成分较为复杂，主要由微—粉晶白云石、石英、长石等组成，呈饱和、松散状态。

第⑧-3层粉土夹粉砂：灰色—灰黑色，为溶洞充填物，矿物组成成分较为复杂，主要由微—粉晶白云石、石英、长石等组成，呈饱和、松散状态。

3.3　安宁化工项目附近水文地质条件

安宁化工项目位于安宁市草铺镇权甫村，该区是典型的山口冲积平地（盆地），其山前平原作为山谷小流域的出口单元，承接了整个小流域的径流量。该区地下水主要受大气降水垂向下渗补给、周边水库水塘补给和小流域侧向补给等因素控制，地下水变化与整个小流域的产流、渗流和出流息息相关。

安宁化工项目附近地区地下水及与地表水的相互关系，是岩溶形成、发展及演变的必要条件和主要控制因素之一。地下水动力条件的演变改变着岩溶形成的水动力条件，围绕地下水系统的子系统和分区（带）形成不同类型的岩溶形态及其组合。同时地下水系统的演变阶段性也影响了岩溶演化的阶段性。在阐述安宁化工项目附近地区现代地下水及与地表水系统的相互关系之基础上，结合地质、地貌、构造发展史及岩相古地理等，对安宁化工项目附近地区地下水系统的形成演化进行了研究，该研究是岩溶发生发展演变的重要基础。

安宁化工项目及区域范围内盆地边缘小溪沟多为干冲沟，仅在雨季时有水，少部分有常年水流，系由泉水补给；而在距离泉不远的地方建有小型水库蓄水，供农田灌溉用；其内的河、沟、渠除雨季外一般无水。地表水体河流有无名河上游段，过境段总长约2.1km，河道已修砌为三面水泥抹面的灌溉用沟渠，宽约1～2m，深约0.8～1m。无名河从权甫水库流出后沿西北方向于吴海塘中村口流出场地（图3-10、表3-3）。

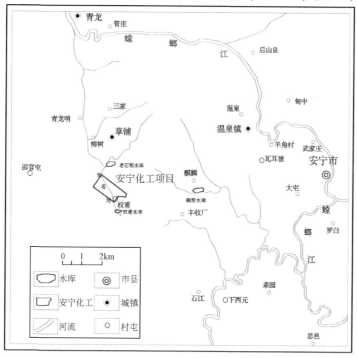

图 3-10　安宁化工项目及周边水系图

表 3-3 安宁化工项目周边水库、水（鱼）塘概况分述

名称	位置	描述	基岩岩性	补给	排泄
老石坝水库	位于安宁化工项目北部	坝高约9m，水域面积约7.8hm²	寒武系下统筇竹寺组中段（$∈_1q^2$），泥盆系上统宰格组（D_3z）和二叠系下统倒石头组（P_1d）	大气降水	蒸发、下渗、灌溉、向河排泄
梨子园水库	位于安宁化工项目南侧	据水文资料，水源为上游季节性冲沟汇水以及上游一下降泉，泉流量约0.1L/s	寒武系下统渔户村组（$∈_1y$）	大气降水、下降泉	蒸发、下渗、灌溉
权甫水库	位于安宁化工项目东南角	坝高约10m，水库占地面积约9.69hm²，水库周边植被较好	寒武系下统筇竹寺组中段（$∈_1q^2$）	大气降水	蒸发、下渗、向河排泄
碗窑水库	位于安宁化工项目东部，碗窑村南端	水库占地面积约2hm²，据水文资料，水库水源由上游一下降泉补给，流量0.312L/s	侏罗系下统下禄丰组（J_1l）	大气降水、下降泉	蒸发、下渗、灌溉
吴海塘村村水塘	位于安宁化工项目北侧，场地北角外边缘	水塘呈四边形，长宽约约100m	寒武系下统筇竹寺组中段（$∈_1q^2$）	大气降水、上游径流	蒸发、下渗、灌溉
上权甫北水塘	位于安宁化工项目中部	水塘呈四边形，长约100m，宽约80m	寒武系下统筇竹寺组中段（$∈_1q^2$）和泥盆系上统宰格组（D_3z）	大气降水、上游径流	蒸发、下渗、灌溉、向河排泄
上权甫南水塘	位于安宁化工项目中部，周边为上权甫村居民住宅及农地	水塘呈不规则四边形，一长约100m，宽约50m	寒武系下统筇竹寺组中段（$∈_1q^2$）	大气降水、上游径流	蒸发、下渗、灌溉
上权甫村边水塘	位于安宁化工项目东部	水塘位于居民住宅群内，水塘内杂草、水草丛生，水质较差	泥盆系上统宰格组（D_3z）	大气降水、径流	蒸发、下渗
上权甫村东侧水塘	位于安宁化工项目东部，场地内	水塘似圆形，直径约10m	泥盆系上统宰格组（D_3z）	大气降水、生活污水	蒸发、下渗
石坪村北侧水塘	位于安宁化工项目东部，场地东边界	水塘水域面积较小	二叠系栖霞茅口组（P_1q+m）	大气降水、生活污水	蒸发、下渗

安宁化工项目及区域范围内其余灌溉水渠及排水水沟沿土块田埂纵横交错，大多数灌溉水渠及排水水沟宽约40~50cm，流量小，且以土沟为主。安宁化工项目及区域范围其余水体以水库、水（鱼）塘为主。小型水库包括老石坝水库、梨子园水库、权甫水库、碗窑水库。另外，较大的水（鱼）塘5个，包括吴海塘村水塘、上权甫水（鱼）塘、石坪村北侧水塘等。水库分布于安宁化工项目外围北、东、南侧，水（鱼）塘除吴海塘村水塘外，其余均分布于无名河以东。

3.3.1　地下水系统的划分及命名

根据含水介质系统的性质、特征，水文地质建造特征，水动力动态特征，地形地貌特征及埋藏条件等因素，安宁化工项目附近地区地下水可划分为：松散孔隙地下水系统、基岩裂隙地下水系统、基岩溶隙–管道地下水系统。而基岩溶隙–管道地下水系统，即赋存和运转于泥盆系上统宰格组碳酸盐岩含水层，浅至中深层多级次空隙含水介质系统中的地下水，是本次研究重点阐述的对象。根据岩层的地下水特性，安宁化工项目及周边地区可划分出6个地下水系统（见图3-11、图3-12、图3-13、图3-14、表3-4），其中Ⅰ系统可再划分成两个子系统。各主要岩层的含水性见表3-4。

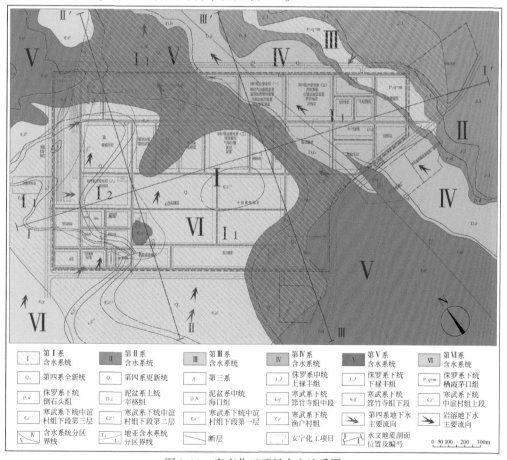

图 3-11　安宁化工项目水文地质图

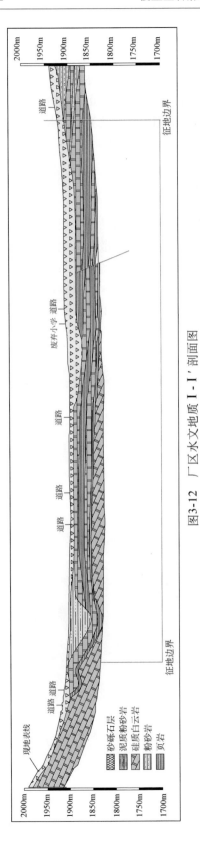

图3-12　厂区水文地质 I - I' 剖面图

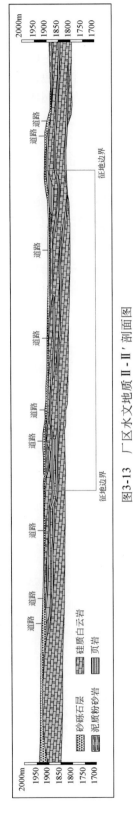

图3-13　厂区水文地质 II - II' 剖面图

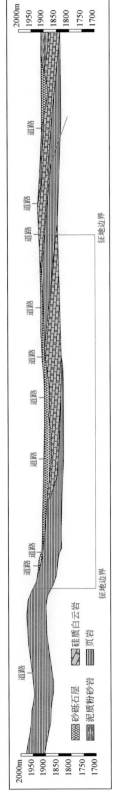

图3-14　厂区水文地质 III - III' 剖面图

表 3-4 安宁化工项目及周边地下水系统分类特征表

地下水系统分区号		名称	地层名称	岩性	含水介质	钻孔单位涌水量 /(L/s·m)	泉流量 /(L/s)	备注
I	I$_1$	第四系孔隙水系统	Q	松散岩类	孔隙	0.0112 ~ 4.82	0.022 ~ 0.51	弱含水层
	I$_2$	新近系孔隙水系统	R	松散岩类	孔隙		0.01 ~ 0.485	局部隔水层
II		侏罗—二叠系基岩裂隙水系统	J$_2$l	碎屑岩	风化裂隙	0.056 ~ 2.976	0.14 ~ 1.0	区域隔水层
			J$_1$l	碎屑岩	风化裂隙		0.014 ~ 0.79	
			J$_1$d	碎屑岩	风化裂隙			
III		二叠系岩溶裂隙水系统	P$_1$q+m	碳酸盐岩	岩溶裂隙	0.017 ~ 12.4	0.1 ~ 118.24	弱含水层
IV		泥盆系岩溶水系统	D$_3$z	碳酸盐岩	溶孔、溶洞、管道		0.014 ~ 5.55	强含水层
			D$_2$h	碎屑岩	裂隙			
V		寒武系基岩裂隙水系统	$\in_1$q^1	碎屑岩	风化裂隙	0.00039	0.014 ~ 0.23	区域隔水层
			$\in_1$q^2	碎屑岩	风化裂隙			
VI		寒武系岩溶裂隙水系统	$\in_1$z^2	碎屑岩	风化裂隙		0.035 ~ 1.09	$\in_1$z 与 $\in_1$y 有水力联系
			$\in_1$z$^{1-3}$	碎屑岩	风化裂隙			
			$\in_1$z$^{1-2}$	碳酸盐岩	岩溶裂隙			
			$\in_1$z$^{1-1}$	碎屑岩	风化裂隙			
			$\in_1$y	碳酸盐岩	岩溶裂隙		1.243 ~ 88.34	

3.3.2 地下水系统特征

根据地下水系统的不同，安宁化工项目周边地下水系统的主要特性描述如下。

3.3.2.1 松散层类孔隙水系统（I）

在安宁化工项目附近松散层类孔隙水系统可分为两个亚区：第四系松散层类孔隙水系统（I$_1$）和新近系松散层类孔隙水系统（I$_2$）。

1. 第四系松散层类孔隙水系统（I$_1$）

第四系松散层类孔隙水系统（I$_1$）在安宁化工项目均有分布，第四系结构松散，赋水空隙主要为粒间孔隙，主要赋存于砂砾石含黏土层，钻孔单位涌水量在 0.0112 ~ 4.82L/(s·m)，属弱含孔隙水或弱透水层。根据收集的资料显示，区域内第四系松散层类孔隙水含水层水位埋深在 10.04 ~ 20.00m 之间，含水层渗透系数在 0.17 ~ 2.12m/d 之间（表3-5）。含水层分布连续、均匀，其地下水流向主要受地形地貌的控制，自东南向西北流动（图 3-15、图 3-16）。

表 3-5　安宁化工项目及周边第四系松散层类孔隙水钻孔水文地质参数表

孔	孔深/m	水位埋深/m	渗透系数/(m/d)	备注
SW01	50.1	10.20	0.74	土工试验
SW02	26.0	12.44	1.77	注水试验
SW03	50.1	19.00		
SW04	26.0	15.64	2.12	注水试验
SW05	50.3	20.00		
SW06	35.0	10.04	0.35	抽水试验
SW07	30.7	10.08	0.17	注水试验

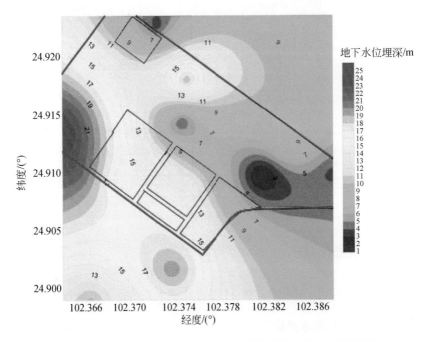

图 3-15　安宁化工项目及周边第四系松散层类地下水水位埋深图

2. 新近系松散层类孔隙水系统（I₂）

新近系砂质胶结，固结程度较差，孔隙水赋存于砂岩、砂砾岩中，富水性弱，其分布下伏于第四系，属于区域范围内的隔水层，主要分布于安宁化工项目内西侧。

3.3.2.2　侏罗—二叠系基岩裂隙水系统（Ⅱ）

侏罗—二叠系基岩裂隙水系统（Ⅱ）主要分布于安宁化工项目的东部地区。裂隙水主要为赋存于岩石裂隙中的地下水。其赋存岩层包括：侏罗系下统下禄丰组（J₁l），中粒长

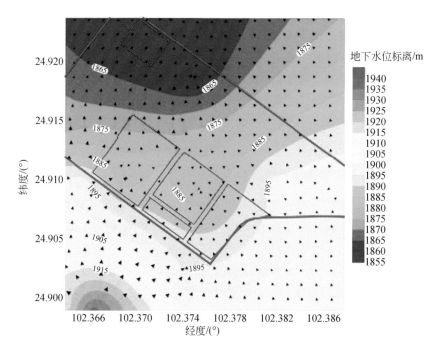

图 3-16　安宁化工项目及周边第四系松散层类地下水水位标高及流场图

英砂岩夹泥质粉砂岩；侏罗系中统上禄丰组（J_2l），中粒长英砂岩与块状泥质粉砂岩互层，夹细砂岩，钙质泥岩；二叠系下统倒石头组（P_1d），铝土矿，铝土质页岩。据收集资料显示，钻孔单位涌水量在 $0.056 \sim 2.976L/(s \cdot m)$，泉水流量 $0.014 \sim 1.0L/s$，属弱透水层。根据收集的资料显示，该套地层具有柔性，在地应力的作用下不容易产生裂隙，或均呈细网状的闭合裂隙，不利于地下水的入渗，亦无存储条件。因此，含水十分微弱，实为不透水岩层。

3.3.2.3　二叠系岩溶裂隙水系统（Ⅲ）

二叠系岩溶裂隙水系统（Ⅲ）主要在区域东部呈带状分布，在规划区域的综合管理区东部有所分布。岩溶裂隙水主要赋存于二叠系栖霞茅口组（P_1q+m）和灰岩、白云岩的岩溶裂隙之中。灰岩、白云岩岩层主要发育岩溶裂隙，其次为溶孔、蚀晶洞，其岩溶裂隙水富水性中等，其间磷块岩富水性弱。总体上岩溶裂隙水富水性不均匀，岩溶弱发育。其两侧被侏罗—二叠系基岩裂隙水系统（Ⅱ）的侏罗系和二叠系泥岩和砂岩所阻隔。据收集资料显示，钻孔单位涌水量在 $0.017 \sim 12.4L/(s \cdot m)$，泉水流量 $0.1 \sim 118.24L/s$，属含水层。

3.3.2.4　泥盆系岩溶水系统（Ⅳ）

泥盆系岩溶水系统（Ⅳ）主要在区域东部呈带状分布，在规划区域的东部穿过。岩溶裂隙水主要赋存于泥盆系上统（D_2z），中晶白云岩，夹泥质白云岩的岩溶裂隙、溶洞，岩溶管道和泥盆系中统（D_2h），砂岩、含砾石英砂岩、砂岩、泥质岩的风化裂隙之中，其两侧被侏罗—二叠系基岩裂隙水系统（Ⅱ）和寒武系基岩裂隙水系统（Ⅴ）所阻隔。据收集资料显示，泉水流量 0.014~5.55L/s，属含水层。该套地层中集中广泛发育有大量的溶洞和岩溶管道，岩溶发育深度较大。

在该系统之中发育有断层麦地厂断裂，断裂走向 325°~350°，倾向北东，倾角 60°~70°，断裂属逆断层，西盘（上升盘）泥盆系中统（D_2h）及筇竹寺组（$\in_1q$）上冲与泥盆系上统（D_3z）接触，断层破碎带水力联系强，透水性好，形成局部的地下水强径流带。

3.3.2.5 寒武系基岩裂隙水系统（Ⅴ）

寒武系基岩裂隙水系统（Ⅴ）主要在区域中部呈片状分布，在规划区域的中部穿过。基岩裂隙水主要赋存于寒武系下统筇竹寺组（$\in_1q$），碳质粉砂岩，粉砂岩或粉砂质页岩及白云质粉砂岩，寒武系下统中谊村组下段第三层（$\in_1z^{1-3}$），砂屑白云质磷块岩的风化裂隙之中。该地下水系统，作为区域上的隔水层，隔断了泥盆系岩溶水系统（Ⅳ）和寒武系岩溶裂隙水系统（Ⅵ）的水力联系。裂隙水赋存于砂岩、粉砂岩中，表层风化，富水性随深度减弱，深部可视为隔水层，收集岩层 $\in_1q$ 观测，其静止水位埋深为 69.1m（孔深 101.05m），水位标高 1840.83m；据收集资料显示，该地下水系统钻孔单位涌水量在 0.00039L/(s·m)，泉水流量 0.014~0.23L/s，属区域隔水层。

3.3.2.6 寒武系岩溶裂隙水系统（Ⅵ）

寒武系岩溶裂隙水系统（Ⅵ）主要在区域西部呈片状分布，在规划区域的西部穿过。岩溶裂隙水主要赋存于寒武系下统中谊村组上段（$\in_1z^2$），粉晶白云岩、寒武系下统中谊村组下段第二层（$\in_1z^{1-2}$），含磷砂质白云岩和寒武系下统渔户村组（$\in_1y$），粉晶白云岩的岩溶裂隙之中。灰岩、白云岩岩层主要发育岩溶裂隙，其次为溶孔、蚀晶洞，其岩溶裂隙水富水性中等，其间磷块岩富水性弱。总体上岩溶裂隙水富水性不均匀，岩溶弱发育。该地下水系统，作为区域上的含水层，其中被寒武系下统中谊村组下段第一层（$\in_1z^{1-1}$），砂屑磷块岩薄层状隔水层将寒武系下统中谊村组下段第二层（$\in_1z^{1-2}$）和寒武系下统渔户村组（$\in_1y$）阻隔，但 $\in_1z$ 和 $\in_1y$ 之间有明显的水力联系。该地下水系统岩溶裂隙水发育深度较大，但垂向上受泥岩、页岩、磷块岩等隔水层阻隔，富水性随深度减弱，收集评估区内岩层 $\in_1z^2$ 抽水实验供水孔（孔深 238.37m），水位埋深 50.54m，水位标高 1845.46m，单位涌水量 1.29L/(s·m)。收集评估区内岩层 $\in_1z^{1-2}$ 观测终止静止水位钻孔（孔深 92.63m），水位深度 58.00m，水位标高 18441.26m。据收集资料显示，该地下水系统 $\in_1z^{1-2}$ 泉水流量 0.035~0.23L/s，属区域弱水层；$\in_1y$ 泉水流量 1.243~88.34L/s，属区域强水层。

3.3.3 水文地质结构特征

安宁化工项目厂区及周边水文地质特征大致体现在以下四个方面。

3.3.3.1 地下水补排途径

1. 松散层类孔隙水系统（Ⅰ）

第四系松散层类孔隙水系统（Ⅰ₁）的补给来源主要为大气降水和地表水体入渗及灌溉回归补给，地下水径流主要受地形控制，由高地势区向低地势区流动，地下水的排泄主要为蒸发和向地表水排泄，有较少部分为人工开采和向下部含水层入渗。

第四系松散层类孔隙水系统（Ⅰ₁）属开放性的孔隙水系统。

新近系松散层类孔隙水系统（Ⅰ₂）的补给来源主要为上部第四系含水层入渗补给，含水层富水性弱，地下水径流缓慢，地下水较为封闭，没有明显的排泄。

新近系松散层类孔隙水系统（Ⅰ₂）属封闭性的孔隙水系统。

2. 侏罗—二叠系基岩裂隙水系统（Ⅱ）

侏罗—二叠系基岩裂隙水系统（Ⅱ）的补给来源主要为大气降水和地表水体入渗补给，地下水径流主要受地形控制，由高地势区向低地势区流动，地下水的排泄主要为蒸发和通过泉水向地表水排泄，有较少部分为人工开采。

侏罗—二叠系基岩裂隙水系统（Ⅱ）属开放性的基岩裂隙水系统。

3. 二叠系岩溶裂隙水系统（Ⅲ）

二叠系岩溶裂隙水系统（Ⅲ）的补给来源主要为第四系下渗补给，地下水径流主要受地形控制，由高地势区向低地势区流动，地下水的排泄主要为通过泉水向地表水排泄，有较少部分为人工开采。

二叠系岩溶裂隙水系统（Ⅲ）属开放性的岩溶裂隙水系统。

4. 泥盆系岩溶水系统（Ⅳ）

泥盆系岩溶水系统（Ⅳ）的补给来源主要为降水入渗和第四系下渗补给，地下水径流主要受地形控制，由高地势区向低地势区流动，地下水的排泄主要为通过泉水向地表水排泄，有较少部分为人工开采。

泥盆系岩溶水系统（Ⅳ）属开放性的岩溶裂隙–溶洞水系统。

5. 寒武系基岩裂隙水系统（Ⅴ）

寒武系基岩裂隙水系统（Ⅴ）的补给来源主要为降水入渗和第四系下渗补给，地下水径流主要受地形控制，由高地势区向低地势区流动，地下水的排泄主要为通过泉水向地表水排泄。

寒武系基岩裂隙水系统（Ⅴ）属开放性的基岩裂隙水系统。

6. 寒武系岩溶裂隙水系统（Ⅵ）

寒武系岩溶裂隙水系统（Ⅵ）的补给来源主要为降水入渗和第四系下渗补给，地下水径流主要受地形控制，由高地势区向低地势区流动，地下水的排泄主要为通过泉水向地表水排泄，有较少部分为人工开采。

寒武系岩溶裂隙水系统（Ⅵ）属开放性的岩溶裂隙水系统。

安宁化工项目厂区及周边地下水主要靠大气降水补给，大气降水绝大部分以面流的形式从研究区丘陵地带汇入盆地区域，盆地区地表水流向无名河排泄，最终排泄至螳螂川。大气降水少量入渗地下补给地下水，以沿裂隙迁流为主，以泉群形式出露，流量受大气降水的影响，一般在泉水附近修建有水库并最终排泄至螳螂川。

3.3.3.2　各地下水系统特征

安宁化工项目及周边各地下水系统呈现出含水—隔水—含水的依次排泄显现（图3-17）：

第四系松散层类孔隙水系统（I_1）为区域上的弱含水层；

新近系松散层类孔隙水系统（I_2）为区域上的弱隔水层；

侏罗—二叠系基岩裂隙水系统（Ⅱ）为区域上的隔水层；

二叠系岩溶裂隙水系统（Ⅲ）为区域上的弱含水层；

泥盆系岩溶水系统（Ⅳ）为区域上的强含水层；

寒武系基岩裂隙水系统（Ⅴ）为区域上的隔水层；

寒武系岩溶裂隙水系统（Ⅵ）为区域上的强含水层。

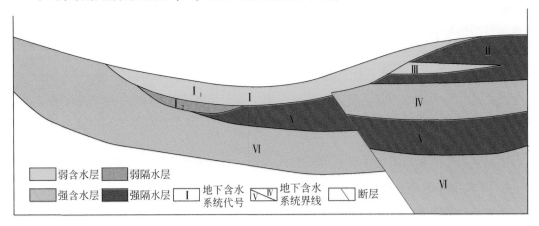

图 3-17　场地地下水系统接触关系图

3.3.3.3　地下水系统水质特征

收集的安宁化工项目区域内地下水同位素及相关水质化验数据（表3-6、图3-18、图3-19）。

表 3-6　区域地下水同位素监测成果一览表

地下水系统	编号	取样地点	地下水埋深/m	δD_{SMOW}/‰	$\delta^{18}O_{SMOW}$/‰	TDS /（mg/L）	备注
地表水	cp02	水源水库		−46.5	−4.46		地表水
	cp03	权甫水库		−33.9	−1.8		地表水
	cp05	天井山水库		−24	−0.42		地表水
	cp11	草铺水库		−44.5	−3.68		地表水
	cp12	后冲坝水库		−20.4	−1.06		地表水
	cp16	碗窑水库		−21.8	−0.25		地表水

续表

地下水系统	编号	取样地点	地下水埋深/m	$\delta D_{SMOW}/‰$	$\delta^{18}O_{SMOW}/‰$	TDS/(mg/L)	备注
I	cp06	吴海塘	3.97	−56.5	−6.33	245.42	孔隙水
	cp07	下权甫	3.50	−77.9	−10.4	116.33	孔隙水
	cp09	下权甫	5.60	−76.1	−10.25	35.50	孔隙水
	cp10	下权甫	0.52	−79.5	−10.6	75.38	孔隙水
	cp13	上权甫	1.15	−59.5	−6.75	87.88	孔隙水
	cp14	上权甫	3.35	−66.1	−8.36	25.64	孔隙水
II	cp15	碗窑	0.00	−83.1	−11.01	137.08	泉水
IV	cp17	上权甫	10.04	−80.1	−10.02	172.67	岩溶水
V	cp01	乐营村东南	0.00	−85.6	−12.01	14.29	泉水
VI	cp08	下权甫	50.54	−85.7	−12.03	131.83	岩溶水
	cp04	天井山	70.00	−86.7	−11.82	144.58	岩溶水

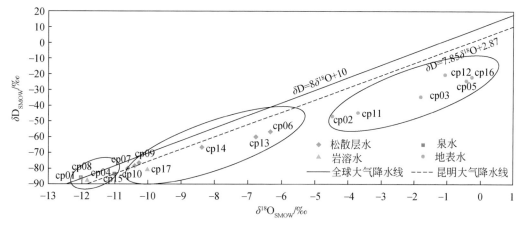

图 3-18　区域水样 δD-$\delta^{18}O$ 关系图

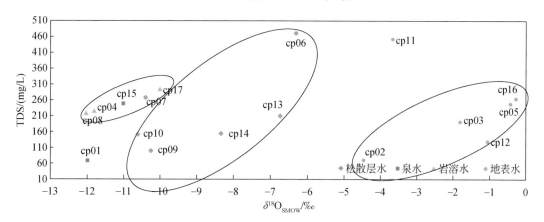

图 3-19　区域水样 TDS-$\delta^{18}O$ 关系图

安宁化工项目及周边地表水和地下水氢氧同位素组成之间差异非常明显，各地下水系统之间地下水及泉水同位素组成之间的差别也很大。

第四系松散层类孔隙水系统（I_1）共取水样6件，地下水δD的变化范围为-79.5‰～-56.5‰，平均值为-69.3‰；$\delta^{18}O$的变化范围-10.60‰～-6.30‰，平均值为-8.78‰；TDS的变化范围25.64～245.42mg/L，平均值为97.69mg/L；侏罗—二叠系基岩裂隙水系统（Ⅱ）共取水样1件，地下水δD为-83.1‰；$\delta^{18}O$为-11.01‰；TDS为137.08mg/L；泥盆系岩溶水系统（Ⅳ）共取水样1件，地下水δD为-80.1‰；$\delta^{18}O$为-10.02‰；TDS为172.67mg/L；寒武系基岩裂隙水系统（Ⅴ）共取水样1件，地下水δD为-85.6‰；$\delta^{18}O$为-12.01‰；TDS为14.29mg/L；寒武系岩溶裂隙水系统（Ⅵ）共取水样两件，地下水δD的变化范围为-85.7‰～-86.7‰，平均值为-86.2‰；$\delta^{18}O$的变化范围-11.82‰～-12.03‰，平均值为-11.93‰；TDS的变化范围131.83～144.58mg/L，平均值为138.21mg/L。

根据相关研究数据（《我国大气降水的氢氧稳定同位素研究》，郑淑惠等，1983），获得昆明地区大气降水线方程为$\delta D = 7.85 \times \delta^{18}O + 2.87$，该直线与全球大气降水线（$\delta D = 8 \times \delta^{18}O + 10$）接近平行。从图3-18中可以看出，所取水样补给来源于大气降水。但是，第四系松散层类孔隙水系统（I_1）中取的3件水样、侏罗—二叠系基岩裂隙水系统（Ⅱ）中取的1件水样、寒武系基岩裂隙水系统（Ⅴ）中取的1件水样和寒武系岩溶裂隙水系统（Ⅵ）中取的两件水样落在昆明大气降水线上；第四系松散层类孔隙水系统（I_1）中取的3件水样、泥盆系岩溶水系统（Ⅳ）中取的1件水样及全部的地表水水样位于昆明大气降水线右下方。水样落在大气降水线上说明受蒸发等过程影响小，位于大气降水线右下方显示受蒸发等过程影响比较大。

图3-18还表明地表水和第四系松散层类孔隙水系统（I_1）、侏罗—二叠系基岩裂隙水系统（Ⅱ）、泥盆系岩溶水系统（Ⅳ）、寒武系基岩裂隙水系统（Ⅴ）及寒武系岩溶裂隙水系统（Ⅵ）之间没有水力联系。各地下水系统之间没有水力联系。

另外cp17水样虽然属于泥盆系岩溶水系统（Ⅳ）岩溶水，却处于松散层地下水范围内。这并非说明cp17样点岩溶水和松散地下水之间水力联系紧密，因为cp17水样取自sw06水文地质钻孔，该钻孔钻进过程中注入大量地表水，尽管取样时已经抽水10小时，难免会混有少量注入的地表水，这与cp17总大肠菌群的超标的评价结果是一致的。

总溶解固体（TDS）和$\delta^{18}O$之间的关系可以反映水样的氢氧同位素组成是否受蒸发等过程的影响。由图3-19可知，水样主要包含地表水、第四系松散层类孔隙水系统（I_1）之中松散层地下水和侏罗—二叠系基岩裂隙水系统（Ⅱ）、泥盆系岩溶水系统（Ⅳ）及寒武系岩溶裂隙水系统（Ⅵ）之中的岩溶水及泉水三个圈定范围。寒武系基岩裂隙水系统（Ⅴ）之中的cp01没有落在岩溶水及泉水圈定的范围内，是由于该取样点在乐营村东南山中，位于地下水的最上游补给区，因此水中总溶解固体相对较低。地表水的cp11没有在地表水圈定的范围内，是由于草铺水库距离草铺镇人口密集区非常近，受生活污水和其他污水影响比较大，因此，$\delta^{18}O$比较低，但水中的总溶解固体却很高。地表水水样cp02取自乐营村、核桃菁和上权甫等村水源水库，该水库位于山中，地势较高，在地下水补给区，并且受山中地下水直接补给，所以$\delta^{18}O$和TDS均较低。第四系松散层类孔隙水系统（I_1）之中cp06取自吴海塘附近的一眼大口井，位于农田中，没有管理，井口容易进去污染物，所以 TDS 较高。第四系松散层类孔隙水系统（I_1）之中 cp13 在所有取样点中，地下水埋深最小，仅为 1.15m，最容易受蒸发的影响，因此，TDS 和 $\delta^{18}O$ 均较高。第四系松散层类孔隙水系统（I_1）之中 cp07 位于人口密集的下权甫村，地下水埋深较浅，更容易受污染，所以，溶解总固体较高，落在松散层地下水圈定的范围之外。

3.3.3.4 地表水及各地下水系统之间水力联系分析

根据安宁化工项目区域及周边地区水样氢氧同位素组成和监测因子指标特征分析，区内地表水和各地下水系统的各自特征差异明显，分别属于各自不同的范畴。因此，各地下水系统之间水力联系微弱，并且受评价区内地表水影响的可能性很小。

3.4 安宁化工项目岩溶环境地质

3.4.1 水文地质特征

据前文所述，可总结安宁化工项目的岩溶水文地质条件特征如下（表3-7）。

表 3-7 安宁化工项目岩溶水文地质条件概述

类型		描述
含水层组	孔隙水	孔隙水赋存岩层为：第四系残、坡积含碎石砂土、砂质黏土、黏土，第四系冲、洪积砂层、砂砾石层，古近系和新近系黏土岩、砂岩、砂砾岩、砾岩 第四系结构松散，赋水空隙主要为粒间孔隙，主要赋存砂砾石层，弱含孔隙水或弱透水层，安宁化工项目地表均有分布；古近系和新近系砂质胶结，固结程度较差，孔隙水赋存于砂岩、砂砾岩中，富水性弱，其分布下伏于第四系，于安宁化工项目西侧无名河以西有分布。安宁化工项目孔隙水随季节性变化显著
	裂隙水	裂隙水主要赋存于岩石裂隙中的地下水。安宁化工项目裂隙水赋存岩层包括：①侏罗系下统下禄丰组中粒长英砂岩夹泥质粉砂岩，②侏罗系中统上禄丰组中粒长英砂岩与块状泥质粉砂岩互层，夹细砂岩，钙质泥岩，③二叠系下统倒石头组铝土矿，铝土质页岩，④泥盆系中统砂岩、含砾石英砂岩、砂岩、泥质岩，⑤寒武系下统筇竹寺组碳质粉砂岩，粉砂岩夹粉砂质页岩及白云质粉砂岩，⑥寒武系下统中谊村组下段第三层砂屑白云质磷块岩，⑦寒武系下统中谊村组下段第一层砂屑磷块岩 砂岩、粉砂岩中裂隙较发育，表层强—中风化，富水性中等；泥岩、页岩、磷块岩中富水性较弱
	岩溶裂隙水	岩溶裂隙水主要赋存于岩溶裂隙中，安宁化工项目岩溶裂隙水赋存岩层有：①二叠系栖霞茅口组灰岩、白云岩，②泥盆系上统中晶白云岩，夹泥质白云岩，③寒武系下统中谊村组上段粉晶白云岩，④寒武系下统中谊村组下段第二层含磷砂质白云岩，⑤寒武系下统渔户村组粉晶白云岩。安宁化工项目内灰岩、白云岩岩层主要发育岩溶裂隙，其次为溶孔、蚀晶洞，其岩溶裂隙水富水性中等，其间磷块岩富水性弱。总体上岩溶裂隙水富水性不均匀，岩溶弱发育，但局部富水性强，呈条带状

类型			描述
水文地质结构特征	空间分布	平面上	孔隙含水层呈面状分布在安宁化工项目表层,分布面积大,厚度较小。裂隙水主要分布于安宁化工项目中部及东部,呈南北向条带状展布的砂岩、粉砂岩中,其间含有页岩、泥岩等隔水层,富水性弱,不均匀。岩溶裂隙水分布于安宁化工项目西部及中东部,中东部岩溶裂隙水呈南北条带状展布,中间 P_1q+m 与 D_3z 中岩溶裂隙水被 P_1d 页岩隔水层阻隔;西部岩溶裂隙水呈片状分布,连通性较好,中间被中谊村组下段第三层($\in_1z^{1-3}$)与第一层($\in_1z^{1-1}$)磷块岩隔水层阻隔
		垂直方向	孔隙水在垂直方向上厚度较小,存在弱透水性的黏土、黏土岩,总体上垂直方向透水性弱,民井孔隙水水位深为 $0.7\sim3.5m$。裂隙水赋存于砂岩、粉砂岩中,表层风化,富水性随深度减弱,深部可视为隔水层;岩层 $\in_1q$ 钻孔观测静水位,孔深为 101.05m,水位深度为 69.1m,水位标高为 1840.83m。岩溶裂隙水发育深度较大,但垂直上受泥岩、页岩、磷块岩等隔水层阻隔,富水性随深度减弱;$\in_1z^2$ 供水孔供 1 抽水实验,孔深为 238.37m,水位深度为 50.54m,水位标高为 1845.46m,单位涌水量为 $1.29L/(s\cdot m)$,$\in_1z^{1-2}$ 钻孔 ZK77-01 观测静水位,孔深为 92.63m,水位深度为 58.00m,水位标高为 1844.26m
	补排径关系		安宁化工项目地下水主要靠大气降水补给,大气降水绝大部分以面流的形式从丘陵地带汇入盆地区域,盆地区地表水流向无名河排泄,最终排泄至螳螂川。大气降水少量入渗地下补充地下水,以裂隙流为主,呈泉群形式出露,流量受大气降水影响,泉水均出露在草铺泄水区下游,最终排泄至螳螂川 安宁化工项目发育麦地厂断裂,走向 325°~350°,倾向北东,倾角 60°~70°,属逆断裂,西盘(上升盘)泥盆系中统及筇竹寺组上冲与泥盆系上统接触,断层破碎带水力联系强,透水性好

3.4.2　安宁盆地岩溶表现形式

3.4.2.1　安宁盆地地表岩溶表现形式

1. 地表岩溶形态类型及分布

安宁化工项目周边碳酸盐岩地层分布比较广泛,多呈片状或条带状与非碳酸盐岩地层相间分布(图 3-20)。地表岩溶个体形态类型多样,主要有溶痕、溶沟、溶蚀裂隙、石芽、落水洞、漏斗、溶洞及岩溶丘陵、岩溶槽谷、岩溶盆地等,现将安宁化工项目周边几种主要地表岩溶形态简述如下。

1)溶痕及溶沟

碳酸盐岩岩石表面广泛发育溶痕、溶沟。碳酸盐岩以白云岩居多,灰岩次之。白云岩岩石表面溶痕多具刀砍状、网格状,主要分布在权甫及其西部大面积的寒武系地层中;而灰岩岩石表面常发育呈梳状、放射状溶痕、溶沟,宽几厘米至十余厘米,长几厘米至数米,主要分布在权甫东部盆地中部南北侧的石炭系及二叠系栖霞和茅口灰岩地区。溶沟间距一般为 $0.2\sim2m$,平均线密度为 $0.3\sim3$ 条/m。在溶沟密集、规模小的地段,线密度可

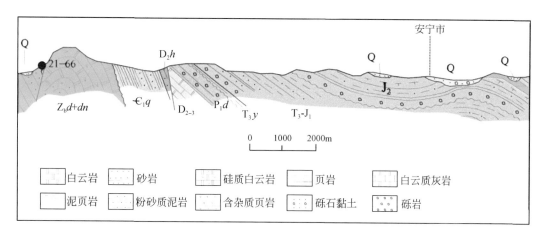

图 3-20 安宁盆地碳酸盐岩地层分布剖面图

达 8 条/m。溶沟与溶沟之间凸出岩石表面的称为石芽,石芽表面亦发育溶痕。

2)溶蚀裂隙

溶蚀裂隙主要发育在白云岩、灰质白云岩、白云质灰岩的碳酸盐岩地层中,地表水和地下水沿节理裂隙溶蚀侵蚀产生大量溶蚀裂隙;其发育方向与构造方向一致,规模大小不一,宽度一般为 0.5 ~ 10cm,较宽的溶隙通常可达 80cm 左右;延伸长一般为 5 ~ 100cm,较远者可达 500cm;溶隙中大多未被充填,少量被第四系黏土、钙质全充填或半充填。

3)石芽

石芽是碳酸盐岩地层中发育最普遍的岩溶形态,分布较广而集中,在盆地西部及东部碳酸盐岩连续分布面积较大地区的斜坡地带居多。石芽高度一般为 0.2 ~ 1.5m,最高可达 3m 以上,形态上多似牙状、锥状和尖棱状,表面多形成溶痕。

4)漏斗及落水洞

落水洞及漏斗多与谷地、洼地伴生,岩溶盆地内这种形态较常见。多分布在谷地的中部或下游段、洼地的中部或山体边缘;沿着断层带、地层接触带等部位也常有发育。在这些岩溶个体形态下部常发育岩溶管道或地下河,与之产生较好的连通,成为大气降水和地表水补给地下水的主要通道。在安宁盆地,断层很发育,并且处在可溶岩与非可溶岩接触带,为岩溶漏斗、落水洞发育提供十分有利条件。

5)岩溶丘陵

岩溶丘陵亦属典型的地表岩溶形态,主要在权甫西部震旦系和泥盆系白云岩地层中发育,以及在权甫东至安宁一带的盆地边缘的石炭、二叠系灰岩及白云质灰岩和白云岩地层中形成。岩溶丘陵地表上呈舒缓波,丘顶多呈浑圆状或线状分布的垄岗状地形,比高一般为 50 ~ 100m 左右,并与岩溶谷地、洼地共同组成溶丘-洼地组合地貌形态。

6)岩溶盆地

安宁属于典型的岩溶盆地,盆地中上部为第四系松散沉积物覆盖,地形平坦而开阔,四周多被中低山环抱,边缘常有较大流量的岩溶泉水流出。该盆地还有螳螂河、权甫的无名河等。螳螂河主要由北向南从盆地中部穿过,形成典型的岩溶深谷型地貌特征。

2. 地表岩溶发育强度

岩溶发育受多种因素控制，而不同地段控制岩溶发育的主导因素差异较大，致使各地岩溶发育特征具有明显的差异性，具体表现在地表岩溶发育程度和地貌特征两个方面。根据岩溶地貌类型、岩溶个体形态特征、点线岩溶率等的差异，可将地表岩溶发育程度划分为强、中、弱三种强度。

1）岩溶强烈发育区

该岩溶区主要发育在古生界碳酸盐岩地层分布区，主要包括寒武系龙王庙组、泥盆系中—上统、石炭系下—中—上统、二叠系下统等碳酸盐岩地层，岩性均以白云岩、灰岩夹白云岩、白云质灰岩等为主。地层多呈片状或条带状展布，多见于安宁盆地四周及外围。岩溶发育强烈，地表岩溶地貌特征表现为岩溶洼地或溶丘洼地，洼地中多为裸露—浅覆盖型，地表径流较少，裸露区常见溶痕、溶沟、（槽）、石芽等微岩溶发育，线岩溶率为25%～35%，面岩溶率为6.2%～13%。

2）岩溶中等发育区

主要发育在新元古界的震旦系上统灯影组（$Zbdn$）、陡山沱组（Zbd）；古生界寒武系中统双龙潭组（$\unicode{x20AC}_2s$）、石炭系下统大塘阶（C_1d）等地层中，岩性主要为白云质硅质灰岩、硅质灰质白云岩、白云岩、白云岩夹灰岩，岩溶发育中等。分布在盆地四周内侧，岩溶地貌特征多表现为岩溶谷地或溶蚀低山，有少量地表径流。地面溶沟、石芽较发育，洼地及溶斗等岩溶形态比较少见，线岩溶率为15%～22%，面岩溶率为2%～2.5%。

3）岩溶弱发育区

岩溶弱发育区的碳酸盐岩地层主要包括寒武系中统陡坡寺组（$\unicode{x20AC}_2d$）、泥盆系中统海口组（D_2h）、白垩系石门群（K）等，岩性主要为硅质灰岩、泥灰岩、泥质灰岩、沥青质灰岩、红色泥灰岩等，岩溶发育弱。岩溶地貌特征表现为岩溶中山或侵蚀、溶蚀山地及河谷。地表常年性径流较发育，地表除一些溶蚀裂隙及少量溶沟和石芽外，很难见到溶蚀洼地等较大的岩溶形态，线岩溶率<5%，面岩溶率<2%。

3.4.2.2　地下岩溶表现形式

地下岩溶发育在剖面上可自上而下划分出洞隙渗流带（A）、洞隙强径流带（或溶洞潜流带）（B）和孔隙（溶洞）缓流或滞流带（C）等三个带（图3-21）。现分别论述如下：

（1）洞隙渗流带（A）：洞隙渗流带，是指地下水位以上的岩溶发育带，主要分布在权甫区西部地下水补给区，包括地下水位以上的地下岩溶垂直发育带。厚度随地貌条件的不同而异，但一般厚度变化在50～100m左右。该带溶蚀作用很强，地下水以季节性沿垂直溶隙作渗流运动为主，并具有间断性。地下水动态具有径流强度弱、水力联系差、有滞流水存在、无统一和稳定的地下水位等特点。

（2）洞隙强径流带（B）：岩溶水强径流带，主要发育于地下水径流排泄区，上限为潜水位，下限根据地下水强烈循环带的范围和岩溶发育强度界定。这些特点在权甫区不太明显，但在岩溶盆地、谷地区，表现非常突出，并受地质条件、地貌条件及当地侵蚀基准面的严格控制。因此，地下水在河谷地带及盆地边缘地带，水动力条件、水循环条件优

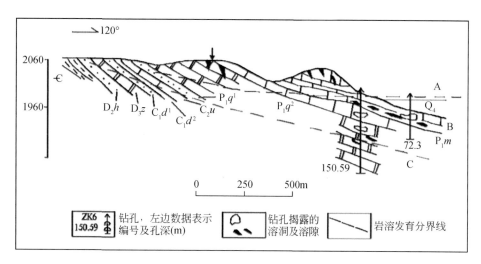

图 3-21　安宁盆地岩溶垂直发育分带示意图
A—洞隙渗流带；B—洞隙强径流带（或溶洞潜流带）；C—孔隙缓流或滞流带

越，岩溶发育得到加强，使岩溶强径流带在河谷两侧与岩溶盆地边缘地带特别发育。如沿切割强度大的螳螂江两岸发育的强径流带要比权甫河大得多。在强径流带的地下水排泄区，地下水常以岩溶大泉或地下河出口的形式排泄。

（3）孔、隙缓流或滞流带（C）：该带位于洞隙强径流带之下，由于岩溶含水介质以孔隙、裂隙为主，不仅岩溶发育强度变弱，而且地下水流动缓慢或属于滞流状态，水的溶解能力大幅度下降甚至消失，仅分布少量的小溶孔和溶隙，并且越向深部岩溶发育越弱。

3.4.3　安宁化工项目周边岩溶发育特征

安宁化工项目内地表岩溶现象发育较弱，现场调查地表未见岩溶洼地、岩溶漏斗等现象。但由于岩体节理、裂隙较发育，区内比较大的溶隙和溶洞呈隐伏状态出现。安宁化工项目碳酸盐岩地层分布在平面及剖面上具有两种不同特征。

3.4.3.1　平面分布特征

在安宁化工项目所处的安宁岩溶盆地西部边缘的山前斜坡地带，分布的碳酸盐岩地层，多属于裸露半裸露区；从山前到安宁化工项目，碳酸盐岩地层属浅覆型分布区，上覆第四系土层厚度一般在 $10 \sim 35m$ 左右，大气降水及地表水对下伏可溶岩层产生很强的侵蚀和溶蚀作用，使岩溶发育强烈，地下岩溶形态以溶隙、溶孔、溶缝、溶洞为主，但溶洞多被泥土等充填；推测从安宁化工项目东侧向盆地中部延伸达 $100 \sim 200m$ 范围内，碳酸盐岩地层多属中等覆盖区与中—浅埋藏区交界，被碎屑岩及第四系土层覆盖，盖层厚度通常在 $10 \sim 50m$ 左右，部分地段大于 $50m$，地下岩溶发育达中—强程度。从岩溶的分布与地层展布相互关系平面图（图 3-22），可知安宁化工项目的岩溶主要发育于泥盆系岩溶水系统（Ⅳ）的泥盆系上统（D_2z）中晶夹泥质白云岩之中。

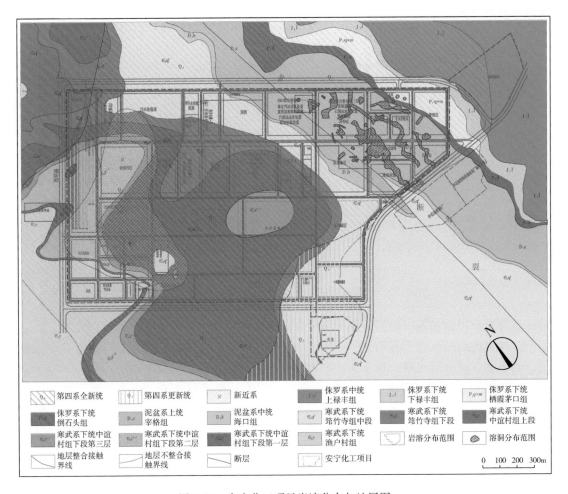

图 3-22　安宁化工项目岩溶分布与地层图

3.4.3.2　剖面分布特征

安宁岩溶盆地，基岩由老到新从四周向盆地中部倾斜，而盆地中部地层则由新到老从上到下垂直状分布，构成埋藏岩溶区（图 3-20、图 3-22）。因此，安宁岩溶盆地中部地层厚度大，层次多，地下岩溶发育程度弱；而盆地四周的边缘地带属于浅覆盖型岩溶，发育强烈，这一特征在安宁化工项目工程勘察中得到证实。因可溶岩层成层状垂直分布，为岩溶在剖面上成层状发育提供有利条件。

3.5　本 章 小 结

安宁化工项目厂址附近属滇中高原构造侵蚀溶蚀切割地貌之丘陵地带，以中低山为主，地貌特征以岩溶地貌为主，分布有岩溶谷地、岩溶平原和岩溶孤峰，地表岩溶发育较强烈；厂区周边出露地层有寒武系、泥盆系、二叠系、侏罗系和第四系地层，其中二叠系栖霞茅口组（P_1q+m）、泥盆系上统（D_2z）、寒武系下统中谊村组上段（$\in_1z^2$）、寒武系下统中谊村组下段、寒武系下统渔户村组（$\in_1y$）为岩溶发育的主要层位；在南岭东西向构造、川滇南北向构造与云南"山"字型构造的共同作用下，区内褶皱及断裂十分发育，构造较为复杂。区内南北两端受东西向和北东向断裂控制，使区内断陷盆地发育，断裂构造线主要呈北东向及东西向展布，控制了区域的地质、地貌、地下水的富集和运移，对岩溶发育强度起关键的控制作用。尤其是发育于厂区东部的麦厂断裂，属逆断裂，西盘（上升盘）泥盆系中统及筇竹寺组上冲与泥盆系上统接触，断层破碎带水力联系强，透水性好，对区域的岩溶发育有着重要的影响。

　　安宁化工项目位于典型的山口冲积盆地，其山前平原作为山谷小流域的出口单元，承接了整个小流域的径流量，可以视为区域上小型的独立水文地质单元进行研究。区内地下水主要受大气降水垂向下渗补给、周边水库水塘补给和小流域侧向补给等因素控制，地下水变化与整个小流域的产流、渗流和出流息息相关。安宁化工项目附近地区地下水及与地表水的相互关系，是岩溶形成、发展及演变的必要条件和主要控制因素之一。地下水动力条件的演变改变着岩溶形成的水动力条件，围绕地下水系统的子系统和分区（带）形成不同类型的岩溶形态及其组合。结合厂区内地下水赋存特征，可将区域划分为七个地下水子系统进行研究，分别代表了厂区内的含水和隔水系统，相互之间存在一定的差异和联系。

　　厂区内岩溶的发育主要受水文地质条件的控制，总结起来其岩溶表现形式分为地表的溶痕及溶沟、溶隙、石芽、漏斗及落水洞、岩溶丘陵、岩溶盆地等，项目场地位于地表岩溶较弱发育区；地下岩溶表象形式主要为洞隙渗流带、洞隙强径流带、孔隙溶洞缓流或滞留带三种类型，项目场地位于地下岩溶较强发育区。

第4章 岩溶综合勘察

地下岩溶的发育影响着地面基础工程的安全使用，因此，工程建设前必须对场地内岩溶发育特征进行全面了解，以采取相应的措施保证项目地面建筑的安全。溶洞的空间赋存状态一般是不规则的三维地质体，它的发育与地下水系及该地区的地质构造有紧密联系，造成溶洞的硐室可能含有高阻或低阻填充物，导致溶洞与围岩之间存在物性差异。为了彻底查明溶洞空间状态及其内部可能存在的各类充填物，减小溶洞与围岩物性差异对地基稳定性的影响，工程实际施工前往往需要在场地内采取多方面、多方法的系统综合勘察。

针对安宁化工项目岩溶的发育规律，制订了详细的综合勘察方案（见图4-1），第一阶段：工程地质与水文地质调查、初步勘察；第二阶段：地球物理勘探方法研究及钻探验证，圈定岩溶发育范围；第三阶段：通过钻探、取样、电磁波CT查明溶洞形态参数及力学参数。

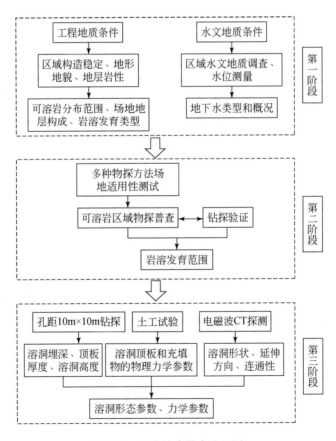

图 4-1 岩溶综合勘察流程图

4.1 确定可溶岩具体分布范围

4.1.1 初步勘察

1. 勘察目的

2012 年完成了安宁化工项目岩土工程初步勘察工作，具体技术勘察要求及获得相应初勘成果如下：

（1）初步查明：地质构造、地层结构、岩土工程特性；建筑场地的地层时代、成因及地层结构和岩土物理力学性质；地下水的埋藏、运移条件，评价水、土对建筑材料和钢结构的腐蚀性；判定场地和地基的地震效应。对于基坑工程，初步分析并评价与基坑工程相关的基坑开挖、支护、工程降水方案等。对场地整平、道路及土方工程方案提出初步建议。对拟建的建构筑物基础类型、地基处理、岩土改造等提出初步建议，并提供相关的岩土工程参数。

（2）针对安宁化工项目岩溶发育的特点，重点查明埋藏的溶洞、暗河等对工程不利的埋藏物。当拟建工程场地或其附近存在对工程安全有影响的岩溶时，进行岩溶勘察。

（3）初步查明：膨胀土的物理力学性质，对场地的稳定性和工程地质条件作出评价。查明桩端持力层基岩情况，判断有无洞穴、临空面、破碎岩体或软弱岩层；提供桩基设计所需的岩土工程参数，并评价成桩的可能性。查明边坡地貌形态、岩土成因类型等，初步评价边坡的稳定性，对不稳定坡体给出整治措施和监测方案的建议。

2. 勘察手段及工作布置

在项目总平面布置图上，按 100m×100m、75m×75m 方格网布置勘探点，主要工作量如下：

工程地质钻探：布设钻探孔 378 个，其中控制性钻孔 126 个，探井 7 个。孔深在 25～35m，钻至中风化 5m 或者钻至 35m，个别控制孔可到 40 余米，均为取土标贯孔；一般性孔 252 个，孔深在 10～20m，钻至强风化 3m 或者达到孔深 20m。实际完成钻孔数量 380 个，其中在发现溶洞钻孔周围布置验证孔 17 个。

4.1.2 岩溶与岩性

1. 可溶岩分布范围

初步勘察成果表明：场地分布覆盖性岩溶，覆盖层多为第四系人工回填、冲洪积、湖相沉积、残坡积成因，岩溶发育地层主要为 ϵ_1z 白云岩、灰岩、D_{2+3} 白云岩、灰岩。

在总图布置的初步设计阶段，发现了 6 个钻孔揭示有溶洞或洞穴的位置，溶洞与地层分布关系具体位置详见图 4-2，蓝色线为地层分界线，6 个蓝色实体圆点为钻孔发现溶洞的位置。

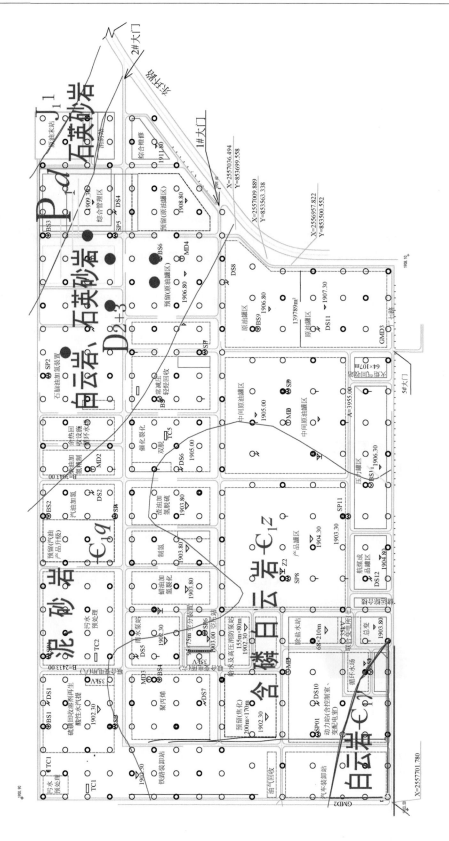

图 4-2　安宁化工项目初勘溶洞与地层位置图

2. 可溶岩地层

安宁化工项目厂区内分布两个区块的白云岩、灰岩，在水力和地质构造作用下，是形成岩溶的主要地层。

（1）寒武系中谊村组白云岩、灰岩（$\in_1 z$）：灰褐色—灰白色，晶质结构，薄—中层状，白云石大部分呈粒径为≤0.15mm 的砂屑颗粒，经后期碳酸盐（白云石）化重结晶，多数砂屑呈残余状结构。胶结物为亮晶白云石，呈基底式胶结。岩石中含部分胶磷矿，主要见粒径为≤0.6mm 的砂屑，少量鲕粒、胶状等，并相对呈纹层状富集产出，少量石英零星分布。

（2）泥盆系白云岩、灰岩（D_{2+3}）：岩石主要由粒径为 0.05～0.1mm 的粉—细晶白云石组成，白云石已重结晶成他形粒状，彼此镶嵌。局部见原岩结构（泥—微晶结构），部分选择性重结晶，晶粒变粗大，并具次生加大边。岩石含部分微裂隙，由铁泥质、后生石英、后生方解石等充填。

上述基岩在安宁化工项目厂区内倾向北东 60°～75°，倾角 10°～15°。

图 4-3 是安宁化工项目厂区 2012 年秋场平后的整平图，原有地形地貌已遭到破坏；但挖方区部分基岩的出露表明，东部挖方区揭露的黑色条带为第⑦-7 层灰黑—深黑色中风化碳质泥岩、砂岩（D_{2+3}）露头，其东侧即为岩溶研究区，基岩呈近北北西—南南东 163°走向。

图 4-3 场平后场地图像

3. 溶洞参数

初勘在可溶岩分布区发现 6 个溶洞，分布在安宁化工项目的东部白云岩、灰岩（D_{2+3}）区内，这成为今后的主要研究区。关于溶洞参数见表 4-1，岩溶充填物描述详见表 4-2。

表 4-1　初勘钻孔揭示溶洞分布一览表

地层	溶洞	钻孔	埋深（洞高）/m	覆盖层厚度/m	充填情况
D₂₊₃	6个	ZK50	30.5（0.7）	26.5	半充填，灰黄色粉质黏土
		ZK85	13.5（7.1）	13.5	全充填，灰黄色粉质黏土
		ZK112	13.5（1.0）	5.5	无充填，空洞
		ZK114	14.3（1.0）	12.3	全充填，灰黄色粉质黏土
		ZK173	8.0（2.7）	7.3	全充填，软土和粉细砂
		ZK174	13.2（0.8）	10.6	上部软土，下部黏土夹碎石

表 4-2　安宁化工项目初勘揭示溶洞充填物性质一览表

充填物编号	溶洞充填物岩性描述
第⑧层空洞	无充填物
第⑧-1 层粉质黏土	灰黄色—灰褐色，为溶洞充填物，岩性不均匀，以粉质黏土、黏土为主，局部粉土，含少量角砾，黏土切面光滑，有光泽，韧性高，干强度中。流塑—软塑状态，局部可塑，高压缩性土
第⑧-2 层碎石土	杂色，为溶洞充填物，碎石以白云岩碎块为主，粒径最大达 10cm，土的成分较为复杂，主要由微-粉晶白云石、石英、长石等组成，呈饱和、松散状态
第⑧-3 层粉土夹粉砂	灰色—灰黑色，为溶洞充填物，矿物组成成分较为复杂，主要由微-粉晶白云石、石英、长石等组成，呈饱和、松散状态

可溶性白云岩、灰岩在区域内大规模分布，但存在可溶岩的地区未必有岩溶发育；岩溶发育程度直接决定了后期地基处理的难易程度和工程造价，因此有必要通过勘察手段，确定岩溶发育的范围。

针对单个或者小范围的建构筑物，可以直接通过钻探确定地基的岩溶发育范围和程度，局部针对性地进行处理。但如此大范围地通过钻探进行岩溶勘察，勘察费用和工期难以承受，因此有必要通过其他方便快捷的手段来确定岩溶发育范围。

4.2　岩溶物探适用性研究

由于溶沟、溶槽、落水洞、溶隙、溶洞等岩溶地质体以及破碎带、断层等不良地质体的存在会影响正常地层的结构及其完整性，从而改变原有地质体的地球物理特征而形成新的物性特点，与周围原岩体形成明显的电性、波阻抗差异，这就为采用相应的物探方法进行探测奠定了物性基础。

4.2.1　物探工作试验研究路线

岩土工程岩溶勘察采用以物探调查为主钻探验证为辅的思路，物探方法试验与调查工作采取从已知到未知原则，分两条主线开展试验与调查：一是由点（钻探发现的溶洞钻孔位置）到面（岩溶平面延伸方向展布）的调查，二是追踪溶洞地下分布（形状、大小、充填情况、多层次）情况的探测试验与调查。试验中不断总结与积累工作经验，完善勘察方法及其手段，勘察任务历时一年半。岩溶物探研究工作流程详见图4-4。

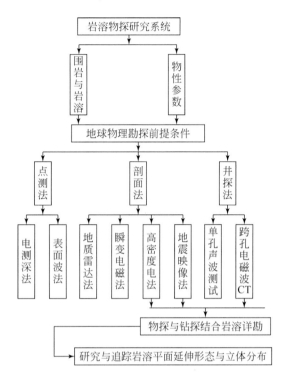

图4-4 岩溶物探研究工作流程图

4.2.2 地球物理特征前提条件

由于白云岩分布区存在溶沟、溶槽、落水洞、溶隙、溶洞等岩溶地质体以及破碎带、断层等不良地质体，这些地质现象会影响正常地层的结构及其完整性，从而改变原有地质体的地球物理层状特征而形成新的物性特点，且与周围原岩体形成明显的电性、电磁性、波阻抗差异，这就为采用相应的物探方法探测奠定了物性基础。举例分析如下。

1. 物性差异

（1）波阻抗与介质的密度和地震波在其介质中传播速度的乘积正相关，当围岩与岩溶体波阻抗差异越大时，反射系数越大，地表观测到的反射波就越明显。利用波阻抗差异可以开展地震映像法研究溶洞反射以及绕射出现的位置。

（2）利用介质电阻率差异可以采用高密度电法观测，以二维地电断面剖面成像，赋予不同色彩来表示电阻率区块值，由色差（阻值大小）推测电性结构与异常区带，分析岩溶与围岩的电阻率变化关系。

（3）电磁波在介质中的传播特性（介质吸收电磁波系数 β 值）与地下介质的磁导率、电阻率、介电常数以及发射的电磁波频率有关，当地层不均匀或有裂隙等存在时，其电阻率、介电常数、磁导率均发生变化，利用与识别介电常数差异剖面可以开展瞬变电磁法、地质雷达法以及电磁波层析成像法。

2. 物性参数

根据前期勘察资料，由物探采用单孔法波速测试与地面电阻率测试以及新鲜岩石声波测试手段，对安宁化工项目内岩土层或岩石进行物性参数分析，结果如表 4-3 ~ 表 4-6 所示。

表 4-3　岩土物性参数一览表

岩石名称	电阻率 /($\Omega \cdot$ m)	介电常数	参考密度 /(g/cm³)	弹性波波速 /(m/s)	弹性波波阻抗 /(g/cm³ · m/s)
耕植土（含填土）	30 ~ 800	6 ~ 8	1.67	300 ~ 1200	510 ~ 2040
粉质黏土含角砾、粗砂、含水	20 ~ 1100	8 ~ 12	1.81 ~ 1.90	550 ~ 750	990 ~ 1125
泥质砂岩岩	40 ~ 1800	1 ~ 50	1.95 ~ 2.20	900 ~ 4800	1890 ~ 10800
溶洞充水或泥沙或白云岩碎块	50 ~ 600	30	1.86	100 ~ 1500	175 ~ 2625
灰岩、白云岩	40 ~ 1000	7 ~ 8	2.20 ~ 2.35	2000 ~ 6300	4800 ~ 15120

表 4-4　新鲜岩石声波测试统计表

地层岩性	泥岩、泥质砂岩	砂岩、碳质砂岩	石英砂岩	泥质灰岩	白云岩
统计件数/块	42	57	18	22	27
最大值/(m/s)	2174	2734	6321	4722	8875
最小值/(m/s)	3944	5615	3524	3232	5036
平均值/(m/s)	3384	4215	4634	3692	6319
标准差 σ	458.50	740.36	857	371	1028
变异系数 δ	0.14	0.18	0.18	0.10	0.16
修正系数	0.96	0.96	0.92	0.96	0.95
标准值/(m/s)	3262	4047	4277	3554	5975

表 4-5　岩层平均动动弹性参数一览表

地层编号	岩土名称	泊松比	剪切模量/MPa	杨氏模量/MPa	体积模量/MPa
⑤	全风化基岩	0.37	225.0	616.3	876.5
⑥	强风化基岩	0.30	649.8	1660.0	1519.6
⑦	中风化基岩	0.27	1221.9	3081.8	2576.6
⑧	溶洞充填物	0.36	136.4	370.4	459.7

表 4-6　各岩土层波速测试参数一览表

地层编号	岩土名称	统计	P 波速度/(m/s)	S 波速度/(m/s)	密度/(g/cm³)	泊松比	剪切模量/MPa	杨氏模量/MPa	体积模量/MPa
①	素填土、耕土	最大值	362.6	158.9	1.90	0.43	48.0	129.8	190.7
		最小值	170.4	87.3	1.65	0.32	12.6	33.2	35.3
		平均值	305.6	123.1	1.67	0.40	26.2	73.2	134.9
②	粉质黏土、角砾、含砾黏性土、含黏土粗砾砂	最大值	782.7	361.0	1.90	0.44	247.7	664.3	953.2
		最小值	332.8	154.9	1.90	0.32	45.6	128.8	162.4
		平均值	565.9	253.6	1.90	0.37	127.2	348.1	500.0
③	含砾黏性土、黏性土夹砂（磷矿）	最大值	865.3	432.5	1.90	0.39	336.7	884.6	1083.9
		最小值	542.4	254.8	1.70	0.30	116.8	320.4	409.3
		平均值	654.0	321.3	1.81	0.34	190.8	510.0	594.8
④	残积土、黏性土夹砂（磷矿）	最大值	1051.5	474.8	1.90	0.44	417.1	1049.4	1840.1
		最小值	569.0	228.7	1.85	0.26	96.8	271.6	459.3
		平均值	734.3	377.1	1.86	0.32	271.0	711.1	748.1
⑤	全风化泥岩、砂岩、白云岩、灰岩、碳质砂岩、石英砂岩	最大值	864.4	377.3	1.95	0.38	277.6	767.5	1179.3
		最小值	627.8	302.5	1.95	0.35	178.4	481.3	590.1
		平均值	743.1	338.0	1.95	0.37	225.0	616.3	876.5
⑥	强风化泥岩、砂岩、碳质砂岩、石英砂岩	最大值	1247.1	738.2	2.40	0.39	1307.7	3217.3	2515.3
		最小值	636.6	307.7	2.00	0.23	189.3	510.3	606.2
		平均值	962.4	517.4	2.20	0.30	649.8	1660.0	1519.6
⑦	中风化泥岩、砂岩、白云岩、灰岩、碳质砂岩、石英砂岩	最大值	1535.4	867.0	2.40	0.33	1805.6	4570.5	3852.1
		最小值	901.3	455.1	2.20	0.24	455.6	1211.0	1230.3
		平均值	1250.3	705.8	2.36	0.27	1221.9	3081.8	2576.6
⑧	充填物：粉质黏土、碎石、粉土夹粉砂	平均值	573.5	263.1	1.89	0.36	136.4	370.4	459.7

4.2.3　岩溶专项测试

岩溶专项测试试验阶段物探工作选择初勘钻孔发现的 6 个溶洞（表 4-1 资料）进行，外业工作于 2011 年 3 月 29 日至 4 月 20 日全部完成；共完成 77 条物探试验测线，测线总长度 10370m（表 4-7）。

表 4-7　岩溶专项测试工作量

序号	试验方法	剖面长度/m
1	高密度电法	7580
2	地震映像	2440
3	地质雷达	130
4	瞬变电磁	220

试验工作分三步进行：

（1）方法比选：首先进行了高密度电法、地质雷达、瞬变电磁法、地震映像法等四种物探方法试验工作，在钻孔发现岩溶位置平行布设 3 条平行测线的试验结果比对溶洞对应异常的工作。

（2）异常对比：其次根据物探异常比对情况结合探测要求，选用（精细）高密度电法和地震映像对 ZK50、ZK69、ZK85、ZK112、ZK114、ZK147、ZK173、ZK174、ZK212、ZK252、ZK303、ZK350 钻孔周围场地进行探测，并提出物探推断的异常位置。

（3）钻探验证：对旁侧测线物探异常再次进行钻探验证。

试验结论：本次试验由已知到未知，确定了可行的物探寻找溶洞方法：高密度电法、地震映像法。

4.2.3.1　试验方法分析

依据初步勘察，由 6 个钻孔发现的溶洞溶隙主要集中在安宁化工项目东部，根据已知溶洞分布情况，由已知到未知开展地表点测试验（电测深法、表面波法）与剖面长测线（瞬变电磁法、地质雷达法、地震映像法、高密度电法）试验以及井中测试（单孔声波测井与跨孔电磁波成像法），分析物探异常与溶洞分布对应关系，对投入的物探测试工作进行充分分析与总结，试图找到探测溶洞最佳效果的方法。

1. 电测深法

在已知钻孔 ZK112 揭示溶洞的位置，采用四极等极距直流电测深法试验。

试验参数：测线两端供电电极为 AB，中间测试电极为 MN，AM = MN = NB，最大供电 AB 极距为 72m，最大直流供电电压 180V，以极距作为解译深度。

试验分析：在安宁化工项目范围内实测电测深曲线通常呈 G 型（$\rho_2 > \rho_1$）和 K 型（$\rho_1 < \rho_2 < \rho_3$）两种。电阻率与岩石含水关系很大。

图 4-5 是 ZK112 钻孔电测深曲线，曲线类型为 K 型，电阻率在 194～452Ω·m。图中 1～5m 范围的粉质黏土电阻率值达到 194～452Ω·m；5～12m 范围的白云岩电阻率值达到 450～350Ω·m；在 16m 深度处视电阻率呈现低值（226Ω·m），与溶洞所处位置 14m 很接近。

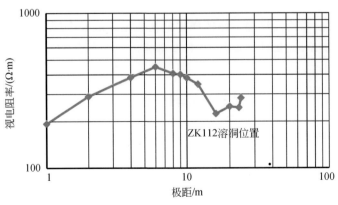

图 4-5　实测电测深曲线

试验结论：电测深法对单个已知溶洞点异常反映明显，但不宜作为普查扫面使用。

2. 表面波法

在已知钻孔 ZK252 揭示溶洞的地方，采用表面波法（即瞬态面波法）试验。

试验参数：采取锤击激发作为瞬态震源，信号接收采用 12 道单排列测试，道距 1m，偏移距 5m。图 4-6 左侧为瞬态面波记录图，右侧为面波解译频散曲线图。

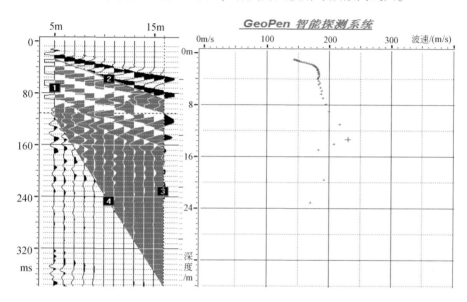

图 4-6　ZK252 钻孔地面波测试分析图

试验分析：选择 ZK252 钻孔，测点位于测线第七道位置；在深度 13.36m 以上为粉质黏土层，面波速度 236m/s；在 15.04m 以下为松软土层，面波速度 184m/s；频散曲线拐点为异常反映的深度位置与溶洞位置吻合。

试验结论：能够测试出溶洞顶板埋深，但并不是每个溶洞位置都有异常反映。

3. 瞬变电磁法

瞬变电磁法是用不接地回线向地下发射一次脉冲磁场，在一次脉冲磁场间歇期间，利用线圈观测二次涡流场的方法。本方法以钻孔 ZK112 为中心布设一个发射线框，在发射信号线框内布置一条或几条测线进行信号接收的地表探测法。

试验参数：发射线框采用 100m×100m，3 匝线圈；接收线框 40m×50m，发射电流 20A，发射频率 32Hz，叠加次数 32 次，测量点距 0.5m、1m。

采用 Surfer 软件分别构绘各测线的视电阻率等值线拟断面图（图 4-7），断面横坐标表示平面位置（m），纵坐标表示深度（m），不同的色阶表示不同的电阻率区段。

资料分析：从图 4-7 上看视电阻率中深部等值线比较杂乱，ZK112 钻孔位于该测线 30m 处，已知在 13.5m 处见到溶洞。测线两端基岩埋置较深，中间凸起状似石笋或者石丘。起点处基岩埋深达到 19.9m 深（验证孔 ZK112-1），测线 15m 处和 30m 处基岩埋深达到 14.2~12.5m 深，35m 以远埋深还要大。测线 30m 位置处在深 10m 以下存在两个低阻异常体，并且 15m 处异常经过 ZK112-2 验证此位置下基岩破碎。瞬变电磁异常反映与钻探

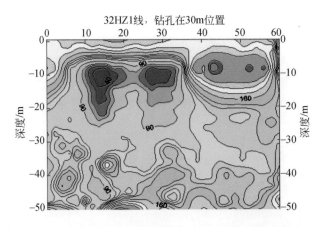

图 4-7　ZK112 钻孔测线瞬变电磁视电阻率断面图

吻合，深度是有误差的，作为浅层（50m 内）精细普查手段来识别岩溶有难度。

试验结论：瞬变电磁法在高阻围岩中寻找低阻地质体是最灵敏的方法，且无地形影响；但是针对浅部溶洞普查效果不佳。

4. 地质雷达法

在已知溶洞钻孔 ZK112 地表处及两侧布置一条或几条测线进行多点连续发射信号接收地下反射信号的地表剖面探测。

试验参数：采用 16MHz、32MHz 低频组合天线，天线距 3m，滤波 4～32MHz，叠加 64 次，点距 1.0m。地质雷达数据处理采用了归一化、增益、滤波等方法，测得各测线地质雷达探测剖面图像（图 4-8），横坐标表示剖面点位（m），左纵坐标表示地下深度（m）。

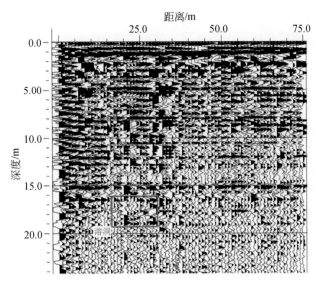

图 4-8　ZK112 D2 线地质雷达（天线 32MHz）探测图像

资料分析：ZK112 钻孔位于测线 19.5m 位置处，从图像看地质雷达异常反映与上述几种方法相比并不明显，其有效探测深度 20m 左右，探测深度不够，信噪比差，寻找中深部溶洞异常很困难。

地质雷达取决于天线频率，频率越高探测深度越浅，探测精度越高；频率越低探测深度越深，探测精度越低。

试验结论：地质雷达法对浅部 20m 以内溶洞异常反映明显，但调查 50m 深度内岩溶不适用。

5. 地震映像法

地表剖面法，采用人工激发地震波接收返回信息，地震映像法实际上是反射波法共偏移距选排方法之一。

试验参数：选择在已知 ZK252 孔（见表 4-1）上或两侧布设多道单排列，1m 道距，5m 偏移距，测试其反射波窗口，取最佳窗口为观测偏移距。采用单道观测，1m 点距，偏移距 4m，观测时深记录 400ms；测线由南向北布设，钻孔 ZK252 位于测线 29m 处。

资料分析：从地震映像法时深彩色剖面图（图 4-9）上 29m 处时深 60ms 下方可清晰分辨到地震波相位延伸不连续，并与邻近反相，振幅值偏弱，异常位置也与钻探点吻合。

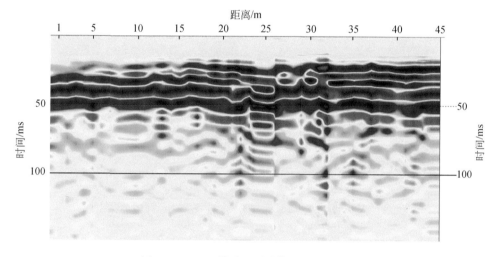

图 4-9　ZK252 钻孔地震映像法测试分析图

图 4-10（a）是验证钻孔 YZ19 地震映像法时深剖面图，图 4-10（b）照片为 YZ19 钻孔的岩心样图，钻孔对应的物探剖面点位在 220m 处。该钻孔揭露 12.80～15.50m 为溶洞，全充填，上部充填物为黑色含有机质粉质黏土，下部 1.00m 充填碎石混砂。

试验结论：地震映像法对溶洞异常反映明显，可以作为普查手段。

6. 高密度电法

按剖面法布设，选择在 ZK112 孔位置以及两侧，测线按近东西向垂直地层及构造线布设。

试验参数：分别采用温纳法和斯隆贝格法观测；电极极距 2m，8 个排列电缆，每个排列 8 个电极，观测层数 10～35。图 4-11 是视电阻率经过反演拟合断面图，测线 69m 处中下部的蓝色低阻异常很明显，与钻探结果（表 4-1）溶洞吻合。

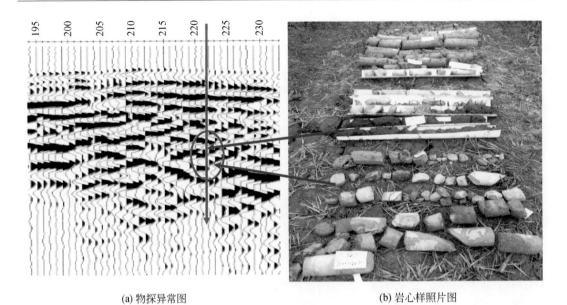

(a) 物探异常图　　　　　　　　　　　　(b) 岩心样照片图

图 4-10　YZ19 地震映像法时深剖面图和岩心样图

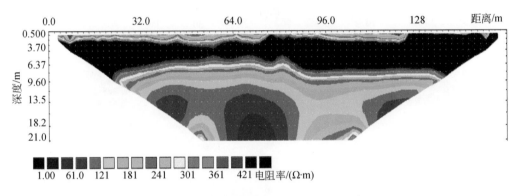

图 4-11　ZK112 钻孔高密度电阻率测试反演图

本试验同时安排了另外三种装置（α_2 排列、偶极排列、温纳排列）进行了试验，经过对高密度电法野外各种装置的观测试验对比发现，温纳装置、α_2 装置和偶极装置这三种装置在本场地观测效果相对较好，其中温纳装置反映大范围的地层分布起伏变化效果较好，偶极装置则对局部小范围的异常细节反映明显；α_2 装置与常规对称四极电测深装置取得的资料接近，所获得的解译图像上异常体的空间位置和分布范围反映较精确，具有较高的横向和纵向分辨率。

试验结论：高密度电法对溶洞异常反映明显，可以作为普查手段。

7. 单孔超声波测井

根据揭示溶洞的钻孔 ZK174 情况，通过单孔超声波测井测得声波在竖向某段岩体中传播速度，分析声速曲线异常位置，判断地下溶洞纵断面分布形态，也是对岩体完整程度进行划分的主要依据。

　　试验参数：一发双收单孔换能器（电缆长 100m，直径 Φ32mm）、横向换能器频率为 50kHz，发射器激发距 30cm，两个接收换能器间距 20cm，纵向测试点间距 20cm，水作为耦合介质。

　　表 4-8 是 ZK174 钻孔声波测井结果，设计测试间距为 20cm。

表 4-8　ZK174 钻孔声波测试分析表

钻探结果		声测结果		分析推断	声波测试曲线图
地质分层	钻探深度/m	测试深度/m	平均声速/（m/s）	岩土描述	
①-1	0.5			耕土	
②	2.5			粉质黏土	
③	7.6			含角砾粉质黏土	
④	10.6	10.05	1800	残积土	
		11.85	1800	残积土	
⑦-2	13.2	13.65	3583	白云岩不完整顶板	
⑧	14.0	14.85	2121	充填含碎块石的粉黏土	
		15.60	3256	白云岩隔板	
		17.05	2076	充填含碎石块的粉黏土	
⑦-2	20.1	17.85	4044	白云岩完整底板	
⑦-2	>20.1	>17.85	6300	完整白云岩	

　　ZK174 钻探过程中在 13.2～14.0m 出现掉钻杆现象，表述为一个空洞（表 4-1）。测试却发现有两层溶洞，顶板不完整，隔层破碎，充填物有粉土、碎石、充水，在 13.65～17.05m 存在 3.4m 高的溶洞。今后在重点基础位置可以采用钻孔超声波 CT 成像技术来确定溶洞、空洞综合体异常的规模形态，为基础加固提供准确资料。

　　目前超声波跨孔测试换能器频率 30～60kHz 在均质材料（比如混凝土）里传播距离在 5m 左右，因此常规超声波测试不适用于岩溶地区大距离跨孔测试。

　　试验结论：该方法针对性强，对了解溶洞顶底板埋深和充填物性质有明显作用；只适合单孔试验，钻孔内必须要有水作为耦合介质，跨孔试验间距不能太大，否则效果不明显。

　　8. 跨孔电磁波 CT 法

　　在两个或多个钻孔间开展电磁波发射穿透地层以及异常体来接收信息的方法。

　　当电磁波穿越不同的地下介质（如各种不同的岩石、矿体及溶洞、破碎带等）时，由于不同介质对电磁波的吸收系数存在差异，如充填溶洞、破碎带等的吸收系数比其围岩的吸收系数要大得多，因此在溶洞、破碎带区段域的场强也就小得多，从而呈现低值或负异常。利用这一差异推断目标地质体的结构和形状。本次试验范围为安宁化工项目东南角红线外拟建的大型设备制造厂岩溶发育区。结合现场同步测试情况,探测参数如下:

(1) 10～15m 孔距:选用频率为 16MHz 或 8MHz,发射点距 0.5m,接收点距 0.5m。

(2) 15～20m 孔距:选用频率为 8MHz 或 4MHz,发射点距 0.5m,接收点距 0.5m。

(3) 20～30m 孔距:选用频率为 4MHz,发射点距 0.5m,接收点距 0.5m。

图 4-12 与图 4-13 是 8#剖面 C22～C23 跨孔电磁波 CT 测试层析成像结果图。

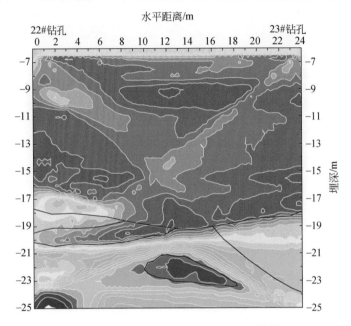

图 4-12　C22～C23 钻孔 CT 视吸收系数剖面

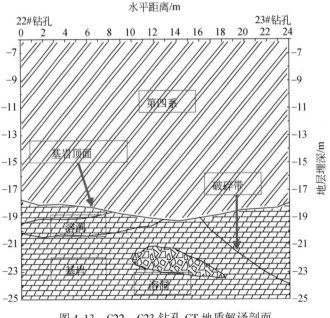

图 4-13　C22～C23 钻孔 CT 地质解译剖面

在剖面 0~24.0m 点位，约−17.8~18.5m 深度以上视吸收系数在 0.8dB/m 以上，推测为第四系覆盖层；在剖面 0~13.0m 点位，约−18.5~−20.3m 深度视吸收系数在 0.8dB/m 以上，结合等值线的延伸趋势及钻孔资料，分析推测为溶洞；在剖面 15.5~24.0m 点位，约−18.0~−24.0m 深度视吸收系数为 0.4~0.8dB/m，结合等值线的延伸趋势及钻孔资料，分析推测为溶洞；在剖面 9.0~18.0m 点位，约−21.0~−23.0m 深度视吸收系数在 0.2dB/m 以下，结合等值线的延伸趋势及钻孔资料，分析推测为岩石破碎区；在剖面其他位置视吸收系数介于 0.4~0.6dB/m 之间，推测为中风化基岩。

试验结论：电磁波 CT 法优于超声波测试，对于了解溶洞地下空间分布极其有效。

4.2.3.2　试验方法优选

根据上述试验，探测一个地下目标体（岩溶）建立了岩溶物探方法试验研究的系统模型，总结优化各种试验方法可细分为点测法、剖面（测量）法、井探（单孔或跨孔）法三种，参见图 4-14。

试验工作就点测法、剖面法、井探法优化后比对、选取结果详见表 4-9。

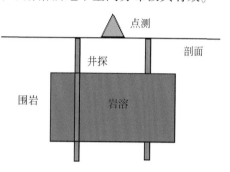

图 4-14　物探岩溶测试系统模型

表 4-9　探测法比较

工法	方法技术	工作原理	物性差异	排列方式	探测深度（或跨距）	研究参数	探测岩溶优缺点
点测法	电测深	四极测深	电性差异	四极对称	>50m	电位、电流	单点验证不易辨别
	表面波法	瞬态面波频散特性	弹性差异	12 只检波	<30m	相速度	单点验证不易辨别
剖面法	地质雷达法	单点连续发射接收	弹性差异	多点阵列	<30m	反射系数（绕射波形）	不宜用于盖层厚的地方
	瞬变电磁法	发射线框接收线框	电磁差异	不接地回线接收线圈	>50m	感生电动势（视电阻率）	浅层分辨不明
	高密度电法	温纳法或斯隆贝格法	电性差异	64 只电极阵列	<50m	电阻率	效果明显
	地震映像法	共偏移距	弹性差异	24 只检波阵列	>50m	反射系数（波幅、相位）	效果明显
井探法	超声波测井	单孔 30~60kHz 发射接收	弹性差异	一发双收	1~5m	波速、波幅	不宜跨孔
	电磁波层析成像技术	跨孔 4~16MHz 发射接收	电磁差异	一发一收	10~30m	吸收系数	效果明显

试验结果表明在本区选择高密度电法与地震映像法扫面以及跨孔电磁波 CT 测试法进行岩溶探测是切实可行的。

经过比较分析，安宁化工项目岩溶探测采用物探与钻探联合作业，实施步骤见流程

图 4-15。

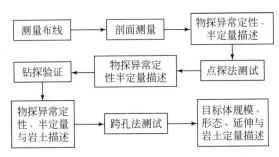

图 4-15　安宁化工项目岩溶探测具体流程图

4.3　岩溶勘察物探技术

岩溶普查期间开展岩溶物探勘察平面普查，选择安宁化工项目西部寒武纪白云岩、灰岩和东部的泥盆纪白云岩、灰岩分布区进行大面积扫面，测线布设间距 20m，测点间距 5m，调查总面积约 $1.3km^2$。

4.3.1　物探方法阐述

根据在已知点进行的物探异常比对试验，并结合针对物探异常进行的钻探验证工作，确定本场地地表调查物探工作选用高密度电法和地震映像法两种方法进行，辅以少量地质雷达测量剖面，对物探异常及时加以钻探验证，择机选择跨孔电磁波 CT 试验作为地下溶洞立体形态追踪调查手段。

1. 物探方法特点

（1）高密度电法：稳定连续的地层，其电阻率可作为连续追踪的电性层，追踪确定测试区是否存在断裂、构造破碎带及其地下溶洞的空间形态以及基岩面起伏情况。

（2）地震映像法：溶洞处反射波振幅偏弱，频率偏低，相位发生断续，波阻抗的变化引起振幅和相位变化，可以作为普查溶洞追踪异常的位置的有效办法。

2. 方法原理

1）高密度电法

就单个数据点的测试而言，高密度电阻率法的基本原理与传统电法完全相同，但传统电阻率法每布置一次电极，只能测试一个数据点，因此就其速度和经济而言，很难详细了解地下岩土层的地质状况。高密度电阻率法正是为了克服传统电阻率法的弱点研究开发出来的，高密度电阻率法的具体实施思想是一次布置多个电极（使用测试仪器一次最多可布置 80～120 个电极），通过软件自动控制测试电极开关的转换来实现连续采集数据，将电测深和电剖面数据的采集结合起来，并且还可以实现不同装置形式的数据采集。它具有高效、自动化程度高、采集数据点密度大、实现多种装置形式对比等优点。

图 4-16 高密度电阻率法正是利用物性差异达到识别溶洞的方法，是一种以岩土体导

电性差异为基础的一类阵列勘探方法，研究在人工施加电场的作用下地层中的传导电流以达到解决各类地质问题的目的。当地下介质间电阻率存在较大差异时，人工施加电场作用下的传导电流的分布会因电阻率的高低而有疏有密，传导电流的分布与地下介质（岩石、空气、黏土等）的性质、大小、埋深等赋存状态各因素有着密切的关系。

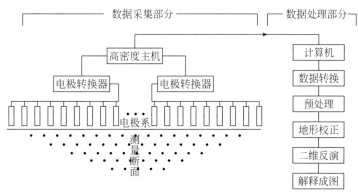

图 4-16 高密度电法工作示意图

因此，从探测到的传导电流的分布规律可以分析地下电阻率在不同区的变化，从而可以反演推断地下的地质情况，尤其是断层构造、地下溶洞、断层、采空区、渗漏点等不良地质体的发育情况。

2）地震映像法

从震源 O 激发出的弹性波投射到反射系数不等于零的反射界面 R 上产生反射波，ρ、v 分别为地层的密度和弹性波的传播速度，它们的乘积称为波阻抗，反射界面存在的条件为 $\rho_2 v_2 \neq \rho_1 v_1$。所以反射界面也称为波阻抗界面。反射波返回地表，为检波器（s1，s2，s3，…）接收，并由地震仪记录下来。反射地震记录内包含着多种信息，其中反射波的旅行时间和震源到检波器之间距离的关系，称为时距曲线 $t(x)$。用时距曲线可反演出地下反射界面的几何形态（地质构造）；而在地震反射信息中，还包含有地震波的振幅、相位、频率、速度、极性以及其他一些参数，表现出反射波的动力学特点，它能给出地层岩性的特征，有助于判断地质构造。

地震映像法是通过在地表人工激发产生地震波，在最佳窗口内选择一个合适的偏移距，以等偏移距的方式，采用高精度地震仪记录反射回的地震波。再对地震波信号进行编辑、频谱分析、滤波、振幅恢复等数据处理，得到地下断面的二维图像（图 4-17）。

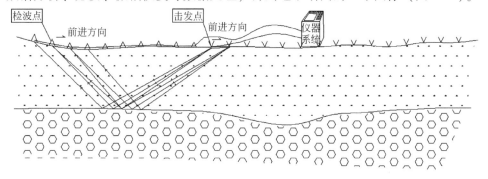

图 4-17 地震映像法工作过程示意图

4.3.2　工作参数选取

1. 高密度电法

电极排列方式采用 α_2 排列装置，采集剖面层数为 25 层，电极距根据场地实际情况选择 3m 或 5m，总电极数为 100～110 根不等，数据采集剖面 28 层，供电电压 288V。

α_2 装置电极排列见图 4-17，测量时，$C_1P_1 = P_1P_2 = P_2C_2$ 为一个电极间距，C_1、P_1、P_2、C_2 逐点同时向右移动，得到第一条剖面线；接着 C_1P_1、P_2C_2 增大一个电极间距，P_1P_2 始终为一个电极间距，C_1、P_1、P_2、C_2 逐点同时向右移动，得到另一条剖面线；这样不断扫描测量下去，得到倒梯形断面。

电极排列方式采用温纳排列装置，测量时一直保持 $C_1P_1 = P_1P_2 = P_2C_2$ 电极间距相等，C_1、P_1、P_2、C_2 逐点同时向右移动，得到另一倒梯形断面。

在基岩埋深小于 50m 地段内使用总电极数 100 根，数据采集剖面 28 层，供电电压 288V，变断面连续滚动扫描测量，每次滚动向前移动 40 根。

在基岩面埋深大于 50m 地段内采用 120 根总电极，数据采集剖面 34 层，供电电压 360V。变断面连续滚动扫描测量，每次滚动向前移动 60 根电极。

采集方式同图 4-18。

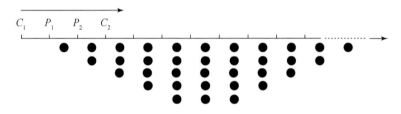

图 4-18　α_2 装置电极排列示意图

2. 地震映像法

地震映像法采用 Strata view-R24 浅层地震仪，使用 100Hz 的垂直检波器，2 道检波器接收，现场数据采集为单边锤击，18 磅大锤敲击作为震源激发，偏移距按 48 道检波 1m 道间距、偏移距 1m、记录长度 512ms 的展开排列窗口结果预估，并考虑各钻孔场地基岩埋深分别选择 5m、10m、15m、20m 不等，测试点距 1.0m，记录长度为 512ms，采样间隔为 0.125ms，带通滤波 60～600Hz。

4.3.3　高密度电法资料分析与解释

反演分析解释：高密度电法的勘探深度与地下介质的电阻率和结构都有关系，地下介质的电阻率和结构是影响电流流动的十分重要的因素，因此进行反演是十分必要的。反演电阻率断面图能解译目标体的深度，结合钻孔资料对比进行深度调整。

数据处理前先进行预处理，然后使用 Res2dinv 软件对数据进行二维反演和地形校正，最后使用专业物探软件绘制成图进行资料解释。二维反演程序是基于圆滑约束最小二乘法的计算机反演计算程序，使用准牛顿最优化非线性最小二乘新算法，使得大数据量下的计算速度较常规最小二乘法快数倍，根据反演后的电阻率剖面及视电阻率剖面进行综合解释。

野外观测的数据是每条剖面线的多个单剖面数据文件，为了形象地表达每条剖面线下的地层特性，利用专门软件将多个单剖面文件组合连接成完整的电性剖面，并将电阻率值大小段以不同颜色表示，形成形象的地电断面图。

单个剖面电性层解译示意图详见图4-19。

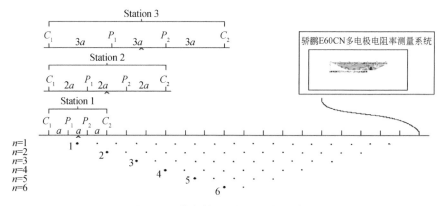

图 4-19　单个剖面电性层解译示意图

ρ_s视电阻率断面图是资料处理的重要分析依据，也是高密度电法勘探主要的定性图件之一。根据断面图中显示的电性分布特征，判断出地质体的视电阻率范围，划分基岩面，圈定出电性异常点，然后应用已知地形、地质资料以及所采用的电极装置，分析引起电性异常的原因，圈定目标体的范围。

本场地局部地段地形起伏较大，二维反演加入了地形校正，故在识别基岩面上有一定的优越性。但二维反演也存在着一定的不足，其中异常放大以及异常无规律性的偏移对较小异常的识别以及定位带来了麻烦，而二维反演的不足可以通过野外原始采集的视电阻率断面图像来补充。

地层的电阻率不仅与地层岩性有关，还与地层岩土的颗粒大小、密实度、孔隙率、孔隙溶液的导电性、含盐类型及含盐量、地温、含水量以及岩体的完整程度等因素有关。一般地，地层在其他条件相同时，有以下规律：

岩土的颗粒越细，导电性越好，电阻率越小；

孔隙中溶液的导电性越好，地层的电阻率越小；

含水量越高，导电性越好，电阻率越小；

地层温度越高，导电性越好，电阻率越小；

地层可溶盐含量越高，电阻率越小。

4.3.3.1　岩溶异常电性特征与识别

在基岩面以下呈封闭状的低阻区或呈"V"字形延伸的低阻区，岩溶异常视电阻率值范围为 $100 \sim 160\Omega \cdot m$。典型图像见图4-20。

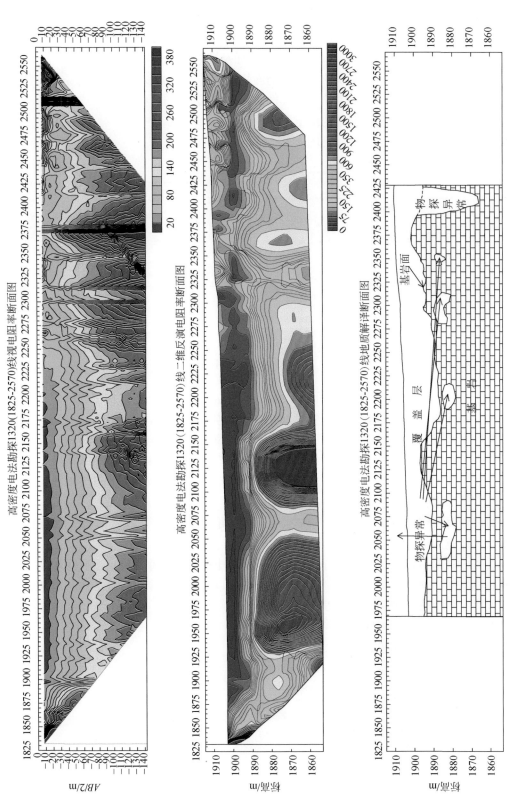

图 4-20　高密度电法岩溶异常典型图像

该图为 1320 测线上 1825～2570m 段剖面图像。上图为视电阻率观测断面图,中图为上图经过地形校正和二维反演视电阻率观测断面图,下图为以上两图进行地质解译推断图。YZ05 钻孔位于测线 2075m 处,为岩溶验证孔:0.0～5.0m 粉质黏土,5.0～9.9m 全风化白云岩,9.9～10.6m 中风化白云岩,10.6～13.1m 粉土夹砂,13.1～20.5m 中风化白云岩。

4.3.3.2　构造的电性特征与识别

构造一般发育在基岩内向下延伸,在平面分布图上等值线不连续,存在明显的视电阻率差别,构造带位置易形成溶蚀,使得构造带和两侧基岩视电阻率存在明显差异,两侧基岩视电阻率较高,构造带视电阻率较低。典型图像见图 4-21。该图为 1200 测线上 1850～2595m 段剖面图像。YZ10 为构造带验证钻孔。

4.3.3.3　岩性接触带电性特征与识别

本场地基岩主要为白云岩、灰岩、砂岩以及泥岩,白云岩、灰岩以及石英砂岩电阻率较高,泥岩电阻率较低,在岩性接触带两侧,视电阻率变化较大,且等值线变陡。典型图像见图 4-22。该图为 2320 测线上 380～1700m 段剖面图像。

4.3.3.4　基岩面电性特征与识别

本场地基岩主要为白云岩和泥砂岩,其电阻率较高,基岩和覆盖层(粉质黏土层)的视电阻率差别较大。判断基岩面的重要标志是视电阻率快速上升,等值线变密,且等值线较连续。根据试验以及以往工作经验,本次基岩面视电阻率取值在 175～200Ω·m。完整白云岩视电阻率基本高于 240Ω·m,完整石英砂岩视电阻率基本高于 300Ω·m,典型图像见图 4-23。该图为 1420 测线上 750～1495m 段剖面图像。

本次高密度电法探测工作中按上述异常特征进行资料分析、解译工作。

4.3.4　地震映像法资料分析与解释

地震映像通过野外试验、对比、分析,选择出最佳偏移距剖面,且对数据处理采用了预处理、抽道、连接、滤波、增益调节等方法,提高信噪比。剖面图横坐标表示测点在测线的平面位置,纵坐标表示反射波双程旅行时。

地震波在地下不同介质中的传播速度各不相同,地下不同介质的岩性、密度、波速等的差异使反射波的频率、振幅、相位等均发生变化,分析研究地震波中的时间、速度、振幅、相位、频率等的变化特征,从而推断地下地质构造的形态、分布位置、状况等。

由于不同地层介质波阻抗及形态的差异,弹性波在其中传播时表现为不同的特征。当地下介质不均匀时,在反射地震映像剖面图上反映为波形不规则,相位不连续,波长变化较大,甚至产生绕射波;较完整岩石在反射地震映像剖面图上反映为波形细密,振幅较弱。平均速度或有效速度可根据不同方法对比或钻孔资料进行时深校正。

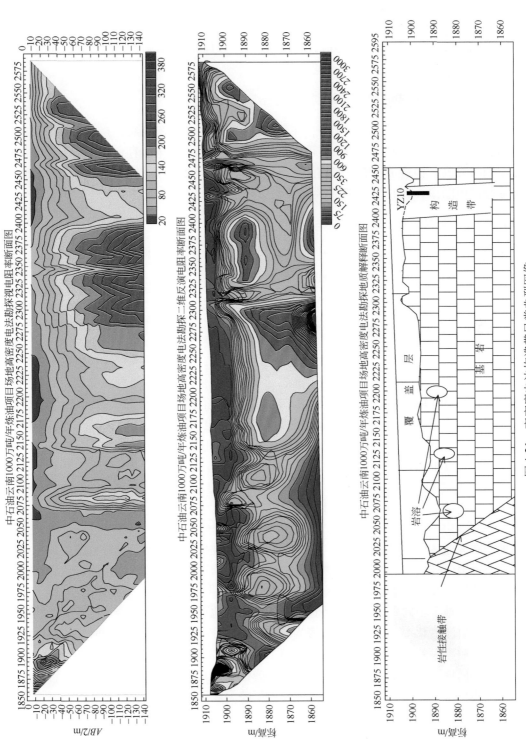

图 4-21　高密度电法构造带异常典型图像

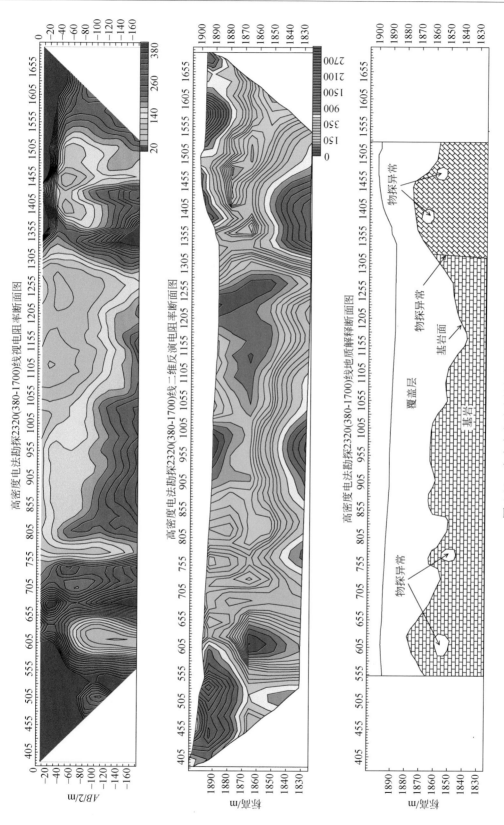

图 4-22　高密度电法岩性接触带典型图像

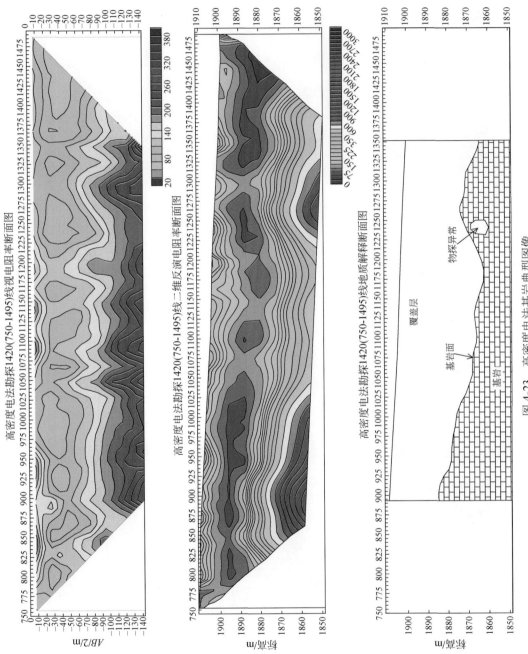

图 4-23　高密度电法基岩典型图图像

根据本次对已知点的探测及未知点物探异常的验证工作并结合以往工作经验，总结、归纳物探异常特征及解释原则如下：

（1）反射波同向轴呈强振幅或典型双曲线反射波，典型图像见图 4-24（a）；

（2）反射波组有中断、畸变或错动现象，典型图像见图 4-24（b）。

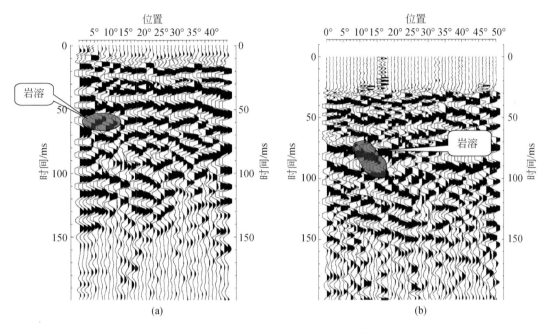

图 4-24　地震映像法岩溶异常典型图像

根据场地地下介质的反射波波速来计算反射波同相轴所反映的地层深度，进而对探测资料进行综合解释。比如第一阶段地震映像法测量剖面完成了 64 条，长 8695m。其中测线 D35～D60 为验证线，验证测线长度为 1954m。

4.4　研究区岩溶发育范围

4.4.1　物探实际工作布设

4.4.1.1　物探测线布设

高密度电法以 20m 间距布设测线，测线方位为 76°与地层走向近乎垂直，地层走向参考图 4-3。测量放点是以 20m×50m 网格布点。局部根据现场情况进行了调整。测线编号由南向北递增，测点编号由西向东递增，最南端测线号为 1000 线，由南向北依次为 1020线、1040 线到 2600 线（图 4-25）。

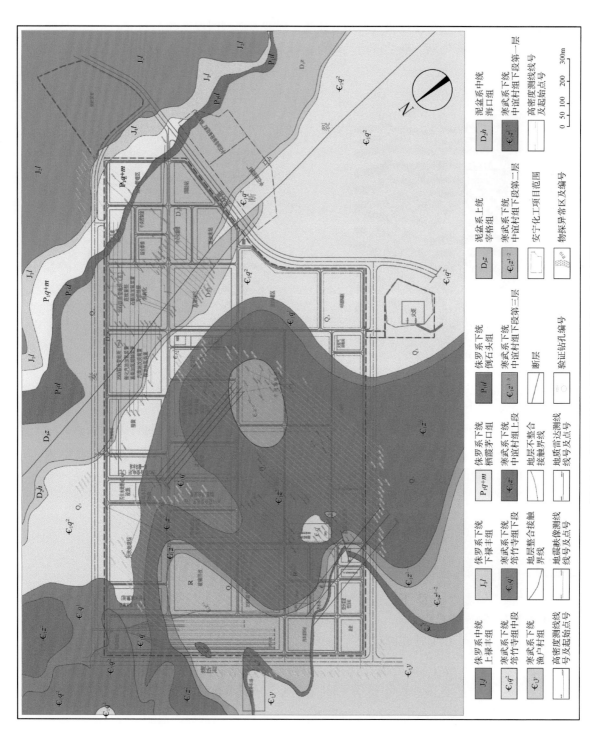

图4-25　场地岩溶地球物理勘探实际工作布置图

4.4.1.2　试验与研究投入工作量

按照不同阶段不同方法试验与调查实际投入工作量列表如表 4-10。

表 4-10　岩溶勘察主要物探工作量一览表

序号	岩溶试验 研究阶段	试验研究 时间	高密度 电法/km	地震映像 法/km	跨孔电磁 波 CT/对	钻探 进尺/km
1	岩溶专项测试	2011. 3 ~ 4	7. 58	2. 44	—	0. 48
2	岩溶勘察物探一期	2011. 5 ~ 6	78. 1	8. 69	—	1. 89
3	岩溶勘察物探二期	2012. 2 ~ 3	17. 1	—	—	0. 48
4	大型设备制造厂（厂内）	2012. 1	1. 416	—	15	0. 35
5	岩溶详勘	2012. 4 ~ 5	—	—	211	2. 49
6	大型设备制造厂（厂外）	2012. 5 ~ 6	2. 38	—	29	1. 22
投入工作量合计			106. 62	11. 13	255	6. 91

注：①上述表格中不包括次要的地质雷达法、瞬变电磁法试验测量工作量；②岩溶勘察物探一期是合同规定白云岩地层所涵盖地段的探测范围；③岩溶勘察物探二期为一期由于村庄以及障碍区影响而不能测试的范围；④大型设备制造厂（厂内）指原设计图纸规定位置，也是研究区电磁波 CT 试验的地段；⑤岩溶详勘范围即研究区范围。

高密度电法测线编号由南向北递增，测点编号由西向东递增，最南端测线号为 1000 线，由南向北依次为 1020 线、1040 线到 2600 线；针对前期 ZK69 孔异常点，专门布设了两条高密度电法测线为 69-1 和 69-2。另外，根据地形地貌、地物优化了部分测线，由北向南布设，编号依次为 A1 ~ A16，A1 ~ A8 测点均由东向西递增，A9 ~ A16 测点编号均由西北向东南递增（表 4-10 和图 4-25）。

地震映像法测线编号为 D1 ~ D60，考虑到地震映像采集数据的准确性，锤击点由低向高依次推进，对应点号也是由小到大（表 4-10 和图 4-25）。研究区内以高密度电法测线为主，地震映像法测线为辅，加以少量地质雷达测量剖面。

东部片区及西部片区局部范围由于受场地限制（主要为道路、房屋等障碍物），部分高密度电法测线如果按原设计线路布线，在有效测试深度范围内没有有效点，或在有效测试深度范围内测线长度小于 145m，经过多次现场踏勘，综合现场作业条件、资料的完整性等因素，此部分测线调整为近东西向；部分地段不具备采用高密度电法探测的作业条件，调整为地震映像测线。部分场地受房屋、道路等障碍物限制，高密度电法和地震映像法都不具备施工条件。实测面积 1.0467km²，未探测面积 0.2083km²（图 4-25）。

在村庄拆迁后进行了补充测量，另外大型设备制造厂改建在厂外后也进行了物探测量。具体工作量见表 4-10。

高密度电法测量剖面长 106.62km；地震映像法测量剖面长 11.3km。其中测线 D35 ~ D60 为验证线，验证测线长度为 1954m；地质雷达剖面完成了 5 条，长 269m；测量放点 4761 个；物探异常验证完成了 72 个钻孔。为满足工程质量要求，在检测期间进行了随机的检查工作，共完成了高密度检查线 6 条，长 6774m，地震映像检查线 4 条，长 619m，地质雷达检查线 1 条，长 38m。各方法检查工作量均≥5%，满足规范要求。

4.4.1.3 试验研究投入仪器设备

按照试验目的不同，各阶段研究投入的仪器设备列于表4-11。

表4-11 试验手段与投入设备

试验目的	试验内容	仪器设备	设备研制厂家
岩石参数测试	岩石电阻率	JD-2 型自控电位仪	山西平遥
		DDC-6 电子自动补偿仪	重庆地质仪器厂
	岩石剪切波速	SE2404 型综合工程探测仪	吉林大学
		PDS-SV 型波速测试仪	武汉岩土星科技开发有限公司
	岩石纵波波速	RSM-SY5 型声波检测仪	中国科学院武汉岩土力学研究所
		PDS-SW 非金属超声波测试仪	武汉岩土星科技开发有限公司
已知溶洞物探试验	电测深法	JD-2 型自控电位仪	山西平遥
	表面波法	SE2404 型综合工程探测仪	吉林大学
	超声波测井	RSM-SY5 型声波检测仪	中国科学院武汉岩土力学研究所
	瞬变电磁法	WTEM-1 型瞬变电磁勘探系统	重庆奔腾数控技术研究所
	地质雷达法	SIR-20 型地质雷达	美国 GSSI 公司
	高密度电法	E60C 型主机采集系统	吉林大学
		WDJD-2 型多功能直流激电议	重庆奔腾数控技术研究所
		WGMD-9 超级高密度电法仪	重庆奔腾数控技术研究所
	地震映像法	SE2404 型综合工程探测仪	吉林大学
		Strata view-R24 浅层地震仪	美国 Geometrics 公司
岩溶物探平面调查	高密度电法	WGMD-9 超级高密度电法仪	重庆奔腾数控技术研究所
	地震映像法	Strata view-R24 浅层地震仪	美国 Geometrics 公司
岩溶立体调查	跨孔电磁波 CT 成像技术	TC-RIM-10 电磁波 CT 仪	湖北铭远天成科技
		JW-5 电磁波 CT 仪	中国地质科学院地球物理地球化学勘查研究所
		EWTC-1 电磁波 CT 仪	中国水电顾问集团贵阳勘测设计研究院
点线定位	测量	S82 GPS、TCR702 型	南方灵锐 RTK、瑞士莱卡
地质钻探	钻机	DPP-100 型、GJ—150S 型	国产东风汽车钻机、山东文登工程钻机

4.4.2　物探异常综合解释

本次物探工作以高密度电法为主，局部不具备高密度电法工作条件的地段采用地震映像法探测。经对前期及本次工作的资料处理、分析、解释，共发现有一定规模的物探异常29 个，编号为 R1 ~ R25、G1 及 K1、K2、K3。其中 R1 ~ R8、G1 分布在测区东部，R9 ~ R25、K1、K2、K3 分布在测区西部（图4-25）。

为查明异常性质，对发现的部分异常进行了地震映像法、地质雷达法剖面验证，具体解释结果如下。

4.4.2.1　构造带异常

G1 异常：高密度电法在测线 2415m/1180 ~ 2385m/1320 之间发现一个低阻异常带，位于本场地南东侧，近南北向展布，延伸长度约 294m，宽约 18 ~ 60m 不等，等值线不封闭，与两侧存在明显的差异，结合工程地质条件，推测为张性断裂。深度在 7m 以下（表4-12）。

表 4-12　构造带异常解释结果统计表

异常编号	延伸长度/m	延伸方向	异常宽度/m
G1	294	近南北向	18 ~ 60

4.4.2.2　岩溶异常

R1 ~ R7 号异常位于场地东侧，R1 ~ R4 走向近南北向，延伸长度 223 ~ 282m，异常宽度 7 ~ 115m；R5 ~ R7 走向近东西向，延伸长度 70 ~ 234m，异常宽度 14 ~ 76m。高密度电法异常表现为基岩面下呈封闭状的低阻区或呈 "V" 字形延伸的低阻区，地震映像为溶洞绕射弧型异常，地质雷达为同向轴错断或多次反射异常，具有岩溶发育的异常特征。异常范围内岩性变化较大，主要为 D_{2+3} 的白云岩、灰岩，构造、裂隙较发育，具备岩溶发育的物性条件，推断 R1 ~ R7 号异常为岩溶发育区（表4-13）。

表 4-13　岩溶异常解释结果统计表

异常编号（研究区）	基岩面埋深/m	岩溶顶、底板埋深/m	延伸长度/m	延伸方向	异常宽度/m	充填情况
R1	12 ~ 15	16 ~ 38	228	南北向	7 ~ 66	部分充填
R2	9 ~ 14	11 ~ 34	223	南北向	8 ~ 73	部分充填
R3	8 ~ 16	10 ~ 35	282	南北向	15 ~ 115	部分充填
R4、R5	11 ~ 22	14 ~ 44	234	近南北向	13 ~ 46	全充填
R6	13 ~ 18	15 ~ 33	148	近东西向	14 ~ 76	部分充填
R7	8 ~ 16	10 ~ 28	70	近东西向	22 ~ 33	无充填

4.4.2.3 R8 异常

异常位于测区东部 258m/D17 ~ 193m/D19 测点之间，地震映像异常表现为反射波波形杂乱，波长变短，振幅减弱，经调查发现异常原因是来自浅地表的人文物体，而不是地质现象。

4.4.2.4 磷矿富集带异常

在场地西侧共发现了 17 个异常，编号为 R9 ~ R25，其中 R9 ~ R23 走向近东西向，延伸长度 118 ~ 355m，异常宽度 3 ~ 63m，高密度电法多为低阻异常，结合前期试验结果，具有磷矿富集带的异常特征，异常区对应的岩性为寒武系下统 $\in_1$ 含磷白云岩、灰岩，并有磷矿露头出现，在初勘钻孔内见磷矿富集带发育，经综合解释，推断 R9 ~ R23 号异常可能由磷矿富集带引起。由于异常范围内也具备岩溶发育的前提条件，应对 R9 ~ R23 号异常进行钻孔验证以确定异常性质（表 4-14）。

表 4-14 磷矿富集带异常解释结果统计表

异常编号	基岩面埋深/m	磷矿富集带顶板埋深/m	延伸长度/m	延伸方向	异常宽度/m
R9	16 ~ 39	30 ~ 40	180	近东西向	3 ~ 28
R10	16 ~ 38	28 ~ 38	254	近东西向	5 ~ 25
R11	27 ~ 42	28 ~ 40	355	近东西向	8 ~ 25
R12	28 ~ 43	30 ~ 50	304	近南北向	5 ~ 26
R13	20 ~ 45	30 ~ 45	310	近南北向	13 ~ 47
R14	20 ~ 46	33 ~ 42	277	近南北向	9 ~ 63
R15	23 ~ 44	30 ~ 40	244	近南北向	10 ~ 46
R16	22 ~ 43	27 ~ 47	264	近南北向	7 ~ 26
R17	21 ~ 45	40 ~ 47	158	近南北向	8 ~ 28
R18	20 ~ 47	23 ~ 40	118	近南北向	19 ~ 37
R19	28 ~ 46	30 ~ 40	269	近南北向	16 ~ 34
R20	23 ~ 44	33 ~ 42	161	近南北向	10 ~ 46
R21	18 ~ 40	20 ~ 42	262	近南北向	8 ~ 29
R22	18 ~ 38	30 ~ 40	161	近南北向	17 ~ 31
R23	18 ~ 36	30 ~ 42	161	近南北向	17 ~ 36

4.4.2.5 岩性接触带异常

根据场地岩性分布图以及前期勘察资料知，本场地基岩有白云岩、灰岩、砂岩、泥岩、石英砂岩。根据本次探测结果分析本场地主要存在两个较大规模的岩性接触带，东南侧为 D_{2+3} 的白云岩、灰岩、石英砂岩，场地西侧岩性为寒武系下统 $\in_1$ 含磷白云岩、灰岩，中间地段岩性为寒武系下统 $\in_1$ 砂岩、泥岩。高密度电法异常表现为岩性接触带两侧视电阻率变化较大，地震映像反射波波形杂乱，与两侧波形存在明显的错动。解释结果见表 4-15。

表 4-15　岩性接触带异常解释结果统计表

岩性接触带编号	覆盖层厚度/m	延伸长度/m	延伸方向
E1	8~16	720	近南北向
E2	16~47	2380	近南北向

4.4.2.6　K1 异常

ZK69 钻孔揭露 25.5~26.1m 为空洞。在该钻孔附近采用高密度电法进行了探测，点距分别为 3m 和 5m，在不同点距探测资料中都发现了高阻异常区以及低阻异常区，高阻异常推测为空洞，低阻异常推测为岩石破碎。该异常呈北东—南西方向延伸，长约 138m，宽约 9~60m 不等，深约 20~26m。

4.4.2.7　K2、K3 异常

K2 异常：ZK212 钻孔在 16.5~21.5m 为溶洞，无充填物，高密度电法在该钻孔无异常反映，推测为溶洞与周围土层电性差异小所致。

K3 异常：ZK350 钻孔 31.5~32.1m 为溶洞，无充填物。在前期对此钻孔进行了探测，布置了地震映像测线 3 条。该处在 50m 探测深度范围内未发现明显基岩面，该钻孔揭露的 31.5~32.1m 的溶洞，其埋深大，规模较小，在物探图像中未见明显异常反应。

4.4.2.8　R24、R25 异常

R24 异常：ZK252 在 15.3~16.8m 处为溶洞，通过前期初勘资料分析该异常沿近南北向延伸，长约 20m，宽约 8m，顶板埋深 13~18m。

R25 异常：ZK303 在 18.3~25.0m 处为溶洞，因地段太窄没法进行整体布线，本次探测未布设测线，通过前期初勘资料分析该异常近东西向延伸，长约 40m，宽 3~15m，顶板埋深 18~29m。

4.4.3　物探异常钻孔验证对比分析

根据高密度电法和地震映像探测资料提出的异常（图 4-26），在采用地质雷达或地震映像方法进行了准确定位后，施工 72 个验证孔（图 4-26）对物探结果进行验证。

4.4.3.1　钻孔验证结果

72 个验证孔有 52 个钻孔与物探解释一致（表 4-16），其中 36 个孔为溶洞，3 个孔为构造带，3 个孔为岩性接触带，10 个孔为磷矿富集带。物探异常验证符合率为 72.2%。部分验证孔是为了确定异常的边界，故其未揭露异常，也达到了钻孔验证的目的。该类钻孔有 7 个，为 YZ02、YZ17、YZ20、YZ23、YZ32、YZ74、YZ83（详见表 4-17）。

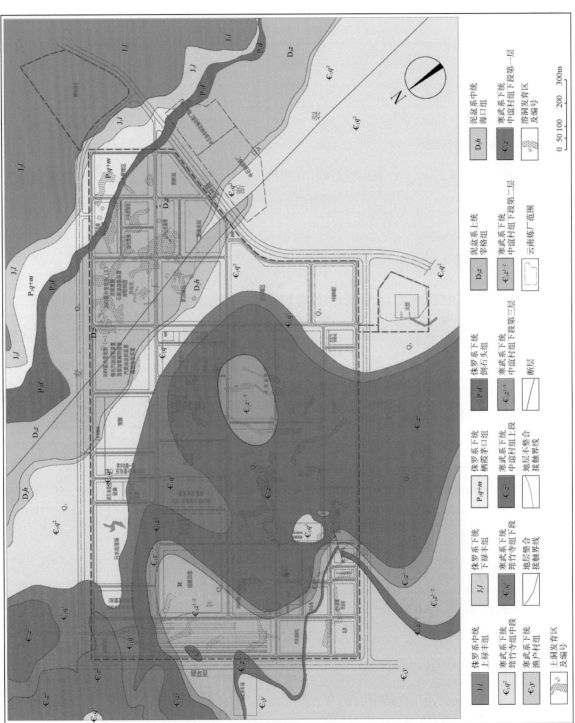

图4-26　场地物探钻探解译图

表 4-16 物探异常钻孔验证结果

孔号	孔深/m	验证结果
YZ01	20.2	15.9～16.8m 为溶洞，无充填；顶板厚 4.3m
YZ02	21.4	未见岩溶发育现象（验证溶洞边界）
YZ03	23.1	11.7～12.6m 为溶洞，无充填；16.1～20.4m 为溶洞，上部无充填，下部 50cm 充填少量棕红色黏性土；顶板厚 0.8m
YZ04	20.2	9.8～20.2m 为中风化白云岩，岩体裂隙发育，有少量溶蚀现象
YZ05	28.5	15.3～25.5m 见溶洞，15.3～19.7m 无充填，19.7～24.4m 粉细砂混粉黏，24.4～25.5m 碎石混粉黏；顶板厚度 0.3m
YZ06	32.5	16.1～17.1m 见溶洞，充填黏性土夹碎石；17.9～30.3m 见溶洞，其中 17.9～18.4m 无充填，18.4～30.3m 粉细砂充填；顶板厚度 3.4m
YZ09	29.5	22.0～26.2m 见溶洞，充填粉质黏土及少量碎石；顶板厚 3.9m
YZ10	22.0	5.9～12.5m 见构造角砾岩
YZ11	21.2	10.2～14.0m 见构造角砾岩
YZ12	20.0	13.6～16.8m 见构造角砾岩
YZ13	20.5	12.8～13.4m 见溶洞，无充填；顶板厚 3.4m，顶板岩性：强风化白云岩
YZ15	27.0	17.1～25m 见溶洞，其中 17.1～19.5m 充填粉黏，19.5～22m 充填粉细砂，22～25m 充填碎石混砂；顶板厚 1.7m
YZ16	23.0	10.7～11.5m 为溶洞；12.7～14.4m 为溶洞，上部 0.5 无充填，下部含砾粉黏；15.8～18.8m 为溶洞，充填粉黏及碎石混砂；顶板厚 0.8m
YZ17	20.0	13.3～20.0m 为中风化白云岩，岩体裂隙发育，见溶蚀小孔；（验证溶洞边界）
YZ18	25.0	未见岩溶发育现象
YZ19	20.3	12.80～15.50m 为溶洞，全充填，上部充填物为黑色含有机质粉质黏土，下部 1.00m 充填碎石混砂；顶板厚 4.2m
YZ20	20.4	未见岩溶发育现象（验证溶洞边界）
YZ21	20.3	未见岩溶发育现象
YZ22	22.4	9.60～15.10m 为溶洞，少量充填，底部 10cm 充填粉质黏土；15.90～16.30m 为溶洞，无充填；17.10～18.30m 为溶洞，全充填，充填物为粉质黏土及碎石
YZ23	21.5	未见岩溶发育现象（验证溶洞边界）
YZ24	20.0	13.4～16.2m 为溶洞，充填碎石及粉细砂；顶板厚 2.9m
YZ25	37.5	16.70～21.90m 为溶洞，全充填，充填物为粉质黏土、碎石及砂；24.90～35.60m 为溶洞，半充填，上部充填物为粉细砂及含碎石粉质黏土，下部充填物为粉质黏土及碎石；顶板厚 4.4m（强风化砂岩厚 3.0m，中风化白云岩厚 1.4m）
YZ26	20.9	12.1～12.8m 为溶洞，充填粉黏；顶板厚 0.5m
YZ27	23.2	其中 10.50～11.50m 溶洞，全充填，充填物粉质黏土及碎石；12.20～13.10m 为溶洞，全充填，充填物为碎石及粉质黏土；14.50～16.80m 为溶洞，半充填，下部 1.00m 充填碎石；17.60～19.60m 为溶洞，无充填；顶板厚 3.7m

孔号	孔深/m	验证结果
YZ28	21.1	17.10~18.20m为溶洞，少量充填，底部20cm碎石充填；顶板厚6.6m（强风化白云岩厚1.0m，中风化白云岩厚5.6m）
YZ29	20.3	12.0~12.3m为溶洞，充填粉黏。顶板厚0.7m
YZ30	22.6	其中8.90~10.50m为溶洞，全充填，充填物为粉质黏土；12.80~13.40m为溶洞，全充填，充填物为粉质黏土；顶板厚0.8m
YZ31	22.0	16.2~18.1m为溶洞，无充填；顶板厚3.8m
YZ32	20.0	未见岩溶发育现象（验证溶洞边界）
YZ33	20.0	未见岩溶发育现象
YZ34	25.0	16.20~18.20m为溶洞，半充填。17.50~18.20m充填粉质黏土及全、强风化白云岩质碎石；19.60~21.65m为溶洞，半充填，20.50~21.65m充填粉质黏土及全、强风化白云岩质碎石；顶板厚1.1m
YZ35	20.0	10.80~11.10m为溶洞，无充填物；12.00~14.40m为溶洞，半充填，底部40cm充填物为碎石混黏土；顶板厚3.3m
YZ36	22.0	13.10~15.60m为溶洞，上部粉黏充填，下部50cm碎石充填；18.3~18.7m为溶洞，无充填；顶板厚3.0m
YZ37	20.0	未见岩溶发育现象
YZ38	20.5	未见岩溶发育现象
YZ39	23.6	15.00~18.00m为溶洞，全充填，充填物为粉细砂、粉土混碎石；顶板厚4.8m
YZ40	20.6	11.30~12.30m为溶洞，无充填；12.50~13.20m为溶洞，全充填，充填物为粉质黏土夹碎石；13.50~14.60m为溶洞，无充填；顶板厚1.1m
YZ41	36.0	12.50~15.00m为溶洞，全充填，充填物为碎石混粉质黏土；16.30~30.50m为溶洞，全充填，充填物为粉质黏土及粉质黏土混碎石；顶板厚1.3m
YZ42	20.1	11.2~11.8m为溶洞，上部无充填，底部10cm充填粉黏；顶板0.9m
YZ43	21.0	岩性接触带：10.1m以上为中风化白云岩，以下为中风化碳质砂岩
YZ44	20.5	岩性接触带：15.0m以上为中风化白云岩，以下为中风化碳质砂岩
YZ46	21.0	岩性接触带：7.9m以上为中风化白云岩，以下为中风化碳质砂岩
YZ47	20.4	未见岩性接触带
YZ48	21.7	15.00~17.90m为溶洞，半充填，底部0.70m充填物为粉质黏土及碎石；顶板厚1.8m
YZ49	21.0	14.00~15.20m为溶洞，无充填；顶板厚0.7m
YZ50	24.0	19.5~20.8m为溶洞，无充填；顶板厚1.6m
YZ51	20.0	未见岩溶发育现象
YZ52	20.4	15.80~17.20m为溶洞，全充填，充填物为粉质黏土少量碎石；顶板厚3.9m
YZ53	30.7	16.8~18.6m为溶洞，充填粉细砂混粉黏；20.2~20.9m为溶洞，充填粉细砂及粉黏；22.4~27.5m为溶洞，半充填，25.5~27.5m充填粉黏及碎石；顶板厚3.6m
YZ55	21.0	15.50~17.10m为溶洞，全充填，充填粉质黏土及碎石；顶板厚0.6m
YZ57	25.3	其中15.90~19.80m为溶洞，全充填，充填物为含碎石、砾石粉质黏土；20.50~23.00m为溶洞，无充填；顶板厚0.9m

孔号	孔深/m	验证结果
YZ58	30.0	19.9~20.3m 为溶洞，无充填；顶板厚 1.0m
YZ60	33.0	22.30~26.70m 为溶洞，全充填，充填物为细砂及含碎石粉质黏土；顶板厚 0.6m
YZ62	40.0	20.7~21.0m 为溶洞；顶板厚 3.4m
YZ64	30.5	20.30~21.00m 为溶洞，无充填；顶板厚 0.9m
YZ66	33.0	22.7~26.6m 见磷矿富集带，全风化，砂土状
YZ67	41.5	未见岩溶、磷矿富集带发育现象
YZ68	28.8	21.0~22.1m 见磷矿富集带，全风化，砂土状
YZ69	31.0	18.8~20.0m 见磷矿富集带，全风化，砂土状
YZ70	43.0	未见岩溶、磷矿富集带发育现象
YZ71	40.0	25.5~28.3m 见磷矿富集带，全风化，砂土状
YZ72	41.5	19.5~41.0m 见磷矿富集带，全风化，砂土状
YZ74	40.5	未见岩溶、磷矿富集带发育现象（验证异常边界）
YZ79	36.0	19.0~32.3m 见磷矿富集带，全风化，砂土状
YZ80	28.0	21.8~23.1m、24.0~25.2m 见磷矿富集带，全风化，砂土状
YZ81	50.9	31.2~49.1m 见磷矿富集带，全风化，砂土状
YZ82	45.3	29.2~40.2m 见磷矿富集带，全风化，砂土状
YZ83	24.0	未见岩溶、磷矿富集带发育现象（验证异常边界）
YZ84	29.2	未见岩溶、磷矿富集带发育现象
YZ85	31.0	未见岩溶、磷矿富集带发育现象
YZ86	28.5	未见岩溶、磷矿富集带发育现象
YZ87	30.0	未见岩溶、磷矿富集带发育现象

注：①钻孔揭露 2 个及以上溶洞的顶板厚度以最上层溶洞顶板厚度为准；②表中顶板未注明岩性的均为中风化白云岩。

表 4-17　验证钻孔异常分类

异常类型	对应钻孔号	对应钻孔数量/个
溶洞	YZ01、YZ03、YZ05、YZ06、YZ09、YZ13、YZ15、YZ16、YZ19、YZ22、YZ24、YZ25、YZ26、YZ27、YZ28、YZ29、YZ30、YZ31、YZ34、YZ35、YZ36、YZ39、YZ40、YZ41、YZ42、YZ48、YZ49、YZ50、YZ52、YZ53、YZ55、YZ57、YZ58、YZ60、YZ62、YZ64	36
岩性接触带	YZ43、YZ44、YZ46	3
构造带	YZ10、YZ11、YZ12	3
磷矿富集带	YZ66、YZ68、YZ69、YZ71、YZ72、YZ74、YZ79、YZ80、YZ81、YZ82	10

4.4.3.2　构造带验证孔

在 G1 构造带内布设了三个钻孔，YZ10、YZ11 和 YZ12 发现了黄铁矿以及角砾岩，角砾岩为泥质胶结并高岭土化。G1 构造在物探上的异常表现为视电阻率较低，等值线不封闭，与两侧存在较明显的差异，且延伸深度较深。YZ10 钻孔显示，该孔对应的物探异常图点位为 2430m。在钻探深度范围内发现了黄铁矿以及角砾岩，角砾岩以铁质、泥质胶结，胶结程度疏松，为构造带。YZ12 钻孔显示，对应的物探异常图点位为 2412m。在钻探深度范围内发现了黄铁矿以及角砾岩，角砾岩以铁质、泥质胶结，胶结程度疏松，为构造带。

4.4.3.3　岩溶验证孔

本次验证孔有 36 个钻孔揭露，揭露的溶洞为空洞、半充填、完全充填，不过这些岩溶在高密度电法剖面上都具有相同的特征，即呈封闭状的低阻区；或呈 V 字形延伸的低阻区。在地震映像图像上具有较明显的弧形反射，且波形杂乱。

YZ03 钻孔岩心样显示，对应的物探 2217m 点位。该钻孔 11.7 ~ 12.6m 为溶洞，无充填；16.1 ~ 20.4m 为溶洞，上部无充填，下部 50cm 充填少量棕红色黏性土。

YZ19 钻孔的岩心样显示，该钻孔对应的物探点位在 220m。该钻孔揭露 12.80 ~ 15.50m 为溶洞，全充填，上部充填物为黑色含有机质粉质黏土，下部 1.00m 充填碎石混砂。

4.4.3.4　岩性接触带验证

该场地基岩主要为白云岩、灰岩、砂岩以及泥岩，白云岩、灰岩以及石英砂岩电阻率较高，泥岩电阻率较低，在高密度电法图像上在岩性接触带两侧，视电阻率变化较大，且等值线变陡。在地震映像图像上显示为上部吸收较强，波幅较小，波长较短，下半部反射较强，波长较长，波幅较大。

YZ43 钻孔的岩心样显示，该钻孔对应的物探点位在 200m 处。该钻孔揭露 4.1 ~ 10.1m 为中风化白云岩，10.1 ~ 21.0m 为中风化碳质砂岩。

ZK69 钻孔 25.5 ~ 26.1m 为空洞，有吸气现象。根据物探异常在 ZK69 孔附近布设了 YZ84、YZ85、YZ86、YZ87 四个验证孔，通过钻探未揭露岩溶、溶洞、空洞。但 YZ84 揭露的地层情况还存在一层 0.5m 厚的砾岩，胶结松散，孔隙大。砂岩及砾岩钙质、泥质胶结物经过溶蚀和后期地下水的冲刷，部分钙质及砂岩骨架流失导致部分岩体存在空腔；在石英质砂岩中有裂隙存在，导致岩体破碎或者局部空洞，推测该物探异常是由岩石裂隙发育，岩石破碎引起。

4.4.3.5　溶洞（群）分布

场地东部片区（图 4-3 场平后图像中近南北走向的黑色碳质砂岩以东）推测的低阻异常大部分为岩溶（溶洞、溶隙）异常，揭露的溶洞、溶洞群顶板厚度 0.5 ~ 6.6m 不等，溶洞、溶洞群宽度 3 ~ 115m 不等，溶洞高 1.0 ~ 12.0m 不等，R1 ~ R4 近南北向发育，R5 ~ R7 近东西向发育；部分未发现岩溶的钻孔岩石破碎，取心率低，裂隙及溶孔发育，东部片区岩溶、裂隙及溶孔发育。西侧解译的低阻异常，经钻孔验证，大部分由全风化磷矿富集带引起，局部发育溶洞（R24、R25）及溶洞（K2、K3）。

岩溶勘察物探工作共发现溶洞（群）9 个、构造带 1 个、岩性接触带 2 个、溶洞 2 个。查明了地下基岩面起伏状况以及 50m 深度范围内地下岩溶发育情况（图 4-26）。通过钻探验证，符合率达到了 72.2%，证明了物探探测结果是有效可靠的。

通过物探异常解译及验证确定溶洞（群）、溶洞、构造带、岩性接触带的规模、大小、几何尺寸如下。

1. 溶洞（群）

溶洞（群）统计见表4-18。

表4-18　溶洞（群）统计表

溶洞（群）编号	基岩面埋深/m	溶洞（群）埋深范围/m	溶洞的高度/m	顶板厚度/m	延伸长度/m	延伸方向	溶洞（群）宽度/m	溶洞（群）面积/m²	充填物性质
R1	12.2~16.3	13.6~24.0	1.0~5.0	0.6~3.8	228	南北向	7~66	4905	黏土/碎石
R2	8.2~12.5	11.6~27.3	0.6~5.0	0.6~5.0	223	南北向	8~73	4920	细砂/黏土/碎石
R3	8.0~18.0	9.7~35.5	2.2~12.7	0.3~5.2	282	南北向	15~115	19878	黏土/碎石
R4/R5	14.9~21.3	16.7~29.0	0.8~6.0	0.4~3.0	234	近南北向	13~46	2761\3373	细砂/黏土/碎石
R6	14.5~21.4	18.0~26.2	0.9~5.0	1.9~4.0	148	近东西向	14~76	5459	细砂/黏土
R7	17.5~29.7	19.5~30.2	1.7~7.0	0.9~2.2	70	近东西向	22~33	2467	无
R24	13~15	15~18	2.0~4.0	1.5~4.0	30	近南北向	3~8	245	黏土
R25	16~36	18~32	0.5~2.6	3.0~7.0	37	近东西向	3~10	145	黏土

2. 构造带

构造带统计见表4-19。

表4-19　构造带统计表

构造带编号	延伸长度/m	延伸方向	构造带宽度/m
G1	294	近南北向	18~60

3. 岩性接触带

岩性接触带统计见表4-20。

表4-20　岩性接触带统计表

岩性接触带编号	覆盖层厚度/m	延伸长度/m	延伸方向
E1	8~16	720	近南北向
E2	16~47	2380	近南北向

4.4.3.6　溶洞纵向图

按照图4-25划分，R1、R2、R3、R4、R5、R6和R7溶洞（群）纵向分布图分别见图4-27~图4-32。

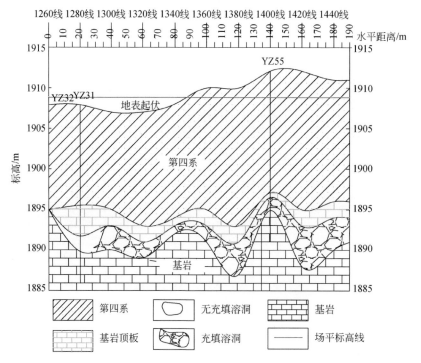

图 4-27　R1 溶洞（群）纵向分布图

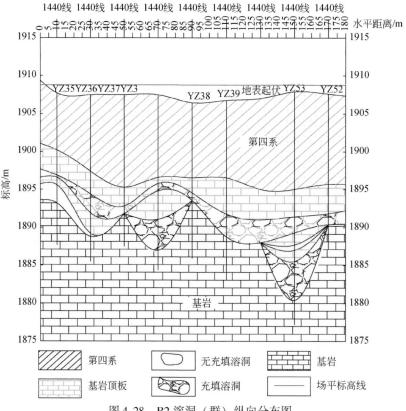

图 4-28　R2 溶洞（群）纵向分布图

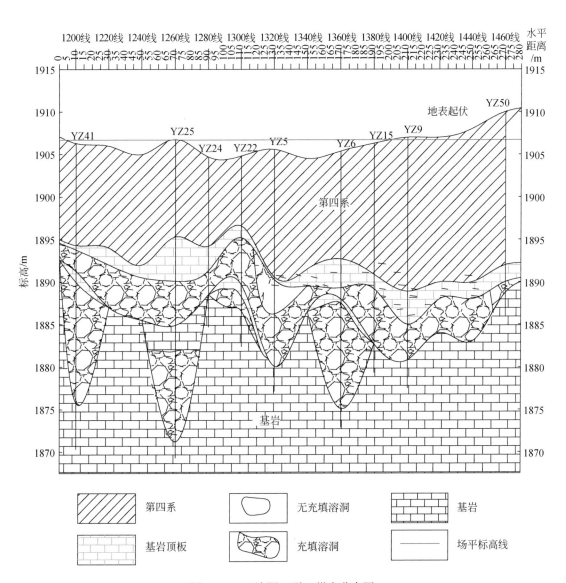

图 4-29　R3 溶洞（群）纵向分布图

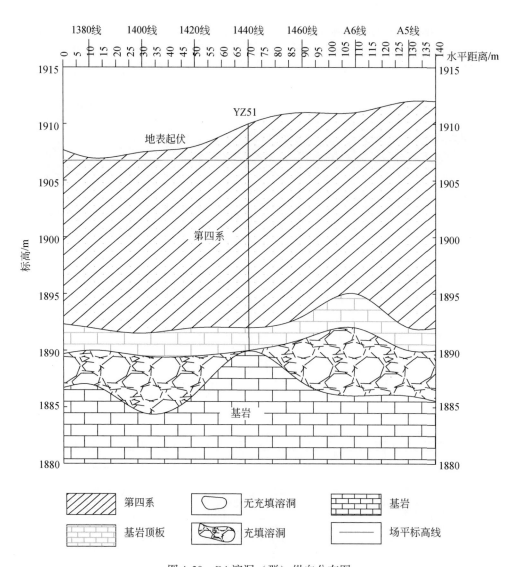

图 4-30　R4 溶洞（群）纵向分布图

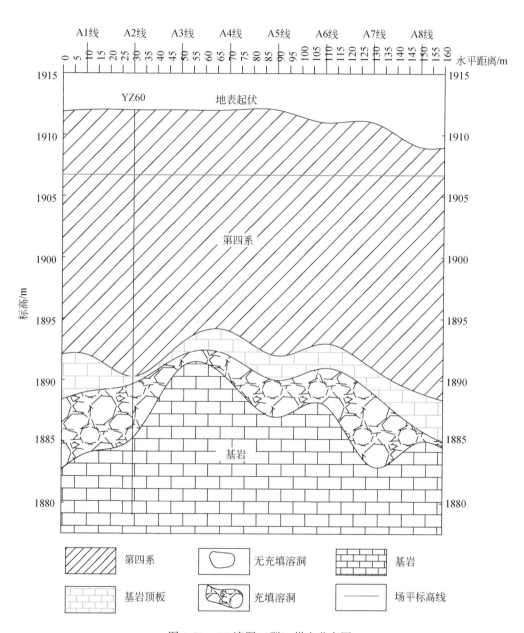

图 4-31　R5 溶洞（群）纵向分布图

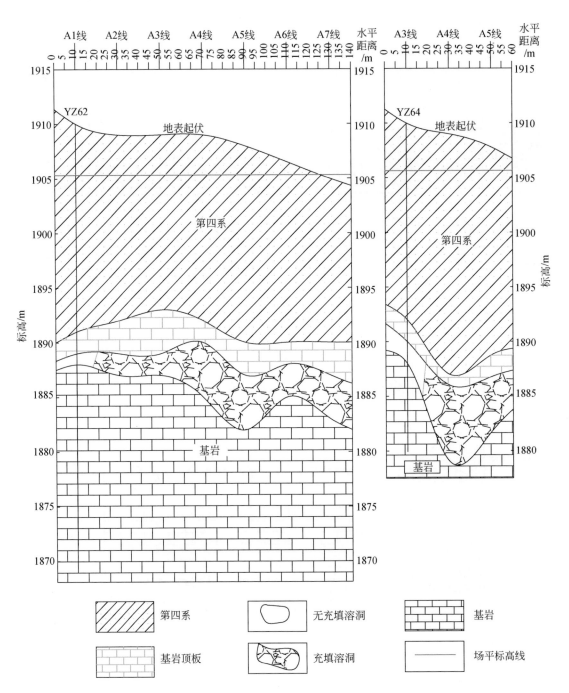

图 4-32　R6、R7 溶洞（群）纵向分布图

4.4.4 地形 3D 效果展示图

4.4.4.1 基岩面 3D 效果展示

通过物探异常的钻孔验证及资料对比分析，本场地的基岩面起伏较大，东浅西深，南东侧覆盖层厚度在 3~29m 范围内，西侧基岩面深度在 18~47m 范围内起伏变化（图 4-33、图 4-34）。

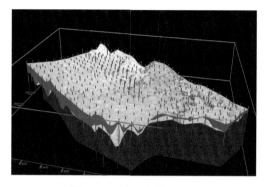
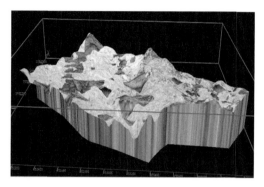

图 4-33　地面起伏 3D 图　　　　　　　　　　图 4-34　基岩起伏 3D 图

4.4.4.2 岩溶发育 3D 效果展示

本次工作对物探异常的钻孔验证及资料对比分析，确定了岩溶发育与基岩面起伏的相互关系 3D 效果展示图（图 4-35）及重点勘查区岩溶基面起伏 3D 效果展示图（图 4-36），为下一步的详细勘察奠定了坚实的数据基础。

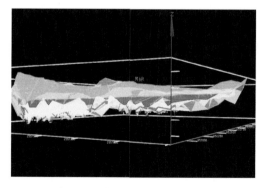
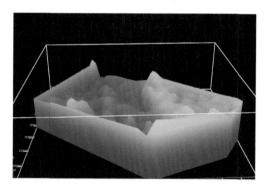

图 4-35　岩溶与基岩相关 3D 图　　　　　　　图 4-36　岩溶勘察基岩面起伏 3D 图

对高密度电法探测的部分剖面进行岩溶解释，高密度电法视电阻率断面岩溶效果立体图见图 4-37、图 4-38。

4.4.4.3 构造带 3D 效果展示

对高密度电法探测的部分剖面进行构造解释，高密度电法视电阻率断面 G1 构造带效果立体图见图 4-39。

图 4-37　高密度电法视电阻率断面 R1、R2、R3、R4 岩溶立体效果图（纵切）

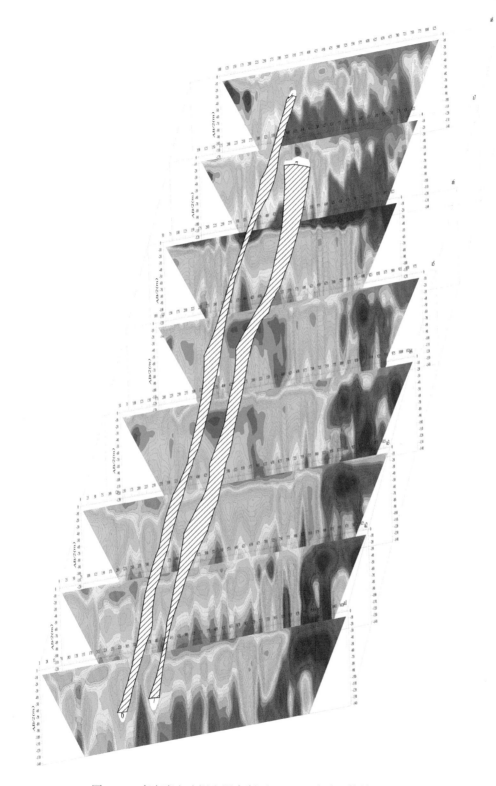

图 4-38　高密度电法视电阻率断面 R5、R6 岩溶立体效果图（纵切）

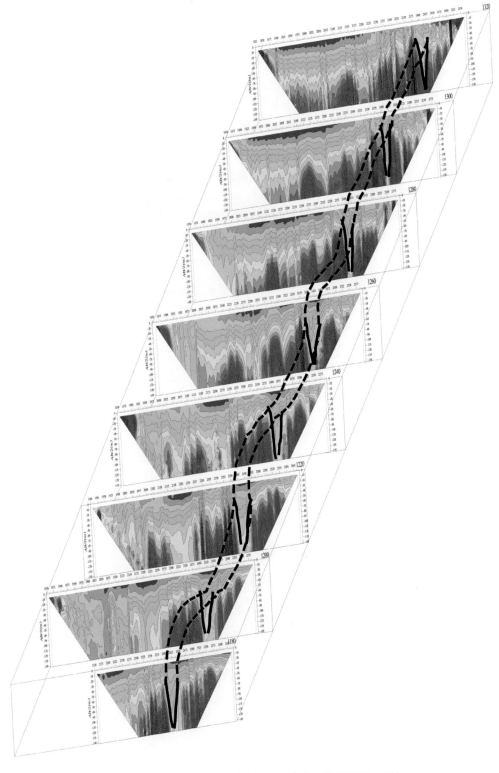

图 4-39　高密度电法视电阻率断面 G1 构造立体效果图（纵切）

4.5 研究区岩溶立体形态追踪

4.5.1 岩溶详细勘察

4.5.1.1 钻探工作布置

通过工程地质勘察,确定安宁化工项目东部为岩溶研究区。

重点查明研究区岩溶发育程度、洞隙特征(规模、埋深、顶板完整性、充填物性质及充填程度)与其岩性、地质构造、地形地貌的关系,根据岩溶发育强烈程度对岩层划分成不同岩溶发育等级,评价岩溶对场地和地基的影响。

根据前期物探成果提供的岩溶分布范围,在研究区内按 10m×10m 方格网布置,界区外按照 15m×15m 布置,共布置勘探孔 810 个。实施时根据场地、地质及溶洞的复杂程度,适当调整勘探孔的数量和间距。钻探中发现不小于 2m 洞高的溶洞时,在其周围按 4m 间距加密勘探点(根据地层走向确定加密钻孔方位),岩溶加密孔 138 个;采用孔内 CT 测试方法圈定洞体范围。孔深要求:①若进入中风化基岩 5m 内无溶洞可终孔;②若 5m 内揭示溶洞,需进入溶洞底板以下 5m。

4.5.1.2 勘察手段

(1)标准贯入试验(SPT):在控制性钻孔内,地表以下 5m 内地层每米标贯一次,5m 以下地层每间距 2m 测试一次,遇基岩时在全、强风化层中进行,并在一般孔内的溶洞充填物中测试一次。

(2)静力触探(CPT):在每套装置(共 10 套装置)布置 2 个钻孔、静力触探对比孔,预计测试深度为 15m,并在所发现的充填性溶洞的充填物进行测试。

(3)电磁波层析成像(CT):预计布置 200 对 CT 剖面。

(4)取样:控制性钻孔需取岩、土样,上部 5m 土层,间隔 1m 取样,地表下 5m 处开始,每间隔 2m 取样,并取岩样 1 件,土层有明显变化处,宜加取土样。若同一地层的岩、土样不足 6 组,需在一般孔中取样。在发现溶洞的钻孔中采取 150 个溶洞顶板岩样及 100 件溶洞充填物土样。

4.5.1.3 溶洞发育演化规律

岩溶的发育具有分带性和成层性的特点:水平分带、垂直分带、成层分布。

4.5.1.4 岩溶发育程度

根据前期及本次现场勘察相关资料,总结出化工厂场地内岩溶较发育主要有以下两方面原因:

(1)附近有麦地厂断裂带通过;

（2）该场地为白云岩、灰岩、碳质泥岩、碳质砂岩等几种不同岩性接触地带。本次勘察共布置岩溶勘察钻孔 821 个，其中揭示溶洞钻孔为 250 个，见洞率为 30.5%，整个勘察区岩溶发育等级总体上为强。

4.5.1.5 溶洞充填物土样腐蚀性评价

直接临水条件下取 3 组土样测得 pH 在 6.39 ~ 6.50，对混凝土结构腐蚀性等级为弱；所测的 Cl⁻ 含量为 0 ~ 2.00mg/kg，对钢筋混凝土结构中钢筋的腐蚀性等级为微；所取土样测得 pH 在 6.39 ~ 6.50，对钢结构腐蚀性等级为微。

4.5.1.6 地下水腐蚀性评价

在场地附近均匀分布的 3 口水井中采取水样 3 件进行水质简分析，按不利条件考虑：地下水对混凝土结构腐蚀性等级为弱；对钢筋混凝土中的钢筋腐蚀等级为微。

4.5.2 跨孔电磁波 CT 探测

通过前期勘察及物探工作发现研究区有大规模覆盖性岩溶群，为确定勘察钻孔间发现的溶洞地下详细分布情况，根据现场条件和前期试验工作分析，进行电磁波 CT 法在该场地探测溶洞效果明显，为指导下一步地基处理工作提供资料与技术指导。

电磁波 CT 法：观测电磁波从一个钻孔到另一个钻孔传播的场强［式（4-1）］衰减值，对实测钻孔间（对测剖面）吸收系数 β 值进行成像。模拟地下白云岩内部异常体二维或三维断面结构、裂隙构造及岩性差异（充填物）特征；结合工程地质钻探资料，对 β 值异常与实际钻孔揭示溶洞位置进行对应解释分析。

4.5.2.1 电磁波 CT 层析成像技术

当利用发射的电磁波进行地下介质探测时，其不同岩石的分布对电磁波的传播存在不同的影响。电磁波层析成像技术是利用电磁波在不同介质中吸收系数差异，经数学处理后反演出介质的吸收系数分布，从而得到地下介质的精细结构和性质差异图像。对于电磁波在介质中传播和被介质吸收的强弱特性，可以利用物理学理论进行计算分析。

电磁波法中的场强观测值见式（4-1）：

$$E = E_0' \cdot e^{-\beta r} \cdot f(\theta) \cdot r^{-1} \tag{4-1}$$

式中，E 为接收点的场强值；E_0' 为初始辐射常数；β 为吸收系数，即介质中单位距离对电磁波的吸收值；$f(\theta)$ 为收发天线的方向因子函数；r 为发射与接收点之间的距离。

吸收系数又称"衰减系数"，当电磁波进入岩石中时，由于涡流的热能损耗，电磁波的强度随传播距离的增加而衰减，这种现象称为岩石对电磁波的吸收作用。

吸收或衰减系数 β 的大小和电磁波角频率 ω、岩石导电率 σ、岩石磁导率 μ、岩石介电系数 ε 有关，见式（4-2）。

$$\beta = \omega \sqrt{\frac{\mu\varepsilon}{2}\left(1 + \frac{\sigma^2}{\omega^2\delta^2}\right) - 1} \tag{4-2}$$

由上述式（4-2）可以看出，当电磁波穿越不同的地下介质（如各种不同的岩石、矿体及溶洞、破碎带等）时，由于不同介质对电磁波的吸收系数存在差异，如充填溶洞、破碎带等的吸收系数比其围岩的吸收系数要大得多，因此在溶洞、破碎带区的场强也就小得多，从而呈现低值或负异常。

井中跨孔电磁波层析成像（CT）法是通过场地两个钻孔之间的激发源（电磁波）透射、与接收器扫描观测的物理过程，取得地下岩土介质的信息。然后根据物理数学模型的处理方法，由计算机运算与重建图像及彩色显示，确定地下岩土层的空间展布范围（大小、形状、埋深等），直观地反映出地下岩土层内部二维或三维断面结构、构造及岩性差异特征，并测定岩土体的物性参数。同时，根据岩土介质对激发源吸收参数的结果，结合工程地质认识，对该场地溶洞进行解释和诊断。

电磁波 CT 法观测系统和观测射线分布特征示意图见图 4-40。

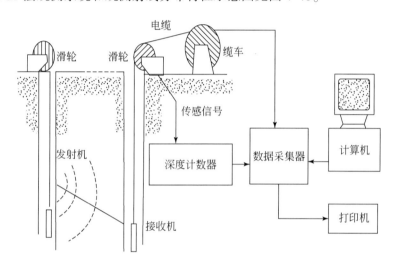

图 4-40　跨孔电磁波探测示意图

图 4-41 是跨孔 6 点竖向观测射线分布示意图，采集数据 72 个。

4.5.2.2　跨孔电磁波 CT 试验

跨孔试验：在原先选定的现场大型设备制造厂范围内引入跨孔电磁波 CT 成像技术，即每两个钻孔间一对透视剖面；试验于 2012 年 1 月 5 日至 1 月 17 日完成。

（1）整个试验工作包括地面高密度电法、地下钻孔电磁波层析成像（CT）法。

（2）根据现场钻孔的深度、下管深度、岩溶发育情况，共布设 15 对钻孔电磁波层析成像。

试验结论：单孔超声波测试局限性大，跨孔电磁波层析成像（CT）技术直观可行。

4.5.2.3　岩溶详勘电磁波 CT 布设

1. 工作布设原则

研究区经过跨孔电磁波 CT 探测与成果分析，查明钻探过程中溶洞洞高大于 2m 且深

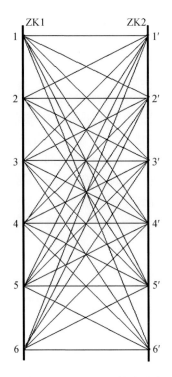

图 4-41　跨孔 6 点竖向观测射线分布示意图

度小于 30m 的溶洞，研究区划分为七个异常区，区号由西向东分编号，根据物探综合分析解译情况，以该特征出现的溶洞在钻探中以孤立单体为主，局部存在连通性，造成异常分布不均，具体详见图 4-25。

（1）每个溶洞测试剖面数两对，测试孔 4 个，1 个中心钻孔，十字形测试。尽量合理安排邻里布局，节省成孔成本，更利于形成联合测线。

（2）如勘察认为有必要时，再对 2.0m 以下的溶洞开展测试工作。

（3）加孔原则：在研究前期测试成果（高密度电法划定的边界）的准确性后，再次确认溶洞（群）的边界范围；对于溶洞异常体范围边界的测试孔，需要另外补加测试孔的，按 10m 间距外放，满足十字形测线要求。

2. 设备投入与工作量

研究区岩溶详勘电磁波 CT 工作投入 24 台钻机，完成 311 个钻孔清扫；井中 PVC 保护套管约 700m 长；测试工作由 3 套电磁波 CT 设备按照每天两个台班作业，一个月内完成剖面 240 条（对），一致性检查 3 条，数据质量检查剖面 13 条，检查工作量达到 5.42%。满足规范检查工作量≥5% 的要求。

4.5.2.4　技术要求与参数选取

1. 成孔要求

（1）钻探成孔过程中或结束后下套管，钻孔必须畅通以保证探头顺利升降。孔口内径保证不小于 50mm；孔深在 30m 深度内倾斜度不应大于 1.5°；钻孔深度要钻至已经发现溶洞底部深度以下 5m。

（2）测定孔口的标高，测试起点、终点保持统一高程。纵向探测点距间隔 0.5m；钻孔水平间距 20～30m。

2. 测试要求

钻孔电磁波层析成像（CT）技术立体调查，在研究区电磁波 CT 探测测线平面布置图详见图 4-26。外业工作时间为 2012 年 4 月 7 日至 2012 年 6 月 16 日。

（1）观测时采用定点发射方法为主，配合同步观测方法进行，竖向定点发射点距 0.5m，竖向接收点距 0.5m，同步测量点距 0.5m，水平跨孔间距在 5～30m 范围，发射频率间距大时采用 4MHz，间距小时发射频率采用 8～32MHz。观测系统和观测射线分布以满足查清规定的溶洞（大小为 2m）为准。

（2）电磁波发射频率根据前期结论确定，保证信号强度使接收信号有效，发射探头与接收探头应在稳定后进行发射、接收；发射与接收射线对网络保持左右对称，以便准确圈出溶洞形态。

（3）探测在深度 30m 以内发现洞高在大于等于 2m 又小于等于 10m 范围内的溶洞的钻孔周边以及钻孔间溶洞的存在形式（包括其规模、连通、延伸和发展方向等情况）。

共完成了电磁波 CT 剖面 240 条（对），其中厂外大型设备制造厂完成电磁波 CT 剖面 29 条。

4.5.3　层析成像技术分析与解释

电磁波透视 CT 数学模型是根据在不同方向上的大量衰减场强，计算得到被测平面内部衰减场强 $f(x, y)$。电磁波旅行时层析成像是一个非线性问题，常用迭代法求解。资料的处理由计算机运算与重建图像及彩色显示。目前国内外处理方法较多，如代数重建法（ART）、反投影法（BPT）、联合迭代法（SIRT）、改进型联合迭代法（SIRT）、最大熵法（MEIR）、扼梯度法（CG）及波前法射线追踪（WFRT）等。这些方法可以是直射线模型，也可以是弯曲射线模型。研究区电磁波 CT 资料处理则采用了改进型联合迭代法（SIRT）。

电磁波 CT 解译采用 β 值等值线予以表示，等值线间颜色由灰度、色谱等图示方法加以表示，β 值越小，介质对电磁波的吸收越小，介质的性状越好；β 值越大，介质对电磁波的吸收越大，介质的性状越差。跨孔间电磁波 CT 典型图像见图 4-42。

当电磁波穿越不同的地下介质（如岩石、矿体及溶洞、破碎带等）时，由于空洞、破碎带等与完整围岩对电磁波的吸收系数存在差异，因此在溶洞、破碎带的背后的场强也就小得多，从而呈现负异常。解译满足下述两条：

（1）数据反演时选择合适的网格单元和算法进行反演，以保证反演结果准确。

（2）资料解释时结合钻孔资料、测试成果、前期地面物探、电磁波 CT 曲线形态进行综合解释，确定地下溶洞的空间分布。

根据前期对已知钻孔异常点的探测及验证并结合以往工作经验，总结、归纳物探异常特征及解释原则如下：

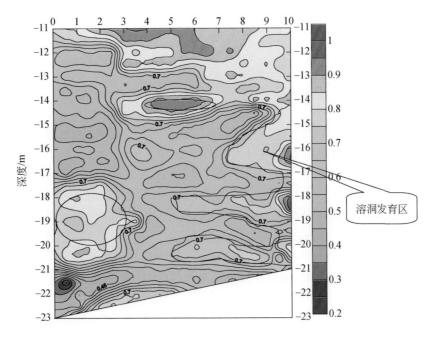

图 4-42　电磁波层析岩溶异常典型图像

（1）第四系土层的电磁波吸收系数一般大于 0.7dB/m；

（2）较完整白云岩、灰岩的电磁波吸收系数一般为 0.4~0.7dB/m；

（3）充填溶洞一般吸收系数在 0.7db/m 以上；

（4）空洞吸收系小于围岩，一般在 0.4dB/m 以下；

（5）根据视吸收系数剖面等值线的走势、疏密程度、封闭情况进行综合圈定。

图 4-43 为 CT1#剖面（5#~9#孔）电磁波 CT 视吸收系数及地质解译断面图。5#~9# 钻孔组之间，基岩起伏较大，深度从 10.0~13.0m 不等，从 5#孔向 9#孔基岩面自浅而深；溶洞深度从 10.8~14.0m，自 5#孔沿纵向深度向 9#孔方向延伸。

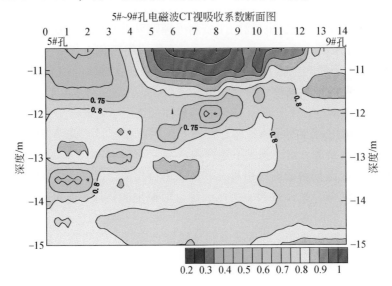

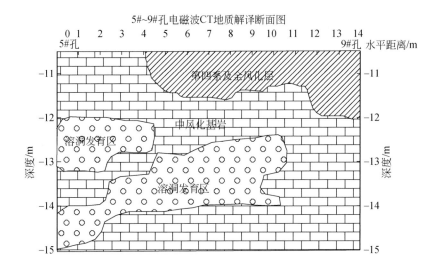

图 4-43　CT1#剖面（5#～9#孔）电磁波 CT 视吸收系数及地质解译断面图

4.5.4　岩溶详细勘察成果

研究区岩溶详勘经电磁波 CT 探测，基本查明了岩溶勘察中钻孔揭露的洞高大于等于 2.0m 且深度小于 30m 的溶洞的地下分布形态情况，达到了探测的目的。电磁波 CT 探测区内，大部分异常属于单体溶洞异常，长轴方向一般小于 15m，短轴方向一般小于 5m；小部分溶洞存在连通性，异常范围较大，如 1-1#、2-2#、2-18#、2-28#、3-1#、3-3#、3-4#、3-6#、4-2#、5-1#、5-19#、5-20#、5-21#、5-22#，除 3-4#异常在长轴方向在 25.0～77.0m 间，短轴方向在 4.6～27.6m 之间，其他异常一般长轴方向在 20～30m 之间，短轴方向一般在 5～10m 之间。

（1）电磁波层析检查工作量均≥5%，检查均方相对误差均<5%，满足规范及设计要求。

（2）圈定了 7 个岩溶区 110 个不稳定岩溶发育体，查明了地下基岩面起伏状况以及溶洞的地下发育情况，达到了预期目的（图 4-44）。

（3）通过电磁波 CT 与钻探资料对比，基本吻合实际情况，说明电磁波 CT 在该场地是行之有效的方法之一。

（4）根据物探综合分析解译情况，以该特征出现的溶洞在钻探中以孤立单体为主，局部存在连通性，造成异常比较零碎，为了图件直观，异常区号从西向东分为七个区，具体解译成果图表见第 5 章岩溶发育规律及分布特征中 5.3.1 节重点描述与分析，本章节岩溶的地下发育体不再重复，第 5 章图表引用如表 4-21 所示。

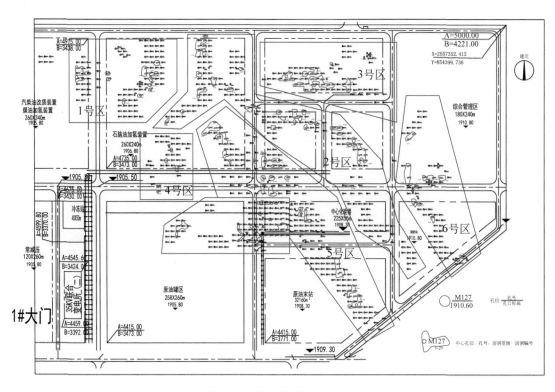

图 4-44　研究区岩溶分布图

表 4-21　研究区岩溶发育体一览表

岩溶区编号	统计表编号	平面分布图编号	剖面图编号	不稳定岩溶发育范围
1 号	5-2	5-3	5-4	14
2 号	5-3	5-5	5-6、5-7	29
3 号	5-4	5-8	5-9	14
4 号	5-5	5-10	5-11	6
5 号	5-6	5-12	5-13	28
6 号	5-7	5-14	5-15	9
7 号	5-8	5-16	5-17	10

4.6　本 章 小 结

　　经过大量现场试验和工程实践，积累了大量实际工程经验，总结出了针对高原覆盖型岩溶发育区的勘察体系，总体思路为：

　　(1) 第一阶段：根据地质调查资料和初步勘察，确定了可溶岩分布范围（包括研究区东北部和西南部）。

（2）第二阶段：以高密度电法为主，结合多种物探方法，制定勘察方案，确定岩溶发育区，并利用钻探，排除了西北部磷矿层造成的物探异常，确定了以东北部为主的岩溶发育区。

（3）第三阶段：利用详细勘察和 CT 确定溶洞的形态，并同时进行土工试验，获得溶洞顶板及充填物的物理力学性质。

第5章　岩溶发育规律及分布特征

5.1　安宁化工项目岩溶发育概述

安宁化工项目及附近的碳酸盐岩地层分布只有寒武系（Є）和泥盆系（D）地层。其中，泥盆系地层碳酸盐岩岩溶发育对场地内工程影响较大。主要碳酸盐岩岩组及岩性特征如下。

5.1.1　寒武系中谊村组与渔户村组碳酸盐岩岩组及岩性特征

寒武系中谊村组（$Є_1z$）与渔户村组（$Є_1y$）碳酸盐岩集中分布在权甫西部地区，出露面积广、厚度为250~1200m，属权甫区最老地层，构造上呈背斜。属浅海相含泥质白云质碳酸盐岩，主要岩性为薄层状白云岩、夹灰质白云岩及泥质白云岩、硅质及白云质灰岩夹白云岩等岩性，普遍含泥质。该地层碳酸盐岩分布面积最广、最连续，主要在安宁化工项目西部分布，主要发育岩溶孔洞，对工程影响不大。

5.1.2　泥盆系中上统碳酸盐岩岩组及岩性特征

泥盆系中上统（D_{2+3}）碳酸盐岩集中分布在安宁化工项目东部，为浅海相碳酸盐岩，厚度为76~415m左右。岩性为深灰色中厚层状结晶白云岩、角砾状白云岩夹绿色钙质页岩。地层分布受南北向断层控制，出露面积狭窄，呈条带状；但受断层带影响，岩层很破碎，加上断层两侧为碎屑岩，经常有地表水渗入，对该区域工程危害性较大。

据安宁化工项目工程地质初步勘察报告[62]等相关报告内容，场地岩溶发育位于其东部（图5-1），主要发育层位为泥盆系中上统（D_{2+3}）。

据《云南安宁化工项目岩溶勘察报告》[63]相关资料，岩溶勘察共布置岩溶勘察钻孔821个，其中揭示溶洞钻孔为250个，见洞率为30.4%，根据DB 22/46—2004《贵州建筑岩土技术规范》[64]，钻孔见洞隙率大于30%者为岩溶强发育，因此研究区岩溶发育等级总体为强。将整个岩溶研究区分为7个岩溶发育区，具体情况见表5-1和图5-2。

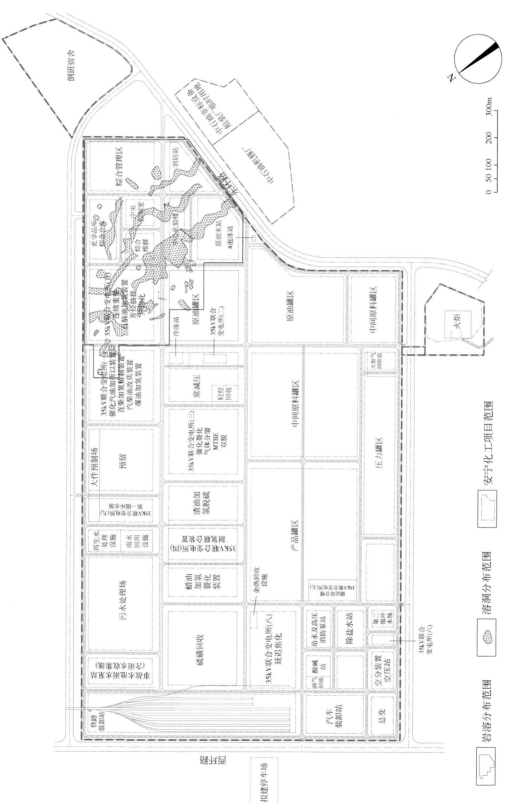

图 5-1　安宁化工项目岩溶发育区分布图

图5-2 场地分布及钻孔遇洞分布图

表 5-1 研究区不稳定区块特征一览表

区号	物探异常区号	不稳定区块数量	基岩埋深/m	顶板厚度/m	溶洞高度/m
1 号	R6、R7	14	12.5 ~ 24.5	0.0 ~ 4.0	1.0 ~ 11.0
2 号	R2	29	10.0 ~ 20.0	0.5 ~ 7.5	0.5 ~ 10.0
3 号	R1、R4、R5	14	11.0 ~ 21.0	0.2 ~ 7.0	0.8 ~ 10.8
4 号	—	6	12.0 ~ 17.5	0.0 ~ 3.5	1.0 ~ 8.5
5 号	R3	28	7.5 ~ 23.5	0.3 ~ 8.0	0.5 ~ 13.0
6 号	—	9	8.5 ~ 23.0	0.5 ~ 4.0	0.5 ~ 5.5
7 号	—	10	7.8 ~ 15.5	0.4 ~ 7.1	0.2 ~ 7.9

5.2 岩溶表现形式

研究区内地表岩溶发育较弱,现场调查地表未见岩溶洼地、岩溶漏斗等现象。但由于岩体节理、裂隙较发育,区内有比较大的溶隙和溶洞呈隐伏状态出现。研究区碳酸盐岩地层分布在平面及剖面上具有两种不同特征。

5.2.1 浅覆盖与浅埋藏岩溶发育

通过分析钻孔揭露的第四系覆盖层厚度以及区域非碳酸盐岩地层分布情况得知,研究区岩溶发育常沿浅覆盖与浅埋藏的地层区进行。

1. 浅覆盖型岩溶发育

研究区第四系土层分布从山前地带向盆地中部,层厚不断加大。山前地带覆盖层岩性主要有残坡积、冲洪积、湖相沉积、人工回填等成因,分布厚度在 2.5 ~ 77.2m,覆盖层厚度极不均匀,对下伏碳酸盐岩岩溶发育影响很大,特别是在覆盖层薄的部位,地表水容易通过第四系土层渗入到可溶岩层中;第四系孔隙水直接与基岩面接触,并沿着裂隙进入到可溶岩层,对可溶岩石产生侵蚀,加速岩溶发育。因此,研究区岩溶发育强烈与第四系土层厚度有很大关系。例如,研究区钻孔揭露第四系覆盖层厚度分布情况(图 5-3)表明,该区域覆盖层厚度不同,岩溶发育程度及钻孔遇洞率也不同。

1 号岩溶分区与 2 号岩溶分区位于山前地带,覆盖厚度比较薄,这两个区揭露溶洞的钻孔共 89 个,其中 1 号岩溶分区共有 29 个钻孔揭示溶洞;2 号岩溶分区共有 60 个钻孔揭示溶洞。虽然两区钻孔遇洞率高,但钻孔揭露多层溶洞则比较少,一层溶洞居多,且多被泥土及其他物质充填或半充填。说明在第四系覆盖层较薄的地区地表水和孔隙水对可溶岩作用比较强烈,有利于岩溶发育。相反,土层较薄,在水动力作用下,岩溶空隙空间较容易被流水携带物质充填,同时也有部分被流水带走,这就使溶洞出现充填或半充填或无充填的现象,具体见表 5-2。

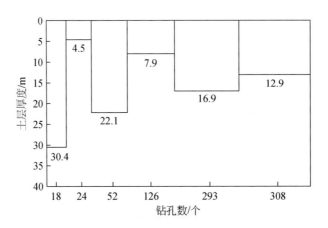

图 5-3 研究区第四系覆盖层厚度变化与钻孔分布特征图

表 5-2 研究区岩溶地质勘探钻孔揭露第四系土层厚度统计表

序号	岩溶区号	钻孔编号	孔口标高/m	孔深/m	土层底板标高/m	土层厚度/m	土洞发育情况	地下水位/m
1	1 号区	M39	1914.48	32	1896.68	17.8	无	无
2	1 号区	M40	1914.38	36	1887.88	26.5	无	无
3	1 号区	M41	1914.05	32.5	1889.35	24.7	无	无
4	1 号区	M59	1914.49	21	1899.39	15.1	无	无
5	1 号区	M60	1914.28	30	1892.38	21.9	无	无
6	1 号区	M61	1913.67	24	1896.97	16.7	无	无
7	1 号区	M62	1911.3	30	1892.5	18.8	无	无
8	1 号区	M63	1910.97	34	1895.87	15.1	无	无
9	1 号区	M64	1910.78	30.5	1888.78	22	无	无
10	1 号区	M65	1909.76	30.7	1896.96	12.8	无	无
11	1 号区	M80	1911.06	31.5	1897.66	13.4	无	无
12	1 号区	M81	1910.48	34.2	1885.98	24.5	无	无
13	1 号区	M82	1909.66	32.7	1883.96	25.7	无	无
14	1 号区	M104	1910.83	32	1893.43	17.4	无	无
15	1 号区	M105	1909.75	34	1896.55	13.2	无	无
16	1 号区	M106	1909.25	32.6	1884.65	24.6	无	无
17	1 号区	M102	1909.13	42	1890.53	18.6	无	无
18	1 号区	M107	1908.97	35.6	1888.57	20.4	无	无
19	1 号区	M127	1910.6	29.3	1897.5	13.1	无	无
20	1 号区	M128	1909.65	32	1890.75	18.9	无	无
21	1 号区	M129	1908.99	32	1893.59	15.4	无	无
22	1 号区	M130	1908.63	27.6	1891.63	17	无	无
23	1 号区	M131	1908.82	35	1890.42	18.4	无	无

序号	岩溶区号	钻孔编号	孔口标高/m	孔深/m	土层底板标高/m	土层厚度/m	土洞发育情况	地下水位/m
24	1 号区	M156	1909.75	29	1894.05	15.7	无	无
25	1 号区	M157	1909.36	21.2	1897.16	12.2	无	无
26	1 号区	M158	1908.77	25.5	1891.97	16.8	无	无
27	1 号区	M185	1909.43	23.4	1895.33	14.1	无	无
28	1 号区	M186	1908.83	21.2	1896.53	12.3	无	无
29	1 号区	M187	1908.51	20.2	1895.71	12.8	无	无
30	1 号区	M184	1908.38	21.6	1892.48	15.9	无	无
31	1 号区	M214	1908.54	20.4	1895.44	13.1	无	无
32	1 号区	M215	1908.23	23	1893.83	14.4	无	无
33	1 号区	M233	1908.45	17.4	1896.15	12.3	无	无
34	1 号区	M234	1908.27	19	1894.77	13.5	无	无
35	1 号区	M42	1911.52	24.2	1894.02	17.5	无	无
36	1 号区	M10	1909.81	34	1891.81	18	无	无
37	1 号区	M21	1909.69	34	1891.39	18.3	无	无
38	1 号区	M23	1909.6	31.3	1890.3	19.3	无	无
39	1 号区	M37	1909.62	31	1893.82	15.8	无	无
40	1 号区	M20	1909.62	22.2	1893.62	16	无	无
41	1 号区	M22	1909.69	34	1893.99	15.7	无	无
42	1 号区	M36	1909.6	31	1892.9	16.7	无	无
43	1 号区	M43	1909.57	26.5	1888.67	20.9	无	无
44	1 号区	M2	1909.89	25	1892.79	17.1	无	无
45	1 号区	M3	1910.05	22.5	1893.25	16.8	无	无
46	1 号区	M4	1909.87	23.8	1891.87	18	无	无
47	1 号区	M5	1909.96	26	1891.66	18.3	无	无
48	1 号区	M6	1909.96	23.1	1892.16	17.8	无	无
49	1 号区	M11	1910.39	25.1	1891.49	18.9	无	无
50	1 号区	M12	1909.83	22	1893.83	16	无	无
51	1 号区	M13	1909.9	24.8	1894.2	15.7	无	无
52	1 号区	M14	1909.89	20.7	1895.09	14.8	无	无
53	1 号区	M24	1909.69	24	1892.69	17	无	无
54	1 号区	M25	1909.67	22.3	1894.27	15.4	无	无
55	1 号区	M26	1909.65	23.4	1895.15	14.5	无	无
56	1 号区	M27	1909.87	24.8	1891.27	18.6	无	无
57	1 号区	M44	1909.58	28.5	1889.98	19.6	无	无
58	1 号区	M45	1909.62	25	1891.42	18.2	无	无

续表

序号	岩溶区号	钻孔编号	孔口标高/m	孔深/m	土层底板标高/m	土层厚度/m	土洞发育情况	地下水位/m
59	1 号区	M46	1909.59	31	1887.89	21.7	无	无
60	1 号区	M47	1909.6	29.6	1885.6	24	无	无
61	1 号区	M66	1909.49	28	1888.09	21.4	无	无
62	1 号区	M67	1909.62	34	1890.62	19	无	无
63	1 号区	M68	1909.61	31	1892.61	17	无	无
64	1 号区	M69	1909.57	31	1893.27	16.3	无	无
65	1 号区	M70	1909.56	35.2	1888.16	21.4	无	无
66	1 号区	M83	1909.47	29	1893.47	16	无	无
67	1 号区	M84	1909.4	30.1	1891.6	17.8	无	无
68	1 号区	M85	1909.32	35	1890.42	18.9	无	无
69	1 号区	M86	1909.49	20.1	1894.39	15.1	无	无
70	1 号区	M108	1909.38	30	1890.78	18.6	无	无
71	1 号区	M109	1909.25	35	1895.55	13.7	无	无
72	1 号区	M110	1909.48	36.5	1890.68	18.8	无	无
73	1 号区	M111	1908.67	35	1890.57	18.1	无	无
74	1 号区	M132	1909.07	35	1890.07	19	无	无
75	1 号区	M133	1909.1	48.8	1888.1	21	无	无
76	1 号区	M134	1909.19	35	1894.19	15	无	无
77	1 号区	M135	1909.33	28	1894.33	15	无	无
78	1 号区	M159	1908.23	37	1890.13	18.1	无	无
79	1 号区	M160	1908.36	26	1890.16	18.2	无	无
80	1 号区	M161	1908.77	35	1896.27	12.5	无	无
81	1 号区	M162	1909.16	26	1900.46	8.7	无	无
82	1 号区	M163	1909.25	23.6	1893.55	15.7	无	无
83	1 号区	M188	1908.52	23.6	1892.52	16	无	无
84	1 号区	M189	1908.54	29	1888.54	20	无	无
85	1 号区	M190	1908.34	26.2	1890.44	17.9	无	无
86	1 号区	M191	1908.29	27	1888.29	20	无	无
87	1 号区	M192	1908.33	32	1889.93	18.4	无	无
88	1 号区	M193	1908.32	32	1893.22	15.1	无	无
89	1 号区	M216	1906.52	21.4	1896.52	10	无	无
90	1 号区	M217	1907.5	26.8	1886.5	21	无	无
91	1 号区	M218	1908.83	27.1	1888.33	20.5	无	无
92	1 号区	M219	1908.63	34	1892.43	16.2	无	无
93	1 号区	M220	1908.47	34	1891.17	17.3	无	无

序号	岩溶区号	钻孔编号	孔口标高/m	孔深/m	土层底板标高/m	土层厚度/m	土洞发育情况	地下水位/m
94	1 号区	M235	1904.82	29.2	1886.42	18.4	无	无
95	1 号区	M236	1904.77	23	1895.47	9.3	无	无
96	1 号区	M237	1904.93	24.2	1890.63	14.3	无	无
97	1 号区	M238	1907.53	23	1890.03	17.5	无	无
98	1 号区	M248	1904.84	18	1892.54	12.3	无	无
99	1 号区	M249	1904.85	23	1894.05	10.8	无	无
100	1 号区	M250	1904.75	25	1886.65	18.1	无	无
101	1 号区	M251	1904.71	15.3	1894.51	10.2	无	无
102	1 号区	M260	1904.79	21.1	1890.49	14.3	无	无
103	1 号区	M261	1904.85	22	1889.75	15.1	无	无
104	1 号区	M262	1904.79	21.3	1890.09	14.7	无	无
105	1 号区	M263	1904.81	22	1888.81	16	无	无
106	1 号区	M277	1905.04	18	1892.04	13	无	无
107	1 号区	M278	1905.16	25	1891.16	14	无	无
108	1 号区	M279	1905.31	21.2	1890.31	15	无	无
109	1 号区	M280	1908.33	22.4	1891.33	17	无	无
110	1 号区	M281	1908.66	24.7	1891.66	17	无	无
111	2 号区	M7	1912.85	30.2	1896.85	16	无	无
112	2 号区	M8	1913.07	31	1898.07	15	无	无
113	2 号区	M9	1914.42	28	1900.42	14	无	无
114	2 号区	M15	1913.01	40	1894.41	18.6	无	无
115	2 号区	M16	1913.26	31.3	1895.76	17.5	无	无
116	2 号区	M17	1914.58	31	1896.18	18.4	无	无
117	2 号区	M28	1913.17	37	1897.37	15.8	无	无
118	2 号区	M29	1913.48	58	1893.48	20	无	无
119	2 号区	M30	1914.58	32	1895.68	18.9	无	无
120	2 号区	M48	1913.02	62.3	1893.02	20	无	无
121	2 号区	M49	1913.5	67.6	1890.7	22.8	无	无
122	2 号区	M50	1913.89	55	1859.89	54	无	无
123	2 号区	M71	1912.87	55.2	1890.87	22	无	无
124	2 号区	M72	1913.35	55	1896.85	16.5	无	无
125	2 号区	M73	1913.75	55.3	1897.75	16	无	无
126	2 号区	M87	1912.72	33	1890.92	21.8	无	无
127	2 号区	M88	1913.2	50	1896.8	16.4	无	无
128	2 号区	M89	1913.51	43.3	1897.51	16	无	无

续表

序号	岩溶区号	钻孔编号	孔口标高/m	孔深/m	土层底板标高/m	土层厚度/m	土洞发育情况	地下水位/m
129	2 号区	M112	1912.64	33.8	1896.04	16.6	无	无
130	2 号区	M113	1912.96	33	1891.96	21	无	无
131	2 号区	M114	1913.37	23.6	1896.37	17	无	无
132	2 号区	M136	1912.5	33	1893.7	18.8	无	无
133	2 号区	M137	1912.85	40	1886.15	26.7	无	无
134	2 号区	M138	1913.14	36.5	1889.74	23.4	无	无
135	2 号区	M139	1913.47	31	1894.47	19	无	无
136	2 号区	M140	1913.45	31	1893.65	19.8	无	无
137	2 号区	M164	1912.38	33	1895.28	17.1	无	无
138	2 号区	M165	1912.62	36	1903.12	9.5	无	无
139	2 号区	M166	1912.96	41.5	1887.46	25.5	无	无
140	2 号区	M167	1913.22	41.4	1888.12	25.1	无	无
141	2 号区	M168	1913.15	31	1893.55	19.6	无	无
142	2 号区	M169	1913.41	30.3	1894.41	19	无	无
143	2 号区	M170	1913.45	29.5	1896.55	16.9	无	无
144	2 号区	M194	1912.35	33.3	1894.15	18.2	无	无
145	2 号区	M195	1912.57	37.9	1891.97	20.6	无	无
146	2 号区	M221	1912.18	33	1894.48	17.7	无	无
147	2 号区	M222	1912.49	31.5	1895.09	17.4	无	无
148	2 号区	M223	1912.78	23.4	1895.08	17.7	无	无
149	2 号区	M239	1912.14	32	1894.74	17.4	无	无
150	2 号区	M240	1912.68	20	1898.68	14	无	无
151	2 号区	M241	1912.72	20.8	1897.02	15.7	无	无
152	2 号区	M252	1910.59	26	1890.59	20	无	无
153	2 号区	M253	1911.69	27.2	1895.19	16.5	无	无
154	2 号区	M254	1911.85	24.6	1893.45	18.4	无	无
155	2 号区	M255	1912.05	20.1	1897.85	14.2	无	无
156	2 号区	M256	1912.62	21.2	1897.02	15.6	无	无
157	2 号区	M264	1909.74	22.5	1894.44	15.3	无	无
158	2 号区	M265	1910.08	25	1896.08	14	无	无
159	2 号区	M266	1911.43	24.7	1893.43	18	无	无
160	2 号区	M267	1911.64	25	1894.64	17	无	无
161	2 号区	M268	1911.77	23.8	1894.57	17.2	无	无
162	2 号区	M282	1909.54	31	1892.94	16.6	无	无
163	2 号区	M283	1909.71	20.6	1894.21	15.5	无	无

续表

序号	岩溶区号	钻孔编号	孔口标高/m	孔深/m	土层底板标高/m	土层厚度/m	土洞发育情况	地下水位/m
164	2 号区	M284	1910.21	23	1896.01	14.2	无	无
165	2 号区	M285	1911.52	25	1893.82	17.7	无	无
166	2 号区	M297	1909.13	26.4	1891.63	17.5	无	无
167	2 号区	M298	1909.83	30	1894.13	15.7	无	无
168	2 号区	M196	1912.97	46	1887.67	25.3	无	无
169	2 号区	M197	1913.01	30	1895.51	17.5	无	无
170	2 号区	M198	1912.86	31	1897.16	15.7	无	无
171	2 号区	M199	1911.81	30	1891.41	20.4	无	无
172	2 号区	M224	1912.77	26	1891.47	21.3	无	无
173	2 号区	M225	1912.14	30	1894.14	18	无	无
174	2 号区	M226	1911.97	24.3	1892.57	19.4	无	无
175	2 号区	M227	1911.51	25	1891.81	19.7	无	无
176	2 号区	M242	1911.06	22.3	1893.76	17.3	无	无
177	2 号区	M243	1911.22	25	1895.22	16	无	无
178	2 号区	M244	1911.2	26	1893.7	17.5	无	无
179	2 号区	M257	1910.75	23	1893.95	16.8	无	无
180	2 号区	M259	1910.46	23.4	1894.56	15.9	无	无
181	2 号区	M258	1910.04	23.5	1895.04	15	无	无
182	2 号区	M276	1909.1	24.6	1893.1	16	无	无
183	2 号区	M270	1908.44	27.1	1895.74	12.7	无	无
184	2 号区	M271	1907.71	34	1902.71	5	无	无
185	2 号区	M272	1907.48	34	1892.28	15.2	无	无
186	2 号区	M273	1907.85	30	1893.25	14.6	无	无
187	2 号区	M286	1908.41	21.1	1892.81	15.6	无	无
188	2 号区	M287	1908.14	19.4	1894.94	13.2	无	无
189	2 号区	M288	1907.64	27	1893.74	13.9	无	无
190	2 号区	M289	1907.53	35	1896.53	11	无	无
191	2 号区	M290	1907.33	39.8	1886.53	20.8	无	无
192	2 号区	M291	1907.45	30.6	1894.25	13.2	无	无
193	2 号区	M292	1907.18	32	1893.78	13.4	无	无
194	2 号区	M293	1907.27	32.3	1894.27	13	无	无
195	2 号区	M296	1908.62	20.6	1894.52	14.1	无	无
196	2 号区	M300	1908.29	20.4	1893.19	15.1	无	无
197	2 号区	M301	1907.65	20.4	1894.75	12.9	无	无
198	2 号区	M302	1907.62	22.5	1890.82	16.8	无	无

序号	岩溶区号	钻孔编号	孔口标高/m	孔深/m	土层底板标高/m	土层厚度/m	土洞发育情况	地下水位/m
199	2号区	M303	1907.41	27.5	1886.61	20.8	无	无
200	2号区	M304	1907.27	41.6	1892.27	15	无	无
201	2号区	M305	1907.49	30	1892.09	15.4	无	无
202	2号区	M306	1907.37	32	1890.47	16.9	无	无
203	2号区	M307	1906.35	30	1892.15	14.2	无	无
204	2号区	M308	1906.37	27.4	1893.87	12.5	无	无
205	2号区	M309	1906.43	27.5	1889.43	17	无	无
206	2号区	M310	1907.03	27.3	1893.13	13.9	无	无
207	2号区	M316	1908.25	20.5	1893.85	14.4	无	无
208	2号区	M317	1907.68	20.4	1892.98	14.7	无	无
209	2号区	M318	1907.35	20	1887.15	20.2	无	无
210	2号区	M335	1908.25	17.6	1896.25	12	无	无
211	2号区	M336	1907.74	21	1893.94	13.8	无	无
212	2号区	M319	1906.39	27.4	1892.39	14	无	无
213	2号区	M320	1906.48	19	1897.58	8.9	无	无
214	2号区	M321	1906.37	27	1892.87	13.5	无	无
215	2号区	M322	1906.69	25	1896.39	10.3	无	无
216	2号区	M323	1906.64	25	1895.74	10.9	无	无
217	2号区	M324	1907.19	25	1894.09	13.1	无	无
218	2号区	M328	1906.36	16.8	1895.36	11	无	无
219	2号区	M329	1906.5	17	1895.5	11	无	无
220	2号区	M337	1907.09	23	1893.99	13.1	无	无
221	2号区	M338	1907.03	25	1894.13	12.9	无	无
222	2号区	M339	1907.76	30.6	1895.86	11.9	无	无
223	2号区	M340	1908.35	17	1897.65	10.7	无	无
224	2号区	M355	1906.98	15.4	1897.68	9.3	无	无
225	2号区	M356	1907.56	23	1896.46	11.1	无	无
226	2号区	M357	1908.46	19	1897.46	11	无	无
227	2号区	M358	1907.5	26	1892.8	14.7	无	无
228	2号区	M359	1907.46	26	1896.16	11.3	无	无
229	2号区	M372	1907.71	16.6	1897.21	10.5	无	无
230	2号区	M373	1907.43	20	1896.93	10.5	无	无
231	2号区	M374	1907.58	22	1896.18	11.4	无	无
232	2号区	M375	1907.44	21.8	1891.14	16.3	无	无
233	2号区	M376	1907.44	24	1893.44	14	无	无

序号	岩溶区号	钻孔编号	孔口标高/m	孔深/m	土层底板标高/m	土层厚度/m	土洞发育情况	地下水位/m
234	2 号区	M386	1907.37	23	1896.67	10.7	无	无
235	2 号区	M387	1907.44	24	1895.64	11.8	无	无
236	2 号区	M388	1907.55	22.3	1891.35	16.2	无	无
237	2 号区	M402	1907.55	20.2	1900.05	7.5	无	无
238	2 号区	M403	1907.75	27.2	1896.65	11.1	无	无
239	2 号区	M420	1907.58	23.2	1894.78	12.8	无	无
240	2 号区	M421	1907.59	26.9	1893.49	14.1	无	无
241	2 号区	M438	1907.6	18.2	1895.2	12.4	无	无
242	2 号区	M439	1907.57	23	1894.37	13.2	无	无
243	2 号区	M440	1907.6	29	1892.1	15.5	无	无
244	2 号区	M461	1907.7	26.5	1898.1	9.6	无	无
245	2 号区	M462	1907.66	17	1896.66	11	无	无
246	2 号区	M479	1907.78	16.8	1897.08	10.7	无	无
247	2 号区	M480	1907.78	25	1896.38	11.4	无	无
248	2 号区	M481	1909.17	26	1894.57	14.6	无	无
249	2 号区	M496	1907.79	20.6	1894.49	13.3	无	无
250	2 号区	M497	1909.12	25	1895.02	14.1	无	无
251	2 号区	M498	1907.54	21.3	1895.04	12.5	无	无
252	2 号区	M499	1907.86	17.7	1896.16	11.7	无	无
253	2 号区	M500	1908.96	20.5	1896.76	12.2	无	无
254	2 号区	M513	1907.81	17.2	1895.91	11.9	无	无
255	2 号区	M514	1908.67	21.5	1894.67	14	无	无
256	2 号区	M515	1907.45	20	1892.95	14.5	无	无
257	2 号区	M516	1907.49	21	1893.79	13.7	无	无
258	2 号区	M517	1907.73	20.2	1895.63	12.1	无	无
259	2 号区	M531	1907.93	19	1895.93	12	无	无
260	2 号区	M532	1908.07	19	1895.57	12.5	无	无
261	2 号区	M549	1909.48	20.6	1894.18	15.3	无	无
262	2 号区	M550	1909.54	21.3	1893.54	16	无	无
263	2 号区	M571	1909.48	18.5	1895.88	13.6	无	无
264	2 号区	M572	1910.39	22	1894.89	15.5	无	无
265	2 号区	M573	1910.53	21	1894.53	16	无	无
266	2 号区	M590	1910.54	19.5	1899.14	11.4	无	无
267	2 号区	M591	1911.06	19	1897.66	13.4	无	无
268	2 号区	M592	1911.2	21.5	1896.7	14.5	无	无

序号	岩溶区号	钻孔编号	孔口标高/m	孔深/m	土层底板标高/m	土层厚度/m	土洞发育情况	地下水位/m
269	2 号区	M593	1911.51	20.6	1896.51	15	无	无
270	2 号区	M594	1911.29	21	1896.29	15	无	无
271	2 号区	M595	1911.47	21	1895.67	15.8	无	无
272	2 号区	M596	1911.51	20	1896.51	15	无	无
273	2 号区	M612	1911.43	15.2	1901.93	9.5	无	无
274	2 号区	M613	1911.81	17.6	1899.21	12.6	无	无
275	2 号区	M614	1911.79	19	1897.79	14	无	无
276	2 号区	M615	1911.94	17.5	1899.34	12.6	无	无
277	2 号区	M616	1912.15	19.8	1897.15	15	无	无
278	2 号区	M633	1911.87	15.8	1900.57	11.3	无	无
279	2 号区	M634	1912.41	17.2	1899.61	12.8	无	无
280	2 号区	M623	1913.06	21.3	1897.06	16	无	无
281	2 号区	M652	1913.09	19.5	1900.09	13	无	无
282	2 号区	M653	1913.81	22.5	1897.81	16	无	无
283	2 号区	M654	1913.1	22	1896.4	16.7	无	无
284	2 号区	M665	1914.62	22.5	1897.22	17.4	无	无
285	2 号区	M666	1914.47	22.5	1897.07	17.4	无	无
286	2 号区	M678	1915.27	21.5	1898.67	16.6	无	无
287	2 号区	M679	1915.15	22.5	1897.75	17.4	无	无
288	2 号区	M680	1916.22	22.8	1898.82	17.4	无	无
289	2 号区	M693	1917.1	23	1900.9	16.2	无	无
290	2 号区	M694	1917.54	26.8	1900.14	17.4	无	无
291	2 号区	M705	1917.4	21	1904	13.4	无	无
292	2 号区	M706	1918.52	20.8	1902.72	15.8	无	无
293	2 号区	M31	1914.87	65	1909.87	5	无	无
294	2 号区	M32	1915.23	64.6	1879.23	36	无	无
295	2 号区	M51	1914.87	62.8	1907.87	7	无	无
296	2 号区	M52	1914.87	57.9	1861.27	53.6	无	无
297	2 号区	M53	1914.6	40.1	1881.2	33.4	无	无
298	2 号区	M74	1914.52	30.1	1908.02	6.5	无	无
299	2 号区	M75	1914.54	30.3	1908.74	5.8	无	无
300	2 号区	M76	1914.42	32	1905.42	9	无	无
301	2 号区	M90	1914.2	30	1903.8	10.4	无	无
302	2 号区	M91	1914.22	32	1906.72	7.5	无	无
303	2 号区	M92	1914.11	32	1907.51	6.6	无	无

序号	岩溶区号	钻孔编号	孔口标高/m	孔深/m	土层底板标高/m	土层厚度/m	土洞发育情况	地下水位/m
304	2 号区	M115	1913.79	29.2	1901.79	12	无	无
305	2 号区	M116	1913.85	27	1905.15	8.7	无	无
306	2 号区	M1	1913.06	28.6	1895.46	17.6	无	无
307	2 号区	M269	1908.71	26.4	1891.21	17.5	无	无
308	2 号区	M354	1907.81	15.4	1898.21	9.6	无	无
309	2 号区	M245	1908.92	27	1891.52	17.4	无	无
310	2 号区	M715	1918.73	17.7	1906.53	12.2	无	无
311	2 号区	B404	1909.08	25.6	1894.18	14.9	无	无
312	2 号区	B407	1908.91	24.2	1892.11	16.8	无	无
313	2 号区	B416	1908.59	21.3	1893.59	15	无	无
314	2 号区	B425	1908.66	23.3	1892.66	16	无	无
315	3 号区	M18	1912.89	23	1895.09	17.8	无	无
316	3 号区	M19	1913.02	20.5	1897.62	15.4	无	无
317	3 号区	M33	1912.59	29	1890.09	22.5	无	无
318	3 号区	M34	1911.96	28	1899.86	12.1	无	无
319	3 号区	M35	1911.97	23.5	1898.47	13.5	无	无
320	3 号区	M54	1911.67	23	1895.17	16.5	无	无
321	3 号区	M55	1911.54	25	1904.04	7.5	无	无
322	3 号区	M56	1911.53	16.2	1903.33	8.2	无	无
323	3 号区	M57	1910.46	13.7	1901.96	8.5	无	无
324	3 号区	M58	1910.52	16	1900.22	10.3	无	无
325	3 号区	M77	1911.19	25	1894.59	16.6	无	无
326	3 号区	M79	1911.13	25.3	1891.13	20	无	无
327	3 号区	M99	1910.96	25	1894.96	16	无	无
328	3 号区	M101	1910.93	20	1898.13	12.8	无	无
329	3 号区	M93	1912.07	32	1894.17	17.9	无	无
330	3 号区	M94	1912.15	22	1895.75	16.4	无	无
331	3 号区	M95	1912.04	20.5	1896.84	15.2	无	无
332	3 号区	M96	1911.95	32	1894.95	17	无	无
333	3 号区	M97	1911.99	41.1	1893.49	18.5	无	无
334	3 号区	M98	1911.82	39.6	1895.12	16.7	无	无
335	3 号区	M117	1911.55	31.1	1885.55	26	无	无
336	3 号区	M118	1911.56	30	1895.56	16	无	无
337	3 号区	M119	1911.73	32	1893.53	18.2	无	无
338	3 号区	M120	1911.73	32	1886.83	24.9	无	无

序号	岩溶区号	钻孔编号	孔口标高/m	孔深/m	土层底板标高/m	土层厚度/m	土洞发育情况	地下水位/m
339	3 号区	M121	1910.44	32	1891.64	18.8	无	无
340	3 号区	M122	1911.92	32	1894.72	17.2	无	无
341	3 号区	M123	1911.88	32.8	1894.68	17.2	无	无
342	3 号区	M124	1911.76	47	1893.56	18.2	无	无
343	3 号区	M125	1911.56	30	1895.33	16.2	无	无
344	3 号区	M126	1910.79	34	1894.79	16	无	无
345	3 号区	M141	1912.13	23.1	1894.83	17.3	无	无
346	3 号区	M142	1911.26	23.8	1894.46	16.8	无	无
347	3 号区	M143	1911.22	53	1883.22	28	无	无
348	3 号区	M144	1911.48	30.3	1895.88	15.6	无	无
349	3 号区	M145	1910.34	34	1895.24	15.1	无	无
350	3 号区	M146	1910.29	35	1899.39	10.9	无	无
351	3 号区	M147	1910.29	32	1897.49	12.8	无	无
352	3 号区	M148	1910.42	21.4	1894.82	15.6	无	无
353	3 号区	M149	1911.79	32	1892.79	19	无	无
354	3 号区	M150	1910.85	37.5	1889.65	21.2	无	无
355	3 号区	M151	1910.66	46.8	1890.06	20.6	无	无
356	3 号区	M152	1910.63	35.8	1893.13	17.5	无	无
357	3 号区	M153	1909.49	32	1899.19	10.3	无	无
358	3 号区	M154	1908.46	31.8	1897.76	10.7	无	无
359	3 号区	M155	1908.58	31	1897.58	11	无	无
360	3 号区	M172	1910.06	30	1894.86	15.2	无	无
361	3 号区	M173	1909.7	26	1894.4	15.3	无	无
362	3 号区	M174	1910.77	30	1893.57	17.2	无	无
363	3 号区	M175	1910.65	30.7	1895.35	15.3	无	无
364	3 号区	M176	1910.58	35	1894.98	15.6	无	无
365	3 号区	M177	1910.47	34	1897.87	12.6	无	无
366	3 号区	M178	1909.15	34.5	1895.15	14	无	无
367	3 号区	M179	1909.24	30	1892.74	16.5	无	无
368	3 号区	M180	1908.61	31	1891.61	17	无	无
369	3 号区	M181	1907.89	25.6	1897.09	10.8	无	无
370	3 号区	M182	1908.14	25	1898.24	9.9	无	无
371	3 号区	M183	1908.51	30	1898.01	10.5	无	无
372	3 号区	M200	1908.86	31.3	1897.06	11.8	无	无
373	3 号区	M201	1910.7	37.5	1893.1	17.6	无	无

续表

序号	岩溶区号	钻孔编号	孔口标高/m	孔深/m	土层底板标高/m	土层厚度/m	土洞发育情况	地下水位/m
374	3 号区	M202	1910.5	30	1894.9	15.6	无	无
375	3 号区	M203	1909.2	34	1896.9	12.3	无	无
376	3 号区	M204	1909.1	40	1896.3	12.8	无	无
377	3 号区	M205	1908.04	30	1892.54	15.5	无	无
378	3 号区	M206	1908.03	19	1894.63	13.4	无	无
379	3 号区	M207	1908.02	19	1894.32	13.7	无	无
380	3 号区	M208	1908.02	24	1895.22	12.8	无	无
381	3 号区	M209	1907.32	30	1891.52	15.8	无	无
382	3 号区	M210	1907.39	30	1892.39	15	无	无
383	3 号区	M211	1907.58	22.8	1893.28	14.3	无	无
384	3 号区	M212	1907.96	24	1889.96	18	无	无
385	3 号区	M213	1907.92	22.4	1894.22	13.7	无	无
386	3 号区	M228	1907.43	26.5	1893.83	13.6	无	无
387	3 号区	M229	1907.43	20	1894.43	13	无	无
388	3 号区	M230	1907.71	28	1895.11	12.6	无	无
389	3 号区	M231	1907.92	17	1896.52	11.4	无	无
390	3 号区	M232	1908.18	18	1895.88	12.3	无	无
391	3 号区	M246	1907.78	21	1894.18	13.6	无	无
392	3 号区	M247	1907.86	16.5	1896.86	11	无	无
393	3 号区	M171	1911	24	1893.8	17.2	无	无
394	3 号区	M103	1910.76	24	1895.46	15.3	无	无
395	3 号区	M78	1909.84	16.3	1900.24	9.6	无	无
396	3 号区	M38	1910.63	16.3	1902.13	8.5	无	无
397	4 号区	M344	1908.76	25.6	1891.76	17	无	无
398	4 号区	M345	1908.85	21	1893.15	15.7	无	无
399	4 号区	M346	1909.34	26.3	1890.64	18.7	无	无
400	4 号区	M349	1909.82	20	1895.12	14.7	无	无
401	4 号区	M350	1910.02	21.7	1894.82	15.2	无	无
402	4 号区	M361	1908.81	19	1896.11	12.7	无	无
403	4 号区	M362	1908.94	24.4	1889.54	19.4	无	无
404	4 号区	M363	1909.34	30.5	1884.84	24.5	无	无
405	4 号区	M365	1909.66	30.5	1893.46	16.2	无	无
406	4 号区	M366	1909.94	22.6	1894.04	15.9	无	无
407	4 号区	M367	1910.62	19.8	1897.02	13.6	无	无
408	4 号区	M368	1910.19	20.8	1896.49	13.7	无	无

序号	岩溶区号	钻孔编号	孔口标高/m	孔深/m	土层底板标高/m	土层厚度/m	土洞发育情况	地下水位/m
409	4 号区	M377	1909.56	21.9	1896.16	13.4	无	无
410	4 号区	M378	1909.65	30	1894.65	15	无	无
411	4 号区	M379	1909.96	40	1894.86	15.1	无	无
412	4 号区	M380	1909.7	23.8	1895.2	14.5	无	无
413	4 号区	M392	1909.44	30	1896.84	12.6	无	无
414	4 号区	M393	1909.71	31	1894.01	15.7	无	无
415	4 号区	M394	1910.41	41	1895.51	14.9	无	无
416	4 号区	M405	1909.21	30	1887.31	21.9	无	无
417	4 号区	M406	1909.51	30	1891.71	17.8	无	无
418	4 号区	M407	1909.71	30	1896.61	13.1	无	无
419	4 号区	M408	1909.74	31	1895.74	14	无	无
420	4 号区	M409	1909.13	23.2	1892.73	16.4	无	无
421	4 号区	M425	1909.26	23	1892.36	16.9	无	无
422	4 号区	M426	1909.47	30	1895.27	14.2	无	无
423	4 号区	M427	1910.2	31	1885.9	24.3	无	无
424	4 号区	M428	1909.27	31.5	1896.57	12.7	无	无
425	4 号区	M429	1909.1	31	1896.4	12.7	无	无
426	4 号区	M423	1908.69	20.8	1896.19	12.5	无	无
427	4 号区	M424	1908.93	19.1	1895.33	13.6	无	无
428	4 号区	M468	1909.3	27	1893	16.3	无	无
429	4 号区	M449	1909.12	22.8	1896.72	12.4	无	无
430	4 号区	M404	1908.59	18	1896.29	12.3	无	无
431	4 号区	M485	1909.41	27	1897.11	12.3	无	无
432	4 号区	M469	1909.57	27	1898.47	11.1	无	无
433	4 号区	M450	1908.95	31	1894.95	14	无	无
434	5 号区	M313	1910.69	36.2	1896.19	14.5	无	无
435	5 号区	M314	1910.36	39	1884.26	26.1	无	无
436	5 号区	M315	1910.26	33	1882.56	27.7	无	无
437	5 号区	M330	1910.48	31.2	1895.18	15.3	无	无
438	5 号区	M331	1910	25.6	1896.8	13.2	无	无
439	5 号区	M332	1910.13	33	1893.93	16.2	无	无
440	5 号区	M333	1910.01	33	1895.01	15	无	无
441	5 号区	M334	1909.94	27	1896.34	13.6	无	无
442	5 号区	M351	1909.9	24	1894.3	15.6	无	无
443	5 号区	M352	1909.88	24.2	1893.88	16	无	无

续表

序号	岩溶区号	钻孔编号	孔口标高/m	孔深/m	土层底板标高/m	土层厚度/m	土洞发育情况	地下水位/m
444	5 号区	M353	1908.79	27	1892.49	16.3	无	无
445	5 号区	M369	1908.71	24	1893.71	15	无	无
446	5 号区	M370	1908.69	24	1893.69	15	无	无
447	5 号区	M371	1907.99	21	1892.39	15.6	无	无
448	5 号区	M381	1908.57	25	1893.57	15	无	无
449	5 号区	M382	1907.91	20.2	1898.21	9.7	无	无
450	5 号区	M383	1907.15	20.6	1892.15	15	无	无
451	5 号区	M384	1905.79	27	1884.39	21.4	无	无
452	5 号区	M385	1905.91	19	1893.61	12.3	无	无
453	5 号区	M395	1908	25	1897.5	10.5	无	无
454	5 号区	M396	1907.12	25.3	1892.32	14.8	无	无
455	5 号区	M397	1906.98	24	1890.98	16	无	无
456	5 号区	M398	1906.77	22.2	1889.77	17	无	无
457	5 号区	M389	1906.25	20	1895.25	11	无	无
458	5 号区	M390	1906.32	29	1892.82	13.5	无	无
459	5 号区	M391	1905.97	30	1891.17	14.8	无	无
460	5 号区	M399	1905.88	29	1892.68	13.2	无	无
461	5 号区	M400	1905.75	28.3	1884.35	21.4	无	无
462	5 号区	M401	1905.56	34	1890.16	15.4	无	无
463	5 号区	M410	1907.11	25	1891.61	15.5	无	无
464	5 号区	M411	1906.96	21.9	1894.46	12.5	无	无
465	5 号区	M412	1906.77	22.5	1890.97	15.8	无	无
466	5 号区	M413	1906.27	22	1891.87	14.4	无	无
467	5 号区	M414	1906.29	23.1	1893.29	13	无	无
468	5 号区	M415	1905.95	23	1894.95	11	无	无
469	5 号区	M416	1905.32	23	1892.82	12.5	无	无
470	5 号区	M417	1905.11	24.8	1888.41	16.7	无	无
471	5 号区	M418	1905.28	34	1891.08	14.2	无	无
472	5 号区	M419	1905.3	34	1882.7	22.6	无	无
473	5 号区	M430	1906.94	21	1891.74	15.2	无	无
474	5 号区	M431	1906.79	22.4	1892.29	14.5	无	无
475	5 号区	M432	1906.32	27	1893.42	12.9	无	无
476	5 号区	M433	1906.24	26.2	1892.84	13.4	无	无
477	5 号区	M446	1905.94	18.5	1893.34	12.6	无	无
478	5 号区	M447	1905.25	35.3	1893.45	11.8	无	无

序号	岩溶区号	钻孔编号	孔口标高/m	孔深/m	土层底板标高/m	土层厚度/m	土洞发育情况	地下水位/m
479	5 号区	M448	1904.86	30	1883.86	21	无	无
480	5 号区	M434	1905.13	27	1891.13	14	无	无
481	5 号区	M435	1905.08	31	1890.48	14.6	无	无
482	5 号区	M436	1905.3	34	1894	11.3	无	无
483	5 号区	M437	1905.24	31	1889.64	15.6	无	无
484	5 号区	M451	1906.53	17	1894.93	11.6	无	无
485	5 号区	M452	1906.62	22.2	1891.02	15.6	无	无
486	5 号区	M453	1905.92	25.5	1892.12	13.8	无	无
487	5 号区	M454	1905.28	23	1891.98	13.3	无	无
488	5 号区	M455	1904.78	36	1891.08	13.7	无	无
489	5 号区	M456	1904.68	30	1893.48	11.2	无	无
490	5 号区	M457	1904.89	35	1891.49	13.4	无	无
491	5 号区	M458	1905.25	30	1893.25	12	无	无
492	5 号区	M459	1905.28	24.4	1893.78	11.5	无	无
493	5 号区	M460	1905.54	24	1894.04	11.5	无	无
494	5 号区	M470	1905.84	17.4	1893.64	12.2	无	无
495	5 号区	M471	1905.11	23.8	1891.51	13.6	无	无
496	5 号区	M472	1904.58	25	1892.98	11.6	无	无
497	5 号区	M473	1904.65	25	1896.95	7.7	无	无
498	5 号区	M474	1904.72	33	1893.62	11.1	无	无
499	5 号区	M475	1905.02	33	1886.72	18.3	无	无
500	5 号区	M476	1904.82	33.1	1888.82	16	无	无
501	5 号区	M477	1905.27	34	1894.27	11	无	无
502	5 号区	M478	1905.97	24.8	1890.57	15.4	无	无
503	5 号区	M486	1905.1	22.2	1893.1	12	无	无
504	5 号区	M487	1904.48	15	1893.48	11	无	无
505	5 号区	M488	1904.63	20	1890.83	13.8	无	无
506	5 号区	M489	1904.65	25	1891.15	13.5	无	无
507	5 号区	M490	1904.68	29	1891.08	13.6	无	无
508	5 号区	M491	1905.34	29	1893.34	12	无	无
509	5 号区	M492	1905.85	29.5	1885.25	20.6	无	无
510	5 号区	M493	1906.67	37	1895.27	11.4	无	无
511	5 号区	M494	1906.79	26	1890.79	16	无	无
512	5 号区	M495	1906.7	26.8	1892.3	14.4	无	无
513	5 号区	M526	1906.23	28	1892.83	13.4	无	无

序号	岩溶区号	钻孔编号	孔口标高/m	孔深/m	土层底板标高/m	土层厚度/m	土洞发育情况	地下水位/m
514	5 号区	M527	1906.14	26	1896.14	10	无	无
515	5 号区	M528	1905.78	29.5	1891.78	14	无	无
516	5 号区	M529	1905.8	21	1893.8	12	无	无
517	5 号区	M530	1905.78	31.6	1879.78	26	无	无
518	5 号区	M543	1905.64	19.5	1892.84	12.8	无	无
519	5 号区	M544	1905.61	29	1894.61	11	无	无
520	5 号区	M545	1905.77	28.6	1891.77	14	无	无
521	5 号区	M546	1905.8	29	1891.8	14	无	无
522	5 号区	M547	1905.82	24.8	1891.32	14.5	无	无
523	5 号区	M548	1906.02	28	1883.82	22.2	无	无
524	5 号区	M564	1905.54	18.5	1893.24	12.3	无	无
525	5 号区	M565	1905.67	19.6	1892.67	13	无	无
526	5 号区	M566	1905.49	29	1892.69	12.8	无	无
527	5 号区	M567	1905.74	23.8	1897.14	8.6	无	无
528	5 号区	M568	1905.79	25	1893.49	12.3	无	无
529	5 号区	M569	1905.99	38.6	1889.79	16.2	无	无
530	5 号区	M570	1906.09	25.7	1889.49	16.6	无	无
531	5 号区	M583	1904.92	17	1893.92	11	无	无
532	5 号区	M584	1905.49	19.2	1891.49	14	无	无
533	5 号区	M585	1905.48	18.8	1892.78	12.7	无	无
534	5 号区	M586	1905.57	25	1892.57	13	无	无
535	5 号区	M587	1905.53	19.8	1895.83	9.7	无	无
536	5 号区	M588	1905.61	17	1895.61	10	无	无
537	5 号区	M589	1905.61	23.2	1887.01	18.6	无	无
538	5 号区	M605	1904.88	16.4	1894.68	10.2	无	无
539	5 号区	M606	1904.97	20	1891.57	13.4	无	无
540	5 号区	M607	1904.92	17.7	1894.42	10.5	无	无
541	5 号区	M608	1905.48	18.2	1896.28	9.2	无	无
542	5 号区	M609	1905.59	20	1892.59	13	无	无
543	5 号区	M610	1905.59	16	1897.09	8.5	无	无
544	5 号区	M611	1905.95	37	1894.95	11	无	无
545	5 号区	M649	1905.2	21	1891	14.2	无	无
546	5 号区	M650	1905.94	17	1895.94	10	无	无
547	5 号区	M651	1907.22	16.8	1897.22	10	无	无
548	5 号区	M673	1905.23	16	1895.23	10	无	无

续表

序号	岩溶区号	钻孔编号	孔口标高/m	孔深/m	土层底板标高/m	土层厚度/m	土洞发育情况	地下水位/m
549	5 号区	M674	1906.7	16.2	1896.7	10	无	无
550	5 号区	M675	1908.76	17	1899.46	9.3	无	无
551	5 号区	M676	1907.98	18.2	1895.68	12.3	无	无
552	5 号区	M686	1906.02	19	1893.62	12.4	无	无
553	5 号区	M687	1907.31	21.5	1892.01	15.3	无	无
554	5 号区	M688	1910.32	21.5	1897.32	13	无	无
555	5 号区	M689	1910.55	19	1896.65	13.9	无	无
556	5 号区	M690	1910.2	21.1	1898.2	12	无	无
557	5 号区	M691	1910.19	32	1896.59	13.6	无	无
558	5 号区	M692	1910.87	32.1	1893.87	17	无	无
559	5 号区	M698	1908.77	17	1896.77	12	无	无
560	5 号区	M699	1909.05	19	1895.05	14	无	无
561	5 号区	M700	1910.28	20.3	1896.28	14	无	无
562	5 号区	M701	1910.24	20.1	1895.34	14.9	无	无
563	5 号区	M702	1910.2	20	1895.2	15	无	无
564	5 号区	M703	1911.41	23.2	1895.71	15.7	无	无
565	5 号区	M704	1911.13	30.8	1896.93	14.2	无	无
566	5 号区	M708	1908.4	22.2	1891.8	16.6	无	无
567	5 号区	M709	1910.34	26.3	1890.64	19.7	无	无
568	5 号区	M710	1910.11	23	1894.31	15.8	无	无
569	5 号区	M711	1910.27	23	1892.27	18	无	无
570	5 号区	M712	1911	32	1892.5	18.5	无	无
571	5 号区	M713	1911.58	32	1895.08	16.5	无	无
572	5 号区	M714	1911.8	32.5	1896.3	15.5	无	无
573	5 号区	M716	1909.91	22	1892.91	17	无	无
574	5 号区	M717	1910.14	26	1894.14	16	无	无
575	5 号区	M718	1911.66	30	1897.16	14.5	无	无
576	5 号区	M719	1911.54	30	1895.54	16	无	无
577	5 号区	M720	1912.51	32	1893.71	18.8	无	无
578	5 号区	M721	1912.89	35.1	1887.89	25	无	无
579	5 号区	M722	1911.76	24	1896.76	15	无	无
580	5 号区	M723	1912.03	30	1893.03	19	无	无
581	5 号区	M724	1912.57	30	1895.57	17	无	无
582	5 号区	M725	1913.12	28.1	1893.32	19.8	无	无
583	5 号区	M726	1913.93	31	1890.33	23.6	无	无

序号	岩溶区号	钻孔编号	孔口标高/m	孔深/m	土层底板标高/m	土层厚度/m	土洞发育情况	地下水位/m
584	5 号区	M727	1912.59	28	1890.59	22	无	无
585	5 号区	M728	1912.43	22.2	1899.43	13	无	无
586	5 号区	M729	1913.38	31	1892.48	20.9	无	无
587	5 号区	M730	1914.08	32.1	1899.18	14.9	无	无
588	5 号区	M731	1912.85	30	1896.35	16.5	无	无
589	5 号区	M732	1913.21	29	1896.21	17	无	无
590	5 号区	M733	1913.82	35	1898.42	15.4	无	无
591	5 号区	M734	1914.56	31.5	1902.16	12.4	无	无
592	5 号区	M735	1913.85	35	1898.55	15.3	无	无
593	5 号区	M736	1914.16	35	1898.96	15.2	无	无
594	5 号区	M737	1914.88	35	1893.58	21.3	无	无
595	5 号区	M738	1915.3	35	1898.5	16.8	无	无
596	5 号区	M739	1914.09	35	1898.59	15.5	无	无
597	5 号区	M740	1914.45	33.5	1896.95	17.5	无	无
598	5 号区	M741	1914.93	35	1900.93	14	无	无
599	5 号区	M742	1914.19	35	1897.49	16.7	无	无
600	5 号区	M743	1914.5	35	1900	14.5	无	无
601	5 号区	M744	1916.34	35	1900.34	16	无	无
602	5 号区	M745	1916.7	34	1902.8	13.9	无	无
603	5 号区	M746	1917.36	34	1890.36	27	无	无
604	5 号区	M747	1914.55	25	1899.95	14.6	无	无
605	5 号区	M748	1916.22	20	1903.22	13	无	无
606	5 号区	M749	1916.72	22	1901.12	15.6	无	无
607	5 号区	M750	1917.3	34	1889.3	28	无	无
608	5 号区	M751	1917.93	35	1905.93	12	无	无
609	5 号区	M752	1914.53	17.2	1904.03	10.5	无	无
610	5 号区	M753	1916.14	18.2	1905.14	11	无	无
611	5 号区	M754	1916.51	21.6	1901.51	15	无	无
612	5 号区	M755	1917.11	25	1902.71	14.4	无	无
613	5 号区	M756	1918.47	30.5	1893.57	24.9	无	无
614	5 号区	M757	1916.55	24	1899.05	17.5	无	无
615	5 号区	M758	1917.53	17.6	1905.53	12	无	无
616	5 号区	M759	1916.91	21.5	1901.61	15.3	无	无
617	5 号区	M760	1917.8	19	1904.2	13.6	无	无
618	5 号区	M299	1911.04	38	1888.04	23	无	无

序号	岩溶区号	钻孔编号	孔口标高/m	孔深/m	土层底板标高/m	土层厚度/m	土洞发育情况	地下水位/m
619	5 号区	M347	1907.35	28	1891.35	16	无	无
620	5 号区	M348	1907.01	22	1890.61	16.4	无	无
621	5 号区	M364	1906.9	31	1891.1	15.8	无	无
622	5 号区	M508	1906.4	38.1	1894.2	12.2	无	无
623	5 号区	M509	1906.19	34.8	1893.19	13	无	无
624	5 号区	M510	1905.76	26	1893.36	12.4	无	无
625	5 号区	M511	1905.75	28	1887.15	18.6	无	无
626	5 号区	M512	1905.74	25	1885.74	20	无	无
627	5 号区	M274	1910.07	15.5	1900.47	9.6	无	无
628	5 号区	M275	1910.23	15.7	1900.53	9.7	无	无
629	5 号区	M294	1910.24	15.8	1899.74	10.5	无	无
630	5 号区	B476	1904.64	28	1891.14	13.5	无	无
631	5 号区	B477	1904.67	34	1894.47	10.2	无	无
632	5 号区	B484	1904.62	22.5	1894.32	10.3	无	无
633	5 号区	B486	1904.89	25	1894.69	10.2	无	无
634	5 号区	B779	1904.94	17	1892.84	12.1	无	无
635	5 号区	B783	1905.95	15	1895.95	10	无	无
636	5 号区	B792	1905.25	17.8	1894.95	10.3	无	无
637	5 号区	B799	1905.26	18	1901.26	4	无	无
638	5 号区	B803	1907.72	18	1894.92	12.8	无	无
639	5 号区	B804	1907.94	23	1893.14	14.8	无	无
640	6 号区	M295	1910.46	15.4	1900.26	10.2	无	无
641	6 号区	M311	1910.12	16	1899.82	10.3	无	无
642	6 号区	M312	1910.22	16.4	1899.92	10.3	无	无
643	6 号区	M325	1910.01	15.5	1899.91	10.1	无	无
644	6 号区	M326	1909.93	15.8	1894.13	15.8	无	无
645	6 号区	M327	1910.15	16.3	1899.45	10.7	无	无
646	6 号区	M341	1909.62	20.7	1899.12	10.5	无	无
647	6 号区	M342	1909.55	27.2	1892.75	16.8	无	无
648	6 号区	M343	1910	39	1894.8	15.2	无	无
649	6 号区	M360	1909.54	27.4	1893.34	16.2	无	无
650	6 号区	M422	1908.34	20	1895.54	12.8	无	无
651	6 号区	M441	1908.57	22	1896.57	12	无	无
652	6 号区	M442	1908.51	24	1899.31	9.2	无	无
653	6 号区	M443	1910.63	45.5	1894.53	16.1	无	无

序号	岩溶区号	钻孔编号	孔口标高/m	孔深/m	土层底板标高/m	土层厚度/m	土洞发育情况	地下水位/m
654	6 号区	M444	1909.69	23.2	1894.49	15.2	无	无
655	6 号区	M445	1911.35	40.8	1891.85	19.5	无	无
656	6 号区	M463	1908.59	24	1900.39	8.2	无	无
657	6 号区	M464	1909.34	30	1898.54	10.8	无	无
658	6 号区	M465	1910.02	46.1	1895.62	14.4	无	无
659	6 号区	M466	1910.07	30.2	1894.37	15.7	无	无
660	6 号区	M467	1910	30	1892.1	17.9	无	无
661	6 号区	M482	1910.2	24	1898.5	11.7	无	无
662	6 号区	M483	1909.34	20.5	1899.04	10.3	无	无
663	6 号区	M484	1910.44	25.8	1894.14	16.3	无	无
664	6 号区	M501	1910.27	17.9	1897.97	12.3	无	无
665	6 号区	M502	1910.33	20.2	1896.93	13.4	无	无
666	6 号区	M518	1910.33	23.5	1895.13	15.2	无	无
667	6 号区	M519	1910.38	26.2	1894.68	15.7	无	无
668	6 号区	M533	1911.87	21.5	1895.47	16.4	无	无
669	6 号区	M534	1911.28	26	1895.48	15.8	无	无
670	6 号区	M535	1912.31	18	1900.81	11.5	无	无
671	6 号区	M551	1912.4	22.4	1896.2	16.2	无	无
672	6 号区	M552	1912.64	28	1899.14	13.5	无	无
673	6 号区	M553	1913.58	22.6	1898.68	14.9	无	无
674	6 号区	M554	1914.25	20.4	1900.35	13.9	无	无
675	6 号区	M574	1914.55	28	1898.65	15.9	无	无
676	6 号区	M575	1914.04	29	1891.84	22.2	无	无
677	6 号区	M576	1913.96	24	1898.16	15.8	无	无
678	6 号区	M597	1914.91	30.2	1894.91	20	无	无
679	6 号区	M598	1915.2	23	1899.7	15.5	无	无
680	6 号区	M617	1915.96	33.5	1890.16	25.8	无	无
681	6 号区	M618	1915.13	25	1898.23	16.9	无	无
682	6 号区	M635	1915.63	29.5	1891.73	23.9	无	无
683	6 号区	M636	1916.38	25	1897.98	18.4	无	无
684	6 号区	M637	1917.14	23	1898.74	18.4	无	无
685	6 号区	M655	1917.27	27.5	1895.27	22	无	无
686	6 号区	M656	1917.56	21	1901.66	15.9	无	无
687	6 号区	M657	1917.9	22.5	1901	16.9	无	无
688	6 号区	M667	1916.72	23.5	1899.72	17	无	无

序号	岩溶区号	钻孔编号	孔口标高/m	孔深/m	土层底板标高/m	土层厚度/m	土洞发育情况	地下水位/m
689	6 号区	M668	1917.3	21.4	1902.2	15.1	无	无
690	6 号区	M669	1917.63	21	1902.13	15.5	无	无
691	6 号区	M670	1918.32	22	1901.42	16.9	无	无
692	6 号区	M681	1917.24	21.9	1904.44	12.8	无	无
693	6 号区	M682	1919.94	19.8	1905.14	14.8	无	无
694	6 号区	M683	1919.37	23.2	1903.37	16	无	无
695	6 号区	M684	1919.33	25	1900.83	18.5	无	无
696	6 号区	M685	1920.52	33.3	1897.32	23.2	无	无
697	6 号区	M695	1920.11	24.1	1903.01	17.1	无	无
698	6 号区	M696	1919.86	24	1901.36	18.5	无	无
699	6 号区	M697	1920.96	33	1899.76	21.2	无	无
700	6 号区	M707	1920.79	33	1899.79	21	无	无
701	6 号区	B562	1909.97	23	1893.17	16.8	无	无
702	6 号区	B567	1910.04	18.2	1898.34	11.7	无	无
703	6 号区	B572	1910.48	27	1898.88	11.6	无	无
704	6 号区	B573	1910	23	1896.3	13.7	无	无
705	6 号区	B574	1910.03	21	1894.53	15.5	无	无
706	6 号区	B886	1909.48	15	1900.28	9.2	无	无
707	6 号区	B887	1909.59	19.4	1897.09	12.5	无	无
708	6 号区	B888	1909.48	15.2	1900.18	9.3	无	无
709	6 号区	B889	1910.57	19.4	1898.27	12.3	无	无
710	6 号区	B892	1911.31	18.3	1898.61	12.7	无	无
711	6 号区	B939	1920.18	30.3	1901.38	18.8	无	无
712	6 号区	B941	1920.81	26	1899.81	21	无	无
713	6 号区	B944	1920.56	27.5	1900.66	19.9	无	无
714	7 号区	M627	1904.27	17	1895.77	8.5	无	无
715	7 号区	M628	1904.27	14.5	1896.47	7.8	无	无
716	7 号区	M629	1904.29	16.4	1895.79	8.5	无	无
717	7 号区	M630	1904.35	16	1896.45	7.9	无	无
718	7 号区	M631	1904.31	14.5	1896.11	8.2	无	无
719	7 号区	M641	1904.34	15	1897.34	7	无	无
720	7 号区	M642	1904.32	15.5	1896.42	7.9	无	无
721	7 号区	M643	1904.34	14.6	1894.84	9.5	无	无
722	7 号区	M644	1904.28	15.6	1896.28	8	无	无
723	7 号区	M660	1904.32	16.3	1894.82	9.5	无	无

序号	岩溶区号	钻孔编号	孔口标高/m	孔深/m	土层底板标高/m	土层厚度/m	土洞发育情况	地下水位/m
724	7 号区	M661	1904.26	15	1896.46	7.8	无	无
725	7 号区	M662	1904.22	18.2	1891.72	12.5	无	无
726	7 号区	M663	1904.24	17.2	1894.74	9.5	无	无
727	5 号区	M671	1904.47	19	1897.47	7	无	无
728	5 号区	M672	1904.38	19.2	1892.98	11.4	无	无
729	7 号区	YZ1	1907.33	25.6	1898.53	8.8	无	无
730	7 号区	YZ2	1905.83	27.1	1900.83	5	无	无
731	7 号区	YZ3	1907.31	32	1893.01	14.3	无	无
732	7 号区	YZ4	1905.86	26.5	1896.86	9	无	8.30（稳）
733	7 号区	ZK15	1905.77	31	1901.37	4.4	无	8.80（稳）
734	7 号区	YZ5	1905.23	20.05	1900.23	5	无	7.80（稳）
735	7 号区	YZ6	1907.31	22	1900.31	7	无	无
736	7 号区	YZ7	1905.86	28.5	1899.36	6.5	无	无
737	7 号区	YZ8	1905.77	26	1897.37	8.4	无	8.00（稳）
738	7 号区	YZ9	1905.28	22	1900.28	5	无	7.50（稳）
739	7 号区	YZ10	1906.1	14.7	1900.1	6	无	无
740	7 号区	YZ11	1905.83	24	1900.83	5	无	无
741	7 号区	YZ12	1905.26	22.5	1901.06	4.2	无	5.70（稳）
742	7 号区	YZ13	1904.53	11	1901.53	3	无	3.40（稳）
743	7 号区	YZ14	1904.39	13	1900.69	3.7	无	无
744	7 号区	YZ15	1905.89	22	1897.89	8	无	无
745	7 号区	YZ16	1905.48	21	1898.58	6.9	无	无
746	7 号区	YZ17	1905.4	21.5	1897.8	7.6	无	无
747	7 号区	YZ18	1905.42	20	1897.32	8.1	无	无
748	7 号区	YZ19	1904.39	17.5	1899.39	5	无	3.80（稳）
749	7 号区	YZ20	1904.63	24.8	1896.63	8	无	4.20（稳）
750	7 号区	YZ21	1904.7	28.3	1898.1	6.6	无	无
751	7 号区	YZ22	1904.66	26.3	1901.16	3.5	无	无
752	7 号区	YZ23	1904.85	27	1898.35	6.5	无	无
753	7 号区	YZ24	1905.88	33.3	1900.68	5.2	无	无
754	7 号区	YZ25	1905.87	26	1901.37	4.5	无	无
755	7 号区	YZ26	1906.3	26	1901.4	4.9	无	4.90（稳）
756	7 号区	YZ27	1904.61	16.8	1898.31	6.3	无	5.50（稳）
757	7 号区	YZ28	1904.64	16.2	1897.14	7.5	无	1.90（稳）
758	7 号区	YZ29	1904.66	22.5	1900.06	4.6	无	3.80（稳）

续表

序号	岩溶区号	钻孔编号	孔口标高/m	孔深/m	土层底板标高/m	土层厚度/m	土洞发育情况	地下水位/m
759	7 号区	YZ30	1904.66	22	1900.46	4.2	无	2.60（稳）
760	7 号区	YZ31	1904.58	19	1899.88	4.7	无	3.30（稳）
761	7 号区	YZ32	1904.54	20.3	1895.94	8.6	无	2.90（稳）
762	7 号区	YZ33	1906.12	19.5	1897.12	9	无	无
763	7 号区	YZ34	1906.34	22.1	1898.84	7.5	无	2.70（稳）
764	7 号区	YZ35	1906.6	24.7	1899.6	7	无	3.40（稳）
765	7 号区	YZ36	1904.68	18.5	1897.08	7.6	无	2.10（稳）
766	7 号区	YZ37	1904.65	22.3	1899.55	5.1	无	4.30（稳）
767	7 号区	YZ38	1904.58	32.6	1899.78	4.8	无	6.30（稳）
768	7 号区	YZ39	1904.67	17	1900.87	3.8	无	5.20（稳）
769	7 号区	ZK10	1905.81	18	1900.61	5.2	无	无
770	7 号区	YZ40	1906.15	22.8	1900.75	5.4	无	无
771	7 号区	YZ41	1906.21	25	1900.61	5.6	无	8.20（稳）
772	7 号区	YZ42	1906.19	21.5	1901.09	5.1	无	7.70（稳）
773	7 号区	YZ43	1904.54	17.9	1895.54	9	无	7.10（稳）
774	7 号区	YZ44	1904.71	17.8	1898.61	6.1	无	2.20（稳）
775	7 号区	YZ45	1904.67	22.5	1898.17	6.5	无	6.50（稳）
776	7 号区	YZ46	1904.64	21.2	1899.84	4.8	无	6.40（稳）
777	7 号区	YZ47	1906.15	27.2	1896.65	9.5	无	无
778	7 号区	YZ48	1905.4	18.8	1901.7	3.7	无	7.80（稳）
779	7 号区	YZ49	1905.45	18	1900.45	5	无	无
780	7 号区	YZ50	1905.53	18.3	1899.73	5.8	无	9.70（稳）
781	7 号区	YZ51	1904.33	14.8	1898.13	6.2	无	无
782	7 号区	YZ52	1904.63	20	1898.73	5.9	无	1.80（稳）
783	7 号区	YZ53	1904.59	19	1898.59	6	无	2.10（稳）
784	7 号区	YZ54	1905.26	23	1895.76	9.5	无	3.70（稳）
785	7 号区	YZ55	1905.45	22.2	1897.95	7.5	无	7.10（稳）
786	7 号区	YZ56	1906.23	27.3	1898.23	8	无	无
787	7 号区	YZ57	1905.46	16	1899.96	5.5	无	无
788	7 号区	YZ58	1904.86	16.6	1899.76	5.1	无	2.00（稳）
789	7 号区	YZ59	1904.93	18	1899.63	5.3	无	1.80（稳）
790	7 号区	YZ60	1905.18	22	1900.28	4.9	无	2.90（稳）
791	7 号区	YZ61	1904.59	23.2	1898.09	6.5	无	4.70（稳）
792	7 号区	YZ62	1904.64	17.5	1896.44	8.2	无	2.70（稳）
793	7 号区	YZ63	1904.6	19	1895.1	9.5	无	无

序号	岩溶区号	钻孔编号	孔口标高/m	孔深/m	土层底板标高/m	土层厚度/m	土洞发育情况	地下水位/m
794	7 号区	YZ64	1905. 22	24. 1	1895. 42	9. 8	无	无
795	7 号区	YZ65	1905. 25	22	1894. 45	10. 8	无	无
796	7 号区	YZ66	1905. 43	28. 8	1896. 13	9. 3	无	无
797	7 号区	YZ67	1905. 4	18	1897. 6	7. 8	无	无
798	7 号区	YZ68	1904. 9	21. 4	1896. 4	8. 5	无	5. 90（稳）
799	7 号区	YZ69	1904. 94	16. 5	1898. 44	6. 5	无	4. 30（稳）
800	7 号区	YZ70	1904. 97	19	1899. 77	5. 2	无	3. 60（稳）
801	7 号区	YZ71	1904. 31	17. 1	1896. 11	8. 2	无	6. 50（稳）
802	7 号区	YZ72	1904. 66	19. 6	1896. 86	7. 8	无	7. 20（稳）
803	7 号区	YZ73	1904. 62	15. 2	1896. 82	7. 8	无	2. 30（稳）
804	7 号区	YZ74	1905. 24	16	1897. 54	7. 7	无	2. 40（稳）
805	7 号区	YZ75	1905. 22	23. 5	1896. 22	9	无	6. 70（稳）
806	7 号区	YZ76	1905. 57	25. 4	1897. 07	8. 5	无	9. 00（稳）
807	7 号区	YZ87	1905. 43	23	1899. 03	6. 4	无	6. 50（稳）
808	7 号区	YZ88	1904. 93	18. 3	1898. 83	6. 1	无	5. 80（稳）
809	7 号区	YZ89	1904. 93	21. 5	1899. 53	5. 4	无	5. 80（稳）
810	7 号区	YZ90	1904. 93	20. 3	1896. 93	8	无	5. 60（稳）
811	7 号区	YZ91	1904. 93	19	1897. 83	7. 1	无	5. 90（稳）
812	7 号区	YZ77	1904. 61	19. 1	1896. 71	7. 9	无	1. 80（稳）
813	7 号区	YZ78	1904. 67	16	1897. 87	6. 8	无	无
814	7 号区	YZ79	1905. 28	15	1898. 88	6. 4	无	2. 50（稳）
815	7 号区	YZ80	1905. 61	18. 2	1897. 61	8	无	无
816	7 号区	YZ81	1905. 11	23. 2	1897. 51	7. 6	无	2. 80（稳）
817	7 号区	YZ82	1905. 13	19	1895. 43	9. 7	无	2. 90（稳）
818	7 号区	YZ83	1905. 12	19. 5	1897. 12	8	无	2. 60（稳）
819	7 号区	YZ84	1905. 56	21. 3	1899. 06	6. 5	无	2. 70（稳）
820	7 号区	YZ85	1905. 62	19. 5	1899. 62	6	无	2. 50（稳）
821	7 号区	YZ86	1905. 11	19	1897. 91	7. 2	无	2. 70（稳）

2. 浅埋藏型岩溶发育

　　浅埋藏区是指在可溶岩顶板分布有非可溶岩地层，之上又分布有第四系土层，而且两层累计厚度较薄，一般在 50m 左右，部分地区大于 50m，最有利于岩溶发育。由于浅埋藏区的边缘地带地下水活动强烈，侵蚀和溶蚀作用强，是地下岩溶发育的主要区段。

5.2.2　碳酸盐岩与非碳酸盐岩接触带岩溶发育

安宁化工项目及周边地区岩溶发育属限制性溶蚀岩溶类型,其岩溶发育过程受控于非碳酸盐岩地层。在岩溶地区,由于受地层岩性条件控制,常构成碳酸盐岩与非碳酸盐岩接触带;在接触带上,一侧是碳酸盐岩,另一侧是非碳酸盐岩,在地下水强烈活动作用下,沿该接触带岩溶发育强烈,常形成强岩溶带与地下水强径流带。

研究区岩溶的发育除受其他因素控制外,碳酸盐岩与非碳酸盐岩接触带也是导致岩溶发育的重要因素。如在 6 号岩溶分区,M343 钻孔、M443 钻孔和 M465 钻孔都揭示到多层溶洞。研究区共划分了七个岩溶区,只有 6 号岩溶分区分布在研究区的最东部,在这个区的勘探孔中,连续揭露到 3 个孔的溶洞成层垂直状发育,层次分别为十四、十、十三层。经分析和推测,这些溶洞的发育,可能是该分区正处在浅埋藏型岩溶边界与碳酸盐岩的非碳酸盐岩接触带上,岩溶发育强烈,且都属于半充填或无充填溶洞。

5.3　研究区岩溶发育规律

5.3.1　岩溶发育一般规律

5.3.1.1　1 号岩溶分区

1 号岩溶分区共布置钻孔 110 个,见洞孔 29 个,见洞率为 26.36%,其中圈定不稳定岩溶发育范围 14 个。从平面上来看,该分区揭示的溶洞呈零星状分布,局部有相互连通的现象,其具体特征见表 5-3,图 5-4。

表 5-3　1 号岩溶发育分区不稳定岩溶体特征统计表

编号	基岩埋深/m	顶板厚度/m	南北向长度/m	东西向长度/m	溶洞顶板标高/m	溶洞高度/m
1-1#	12.5 ~ 24.5	0.0 ~ 0.5	12.0 ~ 17.5	14.4 ~ 28.7	1898.06	2.5 ~ 11.0
1-2#	13.0 ~ 19.0	0.5 ~ 4.0	5.0 ~ 12.8	4.0 ~ 17.0	1892.65	1.5 ~ 4.0
1-3#	20.0 ~ 20.5	2.0 ~ 2.5	5.8	7.0 ~ 9.8	1886.47	1.0 ~ 7.0
1-4#	18.3 ~ 19.3	1.5 ~ 2	10.8 ~ 12.4	13.1	1891.39	5.2 ~ 7.9
1-5#	17.0 ~ 19.0	0.0 ~ 0.5	9.9	11.8	1893.07	1.0 ~ 3.0
1-6#	16.0 ~ 19.0	1.0 ~ 3.0	11.8 ~ 18.7	4.5 ~ 9.8	1891.27	1.0 ~ 4.0
1-7#	13.5 ~ 14.0	0.5 ~ 1.0	2.8 ~ 6.7	9.2	1894.55	1.0 ~ 4.0
1-8#	18.5 ~ 19.0	0.5 ~ 1.0	5.8 ~ 8.4	4.4 ~ 7.3	1889.48	1.0 ~ 4.0
1-9#	17.8	0.6	14	14	1896.25	3.4
1-10#	24.5	0.7	14	14	1889.88	1.2

续表

编号	基岩埋深/m	顶板厚度/m	南北向长度/m	东西向长度/m	溶洞顶板标高/m	溶洞高度/m
1-11#	16.5~17.0	5.0~6.0	7.3	5.6	1887.02	1.0~5.0
1-12#	17.5~18.0	3.5~5.0	5.5	7	1888.47	1.0~5.0
1-13#	7.0~10.0	0.5~3.0	10	3~4.9	1894.77	1.0~3.0
1-14#	10.8	0.2	9	14	1894.05	1.5

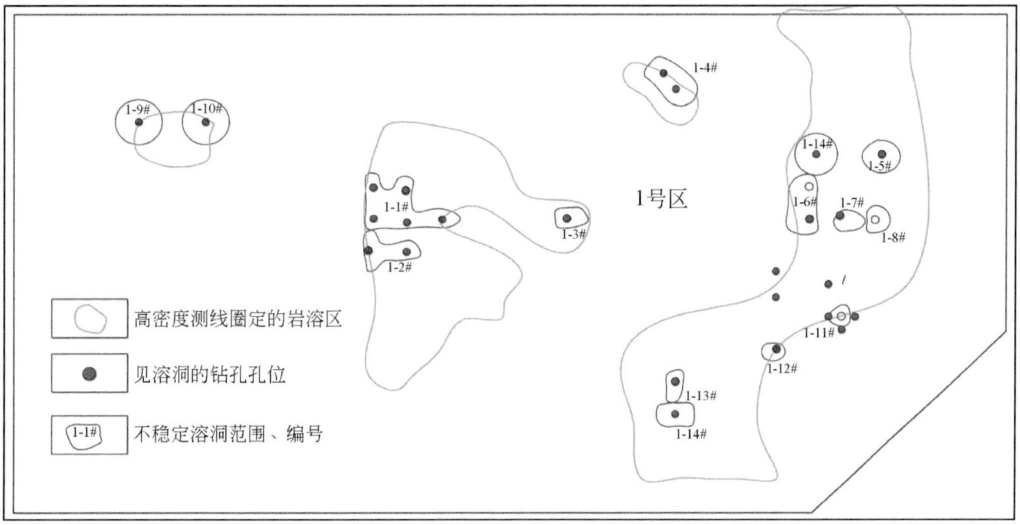

图 5-4　1 号岩溶发育分区溶洞平面分布图

从垂向上来看，该区共揭示溶洞 33 个，其中 4 个钻孔揭示两层溶洞，大部分钻孔为单个溶洞，部分钻孔揭示串珠状溶洞，最多层数为两层（图 5-5）。钻孔揭示该区岩溶发育深度在 10~28.6m，溶洞洞顶标高在 1882.23~1896.5m，洞底标高在 1879.73~1895.18m，洞底深度在 12.5~29.8m，洞高在 0.5~9.1m。从垂向上来看各钻孔揭示溶洞间相互连通性较差。

从溶洞充填物特征上来看，其中粉砂及粉土充填的溶洞有 9 个，粉质黏土充填的溶洞有 8 个，碎石土充填的溶洞有 4 个，无充填的空洞有 14 个，2 个半充填溶洞。

5.3.1.2　2 号岩溶分区

2 号岩溶分区共布置钻孔 204 个，见洞孔 60 个，见洞率为 29.41%，其中圈定不稳定岩溶发育范围 29 个。从平面上来看，该区揭示溶洞均分布于 D_{2+3} 的中风化白云岩、灰岩之中，溶洞呈带状分布，局部有相互连通的现象，其具体特征见表 5-4，图 5-6。

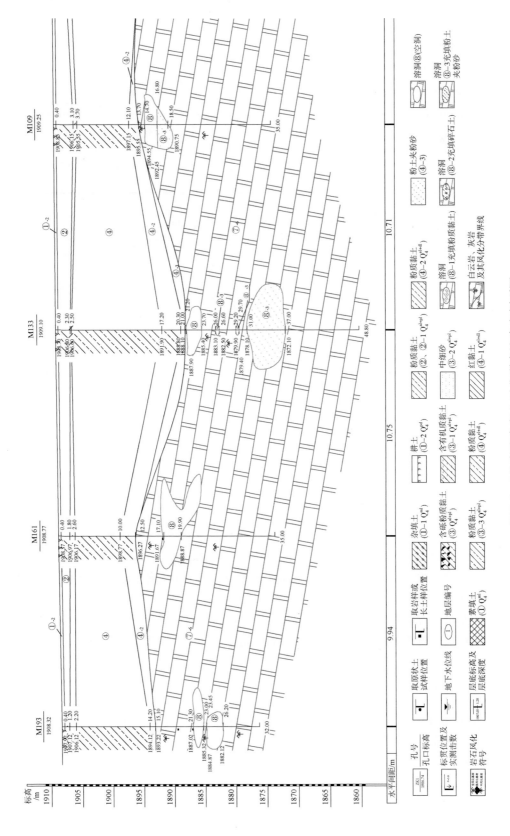

图5-5　1号岩溶发育分区典型岩溶发育剖面图

表 5-4　2 号岩溶发育分区不稳定岩溶体特征统计表

编号	基岩埋深/m	顶板厚度/m	南北向长度/m	东西向长度/m	溶洞顶板标高/m	溶洞高度/m
2-1#	18.0~19.0	0.5~2.0	4.0	9.0	1892.96	1.0~3.0
2-2#	15.0~16.0	0.5~2.0	15.8~18.0	9.0~18.0	1897.07	1.0~3.0
2-3#	16.9	2.1	14.0	14.0	1896.55	4.5
2-4#	13.3	1.6	9.0	14.0	1894.07	2
2-5#	17.0~19.0	1.0~2.0	7.3~11.0	10.5	1894.14	1.0~5.0
2-6#	18.0~20.0	0.5~2.0	7.0~16.5	5.8~11.9	1893.27	0.5~2.0
2-7#	14.0~19.0	1.0~2.0	5.0~17.6	4.3~15.0	1894.48	1.0~3.0
2-8#	8.8	0.6	14.0	14.0	1898.63	1.1
2-9#	15.0~16.5	0.0~0.5	6.0	7.0	1895.63	0.5~2.0
2-10#	17.5~18.5	0.5~1.0	12.5	5.0	1891.13	3.0~4.0
2-11#	12.1	0.3	14.0	14.0	1895.63	1.6
2-12#	11.7	0	14.0	14.0	1902.11	1.7
2-13#	16.5~17.0	0.5~1.0	4.8~9.5	3.1~13.0	1894.06	2.0~3.0
2-14#	11.0~13.5	0.5~1.0	10.6	7.9	1895.44	1.0~10.0
2-15#	12.0~13.0	0.0~0.5	4.0	8.5	1895.78	0.5~2.5
2-16#	11.0~11.5	1.0~2.0	6.3	10.9	1894.23	2.0~6.0
2-17#	14.5~15.0	1.0~6.0	8.5	4.2	1890.99	1.0~4.0
2-18#	13.5~15.0	1.0~3.0	5.1~17.0	5.5~9.1	1894.05	2.0~9.0
2-19#	13.0~14.0	0.5~1.0	9.4	7.2	1894.25	1.0~3.0
2-20#	12.0~14.0	0.5~4.0	5.9	8.7	1893.37	1.0~3.0
2-21#	13.5~14.0	0.5~5.0	6.8~9.1	5.3	1891.69	1.0~5.0
2-22#	13.5~14.0	0.0~0.5	6.9	8.1	1893.33	1.0~4.0
2-23#	10.0~13.5	1.0~3.0	6.0~8.0	8.0~23.4	1895.79	2.0~5.0
2-24#	13.0~13.5	0.5~1.0	4.4	11.4	1893.53	1.0~3.0
2-25#	11.0~12.0	2.0~3.0	10.4	5.8	1895.66	1.0~7.0
2-26#	10.0~13.5	1.0~3.0	6.6	8.5	1897.78	1.0~3.0
2-27#	12.0~13.0	0.0~0.5	5.7	8.1	1894.04	0.5~3.0
2-28#	10.5~13.0	1.0~2.0	38.5	6.6~15.1	1898.49	2.0~6.0
2-29#	11.0~12.0	6.0~7.5	3.3	15.2	1888.88	1.0~2.0

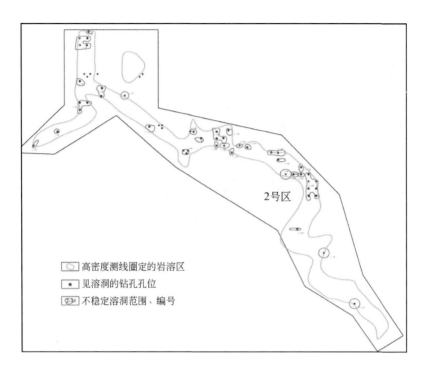

图 5-6　2 号岩溶发育分区溶洞平面分布图

从垂向上来看，该分区共揭示溶洞 82 个，其中 14 个钻孔揭示两层溶洞，4 个钻孔揭示 3 层溶洞。该分区揭示溶洞的钻孔中，30% 的钻孔揭示多层溶洞，最多层数为 3 层（图 5-7、图 5-8）。钻孔揭示该区岩溶发育深度在 9.4 ~ 34.8m，溶洞洞顶标高在 1872.47 ~ 1898.05m，洞底标高在 1868.07 ~ 1897.35m，洞底深度在 10.2 ~ 39.2m，洞高在 0.1 ~ 15.8m。从垂向上来看，各钻孔揭示溶洞间相互连通性一般。

从溶洞充填物特征上来看，粉砂及粉土充填的溶洞有两个，粉质黏土充填的溶洞有 50 个，碎石土充填的溶洞有 5 个，无充填的空洞有 26 个，1 个半充填溶洞。

5.3.1.3　3 号岩溶分区

3 号岩溶分区共布置钻孔 82 个，见洞孔 32 个，见洞率为 39.02%，其中圈定不稳定岩溶发育范围 14 个。从平面上来看，该分区揭示溶洞均分布于 D_{2+3} 的中风化白云岩、灰岩之中，溶洞呈带状分布，局部零星出现，其具体特征见表 5-5，图 5-9。

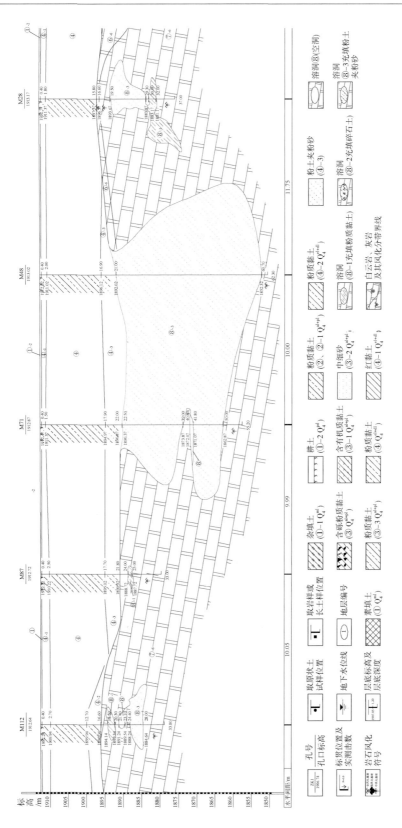

图 5-7　2 号岩溶发育分区典型岩溶发育剖面图

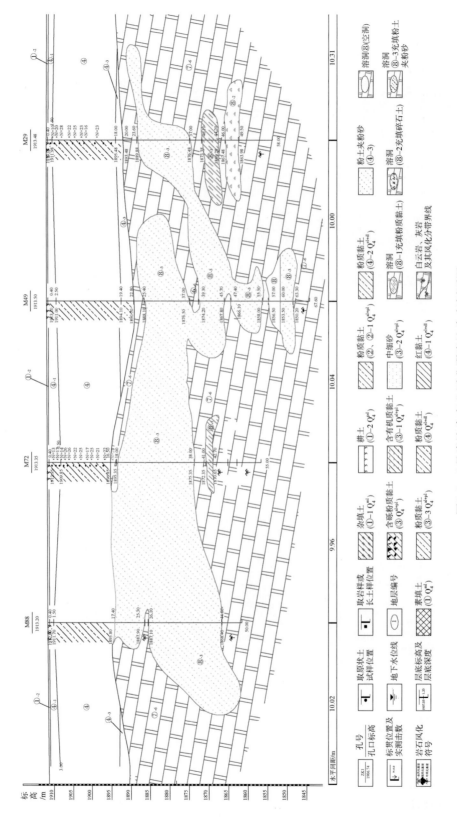

图5-8　2号岩溶发育分区典型岩溶发育剖面图

表 5-5 3 号岩溶发育分区不稳定岩溶体特征统计表

编号	基岩埋深/m	顶板厚度/m	南北向长度/m	东西向长度/m	溶洞顶板标高/m	溶洞高度/m
3-1#	11.0～17.0	1.0～5.0	5.0～18.2	5.7～29.0	1899.19	1.0～3.0
3-2#	17.0～18.0	0.5～1.0	10	10	1893.08	1.0～2.0
3-3#	17.0～19.0	0.5～2.5	4.0～13.0	6.0～17.0	1894.96	1.0～3.0
3-4#	11.0～21.0	0.5～3.0	4.6～27.6	25.0～77.0	1896.95	1.0～8.0
3-5#	12.5～13.0	4.0～5.0	5.4	5.2	1894.29	1.0～4.0
3-6#	10.0～13.0	1.0～7.0	5.7～26.0	4.9～14.0	1897.94	1.0～4.0
3-7#	12.7	0.3	14	14	1899.89	10.8
3-8#	6.2	0.2	14	14	1904.43	2.1
3-9#	9.6	0.6	14	14	1900.24	0.8
3-10#	16	0.4	14	14	1894.79	0.6
3-11#	10.3	0.5	14	14	1899.19	1
3-12#	14.3	0.5	14	14	1893.28	1.8
3-13#	13.7	0.2	14	14	1894.22	1.2
3-14#	12.8	0.3	10	14	1897.49	0.9

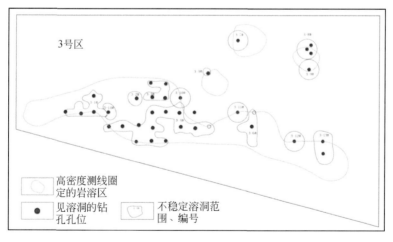

图 5-9 3 号岩溶发育分区溶洞平面分布图

从垂向上来看，该区共揭示溶洞 48 个，其中 4 个钻孔揭示两层溶洞，1 个钻孔揭示 3 层溶洞，两个钻孔揭示 4 层溶洞，1 个钻孔揭示 5 层溶洞（图 5-10）。表明该区大部分钻孔为单个溶洞，少部分钻孔揭示串珠状溶洞，最多层数为 5 层。钻孔揭示该区岩溶发育深度在 6.4～32.7m，溶洞洞顶标高在 1879.12～1904.23m，洞底标高在 1876.39～1902.13m，洞底深度在 8.5～35.6.0m，洞高在 0.4～9.2m。从垂向上来看，各钻孔揭示溶洞间相互连通性一般。

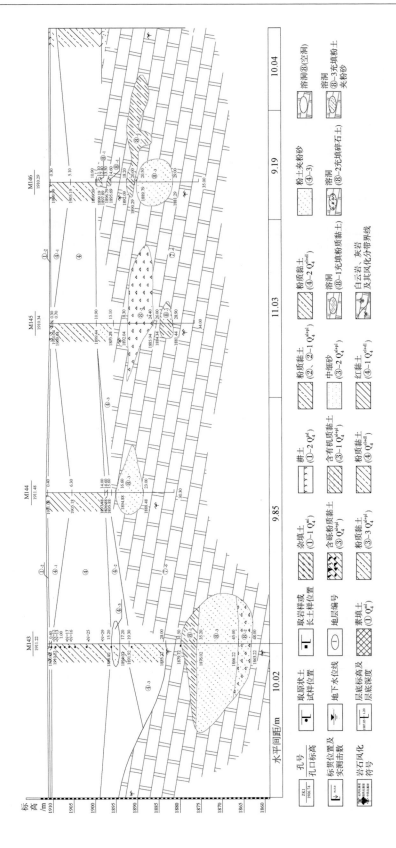

图5-10 3号岩溶发育分区典型岩溶发育剖面图

从溶洞充填物特征上来看，其中粉砂及粉土充填的溶洞有 5 个，粉质黏土充填的溶洞有 32 个，碎石土充填的溶洞有 3 个，无充填的空洞有 9 个，1 个半充填溶洞。

5.3.1.4　4 号岩溶分区

4 号岩溶分区共布置钻孔 37 个，见洞孔 8 个，见洞率为 21.62%，其中圈定不稳定岩溶发育范围 6 个。从平面上来看，该区揭示溶洞均分布于 D_{2+3} 的中风化白云岩、灰岩之中，溶洞呈零星出现，其具体特征见表 5-6，图 5-11。

表 5-6　4 号岩溶发育分区不稳定岩溶体特征统计表

编号	基岩埋深/m	顶板厚度/m	南北向长度/m	东西向长度/m	溶洞顶板标高/m	溶洞高度/m
4-1#	15.5~16.0	2.5~3.0	4.0~7.0	4.5	1891.45	2.0~4.5
4-2#	16.5~17.5	2.0~3.5	5.5~8.4	5	1891.11	1.0~5.0
4-3#	12.0~14.5	0.5~1.0	2.4~11.2	4.7~10.0	1894.87	2.0~8.5
4-4#	12.0~14.5	0.0~0.5	4.4	4.8	1898.37	1.0~2.0
4-5#	12.5~15.5	0.5~1.0	6.2	4.6	1896.01	1.0~6.5
4-6#	16.2	0.2	14	14	1893.1	1.4

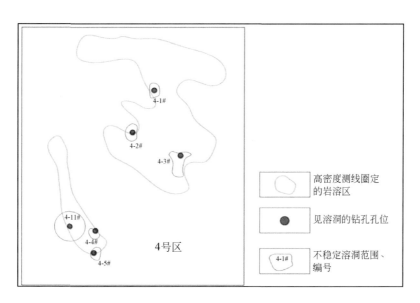

图 5-11　4 号岩溶发育分区溶洞平面分布图

从垂向上来看，该区共揭示溶洞 13 个，其中 1 个钻孔揭示 3 层溶洞，1 个钻孔揭示 4 层溶洞（图 5-12）。表明该区大部分钻孔为单个溶洞，少部分钻孔揭示串珠状溶洞，最多层数为 4 层。钻孔控制该区岩溶发育深度在 11.3~23m，溶洞洞顶标高在 1886.27~1898.27m，洞底标高在 1884.71~1895.87m，洞底深度在 13.7~24.8m，洞高在 0.3~6.6m。从垂向上来看，各钻孔揭示溶洞间相互连通性一般。

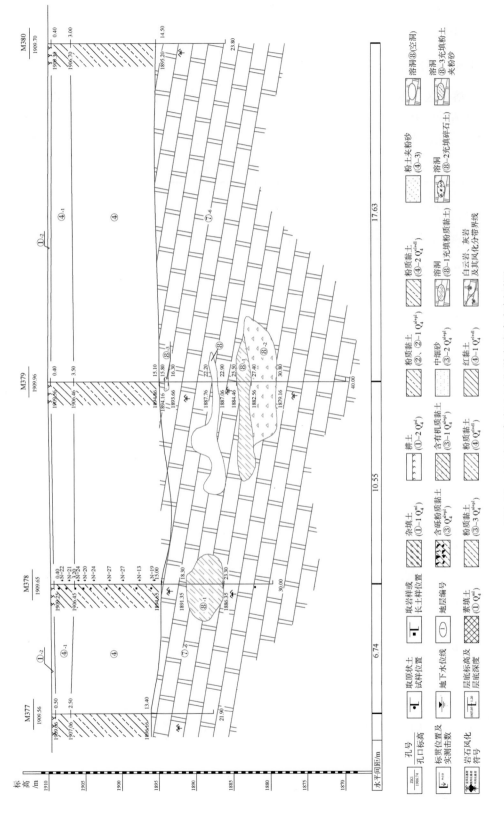

图5-12　4号岩溶发育分区典型岩溶发育剖面图

从溶洞特征上来看，粉砂及粉土充填的溶洞有两个，粉质黏土充填的溶洞有 8 个，碎石土充填的溶洞有 1 个，无充填的空洞有两个。

5.3.1.5 5 号岩溶分区

5 号岩溶分区共布置钻孔 206 个，见洞孔 62 个，见洞率为 30.10%，其中圈定不稳定岩溶发育范围 28 个。

从平面上来看，该区揭示溶洞其中 62 个发育于 D_{2+3} 的中风化白云岩、灰岩，溶洞呈带状分布，并在局部集中出现，其具体特征见表 5-7，图 5-13。

表 5-7 5 号岩溶发育分区不稳定岩溶体特征统计表

编号	基岩埋深/m	顶板厚度/m	南北向长度/m	东西向长度/m	溶洞顶板标高/m	溶洞高度/m
5-1#	15.0 ~ 23.0	0.5 ~ 2.0	8.9 ~ 17.6	9.4 ~ 26.0	1895.69	2.0 ~ 6.0
5-2#	15.0 ~ 16.0	0.5 ~ 1.0	12	10.7	1893.58	2.0 ~ 3.0
5-3#	15.0 ~ 16.0	0.5 ~ 1.0	4.8 ~ 22.0	5.4 ~ 10.6	1895.44	2.0 ~ 6.0
5-4#	15.6	0.8	12.4	12.8	1894.30	0.9
5-5#	13.5 ~ 15.0	0.0 ~ 0.5	2.4 ~ 6.9	2.7 ~ 4.9	1893.76	0.5 ~ 2.0
5-6#	13.0 ~ 14.0	1.0 ~ 2.0	3.2	9.1	1889.47	1.0 ~ 9.0
5-7#	14.0 ~ 15.0	1.0 ~ 3.0	9	5.6	1890.75	1.0 ~ 5.0
5-8#	13.5 ~ 18.0	1.0 ~ 5.0	21.2	9	1892.02	0.5 ~ 3.0
5-9#	14.0 ~ 22.0	0.5 ~ 5.0	9.1	17	1890.78	1.0 ~ 3.0
5-10#	11.5 ~ 14.0	0.0 ~ 0.5	8.5	22.8	1893.70	1.0 ~ 13.0
5-11#	7.5 ~ 10.5	2.0 ~ 8.0	5.4	17.6	1895.65	1.0 ~ 9.0
5-12#	13.6	0.7	14	14	1894.39	1.3
5-13#	12.5 ~ 13.0	1.0 ~ 6.0	9.7	11.1	1890.89	0.5 ~ 4.5
5-14#	10.5 ~ 12.0	1.0 ~ 4.5	7.6	8.5	1892.98	1.0 ~ 4.5
5-15#	15.8	0.7	14	14	1891.10	7.5
5-16#	10.5 ~ 13.0	3.5 ~ 6.0	6.7 ~ 17.3	7.3 ~ 15.1	1888.44	2.0 ~ 9.0
5-17#	14.0 ~ 17.5	1.5 ~ 3.0	7	6.5	1889.58	0.5 ~ 5.0
5-18#	12.0 ~ 14.0	2.0 ~ 7.0	7.8	7.2	1887.57	1.0 ~ 3.0
5-19#	12.0 ~ 13.5	0.5 ~ 2.5	5.4 ~ 23.0	3.8 ~ 11.5	1892.60	0.5 ~ 5.0
5-20#	16.0 ~ 19.0	0.5 ~ 8.0	11.8 ~ 35.8	8.5 ~ 15.6	1896.33	1.0 ~ 7.0
5-21#	13.0 ~ 18.0	1.0 ~ 5.0	6.0 ~ 14.5	4.4 ~ 15.9	1901.06	1.0 ~ 4.0
5-22#	17.5 ~ 23.5	1.0 ~ 6.5	5.0 ~ 25.0	6.2 ~ 24.2	1900.29	1.0 ~ 7.0
5-23#	15.4	1	14	14	1890.57	1.6
5-24#	11.4	7.8	14	14	1895.27	8.2
5-25#	15	1.6	14	14	1891.19	3.4
5-26#	10.5	0.5	14	14	1894.76	1.8
5-27#	9.3	0.7	14	14	1899.46	1.2
5-28#	13	0.3	14	14	1897.20	0.9

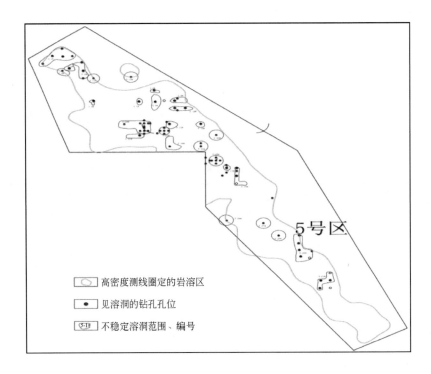

图 5-13　5 号岩溶发育分区溶洞平面分布图

从垂向上来看，该区共揭示溶洞 71 个，其中 7 个钻孔揭示两层溶洞，1 个钻孔揭示 3 层溶洞。表明该区大部分钻孔为单个溶洞，少部分钻孔揭示串珠状溶洞，最多层数为 3 层（图 5-14）。钻孔揭示该区岩溶发育深度在 9.0 ~ 26.3m，溶洞洞顶标高在 1879.0 ~ 1901.06m，洞底标高在 1875.5 ~ 1899.06m，洞底深度在 11.0 ~ 29.8m 洞高在 0.4 ~ 8.4m。从垂向上来看，各钻孔揭示溶洞间相互连通性一般。

从溶洞充填物特征上来看，粉砂及粉土充填的溶洞有 6 个，粉质黏土充填的溶洞有 40 个，碎石土充填的溶洞有 10 个，无充填的空洞有 19 个，4 个半充填溶洞。

5.3.1.6　6 号岩溶分区

6 号岩溶分区共布置钻孔 74 个，见洞孔 26 个，见洞率为 35.14%，其中圈定不稳定岩溶发育范围 9 个。从平面上来看，该区揭示溶洞均发育于 D_{2+3} 的中风化白云岩、灰岩之中，溶洞呈带状分布，并在局部集中出现，其具体特征见表 5-8，图 5-15。

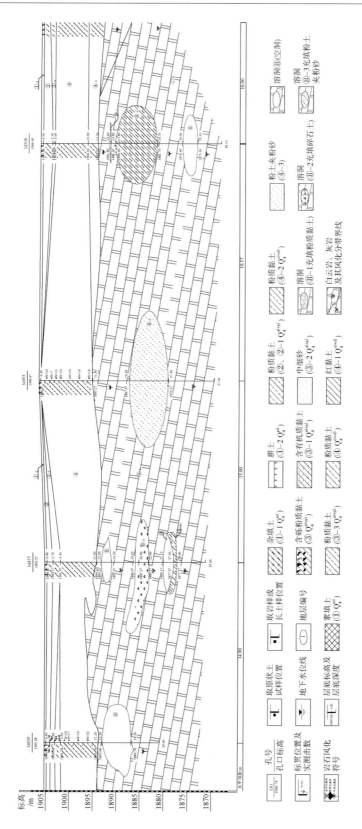

图5-14　5号岩溶发育分区典型岩溶发育剖面图

表 5-8　6 号岩溶发育分区不稳定岩溶体特征统计表

编号	基岩埋深/m	顶板厚度/m	南北向长度/m	东西向长度/m	溶洞顶板标高/m	溶洞高度/m
6-1#	8.5 ~ 12.0	0.5 ~ 4.0	40	7.3 ~ 11.5	1896.41	3.0 ~ 5.5
6-2#	11.0 ~ 12.0	0.5 ~ 1.0	10	8.3	1897.84	0.5 ~ 3.5
6-3#	15.5 ~ 17.0	1.5 ~ 2.0	7.3 ~ 10.5	6.0 ~ 13.5	1893.37	2.0 ~ 3.5
6-4#	10.5 ~ 11.5	0.5 ~ 1.0	8.1	17.8	1898.04	0.5 ~ 2.5
6-5#	15.0 ~ 16.0	0.5 ~ 1.0	7.4	6.2	1893.88	1.0 ~ 2.0
6-6#	13.0 ~ 15.0	0.0 ~ 1.0	13.6	6.3	1894.93	1.0 ~ 2.0
6-7#	16.0 ~ 17.0	0.5 ~ 1.5	6.7	7.1	1897.35	1.0 ~ 4.0
6-8#	16.9	0.6	14	14	1898.23	1.5
6-9#	21.5 ~ 23.0	0.5 ~ 2.0	4.7	12.3	1897.12	1.0 ~ 5.5

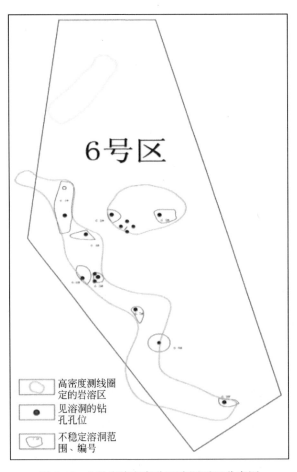

图 5-15　6 号岩溶发育分区溶洞平面分布图

　　从垂向上来看,该区共揭示溶洞 68 个,其中 5 个钻孔揭示 2 层溶洞,1 个钻孔揭示 4 层溶洞,1 个钻孔揭示 10 层溶洞,1 个钻孔揭示 13 层溶洞,1 个钻孔揭示 14 层(图 5-16)。表明该区大部分钻孔揭示串珠状溶洞,最多层数为 14 层。钻孔揭示该区岩溶发育深

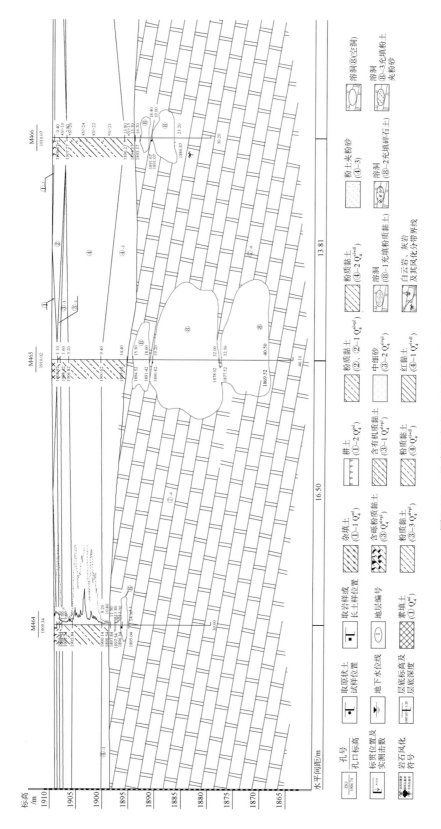

图5-16　6号岩溶发育分区典型岩溶发育剖面图

度在 11.3 ~ 39.8m，溶洞洞顶标高在 1870.22 ~ 1902.54m，洞底标高在 1869.52 ~ 1901.84m，洞底深度在 11.8 ~ 40.5m，洞高在 0.1 ~ 4.7m。从垂向上来看，各钻孔揭示溶洞间相互连通性较好。

从溶洞充填物特征上来看，粉砂及粉土充填的溶洞有 8 个，粉质黏土充填的溶洞有 10 个，碎石土充填的溶洞有 0 个，无充填的空洞有 51 个，1 个半充填溶洞。

5.3.1.7　7 号岩溶分区

7 号岩溶分区共布置钻孔 108 个，见洞孔 33 个，见洞率为 30.56%，其中圈定不稳定岩溶发育范围 10 个。从平面上来看，该区揭示溶洞均发育于 D_{2+3} 的中风化白云岩、灰岩之中，溶洞呈零星分布，其具体特征见表 5-9，图 5-17。

表 5-9　7 号岩溶发育分区不稳定岩溶体特征统计表

编号	基岩埋深/m	顶板厚度/m	南北向长度/m	东西向长度/m	溶洞顶板标高/m	溶洞高度/m
7-1#	8.5 ~ 13	1.4 ~ 6.7	2.0 ~ 5.0	30	1892.70 ~ 1891.85	0.4 ~ 7.9
7-2#	14	1	5.7	5.7	1891.88	6.8
7-3#	7.8 ~ 11.8	0.6 ~ 2	3.0 ~ 10.0	27.8	1897.13 ~ 1893.17	0.5 ~ 2
7-4#	13	0.4	4.6	8	1893.15	2.2
7-5#	15.2	3.8	7.7	7	1889.38	6.4
7-6#	7.8 ~ 9.6	0.6 ~ 7.1	20.7	3.6	1896.53 ~ 1895.00	0.8 ~ 2
7-7#	9 ~ 9.8	0.5 ~ 0.8	15	4.1	1894.82 ~ 1895.67	0.2 ~ 1.1
7-8#	10.8 ~ 13.1	1.2 ~ 6.1	31.1	16.9	1894.81 ~ 1892.92	0.9 ~ 3.5
7-9#	9.9 ~ 15.5	0.4 ~ 1	32.7	23.1	1895.33 ~ 1890.27	2.2 ~ 5
7-10#	9.2	1.2	14	14	1896.693	3.4

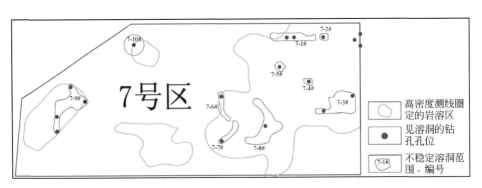

图 5-17　7 号岩溶发育分区溶洞平面分布图

从垂向上来看，该区共揭示溶洞 46 个，其中 8 个钻孔揭示两层溶洞，1 个钻孔揭示 3 层溶洞，1 个钻孔揭示 4 层溶洞。表明该分区大部分钻孔揭示单个溶洞，少部分钻孔揭示串珠状溶洞，最多层数为 4 层（图 5-18）。钻孔揭示该区岩溶发育深度在 8.4 ~ 23.8m，溶洞洞顶标高在 1882.08 ~ 1895.93m，洞底标高在 1879.18 ~ 1895.53m，洞底深度在 8.8 ~ 25.4m，洞高在 0.1 ~ 6.8m。从垂向上来看，各钻孔揭示溶洞间相互连通性较好。

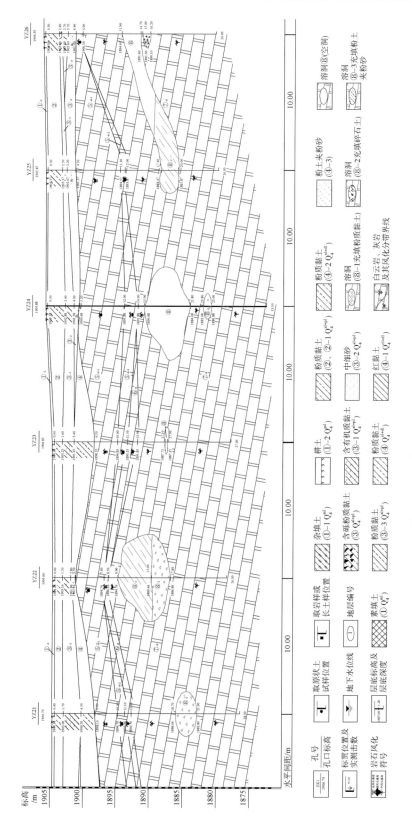

图5-18　7号岩溶发育分区典型岩溶发育剖面图

从溶洞充填物特征上来看，其中粉砂及粉土充填的溶洞有 2 个，粉质黏土充填的溶洞有 9 个，碎石土充填的溶洞有 11 个，无充填的空洞有 24 个。

5.3.2 岩溶发育水平及垂向规律

研究区地下岩溶发育强度特点表现为岩溶发育的系统性、水平分带性和成层性。

5.3.2.1 场地岩性分区

据《云南安宁化工项目岩土工程详细勘察报告》[63]，安宁化工项目地层由上而下共分：第四系覆盖层（①、②、③、④）、基岩（⑤、⑥、⑦）、溶洞及其充填物（⑧），地质成因多为人工回填、冲洪积、湖相沉积、残坡积成因。场地内揭示的主要地层编号、名称、成因、地质年代如表 5-10 所示。

表 5-10　场地地层编号汇总表

地层编号	地层名称	成因及地质年代	主要状态
①	素填土	Q_4^{ml}	松散
①-1	杂填土	Q_4^{ml}	松散
①-2	耕土	Q_4^{ml}	可塑
②	粉质黏土	Q_4^{al+pl}	可塑
②-1	粉质黏土	Q_4^{al+pl}	软塑
②-2	粗砾砂	Q_4^{al+pl}	松散—稍密
②-3	碎石	Q_4^{al+pl}	松散—稍密
②-4	含砾粉质黏土	Q_4^{al+pl}	可塑—硬塑
②-5	粉土	Q_4^{al+pl}	稍密
②-6	粉质黏土	Q_4^{al+pl}	硬塑
③	含砾粉质黏土	Q_4^{al+pl}	可塑—硬塑
③-1	含有机质黏土	Q_4^{al+pl}	软塑
③-2	中细砂	Q_4^{al+pl}	松散—稍密
③-3	粉质黏土/黏土	Q_4^{al+pl}	软塑—可塑
③-4	碎石	Q_4^{al+pl}	稍密
③-5	粉质黏土	Q_4^{al+pl}	可塑—硬塑
③-6	含有机质黏土	Q_4^{al+pl}	可塑—硬塑
④	粉质黏土/黏土	Q_4^{el+dl}	硬塑—坚硬
④-1	红黏土	Q_4^{el+dl}	硬塑—坚硬
④-2	黏土	Q_4^{el+dl}	软塑

续表

地层编号	地层名称	成因及地质年代	主要状态
④-3	粉土夹粉砂	Q_4^{el+dl}	稍密
④-4	碎石	Q_4^{el+dl}	稍密—中密
⑤-1	全风化泥岩、砂岩	P_1d、$\in_1q$	以硬塑为主
⑤-2	全风化铝土岩	P_1d	以硬塑为主
⑤-3	全风化角砾岩	D_{2+3}、$\in_1q$	以硬塑为主
⑤-4	全风化石英砂岩、硅质岩	D_{2+3}、$\in_1z$	以硬塑为主
⑤-5	全风化板岩	D_{2+3}	以硬塑为主
⑤-6-1	全风化白云岩、灰岩	D_{2+3}	以硬塑为主
⑤-6-2	全风化白云岩、灰岩	D_{2+3}	以软塑为主
⑤-6-3	全风化白云岩、灰岩	$\in_1z$	以硬塑为主
⑤-6-4	全风化白云岩、灰岩	$\in_1z$	松散—稍密（砂状）、可塑（土状）
⑤-7	全风化碳质泥岩、砂岩	$\in_1q$	以硬塑为主
⑥-1	强风化泥岩、砂岩	P_1d、$\in_1q$	坚硬/密实
⑥-2	强风化铝土岩	P_1d	坚硬/密实
⑥-3	强风化角砾岩	D_{2+3}、$\in_1q$	坚硬/密实
⑥-4	强风化石英砂岩、硅质岩	D_{2+3}、$\in_1z$	坚硬/密实
⑥-5	强风化板岩	D_{2+3}	坚硬/密实
⑥-6	强风化白云岩、灰岩	D_{2+3}、$\in_1z$	坚硬/密实
⑥-7	强风化碳质泥岩、砂岩	$\in_1q$	坚硬/密实
⑦-1	中风化泥岩、砂岩	P_1d、$\in_1q$	极软岩—软岩
⑦-2	中风化铝土岩	P_1d	软岩—较软岩
⑦-3	中风化角砾岩	D_{2+3}、$\in_1q$	软岩—较软岩
⑦-4	中风化石英砂岩、硅质岩	D_{2+3}、$\in_1z$	坚硬岩
⑦-5	中风化板岩	D_{2+3}	软岩—较软岩
⑦-6	中风化白云岩、灰岩	D_{2+3}、$\in_1z$	较硬岩—坚硬岩
⑦-7	中风化碳质泥岩、砂岩	$\in_1q$	软岩—较软岩
⑧	溶洞（空洞）	不详	无
⑧-1	粉质黏土	不详	流塑—软塑
⑧-2	碎石	不详	松散
⑧-3	粉土夹粉砂	不详	稍密

场地岩性分区简图如图5-19所示。由图可见：场地的最东北方向Ⅰ区内揭示的基岩有泥岩、砂岩、铝土岩、白云岩、灰岩、石英砂岩、角砾岩和板岩；Ⅱ区紧邻Ⅰ区，该区内揭示的基岩主要是碳质砂岩；中部区（Ⅲ区）内揭示的基岩主要为泥岩、砂岩；场地西南方向Ⅳ区内揭示的基岩主要为寒武系白云岩和灰岩。

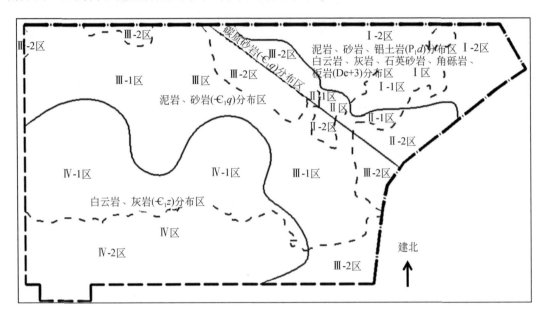

图5-19　场地岩性分区简图

5.3.2.2　岩溶发育强度及系统特征

地下岩溶发育从上到下、从岩石结构到岩组之间的联系性等方面，都具很强的系统性，致使岩溶发育程度高。从研究区岩溶工程勘察情况看，共布置岩溶勘察钻孔821个，其中揭示溶洞钻孔为250个，见洞率为30.4%，整个研究区属岩溶强发育区。研究区内的岩石的成分、节理、裂隙、结构、组合等方面都为岩溶发育提供优越的条件，使岩溶发育从溶隙—溶缝—溶管—溶洞系统性演变，形成强岩溶发育区。

据《云南安宁化工项目岩溶勘察报告》钻孔资料统计分析，将各钻孔的碳酸盐岩顶板（第四系底板）标高制作成基岩三维地形图（图5-20），可知场地土层以下岩溶地形显示出岩溶石林的典型形态。其表面形态主要呈剧烈起伏的剑状和塔状的石林，同时周边也分布小型的石芽，是一种典型正在发育的地下石林地貌。形成这种现象的主要原因是原沉积的厚层状碳酸盐岩受地质构造控制，形成大量垂向节理裂隙，后期被土层所覆盖；并随后期地壳的上升，地下水沿节理裂隙在垂向上对碳酸盐岩进行溶蚀。随着溶蚀缝隙的不断加深和扩展，便形成现在的地下石林形态。

据《云南安宁化工项目岩溶勘察报告》钻孔资料统计分析，将各钻孔的碳酸盐岩顶板减去岩溶发育深度（钻孔揭露深度）制作等值线图（图5-21），可知场地岩溶在碳酸盐岩中发育深度在6~46m，发育深度的分布以纵横沟谷连成的区块状洼地为主要特征。其沟谷的分布具有明显的规律性，主要表现在一组相互夹角呈60°左右的相互交织的平行线，

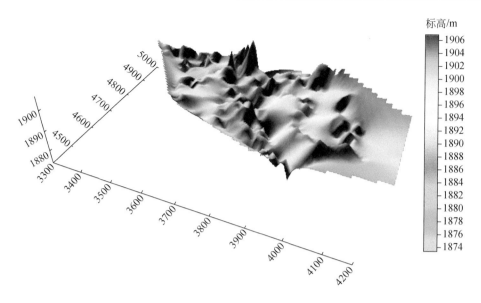

图 5-20　研究区岩溶顶板三维地形图

这与发育在本区碳酸盐岩地层之中的 "X" 形共轭剪节理的分布是一致的。由此可以推断，本区平面上岩溶发育的分布主要受区域上节理分布控制；在节理上岩溶发育程度深，且在节理交叉部位易形成较大规模的溶洞。

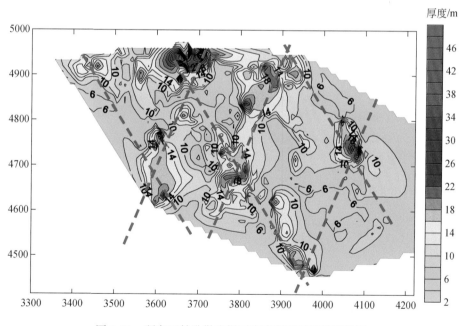

图 5-21　研究区钻孔勘查揭露岩溶发育厚度等值线图

　　据《云南安宁化工项目岩溶勘察报告》钻孔资料统计分析，将各钻孔的孔口标高减去岩溶发育深度（钻孔揭露深度）制作岩溶发育底板标高三维形态图（图 5-22）；将各钻孔揭露溶洞发育深度制作溶洞发育底板标高三维形态图（图 5-23），将各钻孔揭露溶洞发育深度制作溶洞发育底板标高等值线图（图 5-24），可知岩溶发育深度在平面上分布也受这组节理的控制，主要表现在节理两侧岩溶发育深度较大，在节理交汇处岩溶发育最深。

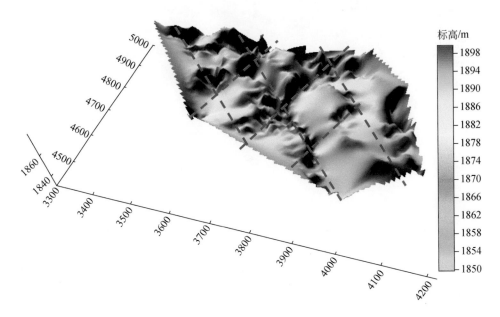

图 5-22　研究区钻孔勘查揭露岩溶发育底面标高三维形态图

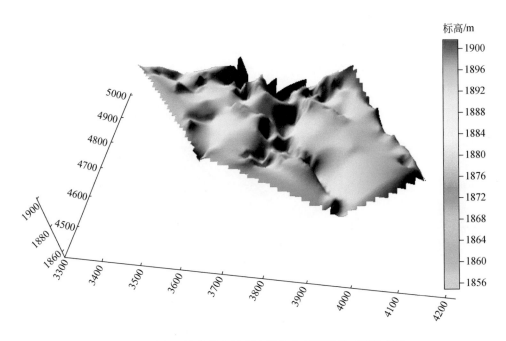

图 5-23　研究区钻孔勘查揭露溶洞发育底面标高三维形态图

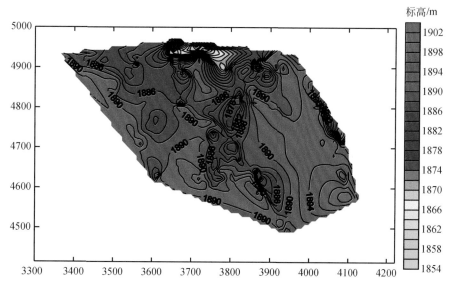

图 5-24　研究区钻孔勘查揭露溶洞发育底面标高等值线图

5.3.2.3　岩溶发育强度呈水平分带特征

在岩溶区，从地下水分水岭至地下水排泄区可表述一个完整的水文地质单元，地下岩溶形态呈带状分布。从补给区的溶斗、径流区的落水洞（竖井）到排泄区的地下河出口（岩溶泉）等，可连成一线或一狭长带状，呈现出沿可溶岩地层分布和受断裂构造控制的结果。

5.3.2.4　岩溶发育强度表现在三维空间上的变化

根据岩溶勘察报告及岩溶勘探孔平面分布图，可见岩溶发育强度在纵、横方向上具有强变化特点。

1. 岩溶发育强度在二维平面上的变化

纵观整个研究区的勘探孔分布，由西到东、由南到北，钻孔溶洞从四周向中部逐渐增多。即从 1 号岩溶分区的中部开始到 2 号岩溶分区、3 号岩溶分区、5 号岩溶分区，钻孔溶洞从粗放型向密集型发展；进入 6 号岩溶分区之后，钻孔溶洞逐渐减少。表明位于第四系土层覆盖相对较薄的地区，地表水和地下水活动强烈，可溶岩易发育溶洞，致使地面多发岩溶塌陷。

2. 岩溶发育强度表现与构造线方向的一致性

研究区勘探钻孔溶洞具有东西向和北西向分布的特点，且在北西向形成三个带，与区内的构造线展布方向及碳酸盐岩分布方向是一致的（沿这两个方向正是断裂构造最发育，带状节理、裂隙也最发育），从而证明地下岩溶发育强度与断裂构造控制密切相关。

3. 岩溶发育强度具有由浅到深发育的特点

从图 5-25 和图 5-26 可以看出，整个研究区钻孔溶洞由浅到深发生变化，溶洞埋深也从浅到深改变。埋深从 10m 浅层向 40m 深层呈阶梯状变化。钻孔揭露的溶洞，从浅层至深层，呈现出由强到弱的变化特征；且溶洞发育的层数局部由浅到深递增，即向深部发育有一层、二层、三层与四层溶洞，个别地区向深部发育到十几层后才减弱。例如，1 号岩溶分区钻孔溶洞由二层向 3 号岩溶分区增加到三层、四层、五层等呈递增的特点；6 号岩溶分区有 3 个钻孔溶洞从一层到十、十三和十四层呈垂直串珠状发育。这种现象表明地下岩溶发育强度在三维空间上的变化是十分显著的（表 5-11）。

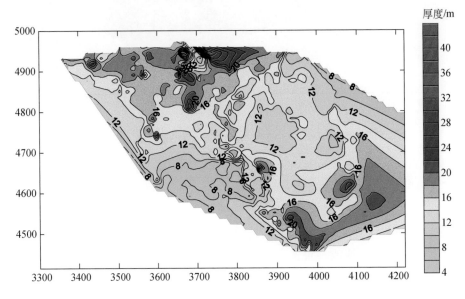

图 5-25　研究区钻孔揭露土层厚度等值线图

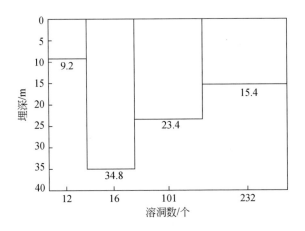

图 5-26　研究区地下溶洞平均埋深变化图

表 5-11 研究区岩溶勘探钻孔揭露溶洞统计表

序号	岩溶区号	钻孔编号	孔深/m	孔口标高/m	溶洞顶板标高/m	溶洞底板标高/m	洞底层深度/m	洞高/m	溶洞埋深/m	溶洞层次	溶洞充填情况	溶洞发育层位及其主要岩性
1	1号区	M21	34	1909.69	1889.39	1881.49	28.2	7.9	20.3	一层	无填充物（空洞）	D$_{2+3}$中风化白云岩、灰岩
2	1号区	M23	31.3	1909.6	1888.8	1883.6	26	5.2	20.8	一层	粉土夹粉砂	D$_{2+3}$中风化白云岩、灰岩
3	1号区	M39	32	1914.48	1896.08	1895.18	19.3	0.9	18.4	第一层	碎石土	D$_{2+3}$中风化白云岩、灰岩
					1893.98	1892.68	21.8	1.3	20.5	第二层	碎石土	D$_{2+3}$中风化白云岩、灰岩
4	1号区	M40	36	1914.38	1895.88	1887.88	26.5	8	18.5	第一层	碎石土	D$_{2+3}$中风化白云岩、灰岩
					1885.78	1884.58	29.8	1.2	28.6	第二层	无填充物（空洞）	D$_{2+3}$中风化白云岩、灰岩
5	1号区	M41	32.5	1914.05	1888.85	1887.65	26.4	1.2	25.2	一层	碎石土	D$_{2+3}$中风化白云岩、灰岩
6	1号区	M42	24.2	1911.52	1893.22	1892.72	18.8	0.5	18.3	一层	粉质黏土	D$_{2+3}$中风化白云岩、灰岩
7	1号区	M62	30	1911.3	1889.9	1888.5	22.8	1.4	21.4	一层	粉质黏土	D$_{2+3}$中风化白云岩、灰岩
8	1号区	M67	34	1909.62	1889.42	1887.62	22	1.8	20.2	一层	粉土夹粉砂	D$_{2+3}$中风化白云岩、灰岩
9	1号区	M69	31	1909.57	1892.87	1886.57	23	6.3	16.7	一层	粉土夹粉砂	D$_{2+3}$中风化白云岩、灰岩
10	1号区	M81	34.2	1910.48	1885.58	1881.08	29.4	4.5	24.9	一层	粉土夹粉砂	D$_{2+3}$中风化白云岩、灰岩
11	1号区	M83	29	1909.47	1890.97	1888.17	21.3	2.8	18.5	一层	粉质黏土	D$_{2+3}$中风化白云岩、灰岩
12	1号区	M84	30.1	1909.4	1882.3	1881.2	28.2	1.1	27.1	一层	粉土夹粉砂	D$_{2+3}$中风化白云岩、灰岩
13	1号区	M107	35.6	1908.97	1886.47	1879.77	29.2	6.7	22.5	一层	粉土夹粉砂	D$_{2+3}$中风化白云岩、灰岩
14	1号区	M108	30	1909.38	1889.18	1886.08	23.3	3.1	20.2	一层	无填充物（空洞）	D$_{2+3}$中风化白云岩、灰岩
15	1号区	M109	35	1909.25	1894.55	1892.45	16.8	2.1	14.7	第一层	无填充物（空洞）	D$_{2+3}$中风化白云岩、灰岩
					1892.45	1890.75	18.5	1.7	16.8	第二层	粉土夹粉砂	D$_{2+3}$中风化白云岩、灰岩
16	1号区	M110	36.5	1909.48	1889.48	1888.58	20.9	0.9	20	第一层	无填充物（空洞）	D$_{2+3}$中风化白云岩、灰岩
					1888.48	1887.98	21.5	0.5	21	第二层	粉质黏土	D$_{2+3}$中风化白云岩、灰岩
					1885.48	1883.88	25.6	1.6	24	第三层	无填充物（空洞）	D$_{2+3}$中风化白云岩、灰岩
17	1号区	M127	29.3	1910.6	1896.5	1887.4	23.2	9.1	14.1	一层	粉土夹粉砂	D$_{2+3}$中风化白云岩、灰岩

续表

序号	岩溶区号	钻孔编号	孔深/m	孔口标高/m	溶洞顶板标高/m	溶洞底板标高/m	洞底层深度/m	洞高/m	溶洞埋深/m	溶洞层次	溶洞充填情况	溶洞发育层位及其主要岩性
18	1号区	M128	32	1909.65	1889.35	1887.45	22.2	1.9	20.3	一层	粉质黏土	D_{2+3}中风化白云岩、灰岩
19	1号区	M130	27.6	1908.63	1887.83	1887.13	21.5	0.7	20.8	一层	粉质黏土	D_{2+3}中风化白云岩、灰岩
20	1号区	M131	35	1908.82	1887.02	1884.92	23.9	2.1	21.8	一层	粉土夹粉砂	D_{2+3}中风化白云岩、灰岩
21	1号区	M159	37	1908.23	1882.23	1879.73	28.5	2.5	26	一层	无填充物（空洞）	D_{2+3}中风化白云岩、灰岩
22	1号区	M161	35	1908.77	1891.67	1888.87	19.9	2.8	17.1	一层	无填充物（空洞）	D_{2+3}中风化白云岩、灰岩
23	1号区	M185	23.4	1909.43	1892.33	1891.13	18.3	1.2	17.1	一层	粉质黏土	D_{2+3}中风化白云岩、灰岩
24	1号区	M193	32	1908.32	1887.02	1885.32	23	1.7	21.3	第一层	无填充物（空洞）	D_{2+3}中风化白云岩、灰岩
					1884.87	1882.12	26.2	2.75	23.45	第二层	无填充物（空洞）	D_{2+3}中风化白云岩、灰岩
25	1号区	M214	20.4	1908.54	1894.24	1893.24	15.3	1	14.3	一层	粉质黏土	D_{2+3}中风化白云岩、灰岩
26	1号区	M220	34	1908.47	1886.47	1881.27	27.2	5.2	22	一层	无填充物（空洞）	D_{2+3}中风化白云岩、灰岩
27	1号区	M236	23	1909.77	1894.77	1891.77	13	3	10	一层	无填充物（空洞）	D_{2+3}中风化白云岩、灰岩
28	1号区	M249	23	1904.85	1893.85	1892.35	12.5	1.5	11	一层	无填充物（空洞）	D_{2+3}中风化白云岩、灰岩
29	1号区	M278	25	1905.16	1888.96	1887.66	17.5	1.3	16.2	一层	无填充物（空洞）	D_{2+3}中风化白云岩、灰岩
30	2号区	M1	28.6	1913.06	1892.96	1890.06	23.06	2.9	20.16	一层	无填充物（空洞）	D_{2+3}中风化白云岩、灰岩
31	2号区	M7	30.2	1912.85	1894.95	1893.35	19.5	1.6	17.9	第一层	粉质黏土	D_{2+3}中风化白云岩、灰岩
					1892.65	1892.45	20.4	0.2	20.2	第二层	粉质黏土	D_{2+3}中风化白云岩、灰岩
32	2号区	M8	31	1913.07	1897.07	1895.07	18	2	16	一层	无填充物（空洞）	D_{2+3}中风化白云岩、灰岩
33	2号区	M16	31.3	1913.26	1894.36	1891.86	21.4	2.5	18.9	第一层	碎石土	D_{2+3}中风化白云岩、灰岩
					1890.66	1887.26	26	3.4	22.6	第二层	碎石土	D_{2+3}中风化白云岩、灰岩
34	2号区	M75	30.3	1914.54	1892.24	1890.44	24.1	1.8	22.3	一层	粉质黏土	D_{2+3}中风化白云岩、灰岩
35	2号区	M87	33	1912.72	1888.72	1887.72	25	1	24	一层	粉质黏土	D_{2+3}中风化白云岩、灰岩
36	2号区	M91	32	1914.22	1892.72	1891.22	23	1.5	21.5	一层	无填充物（空洞）	D_{2+3}中风化白云岩、灰岩

续表

序号	岩溶区号	钻孔编号	孔深/m	孔口标高/m	溶洞顶板标高/m	溶洞底板标高/m	洞底层深度/m	洞高/m	溶洞埋深/m	溶洞层次	溶洞充填情况	溶洞发育层位及其主要岩性
37	2号区	M92	32	1914.11	1892.11	1889.61	24.5	2.5	22	一层	无填充物（空洞）	D_{2+3}中风化白云岩、灰岩
38	2号区	M112	33.8	1912.64	1894.14	1892.34	20.3	1.8	18.5	第一层	粉质黏土	D_{2+3}中风化白云岩、灰岩
					1891.24	1889.54	23.1	1.7	21.4	第二层	无填充物（空洞）	D_{2+3}中风化白云岩、灰岩
					1888.24	1884.64	28	3.6	24.4	第三层	粉土夹粉砂	D_{2+3}中风化白云岩、灰岩
39	2号区	M139	31	1913.47	1893.27	1892.37	21.1	0.9	20.2	第一层	无填充物（空洞）	D_{2+3}中风化白云岩、灰岩
					1890.57	1888.77	24.7	1.8	22.9	第二层	无填充物（空洞）	D_{2+3}中风化白云岩、灰岩
40	2号区	M165	36	1912.62	1887.52	1886.62	26	0.9	25.1	一层	粉质黏土	D_{2+3}中风化白云岩、灰岩
41	2号区	M166	41.5	1912.96	1882.96	1878.96	34	4	30	一层	粉质黏土	D_{2+3}中风化白云岩、灰岩
42	2号区	M167	41.4	1913.22	1885.52	1884.62	28.6	0.9	27.7	第一层	无填充物（空洞）	D_{2+3}中风化白云岩、灰岩
					1882.52	1881.72	31.5	0.8	30.7	第二层	无填充物（空洞）	D_{2+3}中风化白云岩、灰岩
					1880.42	1877.22	36	3.2	32.8	第三层	粉质黏土	D_{2+3}中风化白云岩、灰岩
43	2号区	M168	31	1913.15	1891.75	1891.15	22	0.6	21.4	一层	粉质黏土	D_{2+3}中风化白云岩、灰岩
44	2号区	M169	30.3	1913.41	1889.41	1888.91	24.5	0.5	24	第一层	无填充物（空洞）	D_{2+3}中风化白云岩、灰岩
					1888.41	1887.51	25.9	0.9	25	第二层	无填充物（空洞）	D_{2+3}中风化白云岩、灰岩
45	2号区	M170	29.5	1913.45	1894.45	1889.95	23.5	4.5	19	一层	碎石土	D_{2+3}中风化白云岩、灰岩
46	2号区	M194	33.3	1912.35	1891.45	1884.75	27.6	6.7	20.9	一层	粉质黏土	D_{2+3}中风化白云岩、灰岩
47	2号区	M195	37.9	1912.57	1891.27	1887.87	24.7	3.4	21.3	第一层	无填充物（空洞）	D_{2+3}中风化白云岩、灰岩
					1885.57	1880.17	32.4	5.4	27	第二层	粉质黏土	D_{2+3}中风化白云岩、灰岩
48	2号区	M198	31	1912.86	1896.06	1894.86	18	1.2	16.8	一层	粉质黏土	D_{2+3}中风化白云岩、灰岩
49	2号区	M221	33	1912.18	1894.48	1893.78	18.4	0.7	17.7	第一层	粉质黏土	D_{2+3}中风化白云岩、灰岩
					1891.28	1885.58	26.6	5.7	20.9	第二层	粉质黏土	D_{2+3}中风化白云岩、灰岩
50	2号区	M244	26	1911.2	1894.2	1893.7	17.5	0.5	17	一层	粉质黏土	Q_4^{el+dl}中风化白云岩、灰岩
51	2号区	M257	23	1910.75	1890.55	1890.25	20.5	0.3	20.2	一层	粉质黏土	D_{2+3}中风化白云岩、灰岩

续表

序号	岩溶区号	钻孔编号	孔深/m	孔口标高/m	溶洞顶板标高/m	溶洞底板标高/m	洞底层深度/m	洞高/m	溶洞埋深/m	溶洞层次	溶洞充填情况	溶洞发育层位及其主要岩性
52	2号区	M259	23.4	1910.46	1894.06	1892.16	18.3	1.9	16.4	一层	粉质黏土	D_{2+3}中风化白云岩、灰岩
53	2号区	M266	24.7	1911.43	1895.63	1893.43	18	2.2	15.8	一层	粉质黏土	Q_4^{el+dl}中风化白云岩、灰岩
54	2号区	M270	27.1	1908.44	1895.44	1886.14	22.3	6.3	16	一层	粉质黏土	D_{2+3}中风化白云岩、灰岩
55	2号区	M272	30.5	1907.48	1892.08	1885.08	22.4	7	15.4	第一层	碎石土	D_{2+3}中风化白云岩、灰岩
55	2号区	M272	30.5	1907.48	1884.78	1882.08	25.4	2.7	22.7	第二层	无填充物（空洞）	D_{2+3}中风化白云岩、灰岩
56	2号区	M273	30	1907.85	1893.05	1890.95	16.9	2.1	14.8	一层	粉质黏土	D_{2+3}中风化白云岩、灰岩
57	2号区	M289	24.6	1907.53	1894.23	1892.93	14.6	1.3	13.3	第一层	粉质黏土	D_{2+3}中风化白云岩、灰岩
57	2号区	M289	24.6	1907.53	1890.83	1889.23	18.3	1.6	16.7	第二层	粉质黏土	D_{2+3}中风化白云岩、灰岩
58	2号区	M290	39.8	1907.33	1883.33	1874.53	32.8	8.8	24	一层	粉质黏土	D_{2+3}中风化白云岩、灰岩
59	2号区	M292	32	1907.18	1890.68	1883.08	24.1	7.6	16.5	一层	粉质黏土	D_{2+3}中风化白云岩、灰岩
60	2号区	M297	26.4	1909.13	1891.13	1888.53	20.6	2.6	18	一层	无填充物（空洞）	D_{2+3}中风化白云岩、灰岩
61	2号区	M304	41.6	1907.27	1888.27	1872.47	34.8	15.8	19	一层	粉质黏土	D_{2+3}中风化白云岩、灰岩
61	2号区	M304	41.6	1907.27	1872.47	1868.07	39.2	4.4	34.8	一层	碎石土	D_{2+3}中风化白云岩、灰岩
62	2号区	M305	28.8	1907.49	1890.99	1889.29	18.2	1.7	16.5	第一层	粉土夹粉砂	D_{2+3}中风化白云岩、灰岩
62	2号区	M305	28.8	1907.49	1888.69	1886.09	21.4	2.6	18.8	第二层	粉质黏土	D_{2+3}中风化白云岩、灰岩
63	2号区	M306	23.5	1907.37	1892.47	1890.47	16.9	2	14.9	一层	粉质黏土	D_{2+3}中风化白云岩、灰岩
64	2号区	M308	20.2	1906.37	1893.37	1892.37	14	1	13	一层	粉质黏土	Q_4^{el+dl}中风化白云岩、灰岩
65	2号区	M316	19.6	1908.25	1894.25	1893.85	14.4	0.4	14	一层	粉质黏土	D_{2+3}中风化白云岩、灰岩
66	2号区	M317	20.4	1907.68	1895.78	1892.98	14.7	2.8	11.9	一层	粉质黏土	Q_4^{el+dl}中风化白云岩、灰岩
67	2号区	M319	27.4	1906.39	1891.69	1886.69	19.7	5	14.7	一层	粉质黏土	Q_4^{el+dl}中风化白云岩、灰岩
68	2号区	M320	16	1906.48	1895.48	1894.98	11.5	0.5	11	一层	无填充物（空洞）	D_{2+3}中风化白云岩、灰岩

续表

序号	岩溶区号	钻孔编号	孔深/m	孔口标高/m	溶洞顶板标高/m	溶洞底板标高/m	洞底层深度/m	洞高/m	溶洞埋深/m	溶洞层次	溶洞充填情况	溶洞发育层位及其主要岩性
69	2号区	M322	20.1	1906.69	1895.79	1895.09	11.6	0.7	10.9	第一层	粉质黏土	D_{2+3}中风化白云岩、灰岩
					1892.69	1891.69	15	1	14	第二层	粉质黏土	D_{2+3}中风化白云岩、灰岩
70	2号区	M323	24.7	1906.64	1895.64	1893.64	13	2	11	第一层	无填充物（空洞）	D_{2+3}中风化白云岩、灰岩
					1891.84	1889.64	17	2.2	14.8	第二层	无填充物（空洞）	D_{2+3}中风化白云岩、灰岩
71	2号区	M336	21	1907.74	1894.54	1893.94	13.8	0.6	13.2	一层	粉质黏土	Q_4^{cl+dl}中风化白云岩、灰岩
72	2号区	M338	23.1	1907.03	1893.53	1889.33	17.7	4.2	13.5	一层	粉质黏土	D_{2+3}中风化白云岩、灰岩
73	2号区	M339	30.6	1907.76	1891.96	1891.76	16	0.2	15.8	第一层	无填充物（空洞）	D_{2+3}中风化白云岩、灰岩
					1891.06	1890.76	17	0.3	16.7	第二层	无填充物（空洞）	D_{2+3}中风化白云岩、灰岩
74	2号区	M357	19	1908.46	1896.16	1895.16	13.3	1	12.3	一层	无填充物（空洞）	D_{2+3}中风化白云岩、灰岩
75	2号区	M358	22.8	1907.5	1891.6	1891.3	16.2	0.3	15.9	一层	无填充物（空洞）	D_{2+3}中风化白云岩、灰岩
76	2号区	M359	25.6	1907.46	1895.66	1894.36	13.1	1.3	11.8	第一层	粉质黏土	D_{2+3}中风化白云岩、灰岩
					1894.06	1893.66	13.8	0.4	13.4	第二层	无填充物（空洞）	D_{2+3}中风化白云岩、灰岩
					1890.96	1887.76	19.7	3.2	16.5	第三层	粉质黏土	D_{2+3}中风化白云岩、灰岩
77	2号区	M373	16	1907.43	1898.03	1896.93	10.5	1.1	9.4	一层	粉质黏土	Q_4^{cl+dl}中风化白云岩、灰岩
78	2号区	M374	20.3	1907.58	1895.58	1893.38	14.2	2.2	12	一层	粉质黏土	D_{2+3}中风化白云岩、灰岩
79	2号区	M375	21.8	1907.44	1894.04	1891.14	16.3	2.9	13.4	一层	粉质黏土	Q_4^{cl+dl}中风化白云岩、灰岩
80	2号区	M376	23.7	1907.44	1893.54	1893.44	14	0.1	13.9	第一层	粉质黏土	D_{2+3}中风化白云岩、灰岩
					1892.64	1889.44	18	3.2	14.8	第二层	粉质黏土	D_{2+3}中风化白云岩、灰岩
81	2号区	M387	19.6	1907.44	1895.44	1893.84	13.6	1.6	12	一层	粉质黏土	D_{2+3}中风化白云岩、灰岩
82	2号区	M388	22.3	1907.55	1895.25	1891.35	16.2	3.9	12.3	一层	粉质黏土	D_{2+3}中风化白云岩、灰岩
83	2号区	M402	20.2	1907.55	1898.05	1897.35	10.2	0.7	9.5	第一层	粉质黏土	Q_4^{cl+dl}中风化白云岩、灰岩
					1896.65	1895.95	11.6	0.7	10.9	第二层	粉质黏土	Q_4^{cl+dl}中风化白云岩、灰岩
					1895.45	1893.55	14	1.9	12.1	第三层	粉质黏土	Q_4^{cl+dl}中风化白云岩、灰岩

续表

序号	岩溶区号	钻孔编号	孔深/m	孔口标高/m	溶洞顶板标高/m	溶洞底板标高/m	洞底层深度/m	洞高/m	溶洞埋深/m	溶洞层次	溶洞充填情况	溶洞发育层位及其主要岩性
84	2号区	M403	20.1	1907.75	1893.95	1892.75	15	1.2	13.8	一层	无填充物（空洞）	D_{2+3}中风化白云岩、灰岩
85	2号区	M420	23.2	1907.58	1894.58	1894.08	13.5	0.5	13	第一层	粉质黏土	Q_4^{el+dl}中风化白云岩、灰岩
					1893.58	1891.38	16.2	2.2	14	第二层	粉质黏土	Q_4^{el+dl}中风化白云岩、灰岩
86	2号区	M421	26.9	1907.59	1892.99	1892.19	15.4	0.8	14.6	一层	粉质黏土	D_{2+3}中风化白云岩、灰岩
87	2号区	M439	21.7	1907.57	1892.97	1892.27	15.3	0.7	14.6	一层	无填充物（空洞）	D_{2+3}中风化白云岩、灰岩
88	2号区	M517	20.2	1907.73	1895.33	1893.73	14	1.6	12.4	一层	无填充物（空洞）	D_{2+3}中风化白云岩、灰岩
89	2号区	B407	24.2	1908.91	1890.61	1890.41	18.5	0.2	18.3	一层	无填充物（空洞）	D_{2+3}中风化白云岩、灰岩
90	3号区	M33	29	1912.59	1889.29	1888.79	23.8	0.5	23.3	一层	无填充物（空洞）	D_{2+3}中风化白云岩、灰岩
91	3号区	M38	13.7	1910.63	1904.23	1902.13	8.5	2.1	6.4	一层	粉质黏土	D_{2+3}中风化白云岩、灰岩
92	3号区	M54	23	1911.67	1894.57	1893.87	17.8	0.7	17.1	一层	粉质黏土	D_{2+3}中风化白云岩、灰岩
93	3号区	M77	25	1911.19	1894.29	1891.89	19.3	2.4	16.9	一层	粉质黏土	D_{2+3}中风化白云岩、灰岩
94	3号区	M78	16.3	1909.84	1899.64	1898.84	11	0.8	10.2	一层	无填充物（空洞）	D_{2+3}中风化白云岩、灰岩
95	3号区	M96	32	1911.95	1893.45	1891.95	20	1.5	18.5	第一层	粉质黏土	D_{2+3}中风化白云岩、灰岩
					1890.95	1889.55	22.4	1.4	21	第二层	粉质黏土	D_{2+3}中风化白云岩、灰岩
					1888.75	1886.35	25.6	2.4	23.2	第三层	粉质黏土	D_{2+3}中风化白云岩、灰岩
					1884.55	1884.15	27.8	0.4	27.4	第四层	粉土夹粉砂	D_{2+3}中风化白云岩、灰岩
					1884.15	1882.75	29.2	1.4	27.8	第四层	粉质黏土	D_{2+3}中风化白云岩、灰岩
96	3号区	M97	41.1	1911.99	1893.09	1889.39	22.6	3.7	18.9	第一层	粉质黏土	D_{2+3}中风化白云岩、灰岩
					1888.29	1886.09	25.9	2.2	23.7	第二层	粉土夹粉砂	D_{2+3}中风化白云岩、灰岩
					1881.99	1876.39	35.6	5.6	30	第三层	粉质黏土	D_{2+3}中风化白云岩、灰岩

续表

序号	岩溶区号	钻孔编号	孔深/m	孔口标高/m	溶洞顶板标高/m	溶洞底板标高/m	洞底层深度/m	洞高/m	溶洞埋深/m	溶洞层次	溶洞充填情况	溶洞发育层位及其主要岩性
97	3号区	M98	39.6	1911.82m	1892.82	1891.12	20.7	1.7	19	第一层	粉质黏土	D_{2+3}中风化白云岩、灰岩
					1889.12	1887.82	24	1.3	22.7	第二层	粉质黏土	D_{2+3}中风化白云岩、灰岩
					1886.42	1885.02	26.8	1.4	25.4	第三层	粉质黏土	D_{2+3}中风化白云岩、灰岩
					1882.82	1881.82	30	1	29	第四层	粉土夹粉砂	D_{2+3}中风化白云岩、灰岩
					1879.12	1877.62	34.2	1.5	32.7	第五层	无填充物（空洞）	D_{2+3}中风化白云岩、灰岩
98	3号区	M103	24	1910.76	1893.76	1892.36	18.4	1.4	17	一层	粉质黏土	D_{2+3}中风化白云岩、灰岩
99	3号区	M120	32	1911.73	1896.03	1886.83	24.9	9.2	15.7	一层	粉质黏土	Q_4^{el+dl}中风化白云岩、灰岩
100	3号区	M123	32.8	1911.88	1893.08	1887.48	24.4	5.6	18.8	一层	粉质黏土	D_{2+3}中风化白云岩、灰岩
101	3号区	M125	30	1911.56	1894.96	1892.86	18.7	2.1	16.6	一层	粉质黏土	D_{2+3}中风化白云岩、灰岩
102	3号区	M126	34	1910.79	1894.39	1893.79	17	0.6	16.4	一层	无填充物（空洞）	D_{2+3}中风化白云岩、灰岩
103	3号区	M144	30.3	1911.48	1894.88	1888.48	23	6.4	16.6	一层	粉土夹粉砂	D_{2+3}中风化白云岩、灰岩
104	3号区	M145	34	1910.34	1892.04	1885.94	24.4	6.1	18.3	第一层	碎石土	D_{2+3}中风化白云岩、灰岩
					1884.34	1881.44	28.9	2.9	26	第二层	粉质黏土	D_{2+3}中风化白云岩、灰岩
105	3号区	M146	35	1910.29	1899.19	1897.89	12.4	1.3	11.1	第一层	粉质黏土	D_{2+3}中风化白云岩、灰岩
					1896.79	1895.69	14.6	1.1	13.5	第二层	粉质黏土	D_{2+3}中风化白云岩、灰岩
					1892.09	1890.29	20	1.8	18.2	第三层	粉质黏土	D_{2+3}中风化白云岩、灰岩
					1889.79	1881.29	29	8.5	20.5	第四层	粉土夹粉砂	D_{2+3}中风化白云岩、灰岩
106	3号区	M147	32	1910.29	1897.19	1896.29	14	0.9	13.1	一层	粉质黏土	Q_4^{el+dl}中风化白云岩、灰岩
107	3号区	M152	35.8	1910.63	1891.03	1882.13	28.5	8.9	19.6	一层	粉质黏土	D_{2+3}中风化白云岩、灰岩
108	3号区	M153	32	1909.49	1898.69	1897.69	11.8	1	10.8	一层	粉质黏土	D_{2+3}中风化白云岩、灰岩
109	3号区	M154	31.8	1908.46	1890.06	1885.66	22.8	4.4	18.4	一层	无填充物（空洞）	D_{2+3}中风化白云岩、灰岩
110	3号区	M172	30	1910.06	1894.46	1890.66	19.4	3.8	15.6	一层	粉质黏土	D_{2+3}中风化白云岩、灰岩

续表

序号	岩溶区号	钻孔编号	孔深/m	孔口标高/m	溶洞顶板标高/m	溶洞底板标高/m	洞底层深度/m	洞高/m	溶洞埋深/m	溶洞层次	溶洞充填情况	溶洞发育层位及其主要岩性
111	3号区	M173	26	1909.7	1893.3	1891.9	17.8	1.4	16.4	第一层	粉质黏土	D_{2+3}中风化白云岩、灰岩
	3号区	M173	26	1909.7	1890.7	1889.9	19.8	0.8	19	第二层	无填充物（空洞）	D_{2+3}中风化白云岩、灰岩
112	3号区	M174	30	1910.77	1891.77	1889.47	21.3	2.3	19	一层	粉质黏土	D_{2+3}中风化白云岩、灰岩
113	3号区	M175	30.7	1910.65	1894.85	1892.55	18.1	2.3	15.8	第一层	粉质黏土	D_{2+3}中风化白云岩、灰岩
	3号区	M175	30.7	1910.65	1890.25	1885.75	24.9	4.5	20.4	第二层	粉质黏土	D_{2+3}中风化白云岩、灰岩
114	3号区	M180	31	1908.61	1890.61	1889.61	19	1	18	一层	无填充物（空洞）	D_{2+3}中风化白云岩、灰岩
115	3号区	M181	25.6	1907.89	1894.89	1890.59	17.3	4.3	13	一层	粉质黏土	D_{2+3}中风化白云岩、灰岩
116	3号区	M182	25	1908.14	1897.94	1896.94	11.2	1	10.2	第一层	粉质黏土	D_{2+3}中风化白云岩、灰岩
	3号区	M182	25	1908.14	1894.94	1889.14	19	5.8	13.2	第二层	粉质黏土	D_{2+3}中风化白云岩、灰岩
117	3号区	M203	34	1909.2	1892.4	1890.7	18.5	1.7	16.8	一层	碎石土	D_{2+3}中风化白云岩、灰岩
118	3号区	M211	22.8	1907.58	1892.78	1890.98	16.6	1.8	14.8	一层	粉质黏土	D_{2+3}中风化白云岩、灰岩
119	3号区	M213	22.4	1907.92	1894.02	1892.82	15.1	1.2	13.9	一层	碎石土	D_{2+3}中风化白云岩、灰岩
120	3号区	M228	26.5	1907.43	1892.43	1891.43	16	1	15	一层	无填充物（空洞）	D_{2+3}中风化白云岩、灰岩
121	3号区	M230	28	1907.71	1892.21	1891.41	16.3	0.8	15.5	一层	无填充物（空洞）	D_{2+3}中风化白云岩、灰岩
122	4号区	M378	30	1909.65	1891.35	1886.35	23.3	5	18.3	一层	粉质黏土	D_{2+3}中风化白云岩、灰岩
123	4号区	M406	30	1909.51	1891.31	1884.71	24.8	6.6	18.2	一层	粉质黏土	D_{2+3}中风化白云岩、灰岩
124	4号区	M423	20.8	1908.69	1893.29	1892.99	15.7	0.3	15.4	一层	无填充物（空洞）	D_{2+3}中风化白云岩、灰岩
125	4号区	M428	31.5	1909.27	1894.87	1891.57	17.7	3.3	14.4	第一层	粉土夹粉砂	D_{2+3}中风化白云岩、灰岩
	4号区	M428	31.5	1909.27	1891.17	1890.67	18.6	0.5	18.1	第二层	无填充物（空洞）	D_{2+3}中风化白云岩、灰岩
	4号区	M428	31.5	1909.27	1888.17	1886.97	22.3	1.2	21.1	第三层	碎石土	D_{2+3}中风化白云岩、灰岩
	4号区	M428	31.5	1909.27	1886.27	1884.97	24.3	1.3	23	第四层	粉土夹粉砂	D_{2+3}中风化白云岩、灰岩
126	4号区	M449	22.8	1909.12	1893.32	1892.12	17	1.2	15.8	一层	粉质黏土	D_{2+3}中风化白云岩、灰岩
127	4号区	M468	22.8	1909.3	1892.9	1891.5	17.8	1.4	16.4	一层	粉质黏土	D_{2+3}中风化白云岩、灰岩

续表

序号	岩溶区号	钻孔编号	孔深/m	孔口标高/m	溶洞顶板标高/m	溶洞底板标高/m	洞底层深度/m	洞高/m	溶洞埋深/m	溶洞层次	溶洞充填情况	溶洞发育层位及其主要岩性
128	4号区	M469	21.8	1909.57	1898.27	1895.87	13.7	2.4	11.3	一层	粉质黏土	D$_{2+3}$中风化白云岩、灰岩
129	4号区	M485	26.8	1909.41	1895.91	1894.71	14.7	1.2	13.5	第一层	粉质黏土	D$_{2+3}$中风化白云岩、灰岩
					1894.11	1893.71	15.7	0.4	15.3	第二层	粉质黏土	D$_{2+3}$中风化白云岩、灰岩
					1893.01	1889.31	20.1	3.7	16.4	第三层	粉质黏土	D$_{2+3}$中风化白云岩、灰岩
130	5号区	M299	38	1911.04	1887.24	1885.34	25.7	1.9	23.8	一层	碎石土	D$_{2+3}$中风化白云岩、灰岩
131	5号区	M315	33	1910.26	1886.96	1882.56	27.7	4.4	23.3	一层	粉质黏土	Q$_4^{al+dl}$中风化白云岩、灰岩
132	5号区	M330	31.2	1910.48	1892.68	1891.28	19.2	1.4	17.8	第一层	无填充物（空洞）	D$_{2+3}$中风化白云岩、灰岩
					1888.68	1888.48	24	2.2	21.8	第二层	粉质黏土	D$_{2+3}$中风化白云岩、灰岩
133	5号区	M331	25.6	1910	1894.6	1893.6	16.4	1	15.4	一层	粉质黏土	D$_{2+3}$中风化白云岩、灰岩
134	5号区	M332	33	1910.13	1892.63	1891.33	18.8	1.3	17.5	一层	粉质黏土	D$_{2+3}$中风化白云岩、灰岩
135	5号区	M333	33	1910.01	1893.01	1891.51	18.5	1.5	17	一层	碎石土	D$_{2+3}$中风化白云岩、灰岩
136	5号区	M334	27	1909.94	1895.44	1887.94	22	7.5	14.5	一层	粉质黏土	D$_{2+3}$中风化白云岩、灰岩
137	5号区	M351	24	1909.9	1893.5	1892.6	17.3	0.9	16.4	一层	粉质黏土	D$_{2+3}$中风化白云岩、灰岩
138	5号区	M352	24.2	1909.88	1893.58	1891.08	18.8	2.5	16.3	一层	碎石土	D$_{2+3}$中风化白云岩、灰岩
139	5号区	M353	27	1908.79	1891.99	1889.79	19	2.2	16.8	一层	粉质黏土	D$_{2+3}$中风化白云岩、灰岩
140	5号区	M364	31	1906.9	1890.4	1889.9	17	0.5	16.5	第一层	无填充物（空洞）	Q$_4^{al+dl}$中风化白云岩、灰岩
					1889.9	1882.9	24	7	17	第二层	粉质黏土	Q$_4^{al+dl}$中风化白云岩、灰岩
141	5号区	M370	24	1908.69	1893.29	1891.69	17	1.6	15.4	一层	无填充物（空洞）	D$_{2+3}$中风化白云岩、灰岩
142	5号区	M371	21	1907.99	1893.69	1892.39	15.6	1.3	14.3	一层	粉质黏土	Q$_4^{al+dl}$中风化白云岩、灰岩
143	5号区	M389	20	1906.25	1893.55	1892.25	14	1.3	12.7	一层	粉质黏土	D$_{2+3}$中风化白云岩、灰岩
144	5号区	M390	29	1906.32	1891.72	1891.32	15	0.4	14.6	一层	粉质黏土	D$_{2+3}$中风化白云岩、灰岩
145	5号区	M391	30	1905.97	1889.47	1887.37	18.6	2.1	16.5	第一层	粉土夹粉砂	D$_{2+3}$中风化白云岩、灰岩
					1885.57	1883.17	22.8	2.4	20.4	第二层	碎石土	D$_{2+3}$中风化白云岩、灰岩

续表

序号	岩溶区号	钻孔编号	孔深/m	孔口标高/m	溶洞顶板标高/m	溶洞底板标高/m	洞底层深度/m	洞高/m	溶洞埋深/m	溶洞层次	溶洞充填情况	溶洞发育层位及其主要岩性
146	5号区	M395	25	1908	1891.8	1888.5	19.5	3.3	16.2	一层	无填充物（空洞）	D_{2+3}中风化白云岩、灰岩
147	5号区	M411	21.9	1906.96	1893.76	1891.46	15.5	2.3	13.2	一层	粉质黏土	Q_4^{el+dl}中风化白云岩、灰岩
148	5号区	M415	23	1905.95	1890.75	1888.45	17.5	2.3	15.2	一层	粉土夹粉砂	D_{2+3}中风化白云岩、灰岩
149	5号区	M416	23	1905.32	1892.02	1890.02	15.3	2	13.3	一层	无填充物（空洞）	D_{2+3}中风化白云岩、灰岩
150	5号区	M418	34	1905.28	1890.78	1890.28	15	0.5	14.5	第一层	无填充物（空洞）	D_{2+3}中风化白云岩、灰岩
					1890.28	1887.18	18.1	3.1	15	第一层	碎石土	D_{2+3}中风化白云岩、灰岩
					1884.08	1882.88	22.4	1.2	21.2	第二层	无填充物（空洞）	D_{2+3}中风化白云岩、灰岩
					1882.88	1881.18	24.1	1.7	22.4	第二层	碎石土	D_{2+3}中风化白云岩、灰岩
151	5号区	M419	34	1905.3	1879	1875.5	29.8	3.5	26.3	一层	碎石土	D_{2+3}中风化白云岩、灰岩
152	5号区	M434	27	1905.13	1889.33	1887.83	17.3	1.5	15.8	一层	粉土夹粉砂	Q_4^{el+dl}中风化白云岩、灰岩
153	5号区	M435	31	1905.08	1890.28	1888.18	16.9	2.1	14.8	第一层	粉质黏土	Q_4^{el+dl}中风化白云岩、灰岩
					1886.18	1883.58	21.5	2.6	18.9	第二层	无填充物（空洞）	D_{2+3}中风化白云岩、灰岩
154	5号区	M454	23	1905.28	1891.28	1890.28	15	1	14	一层	粉质黏土	D_{2+3}中风化白云岩、灰岩
155	5号区	M457	35	1904.89	1890.89	1886.89	18	4	14	一层	无填充物（空洞）	D_{2+3}中风化白云岩、灰岩
156	5号区	M459	24.4	1905.28	1892.98	1886.78	18.5	6.2	12.3	一层	无填充物（空洞）	D_{2+3}中风化白云岩、灰岩
157	5号区	M473	25	1904.65	1895.65	1891.25	13.4	4.4	9	第一层	碎石土	D_{2+3}中风化白云岩、灰岩
					1888.35	1887.05	17.6	1.3	16.3	第二层	无填充物（空洞）	D_{2+3}中风化白云岩、灰岩
158	5号区	M474	33	1904.72	1892.22	1885.12	19.6	4.1	15.5	一层	无填充物（空洞）	D_{2+3}中风化白云岩、灰岩
159	5号区	M478	24.8	1905.97	1889.57	1887.97	18	1.6	16.4	一层	无填充物（空洞）	D_{2+3}中风化白云岩、灰岩
160	5号区	M491	29	1905.34	1888.44	1882.34	23	6.1	16.9	一层	粉质黏土	D_{2+3}中风化白云岩、灰岩
161	5号区	M493	37	1906.67	1887.47	1879.27	27.4	8.2	19.2	一层	粉土夹粉砂	Q_4^{el+dl}中风化白云岩、灰岩
162	5号区	M509	34.8	1906.19	1889.59	1886.19	20	3.4	16.6	一层	粉质黏土	D_{2+3}中风化白云岩、灰岩
163	5号区	M528	29.5	1905.78	1889.58	1884.78	21	4.8	16.2	一层	粉质黏土	D_{2+3}中风化白云岩、灰岩

续表

序号	岩溶区号	钻孔编号	孔深/m	孔口标高/m	溶洞顶板标高/m	溶洞底板标高/m	洞底层深度/m	洞高/m	溶洞埋深/m	溶洞层次	溶洞充填情况	溶洞发育层位及其主要岩性
164	5号区	M529	21	1905.8	1892.6	1890.3	15.5	2.3	13.2	一层	粉质黏土	D_{2+3}中风化白云岩、灰岩
165	5号区	M545	28.6	1905.77	1887.57	1885.57	20.2	2	18.2	一层	粉土夹粉砂	D_{2+3}中风化白云岩、灰岩
166	5号区	M546	29	1905.8	1889.8	1887.3	18.5	2.5	16	一层	无填充物（空洞）	D_{2+3}中风化白云岩、灰岩
167	5号区	M567	23.8	1905.74	1890.74	1888.74	17	2	15	一层	粉质黏土	D_{2+3}中风化白云岩、灰岩
168	5号区	M568	25	1905.79	1888.09	1887.19	18.6	0.9	17.7	一层	无填充物（空洞）	D_{2+3}中风化白云岩、灰岩
169	5号区	M587	19.8	1905.53	1893.53	1891.83	13.7	1.7	12	一层	无填充物（空洞）	D_{2+3}中风化白云岩、灰岩
170	5号区	M608	18.2	1905.48	1895.28	1894.48	11	0.8	10.2	一层	粉质黏土	D_{2+3}中风化白云岩、灰岩
171	5号区	M675	17	1908.76	1898.76	1897.56	11.2	1.2	10	一层	粉质黏土	D_{2+3}中风化白云岩、灰岩
172	5号区	M690	21.1	1910.2	1896.9	1896	14.2	0.9	13.3	一层	粉质黏土	D_{2+3}中风化白云岩、灰岩
173	5号区	M692	32.1	1910.87	1887.47	1883.87	27	3.6	23.4	一层	粉质黏土	D_{2+3}强风化白云岩、灰岩
174	5号区	M704	30.8	1911.13	1893.73	1885.33	25.8	8.4	17.4	一层	粉质黏土	D_{2+3}中风化白云岩、灰岩
175	5号区	M713	32	1911.58	1894.58	1891.48	20.1	3.1	17	一层	粉质黏土	D_{2+3}中风化白云岩、灰岩
176	5号区	M714	32.5	1911.8	1892.7	1885.5	26.3	7.2	19.1	一层	粉质黏土	D_{2+3}中风化白云岩、灰岩
177	5号区	M719	30	1911.54	1892.64	1889.44	22.1	3.2	18.9	一层	粉质黏土	D_{2+3}中风化白云岩、灰岩
178	5号区	M720	32	1912.51	1891.81	1889.91	22.6	1.9	20.7	一层	粉质黏土	D_{2+3}中风化白云岩、灰岩
179	5号区	M727	28	1912.59	1892.39	1890.59	22	1.8	20.2	一层	粉质黏土	Q_4^{el+dl}中风化白云岩、灰岩
180	5号区	M730	32.1	1914.08	1894.58	1891.68	22.4	2.9	19.5	一层	粉质黏土	D_{2+3}中风化白云岩、灰岩
181	5号区	M731	30	1912.85	1891.65	1889.85	23	1.8	21.2	一层	碎石土	D_{2+3}中风化白云岩、灰岩
182	5号区	M733	35	1913.82	1897.82	1895.22	18.6	2.6	16	一层	粉质黏土	D_{2+3}中风化白云岩、灰岩
183	5号区	M734	31.5	1914.56	1901.06	1899.06	15.5	2	13.5	第一层	粉质黏土	D_{2+3}中风化白云岩、灰岩
					1896.56	1894.56	20	2	18	第二层	粉质黏土	D_{2+3}中风化白云岩、灰岩
					1893.26	1891.56	23	1.7	21.3	第三层	无填充物（空洞）	D_{2+3}中风化白云岩、灰岩
184	5号区	M736	35	1914.16	1895.16	1893.06	21.1	2.1	19	一层	粉质黏土	D_{2+3}中风化白云岩、灰岩

续表

序号	岩溶区号	钻孔编号	孔深/m	孔口标高/m	溶洞顶板标高/m	溶洞底板标高/m	洞底层深度/m	洞高/m	溶洞埋深/m	溶洞层次	溶洞充填情况	溶洞发育层位及其主要岩性
185	5号区	M738	35	1915.3	1890.8	1886.8	28.5	4	24.5	一层	粉质黏土	D_{2+3}中风化白云岩、灰岩
186	5号区	M740	33.5	1914.45	1890.05	1887.45	27	2.6	24.4	一层	无填充物（空洞）	D_{2+3}中风化白云岩、灰岩
187	5号区	M741	35	1914.93	1893.93	1887.73	27.2	6.2	21	一层	粉质黏土	D_{2+3}中风化白云岩、灰岩
188	5号区	B476	28	1904.64	1890.54	1888.94	15.7	1.6	14.1	第一层	粉土夹粉砂	D_{2+3}中风化白云岩、灰岩
					1888.94	1887.94	16.7	1	15.7	第一层	粉质黏土	D_{2+3}中风化白云岩、灰岩
					1887.14	1886.54	18.1	0.6	17.5	第二层	粉质黏土	D_{2+3}中风化白云岩、灰岩
189	5号区	B484	22.5	1904.62	1893.92	1887.72	16.9	6.2	10.7	一层	粉质黏土	D_{2+3}中风化白云岩、灰岩
190	5号区	B486	25	1904.89	1893.49	1889.79	15.1	3.7	11.4	一层	粉质黏土	D_{2+3}中风化白云岩、灰岩
					1889.79	1886.49	18.4	3.3	15.1	一层	碎石土	D_{2+3}中风化白云岩、灰岩
191	5号区	B799	18	1905.26	1894.76	1892.46	12.8	2.3	10.5	一层	无填充物（空洞）	D_{2+3}中风化白云岩、灰岩
192	6号区	M341	20.7	1909.62	1897.12	1895.22	14.4	1.9	12.5	一层	无填充物（空洞）	D_{2+3}中风化白云岩、灰岩
193	6号区	M343	39	1910	1893.7	1893.2	16.8	0.5	16.3	第一层	无填充物（空洞）	D_{2+3}中风化白云岩、灰岩
					1892.8	1891.1	18.9	1.7	17.2	第二层	粉质黏土	D_{2+3}中风化白云岩、灰岩
					1890.7	1890.2	19.8	0.5	19.3	第三层	无填充物（空洞）	D_{2+3}中风化白云岩、灰岩
					1888.7	1886.5	23.5	2.2	21.3	第四层	粉土夹粉砂	D_{2+3}中风化白云岩、灰岩
					1886.3	1886	24	0.3	23.7	第五层	无填充物（空洞）	D_{2+3}中风化白云岩、灰岩
					1885.9	1885.5	24.5	0.4	24.1	第六层	无填充物（空洞）	D_{2+3}中风化白云岩、灰岩
					1885.4	1885	25	0.4	24.6	第七层	无填充物（空洞）	D_{2+3}中风化白云岩、灰岩
					1884.7	1884.2	25.8	0.5	25.3	第八层	无填充物（空洞）	D_{2+3}中风化白云岩、灰岩
					1884	1883.3	26.7	0.7	26	第九层	无填充物（空洞）	D_{2+3}中风化白云岩、灰岩
					1883.2	1882.7	27.3	0.5	26.8	第十层	无填充物（空洞）	D_{2+3}中风化白云岩、灰岩
					1880.5	1880	30	0.5	29.5	第十一层	无填充物（空洞）	D_{2+3}中风化白云岩、灰岩
					1879.9	1879.2	30.1	0.1	30	第十二层	无填充物（空洞）	D_{2+3}中风化白云岩、灰岩
					1879	1877.2	32.8	1.8	31	第十三层	粉土夹粉砂	D_{2+3}中风化白云岩、灰岩
					1877	1876.1	33.9	0.9	33	第十四层	粉土夹粉砂	D_{2+3}中风化白云岩、灰岩

续表

序号	岩溶区号	钻孔编号	孔深/m	孔口标高/m	溶洞顶板标高/m	溶洞底板标高/m	洞底层深度/m	洞高/m	溶洞埋深/m	溶洞层次	溶洞充填情况	溶洞发育层位及其主要岩性
194	6号区	M360	27.4	1909.54	1889.94	1888.34	21.2	1.6	19.6	第一层	无填充物（空洞）	D_{2+3}中风化白云岩、灰岩
					1887.84	1887.54	22	0.3	21.7	第二层	无填充物（空洞）	D_{2+3}中风化白云岩、灰岩
195	6号区	M442	24	1908.51	1896.41	1894.11	14.4	2.3	12.1	一层	粉质黏土	D_{2+3}中风化白云岩、灰岩
196	6号区	M443	45.5	1910.63	1893.03	1892.43	18.2	0.6	17.6	第一层	无填充物（空洞）	D_{2+3}中风化白云岩、灰岩
					1891.83	1891.23	19.4	0.6	18.8	第二层	无填充物（空洞）	D_{2+3}中风化白云岩、灰岩
					1890.33	1889.43	21.2	0.9	20.3	第三层	无填充物（空洞）	D_{2+3}中风化白云岩、灰岩
					1888.93	1888.43	22.2	0.5	21.7	第四层	无填充物（空洞）	D_{2+3}中风化白云岩、灰岩
					1887.93	1884.83	25.8	3.1	22.7	第五层	粉土夹粉砂	D_{2+3}中风化白云岩、灰岩
					1883.63	1881.43	29.2	2.2	27	第六层	粉土夹粉砂	D_{2+3}中风化白云岩、灰岩
					1881.23	1878.93	31.7	2.3	29.4	第七层	无填充物（空洞）	D_{2+3}中风化白云岩、灰岩
					1877.23	1874.43	36.2	2.8	33.4	第八层	无填充物（空洞）	D_{2+3}中风化白云岩、灰岩
					1873.53	1872.63	38	0.9	37.1	第九层	无填充物（空洞）	D_{2+3}中风化白云岩、灰岩
					1872.43	1870.43	40.2	2	38.2	第十层	无填充物（空洞）	D_{2+3}中风化白云岩、灰岩
197	6号区	M463	24	1908.59	1896.19	1893.79	14.8	2.4	12.4	第一层	无填充物（空洞）	D_{2+3}中风化白云岩、灰岩
					1893.59	1891.49	17.1	2.1	15	第二层	无填充物（空洞）	D_{2+3}中风化白云岩、灰岩
198	6号区	M464	30	1909.34	1897.84	1897.54	11.8	0.3	11.5	第一层	无填充物（空洞）	D_{2+3}中风化白云岩、灰岩
					1896.34	1895.04	14.3	0.7	13.6	第二层	无填充物（空洞）	D_{2+3}中风化白云岩、灰岩
199	6号区	M465	46.1	1910.02	1894.52	1894.02	16	0.5	15.5	第一层	无填充物（空洞）	D_{2+3}中风化白云岩、灰岩
					1892.62	1891.42	18.6	1.2	17.4	第二层	无填充物（空洞）	D_{2+3}中风化白云岩、灰岩
					1890.82	1886.02	24	2.2	21.8	第三层	无填充物（空洞）	D_{2+3}中风化白云岩、灰岩
					1885.82	1880.62	29.4	3.2	26.2	第四层	无填充物（空洞）	D_{2+3}中风化白云岩、灰岩
					1880.02	1879.32	30.7	0.7	30	第五层	无填充物（空洞）	D_{2+3}中风化白云岩、灰岩
					1878.62	1878.02	32	0.6	31.4	第六层	无填充物（空洞）	D_{2+3}中风化白云岩、灰岩

续表

序号	岩溶区号	钻孔编号	孔深/m	孔口标高/m	溶洞顶板标高/m	溶洞底板标高/m	洞底层深度/m	洞高/m	溶洞埋深/m	溶洞层次	溶洞充填情况	溶洞发育层位及其主要岩性
199	6号区	M465	46.1	1910.02	1877.52	1875.52	34.5	2	32.5	第七层	无填充物（空洞）	D$_{2+3}$中风化白云岩、灰岩
					1875.22	1874.82	35.2	0.4	34.8	第八层	无填充物（空洞）	D$_{2+3}$中风化白云岩、灰岩
					1874.32	1874.02	36	0.3	35.7	第九层	无填充物（空洞）	D$_{2+3}$中风化白云岩、灰岩
					1873.52	1873.02	37	0.5	36.5	第十层	无填充物（空洞）	D$_{2+3}$中风化白云岩、灰岩
					1872.62	1871.62	38.4	1	37.4	第十一层	无填充物（空洞）	D$_{2+3}$中风化白云岩、灰岩
					1871.02	1870.72	39.3	0.3	39	第十二层	无填充物（空洞）	D$_{2+3}$中风化白云岩、灰岩
					1870.22	1869.52	40.5	0.7	39.8	第十三层	无填充物（空洞）	D$_{2+3}$中风化白云岩、灰岩
200	6号区	M466	30.2	1910.07	1893.37	1891.67	18.4	1.7	16.7	第一层	无填充物（空洞）	D$_{2+3}$中风化白云岩、灰岩
					1891.07	1889.07	21	2	19	第二层	无填充物（空洞）	D$_{2+3}$中风化白云岩、灰岩
					1888.67	1887.87	22.2	0.8	21.4	第三层	无填充物（空洞）	D$_{2+3}$中风化白云岩、灰岩
					1887.67	1886.87	23.2	0.8	22.4	第四层	无填充物（空洞）	D$_{2+3}$中风化白云岩、灰岩
201	6号区	M483	20.5	1909.34	1898.04	1896.04	13.3	2	11.3	一层	粉质黏土	Q$_4^{el+dl}$中风化白云岩、灰岩
202	6号区	M518	23.5	1910.33	1894.93	1893.33	17	1.6	15.4	一层	无填充物（空洞）	D$_{2+3}$中风化白云岩、灰岩
203	6号区	M519	26.2	1910.38	1893.88	1891.78	18.6	2.1	16.5	一层	无填充物（空洞）	D$_{2+3}$中风化白云岩、灰岩
204	6号区	M551	22.4	1912.4	1895.3	1894.8	17.6	0.5	17.1	一层	无填充物（空洞）	D$_{2+3}$中风化白云岩、灰岩
205	6号区	M574	28	1914.55	1897.35	1894.95	19.6	2.4	17.2	一层	粉土夹粉砂	D$_{2+3}$中风化白云岩、灰岩
206	6号区	M576	24	1913.96	1896.66	1896.06	17.9	0.6	17.3	一层	无填充物（空洞）	D$_{2+3}$中风化白云岩、灰岩
207	6号区	M597	30.2	1914.91	1886.91	1885.91	29	1	28	一层	无填充物（空洞）	D$_{2+3}$中风化白云岩、灰岩
208	6号区	M598	23	1915.2	1898.9	1898.4	16.8	0.5	16.3	一层	粉质黏土	D$_{2+3}$中风化白云岩、灰岩
209	6号区	M618	25	1915.13	1897.63	1896.13	19	1.5	17.5	一层	粉质黏土	D$_{2+3}$中风化白云岩、灰岩
210	6号区	M681	21.9	1917.24	1902.54	1901.84	15.4	0.7	14.7	一层	粉质黏土	D$_{2+3}$中风化白云岩、灰岩
211	6号区	M683	23.2	1919.37	1902.17	1901.37	18	0.8	17.2	一层	无填充物（空洞）	D$_{2+3}$中风化白云岩、灰岩

续表

序号	岩溶区号	钻孔编号	孔深/m	孔口标高/m	溶洞顶板标高/m	溶洞底板标高/m	洞底层深度/m	洞高/m	溶洞埋深/m	溶洞层次	溶洞充填情况	溶洞发育层位及其主要岩性
212	6 号区	M685	33.3	1920.51	1897.12	1896.22	24.3	0.9	23.4	第一层	无填充物（空洞）	D$_{2+3}$中风化白云岩、灰岩
213	6 号区	M695	24.1	1920.11	1895.82	1892.52	28	3.3	24.7	第二层	粉土夹粉砂	D$_{2+3}$中风化白云岩、灰岩
214	6 号区	M697	33	1920.96	1902.11	1901.61	18.5	0.5	18	一层	无填充物（空洞）	D$_{2+3}$中风化白云岩、灰岩
215	6 号区	M707	33	1920.79	1898.26	1897.56	23.4	0.7	22.7	一层	粉土夹粉砂	D$_{2+3}$中风化白云岩、灰岩
216	6 号区	B572	27	1920.79	1896.79	1895.79	25	1	24	一层	粉质黏土	D$_{2+3}$中风化白云岩、灰岩
217	6 号区	B939	30.3	1910.48 / 1920.18	1893.18 / 1897.08	1888.48 / 1896.18	22 / 24	4.7 / 0.9	17.3 / 23.1	一层 / 第一层	粉质黏土 / 无填充物（空洞）	Q$_4^{el+dl}$中风化白云岩、灰岩 / D$_{2+3}$中风化白云岩、灰岩
218	7 号区	M671	19	1904.47	1895.98	1895.38	24.8	0.6	24.2	第二层	无填充物（空洞）	D$_{2+3}$中风化白云岩、灰岩
219	7 号区	M672	19.2	1904.38	1891.87	1891.07	13.4	0.8	12.6	一层	粉质黏土	D$_{2+3}$中风化白云岩、灰岩
220	7 号区	YZ2	27.1	1905.83	1892.08	1891.38	13	0.7	12.3	一层	粉质黏土	D$_{2+3}$中风化白云岩、灰岩
221	7 号区	YZ4	26.5	1905.86	1888.93	1885.23	20.6	3.7	16.9	一层	粉质黏土	D$_{2+3}$中风化白云岩、灰岩
222	7 号区	YZ5	20.05	1905.23	1883.66	1883.46	22.4	0.2	22.2	一层	无填充物（空洞）	D$_{2+3}$中风化白云岩、灰岩
223	7 号区	YZ8	26	1905.77	1894.63	1892.13	13.1	2.5	10.6	一层	粉土夹粉砂	D$_{2+3}$中风化白云岩、灰岩
224	7 号区	YZ12	22.5	1905.26	1889.27	1884.27	21.5	5	16.5	一层	粉质黏土	D$_{2+3}$中风化白云岩、灰岩
225	7 号区	YZ15	22	1905.89	1890.56	1888.16	17.1	2.4	14.7	一层	粉质黏土	D$_{2+3}$中风化白云岩、灰岩
226	7 号区	YZ21	28.3	1904.7	1895.49	1892.09	13.8	3.4	10.4	一层	粉质黏土	D$_{2+3}$中风化白云岩、灰岩
227	7 号区	YZ22	26.3	1904.66	1886	1882.8	21.9	3.2	18.7	一层	碎石土	D$_{2+3}$中风化白云岩、灰岩
228	7 号区	YZ23	27	1904.85	1889.66 / 1887.75	1889.66 / 1887.35	15 / 17.8	5.1 / 2.8	9.9 / 15	第一层 / 第二层	粉质黏土 / 碎石土	D$_{2+3}$中风化白云岩、灰岩 / D$_{2+3}$中风化白云岩、灰岩
229	7 号区	YZ24	33.3	1905.88	1890.88 / 1882.08	1884.08 / 1880.88	17.5 / 25	0.4 / 6.8 / 1.2	17.1 / 15 / 23.8	一层 / 第一层 / 第二层	无填充物（空洞） / 无填充物（空洞） / 碎石土	D$_{2+3}$中风化白云岩、灰岩 / D$_{2+3}$中风化白云岩、灰岩 / D$_{2+3}$中风化白云岩、灰岩
230	7 号区	YZ25	26	1905.87	1888.47	1885.87	20	2.6	17.4	一层	粉质黏土	D$_{2+3}$中风化白云岩、灰岩

续表

序号	岩溶区号	钻孔编号	孔深/m	孔口标高/m	溶洞顶板标高/m	溶洞底板标高/m	洞底层深度/m	洞高/m	溶洞埋深/m	溶洞层次	溶洞充填情况	溶洞发育层位及其主要岩性
231	7号区	YZ26	26	1906.3	1894.4	1891.6	14.7	2.8	11.9	第一层	无填充物（空洞）	D_{2+3}中风化白云岩、灰岩
					1891.3	1890.1	16.2	1.2	15	第二层	碎石土	D_{2+3}中风化白云岩、灰岩
232	7号区	YZ35	24.7	1906.6	1888.6	1887.2	19.4	1.4	18	一层	无填充物（空洞）	D_{2+3}中风化白云岩、灰岩
233	7号区	YZ38	32.6	1904.58	1885.58	1879.18	25.4	6.4	19	一层	碎石土	D_{2+3}中风化白云岩、灰岩
234	7号区	YZ46	21.2	1904.64	1894.14	1893.54	11.1	0.6	10.5	一层	粉质黏土	D_{2+3}中风化白云岩、灰岩
235	7号区	YZ47	27.2	1906.15	1892.75	1890.55	15.6	2.2	13.4	一层	无填充物（空洞）	D_{2+3}中风化白云岩、灰岩
236	7号区	YZ51	14.8	1904.33	1895.93	1895.53	8.8	0.4	8.4	第一层	无填充物（空洞）	D_{2+3}中风化白云岩、灰岩
					1895.33	1895.03	9.3	0.3	9	第二层	无填充物（空洞）	D_{2+3}中风化白云岩、灰岩
					1894.63	1894.53	9.8	0.1	9.7	第三层	无填充物（空洞）	D_{2+3}中风化白云岩、灰岩
					1894.13	1893.93	10.4	0.2	10.2	第四层	无填充物（空洞）	D_{2+3}中风化白云岩、灰岩
237	7号区	YZ59	18	1904.93	1893.33	1892.83	12.1	0.5	11.6	一层	无填充物（空洞）	D_{2+3}中风化白云岩、灰岩
238	7号区	YZ60	22	1905.18	1895.78	1892.88	12.3	2.9	9.4	第一层	碎石土	D_{2+3}中风化白云岩、灰岩
					1892.38	1891.48	13.7	0.9	12.8	第二层	无填充物（空洞）	D_{2+3}中风化白云岩、灰岩
					1889.38	1888.58	16.6	0.8	15.8	第三层	无填充物（空洞）	D_{2+3}中风化白云岩、灰岩
239	7号区	YZ61	23.2	1904.59	1887.89	1887.09	17.5	0.8	16.7	一层	粉土夹粉砂	D_{2+3}中风化白云岩、灰岩
240	7号区	YZ64	24.1	1905.22	1889.62	1888.52	16.7	1.1	15.6	第一层	无填充物（空洞）	D_{2+3}中风化白云岩、灰岩
					1886.72	1886.22	19	0.5	18.5	第二层	无填充物（空洞）	D_{2+3}中风化白云岩、灰岩
241	7号区	YZ66	28.8	1905.43	1886.63	1885.93	19.5	0.7	18.8	第一层	无填充物（空洞）	D_{2+3}中风化白云岩、灰岩
					1883.13	1881.93	23.5	1.2	22.3	第二层	无填充物（空洞）	D_{2+3}中风化白云岩、灰岩
242	7号区	YZ68	21.4	1904.9	1893.3	1891.6	13.3	1.7	11.6	第一层	无填充物（空洞）	D_{2+3}中风化白云岩、灰岩
					1889.4	1889.1	15.8	0.3	15.5	第二层	碎石土	D_{2+3}中风化白云岩、灰岩
243	7号区	YZ69	16.5	1904.94	1894.14	1893.64	11.3	0.5	10.8	一层	碎石土	D_{2+3}中风化白云岩、灰岩
244	7号区	YZ70	19	1904.97	1892.07	1891.17	13.8	0.9	12.9	一层	无填充物（空洞）	D_{2+3}中风化白云岩、灰岩

续表

序号	岩溶区号	钻孔编号	孔深/m	孔口标高/m	溶洞顶板标高/m	溶洞底板标高/m	洞底层深度/m	洞高/m	溶洞埋深/m	溶洞层次	溶洞充填情况	溶洞发育层位及其主要岩性
245	7 号区	YZ73	15.2	1904.62	1894.32	1894.12	10.5	0.2	10.3	一层	无填充物（空洞）	D_{2+3} 中风化白云岩、灰岩
246	7 号区	YZ75	23.5	1905.22	1891.62	1890.62	14.6	1	13.6	第一层	无填充物（空洞）	D_{2+3} 中风化白云岩、灰岩
247	7 号区	YZ76	25.4	1905.57	1888.42	1888.12	17.1	0.3	16.8	第二层	碎石土	D_{2+3} 中风化白云岩、灰岩
248	7 号区	YZ78	16	1904.67	1886.37	1885.37	20.2	1	19.2	一层	碎石土	D_{2+3} 中风化白云岩、灰岩
249	7 号区	YZ80	18.2	1905.61	1894.87	1893.77	10.9	1.1	9.8	一层	无填充物（空洞）	D_{2+3} 中风化白云岩、灰岩
250	7 号区	YZ81	23.2	1905.11	1893.61	1892.71	12.9	0.9	12	一层	无填充物（空洞）	D_{2+3} 中风化白云岩、灰岩
					1891.71	1889.31	15.8	2.4	13.4	第一层	碎石土	D_{2+3} 中风化白云岩、灰岩
					1888.41	1887.21	17.9	1.2	16.7	第二层	碎石土	D_{2+3} 中风化白云岩、灰岩

5.3.2.5 地下岩溶发育成层性

在岩溶地区，岩溶呈层状发育，不仅地表有，而且在地下发育也同样很强烈。通过钻孔揭露，证明研究区是层状岩溶强发育区，也是该区岩溶发育的最大特点（表5-12）。结合高密度电法、地震映像、地质雷达、钻探和岩溶水文地质调查，对250个遇洞钻孔的溶洞分层情况进行统计分析，得到研究区地下溶洞层数分布（图5-27），其中遇两层溶洞的钻孔为42个，占总遇洞孔数的16.8%，且两层溶洞的钻孔在七个岩溶区中都能见到；遇见三层溶洞的钻孔有8个，主要分布有2号岩溶分区4个、3号岩溶分区1个、4号岩溶分区1个、5号岩溶分区1个、7号岩溶分区1个；遇见四层溶洞的钻孔有5个，主要分布有3号岩溶分区2个、4号岩溶分区1个、6号岩溶分区1个、7号岩溶分区1个；遇见五层溶洞的钻孔有1个，分布在3号岩溶分区；遇见十层、十三层及十四层溶洞的钻孔有3个，均分布在6号岩溶分区内，其中M343孔发育十四层洞、M443孔发育十层洞、M465孔发育十三层洞。这些成层发育的溶洞，洞与洞之间的岩层厚度，最厚为8.9m，最薄仅为0.1m。特别是发育十层以上的溶洞，洞间的层厚多在几十厘米，间隔最厚的岩层也只为3.2m。

表5-12　研究区溶洞发育特征表

区号	布置钻孔	见洞钻孔	见洞个数	最大见洞层数	溶洞最大发育深度/m
1号	110	29	33	二	28.6
2号	204	60	82	三	34.8
3号	82	32	48	五	32.7
4号	37	8	13	四	23
5号	206	62	71	三	26.3
6号	74	26	68	十四	39.8
7号	108	33	46	四	23.8

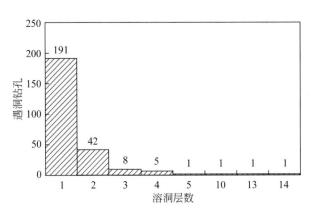

图5-27　研究区地下溶洞层数分布图

钻孔中的层状溶洞，具有从上第一层开始，向下伏第二层、第三层、第四层或更深层呈垂直串珠状发育的特点。这种现象显示，在一个强岩溶发育区，出现如此多个多层状发育的溶洞，是一种具有持久性的潜伏岩溶地质灾害，对工程建设具有较大的安全隐患。因此，建立并持续开展地面岩溶环境地质灾害监测、预测、评价等工作，对预防岩溶地质灾害发生具有非常重要的意义。

5.3.3　溶洞充填物特征

5.3.3.1　溶洞充填特征

据《云南安宁化工项目岩溶勘察报告》钻孔资料统计分析，研究区内溶洞充填物有四种类型，即无充填的空洞、粉土夹粉砂、粉质黏土和碎石土（表5-11）。其中，绝大部分溶洞被粉质黏土充填或者为空洞，两者分别占到总溶洞数的42.4%、39.2%；粉土夹粉砂充填及碎石土充填均占到总溶洞数的9.2%（表5-13、图5-28）。

表 5-13　研究区溶洞充填物特征统计表

区号	不同充填特征溶洞个数/个				备注
	粉土夹粉砂	粉质黏土	碎石土	空洞	
1 号	9	8	4	14	两个半充填溶洞
2 号	2	50	5	26	1 个半充填溶洞
3 号	5	32	3	9	1 个半充填溶洞
4 号	2	8	1	2	
5 号	6	40	10	19	4 个半充填溶洞
6 号	8	10	0	51	1 个半充填溶洞
7 号	2	9	11	24	
合计	34	157	34	145	

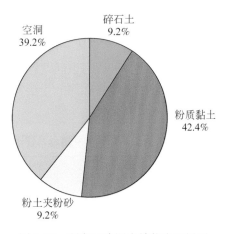

图 5-28　研究区溶洞充填物类型饼图

5.3.3.2　溶洞充填物特征

溶洞：空洞，无充填物。其洞高为 0.20～8.20m，高度平均值为 1.74m，洞底标高为 1853.50～1901.61m，洞底标高平均值为 1887.56m。

粉质黏土：灰黄色—灰褐色，为溶洞充填物，岩性不均匀，以粉质黏土、黏土为主，局部粉土，含少量角砾，黏土切面光滑，有光泽，韧性高，干强度中。流塑—软塑状态，局部可塑，高压缩性土。其洞高为 0.10～15.8m，高度平均值为 2.71m，洞底标高为 1869.28～1902.13m，洞底标高平均值为 1888.08m。

碎石土：杂色，为溶洞充填物，碎石以白云岩碎块为主，粒径最大达 10cm，土的成分较为复杂，主要由微—粉晶白云石、石英、长石等组成，呈饱和、松散状态。其洞高为 0.30～8.00m，高度平均值为 2.67m，洞底标高为 1863.22～1893.64m，洞底标高平均值为 1884.95m。

粉土夹粉砂：灰色—灰黑色，为溶洞充填物，矿物组成成分较为复杂，主要由微—粉晶白云石、石英、长石等组成，呈饱和、松散状态。其洞高为 0.40～12.7m，高度平均值为 7.11m，洞底标高为 1850.2～1898.51m，洞底标高平均值为 1881.31m。

5.3.3.3　溶洞充填物对区域岩溶发育特征的指示作用

从一般意义上来讲，溶洞充填物记录了溶洞发育的基本信息。通过对溶洞充填物的成分、特征、形态及其充填规模的分析，可以了解溶洞发育时水流形态、气候特征、岩溶发育部位及岩溶发育期次等重要信息。

研究区有三种不同类型的溶洞充填物（粉土夹粉砂、粉质黏土和碎石土），可代表不同的水流形态下的沉积。首先，碎石土代表垂直水流对溶洞侵蚀后洞顶及洞壁岩石塌落形成的沉积物，此种沉积物代表典型洞隙渗流带的沉积特征；粉土夹粉砂代表地下水流速较快且与地表有落水洞或地下河等直接联系（非渗流）情况下的沉积特征，此种沉积物代表典型溶洞潜流带的沉积特征；粉质黏土为缓流情况下地下水流速较慢的沉积特征，此种沉积物代表典型溶洞缓流带的沉积特征。另外，空洞在洞隙渗流带和溶洞潜流带较为发育；在溶洞缓流带也有存在，但数量较少。

纵观整个研究区，溶洞充填物的类型没有明显的分带性，表明形成上述情况的主要原因为该区受构造运动的控制，出现反复的地壳整体升降，致使该地区曾经历过洞隙渗流带、溶洞潜流带和溶洞缓流带的反复变化，可认为该区发育过多期次的岩溶。

同时，在勘查过程中发现不同类型的充填物在同一个溶洞共存的情况（表5-14），也可证明本区岩溶发育经历了不同期次的反复变化。

表5-14　研究区溶洞不同性质充填物特征统计表

区号	孔号	充填特征	所处层位	备注
1号	M109	空/粉土夹粉砂	第一层	
	M110	空/粉质黏土	第一层	
2号	M304	粉质黏土/碎石土	第一层	

续表

区号	孔号	充填特征	所处层位	备注
3 号	M96	粉土夹粉砂/粉质黏土	第四层	第一、二、三层均为粉质黏土
5 号	M418	空/碎石土	第一层	
	M418	空/碎石土	第二层	
	B476	粉土夹粉砂/粉质黏土	第一层	
	B486	粉质黏土/碎石土	第一层	
6 号	M518	空/粉质黏土	第一层	

5.4　本章小结

安宁化工项目及附近的碳酸盐岩地层分布只有寒武系和泥盆系地层。其中，寒武系碳酸盐岩集中分布在权甫西部地区，出露面积广、厚度大，主要岩性为薄层状白云岩、夹灰质白云岩及泥质白云岩、硅质及白云质灰岩夹白云岩等岩性，普遍含泥质。该地层碳酸盐岩分布面积最广、最连续，主要在安宁化工项目西部分布，主要发育岩溶孔洞，对工程影响不大。泥盆系碳酸盐岩集中分布在安宁化工项目东部，为浅海相碳酸盐岩，厚度大。岩性为深灰色中厚层状结晶白云岩、角砾状白云岩夹绿色钙质页岩。地层分布受南北向断层控制，出露面积狭窄，呈条带状；但受断层带影响，岩层很破碎，加上断层两侧为碎屑岩，经常有地表水渗入，对该区域工程危害性较大。

厂区内地表岩溶发育较弱，主要岩溶表现形式为地下岩溶发育，可分为两种类型：浅覆盖与浅埋藏的地层区。浅覆盖型岩溶：第四系孔隙水直接与基岩面接触，并沿着裂隙进入到可溶岩层，对可溶岩石产生侵蚀，加速岩溶发育，岩溶发育强烈与第四系土层厚度有很大关系，在第四系覆盖层较薄的地区地表水和孔隙水对可溶岩作用比较强烈，有利于岩溶发育。相反，土层较薄，在水动力作用下，岩溶空隙空间较容易被流水携带物质充填，同时也有部分被流水带走，这就使溶洞出现充填或半充填或无充填的现象；浅埋藏型岩溶：本项目及周边地区岩溶发育属限制性溶蚀岩溶类型，其岩溶发育过程受控于非碳酸盐岩地层。在岩溶地区，由于受地层岩性条件控制，常构成碳酸盐岩与非碳酸盐岩接触带；在接触带上，一侧是碳酸盐岩，另一侧是非碳酸盐岩，在地下水强烈活动作用下，沿该接触带岩溶发育强烈，常形成强岩溶带与地下水强径流带。

本场地地下岩溶发育强度特点表现为岩溶发育的系统性、水平分带性和成层性，主要表现在以下几点特征：

（1）本场地土层以下岩溶地形显示出岩溶石林的典型形态。其表面形态主要呈剧烈起伏的剑状和塔状的石林，同时周边也分布小型的石芽，是一种典型正在发育的地下石林地貌。形成这种现象的主要原因是原沉积的厚层状碳酸盐岩受地质构造控制，形成大量垂向节理裂隙，后期被土层所覆盖；并随后期地壳的上升，地下水沿节理裂隙在垂向上对碳酸盐岩进行溶蚀。随着溶蚀缝隙的不断加深和扩展，便形成现在的地下石林形态。

（2）本场地岩溶在碳酸盐岩中发育深度在 6~46m，发育深度的分布以纵横沟谷连成的区块状洼地为主要特征。其沟谷的分布具有明显的规律性，主要表现在一组相互夹角呈60°左右的相互交织的平行线，这与发育在本区碳酸盐岩地层之中的"X"型共轭剪节理的分布是一致的。由此可以推断，本区平面上岩溶发育的分布主要受区域上节理分布控制；在节理上岩溶发育程度深，且在节理交叉部位易形成较大规模的溶洞。

（3）场地内钻孔中的层状溶洞，具有从上第一层开始，向下伏第二层、第三层、第四层或更深层呈垂直串珠状发育的特点。这种现象显示，在一个强岩溶发育区，出现如此多个多层状发育的溶洞，是一种具有持久性的潜伏岩溶地质灾害，对工程建设具有较大的安全隐患。

研究区内溶洞充填物有四种类型，即无充填的空洞、粉土夹粉砂、粉质黏土和碎石土。其中，绝大部分溶洞被粉质黏土充填或者为空洞，少量被粉土夹粉砂充填及碎石土充填。三种不同类型的溶洞充填物（粉土夹粉砂、粉质黏土和碎石土），可代表不同的水流形态下的沉积。首先，碎石土代表垂直水流对溶洞侵蚀后洞顶及洞壁岩石塌落形成的沉积物，此种沉积物代表典型洞隙渗流带的沉积特征；粉土夹粉砂代表地下水流速较快且与地表有落水洞或地下河等直接联系（非渗流）情况下的沉积特征，此种沉积物代表典型溶洞潜流带的沉积特征；粉质黏土为缓流情况下地下水流速较慢的沉积特征，此种沉积物代表典型溶洞缓流带的沉积特征。另外，空洞在洞隙渗流带和溶洞潜流带较为发育；在溶洞缓流带也有存在，但数量较少。纵观整个研究区，溶洞充填物的类型没有明显的分带性，表明形成上述情况的主要原因为该区受构造运动的控制，出现反复的地壳整体升降，致使该地区曾经历过洞隙渗流带、溶洞潜流带和溶洞缓流带的反复变化，可认为该区发育过多期次的岩溶。

第6章 岩溶发育的影响因素分析

6.1 岩溶发育的影响因素概述

岩溶是指水流与可溶岩相互作用，并在岩层中形成各种特殊形态的结果，其发育的必要条件是岩石可溶性、地下渗流场和地下水溶蚀力（包括溶解能力和侵蚀能力）的有机结合（或优势匹配），并受到当地一系列自然因素（包括气候、水文、地质）的影响和制约。如图6-1所示，各种影响因素是相互联系，相互包含的；岩溶作用的发生和发展是各种因素的综合结果。

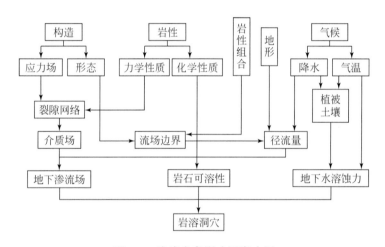

图 6-1　岩溶发育影响因素略图

鉴于此，着重从地质因素中的地形地貌、地层岩性、地质构造、水文地质条件、新构造运动、充填物等方面对安宁化工项目及周边地区岩溶发育的影响进行分析。

6.2 地形地貌对岩溶发育的影响

安宁化工项目主要位于盆地区内，地势南高北低，较为平坦，坡度小于2°。安宁化工项目长约2.4km，宽约1.1km。自然标高为1885.31~1950m，相对高差为64.7m。其中，岩溶勘查区位于东侧，地势较低，地表水网密布，地形平坦，地表径流坡度小（图6-2）。当大气降水时，地表水径流不通畅而得不到排泄，易在地表形成积水，为地表和地下岩溶发育提供基础，地表水向下渗透强化地下岩溶作用。

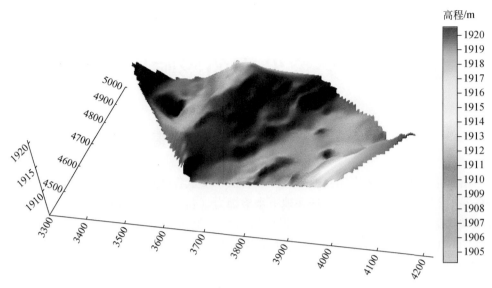

图 6-2　安宁化工项目研究区三维地貌图

6.3　地层岩性对岩溶发育的影响

6.3.1　岩石成分对岩溶发育的影响

在碳酸盐岩区，岩溶发育程度与岩石成分关系十分密切，安宁化工项目区也不例外。碳酸盐岩岩石成分具有多样性，其不同的岩石成分，岩溶发育程度有很大的区别。例如，从表 6-1[65]可以看出以下三种特征：

（1）二叠系下统栖霞、茅口组（P_1q+m）为均匀状纯灰岩、白云岩，岩层组合及结构特征为厚层—块状、泥晶，岩石主要化学成分 CaO 含量为 50.25%，MgO 含量为 4.69%，CaO/MgO 值为 109.33%，属高含钙值，岩溶发育强烈；体积岩溶率为 10.10%，线岩溶率为 18.5% ~35%，面岩溶率为 2% ~13%；岩溶形态以大型岩溶洼地、谷地、漏斗、落水洞、竖井、溶洞、地下河、伏流等为主要特征。

（2）泥盆系中、上统（D_{2+3}）为均匀状纯灰岩、白云岩与均匀状纯白云岩、白云质灰岩，岩层组合及结构特征为薄—中层状泥—粉晶与中—厚层状泥—粉晶；岩石主要化学成分 CaO 含量为 33.26%，MgO 含量为 12.36%，CaO/MgO 值为 10.16%，属中等含钙值，岩溶发育较强烈；体积岩溶率为 1.21%，线岩溶率为 10.5% ~25%，面岩溶率为 2% ~2.26%；岩溶形态以大型岩溶洼地、谷地、漏斗、落水洞、竖井、溶洞、地下河等为主要特征。

（3）元古宇昆阳群大龙口组（Ptd），为均匀状纯灰岩、泥质灰岩，岩层组合及结构特征为中—厚层状泥—粉晶，岩石主要化学成分 CaO 含量为 52.54%，MgO 含量为 0.78%，CaO/MgO 值为 90.31%，属高含钙值，岩溶发育为中等程度；线岩溶率为 15.0%、面岩溶率为 3.4%；岩溶形态以洼地及漏斗为主，规模较大或类型多样的岩溶个体形态很少见。

表6-1 安宁地区主要碳酸盐岩地层岩溶发育特征统计表

地层代号	可溶岩层组类型及岩性特征	岩层组合及结构特征	岩石主要化学成分/%				岩溶发育特征			
			CaO	MgO	R_2O_3/SiO_2	CaO/MgO	体积岩溶率/%	线岩溶率/%	面岩溶率/%	岩溶形态特征
P_1q+m	均匀状纯灰岩,白云岩	厚层-块状,泥晶	50.25	4.69	0.25/1.72	109.33	10.10	18.5~35	2~13	大型岩溶洼地,谷地,漏斗,落水洞,竖井,溶洞,暗河,伏流等
C_3m, C_2w	均匀状纯灰岩	中-厚层状,泥晶	47.66	3.56	0.41/6.31	96.71	5.47	10~35	1.35~13	
C_1d^2	互层状灰质角砾岩	中-厚层状,粉晶,细晶及角砾								
D_3zg	均匀状纯白云岩,白云质灰岩	中-厚层状,泥-粉晶	33.26	12.36	1.19/12.16	10.16				
D_2h^2	均匀状纯灰岩,白云岩	薄-中层状,泥-粉晶	36.52	12.78	0.65/6.85	35.61	1.21	10~25	2~6.25	
$\in_2 s$	互层状白云岩,硅质白云岩夹砂岩,页岩	薄-中层状,泥晶,粉晶	22.98	16.40	1.57/22.36	1.40		4~20	0.35~3	以溶蚀裂隙为主,零星见岩溶漏斗及落水洞等
$\in_1 l$	互层状白云岩砂岩互层	薄-中层状,泥晶	25.64	16.24	1.53/17.50	1.73		3	1.25	
$Z\in d^3$	均匀状不纯含磷白云岩	薄-中层状,细晶								
$Z\in d^1$	均匀状纯白云岩,硅质白云岩	中-厚层状,粉晶								
Z_2d	夹层状白云岩夹石英砂岩	薄-中层状,泥-粉晶	26.47	13.16	1.03/23.15	4.38		11	1.9	
Ptm^2	均匀状纯灰岩	中-厚层状,泥晶								岩溶洼地及漏斗等
Ptd	均匀状纯灰岩,泥质灰岩	中-厚层,泥-粉晶	52.54	0.78	0.18/3.84	90.31		15	3.4	

6.3.2　碳酸盐岩的组合类型对岩溶发育的影响

岩溶发育与碳酸盐岩组合类型关系密切。不同的岩层组合类型、结构和岩石成分特征，对岩溶发育强度影响较大。在区域上针对不同岩石进行测试分析，结果表明各岩组中，不同的岩层组合及结构、岩石成分，其岩溶发育程度与类型也不同。

1. 均匀状岩溶层组合

1）均匀状纯碳酸盐岩层组与岩溶发育特征

均匀状纯碳酸盐岩（如：P_1q+m 等岩组）厚度相对较大，连续性好，无相对隔水层，通常遭受强烈溶蚀作用，产生的岩溶形态多为循环层面及构造破坏裂隙系统，发育规模较大的洞穴通道或规模较小的密集型溶隙、溶孔。前者一般发生在均匀状灰岩层组和均匀状白云岩层组中，沿优势裂隙逐渐扩大，裂隙通道为不均匀的岩溶作用形成；后者一般发生在均匀状灰岩白云岩层组中，为岩体发生整体扩散溶滤较均匀的岩溶化所致。地表岩溶形态以连片分布的石芽、峰丛、洼地、岩溶槽谷和落水洞、漏斗为主；地下岩溶则发育大型溶洞、地下河系统。安宁化工项目地下岩溶发育强烈，主要位于均匀状纯碳酸盐岩层组中。

2）均匀状不纯碳酸盐岩层组与岩溶发育特征

均匀状不纯碳酸盐岩厚度相对较小，呈条带状分布，因碳酸盐岩中含有泥质或硅质成分，岩溶作用既有溶蚀又有蚀余，不溶物造成微裂隙通道"堵塞"，岩溶发育相对较弱。地表岩溶形态主要为峰丛、洼地、溶丘，漏斗、落水洞较为少见；地下岩溶形态则以溶隙、溶孔为主。

2. 间互层状岩溶层组合

间互层状岩溶层组在区内多呈条带状分布，分布面积小，在溶蚀过程中易受到碳酸盐岩和不纯碳酸盐岩相互间的限制。在同样的地下水径流条件下，岩溶发育的速度和程度都不如均匀状纯碳酸盐岩，岩溶发育较弱。地表一般表现为低矮的缓丘，无大型溶洞、地下河管道等强岩溶发育，岩溶漏斗、落水洞等也较少，岩溶发育仅沿非碳酸盐岩、不纯碳酸盐岩和纯碳酸盐岩的接触带进行，如在云南及安宁盆地周边的间互层岩组中，这种岩溶发育方式非常普遍。

6.4　不同岩溶化程度影响岩溶发育的强度

6.4.1　强岩溶化岩组

强岩溶化岩组主要由 D_2h、D_{2+3}、C_1ds、C_2w、C_2d、P_1q、P_1m 灰岩、白云质灰岩、白云岩组成。岩溶发育虽不均一，力学强度很高，完整的碳酸盐岩可以满足任何建筑物的要求。因岩溶发育强烈，浅—深部溶洞、溶缝、溶隙等岩溶形态，成为地下水的良好通道。实践证明，在不均匀发育的地下岩溶洞穴区，大量开采地下水，可使建筑物地基发生不均匀沉陷。同时，可以使水工建筑物产生坝下、渠道及绕坝渗漏，危害坝体安全等。

6.4.2 较强岩溶化岩组

较强岩溶化岩组主要由 Pt_1d、Pt_1l、$\in_1l$ 一套浅变质中—薄层的灰岩、白云质灰岩及泥质、灰质白云岩组成。该岩组岩溶较发育，在地貌、水文地质条件有利的情况下，仍有较大深部的岩溶洞穴、溶缝（隙）发育，可成为各类工程建筑物的一个不利因素。另外，在 Pt_1d、Pt_1l 灰岩、白云岩中，偶夹绢云板岩，成为刚性岩组中的软弱夹层，在顺层的陡坡区，易产生顺层滑坡，成为该岩组中特殊的工程地质问题。

6.4.3 中等岩溶化岩组

该岩组主要由 Pt_1m、Pt_1lz、$Zbd+dn$、Zbd、$Zbdn$ 一套硅质灰岩、白云岩组成。岩石坚硬、性脆，力学强度高，极限抗压强度达 90MPa 以上，可作为任何建筑物地基使用。本岩组岩溶中等发育，具有硬、脆、碎等特点，在水工建筑、铁路隧道工程建设中，易产生塌方掉块等严重的工程地质灾害。

6.4.4 弱岩溶化岩组

该岩组主要为 $\in_1s$ 等岩层，由薄—中层不纯灰质白云岩、泥质灰岩、泥质白云岩夹砂页岩组成。灰岩、白云岩不纯，多含泥质，岩溶发育较弱，岩溶作用对各类工程影响不大。另因夹软硬相间的砂页岩，使其强度不一，对各类大型工程（如水库坝基、铁路隧道等）可能产生较大影响。

6.5 地质构造对岩溶发育的影响

地质构造对岩溶发育的影响，主要是节理裂隙发育程度、延伸方向、组合形式以及地层的构成情况、产状等起作用。一般说来，节理裂隙制约了岩溶发育的方向、方式和程度。在节理裂隙越发育的岩体内，岩溶也越发育。

安宁化工项目褶皱断裂较为复杂，展布方式与岩溶发育密切相关；在一定条件下，往往控制岩溶发育的途径及空间格局。从构造背景上看，安宁化工项目构造主要受麦地厂断裂的控制。该断裂一方面控制可溶性地层的展布和产状，另一方面通过控制节理构造的发育，进而控制岩溶的发育和空间展布。

根据区域地质调查资料，麦地厂断裂于安宁化工项目中东部穿过，走向 325°～350°，倾向北东，倾角 60°～70°，区内走向长度 306m，两端延伸出区外，属逆断裂，为草铺—耳目村断裂一部分。由地质钻探结果显示，沿着该断裂有一长条带板岩（变质岩）分布，并在 M35 孔和现场大型设备制造厂的 C7 及 C21 孔揭示压碎角砾岩。据此，可判断麦地厂断裂为非发震断裂，设计时可不考虑麦地厂断裂对建（构）筑物的影响。

安宁化工项目内还发育有北西、北东及近东西向的次级构造，使岩层呈条带状及网格状分布；通常情况下，地下水在这些构造交叉部位非常活跃，对可溶岩石具有长期、反复地侵蚀、溶蚀等作用，致使这些部位岩溶较其他地区发育。因此，容易产生岩溶环境地质灾害问题。

据钻孔数据统计发现，研究区岩溶发育具有明显的方向性和组合的规律性，并与节理的关系最为密切，故节理构造是控制岩溶（尤其是溶洞）发育的最直接因素，它们不但控制着岩溶发育的方向，而且还控制着岩溶发育的类型、规模和大小。

研究区发育有一组共轭"X"剪节理［即平面（初始）共轭节理］，此节理对区内岩溶发育起到控制作用。节理构造是控制岩溶发育的主导因素，控制岩溶发育的（几何）展布规律——网格状排列和节理交叉部位集中；控制岩溶的形态和类型——节理交叉点控制溶洞等"点状"岩溶；控制地下"线状"裂隙型溶洞发育等。因此，研究区岩溶发育主要受节理构造控制。另外，受地质构造的影响岩体节理裂隙较发育，为地表水下渗及地下水运移提供有利条件，可使其溶蚀作用增强。

6.6　气象水文因素对岩溶发育的影响

水是岩溶发育必不可少的条件，水的运动方向控制着岩溶的发育方向。水的运动方向又直接受到新构造运动的控制。新构造运动抬升期，地下水以垂直运动为主，主要发育落水洞等岩溶地貌；新构造运动停息期，地下水以水平运动为主，主要发育水平溶洞等岩溶地貌。

安宁化工项目位于安宁岩溶盆地西部，盆地受高原低纬亚热带季风温凉气候的影响，多年平均降雨量为881.6mm，月平均降雨量为63.2mm，年最大降雨量约为1161.8mm，年最小降雨量为567.0mm，最大日降雨量为153.3mm；每年5～10月为雨季，占全年降雨量的87.4%，年蒸发量平均为1994.3mm，相对湿度71.5%。这样的气候条件是控制本区岩溶发育的首要因素。

安宁化工项目处于螳螂川流域，隶属于金沙江水系。螳螂川全长252km左右，属高原河流，水利资源丰富。螳螂川流经安宁，最终注入金沙江。螳螂江地形切割深，流经安宁盆地东部地段时，因水力坡度大，流速快，袭夺了包括权甫河在内的整个岩溶盆地中的大小河流，致使位置高的小流域改变了原来径流方式，其岩溶得到充分发育。安宁化工项目的岩溶发育特征，可能受上述因素的影响。

6.7　新构造运动影响和控制岩溶的发育

新构造运动是控制本区岩溶发育的重要因素。强隆、掀、拗陷及断续升降，不仅控制了地形地貌的发展过程，同时导致了岩溶发育的差异性，演变多种岩溶类型。例如，受新构造运动控制，形成的安宁岩溶盆地，地上地下发育多层状的岩溶洞穴，盆地四周多溶蚀丘陵、盆地中河谷阶地等都是新构造运动影响的结果。

安宁岩溶盆地西部地壳为间歇强隆，使螳螂江河谷深切达800～900m，谷坡陡峭；在一些支流谷岸溶洞悬立，洞内石钟乳发育，局部可见残留洞壁及岩溶崩塌体等。在强隆台地的岩溶盆地内，勘探又揭露出一系列的垂直岩溶发育现象，显示了新构造运动对于岩溶发育的控制作用。

6.8　充填物和气候影响岩溶发育的速度和强度

安宁化工项目内的岩溶洼地、漏斗、溶洞等大都被第四系沉积物充填或半充填，充填物多为黏性土和碎石。若充填物覆盖较厚，地表水不易渗入到地下，则该处的溶蚀作用相对较弱；反之，若充填物覆盖较薄，地表水较易渗入到地下转变为地下水，使岩溶发育地层的地下水增加，对可溶岩的溶蚀作用增强，从而加剧岩溶发育的速度。

气候对岩溶发育的影响，主要表现在降水量和气温的变化上。降水量和气温越高，越有利于溶蚀作用，岩溶也就越发育。在温湿气候区，植被茂盛，生成大量的有机酸，也能增加水的溶蚀能力，从而加剧岩溶的发育。安宁化工项目属高原暖温带季风气候区，高温多雨，湿度较大，区内植被也较为茂盛，这些都大大地促进了该区的溶蚀作用，致使区内岩溶发育广泛且强烈。

6.9　本　章　小　结

安宁化工项目岩溶发育主要受控于地层岩性、地质构造和埋藏条件。区域碳酸盐岩岩石成分具有多样性，其不同的岩石成分，导致岩溶发育程序有很大的区别。区域内的麦地厂断裂为非发震断裂，设计时可不考虑麦地厂断裂对建（构）筑物的影响，但其次级构造非常活跃，容易产生岩溶环境地质灾害问题。浅层可溶岩中的多层溶洞发育对地基稳定性影响的可能性会很大，不可轻视。岩溶塌陷常在第四系土层覆盖下方形成，溶洞、溶缝等岩溶形态一旦受外因（如人工抽取地下水、大型工程施工等）影响，岩溶塌陷发生概率会很高。

另外，盆地地形易在地表形成积水，为区域地表和地下岩溶发育提供基础，地表水向下渗透强化地下岩溶作用。地质构造（特别是节理构造）是控制岩溶（尤其是溶洞）发育的最直接因素，不但控制着岩溶发育的方向，还控制着岩溶发育的类型、规模和大小。气象水文对区域岩溶发育方向及程度有一定影响和控制作用。新构造运动也是控制本区岩溶发育的重要因素，不仅控制了地形地貌的发展过程，同时导致了岩溶发育的差异性。充填物和气候则影响区域的岩溶发育速度和强度。

第7章 溶洞稳定性评价及其对地基稳定性影响分析

7.1 溶洞对地基稳定性影响研究概述

目前，国内关于岩溶地区溶洞稳定性的研究近年来不断增多。这些研究大多是关于岩溶地基稳定性、溶洞顶板稳定性、岩溶塌陷原因和预测及处理方法、溶洞尺寸对围岩稳定性的研究和一些溶洞稳定性数值分析等。比如：在岩溶地基稳定性方面，王建秀（2000）提出"盖层土体–薄顶板无充填溶洞力学系统"来分析评价无充填溶洞薄顶板的稳定性[66]；另外，有的学者提出了视溶洞顶板为梁板（悬臂梁、简支梁、两端固定梁）、塌落拱、压力拱等的溶洞顶板稳定厚度计算方法；有的根据弹性体内存在孔洞，根据在双向均匀应力场的作用下孔洞边界上的应力集中现象，按椭圆形水平坑道的计算公式求解溶洞周边的切向应力，以此来判断溶洞顶板的稳定性；有的学者用平面问题的有限单元法对溶洞进行应力分析；有的采用有限元–无界元耦合分析的方法，对岩溶临空面稳定性进行了研究[67]。金瑞玲等（2003）提出了岩溶地基稳定性评价方法[68]；在岩溶对四周围岩影响方面，赵明阶等（2004）进行了岩溶尺寸对隧道围岩稳定性影响的模型试验研究[69]；在失稳分析预测方面，陈国亮（1994）较为详细地分析了岩溶地面塌陷失稳的成因机制与防治[70]；廖如松（1987）采用逐步判别法对桂林岩溶区的塌陷失稳进行了预测[71]；J. E. Gaarlnge（1991）介绍了岩溶塌陷地区的工程地质调查方法，并提出了这类场地的基础设计原则与方法[72]。H. Perrie，M. Simon 和 M. Laeroix（1990）报道了采用土工织物处理石灰岩路基及靠近路基的溶洞塌陷的工程实例，其利用土工织物形成网状结构来防止岩溶区路基溶洞塌陷，对国内同类工程处理设计有借鉴意义；W. A. Abdulla 和 D. J. Goodings（1996）介绍了位于岩溶区石灰岩上的弱胶结沙层塌陷的发生与发展状况，并提出了相应的预测模型[73]。陈明晓（2002）通过对岩溶覆盖层塌陷原因的分析，采用半定量的预测方法对几个桥基下溶洞塌陷风险进行了预测[74]。刘辉（1998）对铁路岩溶塌陷产生原因进行了定性研究，提出岩溶地区中低山区铁路岩溶塌陷产生的关键原因是路堑挖方造成溶洞顶板厚跨比减小，并对处理岩溶塌陷提出了几点认识[75]。王建秀、杨立中和刘丹（2000）等通过对铁路岩溶塌陷成因机理的分析，建立了4种宏观的概念模型，其中薄顶板溶洞岩体力学模型有借鉴意义[76]。

但是，总的来说，由于覆盖型岩溶溶洞埋深于地下，其形态和分布难以摸清，而且又没有什么明显的规律可循，所以岩溶溶洞的稳定性评价是一项复杂的系统工程问题，由于各影响因素具有一定的关联性，影响程度的描述也具有模糊性等，很难通过确定性的方法分析评价岩溶溶洞的稳定性。

通过勘探揭露，覆盖层之下的可溶岩中，以浅部岩溶洞穴发育为主，以一层和二层溶

洞居多，局部发育成三层、四层、五层以上溶洞。溶洞发育深度一般位于覆盖层下 15 ~
35m 左右，局部分布十分密集。在建筑物基础之中，岩溶如此发育，岩溶作用对建筑物的
稳定性起着决定性的影响。

岩溶塌陷常在第四系土层覆盖下方形成。区域构造交叉部位岩溶较发育，易形成溶
洞、溶缝等岩溶形态，一旦受外因（如人工抽取地下水、大型工程施工等）影响，岩溶塌
陷发生概率会很高。岩溶塌陷的发生过程，先在土层与可溶岩接触界面上形成隐蔽性土
洞，当受人为作用之后，洞中的地下水位常出现降落变化，对土层进行不断的潜蚀、扰
动、掏空，致使覆盖层较薄之处发生地面塌陷；据岩溶环境地质情况，可以呈单塌、群
塌、大范围塌等地质灾害事件出现，对地面建筑物产生极大影响，危害性极大。

研究区共分成七个岩溶分区，每个分区的勘探孔中都发育有溶洞。发育最强烈、分布
最密集的主要是 2 号岩溶分区、3 号岩溶分区、4 号岩溶分区和 5 号岩溶分区；在 1 号岩
溶分区与 2 分区交界处，溶洞也比较多；在这些岩溶分区中，溶洞多呈密集分布、连片分
布等特点，对建筑物会造成很大的影响。

本次分别采用顶板抗弯强度评价硐室稳定法、顶板抗剪强度评价硐室稳定法、塌落拱
理论法、类比法、单跨梁模型法和板梁模型法六种方法对每个溶洞进行稳定性半定量评
价，再结合 FLAC^{3D} 数值模拟进行综合定量评价研究。

7.2 溶洞稳定性评价研究对象

岩溶洞隙稳定性问题的实质是指岩溶洞隙周边与之相关的岩体-围岩的稳定问题。因
此，在本质上讲，岩溶洞隙稳定问题与一般地下工程或隧道工程中的围岩稳定问题是相一
致的，问题的核心都是围绕着围岩应力与围岩强度之间的关系而开展。因岩溶洞隙的形成
是一个较为长期的地质演化过程，而地下硐室则是短暂的人工开挖参变过程，两者间存在
较大差别，现分析如下。

7.2.1 天然应力状态

地下硐室一般埋深较大，天然应力状态中既包括了自重应力场，也包括构造应力场，
有时甚至以构造应力为主，出现了最大主应力近于水平的情况；虽然岩溶洞隙也有埋深较
大的情况，但对于工程实践而言，绝大多数关注于浅埋型岩溶洞隙，构造应力场大部分被
释放而以自重应力为主。此外，工程实践表明，浅埋型溶洞的围岩应力分布有两个特点：
一是应力分布范围较广，有的拱部应力扰动范围可能一直延伸到地面；二是岩体承受拉应
力的量值往往较同等条件下的深埋溶洞小。

7.2.2 二次应力集中现象

地下硐室由于开挖时间短暂而产生了较明显的二次应力集中问题，产生二次应力集中
的根源是构造应力场和自重应力场，这也是地下硐室围岩稳定性评价的关键所在；岩溶洞

隙由于形成时间相对漫长，洞隙空间的变化是一个逐渐增扩过程，在这一过程中无二次应力集中现象，当洞隙空间与岩体体积比率较小时，洞隙围岩的应力水平基本上与自重应力相当，工程实践中的所关注的岩溶洞隙的二次应力集中所产生的根源是工程附加荷载。

7.2.3　岩性和结构

地下硐室所遇到的岩体可能千差万别，天然应力状态水平较高，除原有的结构面外，在开挖过程中伴随着二次应力集中和释放，有可能产生新的结构面；岩溶洞隙围岩以可溶性碳酸盐岩或硫酸盐岩为主，与其他岩体中的结构面显著不同的是，岩溶洞隙围岩中的结构面一般遭受到不同程度的岩蚀破坏，结构面被溶蚀破坏现象显著。

7.2.4　地下水

地下硐室围岩岩体在开挖前虽然也受到地下水的作用，但开挖前的岩体是三向受力状态，开挖后的围岩岩体由于快速的应力释放松动而对地下水表现出显著的敏感性；岩溶洞隙由于在形成过程中经历了长期的地下水溶蚀和浸泡，对地下水的作用的敏感性大大降低。

7.2.5　稳定性评价研究对象

地下硐室稳定性评价的最终目的是确保地下开挖空间的安全正常使用，是以硐室的内壁（内部）稳定为研究对象；岩溶洞隙稳定性评价的最终目的是确保上部地基基础的安全正常使用，是以洞隙外围（上部）稳定为研究对象。因此，地下硐室稳定性分析评价过程中，不仅要对硐室围岩的整体稳定性进行评价，还要对硐室围岩的局部稳定性进行评价；岩溶洞隙稳定性评价则主要针对洞隙的整体稳定性进行评价。

综上，岩溶洞隙稳定性评价过程中，除分析研究洞隙围岩的岩体结构特征外，更为主要的是针对特定的洞隙形态，在特定的工程荷载附加应力作用下洞隙围岩的整体稳定评价问题。

7.2.6　溶洞稳定性影响因素分析

根据前期及勘察相关资料，总结出研究区岩溶较发育主要有以下两方面原因：

（1）附近有麦地厂断裂带通过；

（2）该区域为白云岩、灰岩、碳质泥岩、碳质砂岩等几种不同岩性接触地带。岩溶勘察共布置勘察钻孔 821 个，其中揭示溶洞钻孔为 250 个，见洞率为 30.4%，整个研究区岩溶发育等级总体为强。

研究区共划分 7 个岩溶分区，由于溶洞的连通性及其横向、纵向发育极不规律，此次验算采用简化方法，假设钻孔揭示的溶洞为不连通，并假设溶洞平面形状为正方形，即其边长与溶洞纵向高度相等。岩石力学试验结果统计岩石饱和单轴抗压强度为 34MPa，但考虑到现场实际钻探情况，溶洞顶板基本都存在岩心破碎的现象，若采用抗弯、抗剪模型（假设顶板完整时）验算时采用 34MPa，从工程安全角度上明显偏于危险；故本次岩石抗压强度验算取 13MPa，约等同于 0.4 倍的顶板厚度是完整岩石（较符合现场钻探结果）。

7.3　基于半定量方法的溶洞稳定性评价

溶洞稳定性验算有较多方法，根据《工程地质手册（第四版）》[51]并综合前人的研究成果[7,31]，本次采用如下六种经验公式计算揭示溶洞的稳定性。

7.3.1　顶板抗弯强度评价碉室稳定法

溶洞顶板可建立 3 种受力梁的模型：悬臂梁（溶洞顶板跨中有裂隙）、简支梁（溶洞顶板跨端有裂隙）、两端固定梁（溶洞顶板无裂隙）。顶板抗弯强度和 7.3.2 节的抗剪强度评价碉室稳定法均采用简支梁的模型（介于有利与不利之间），溶洞长度方向取其单位长度 1m，其受力模型图及弯矩、剪力见图 7-1。

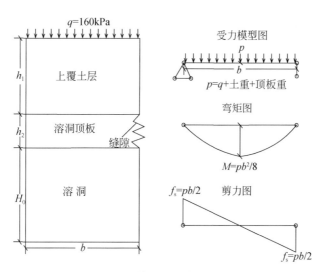

图 7-1　受力模型图及弯矩、剪力图

原理和方法：当顶板具有一定厚度，岩体抗弯强度大于弯矩时，碉室顶板稳定。经结构力学弯矩公式推导反算求得顶板安全厚度：

$$H = \sqrt{6M/\sigma}$$
$$M = pb^2/8 \tag{7-1}$$

式中，M 为弯矩（kN·m）；b 为溶洞的宽度（m）；p 为岩体自重、上覆土体自重和附加荷载（kN/m）；σ 为岩体的抗弯强度（kPa），对白云岩、灰岩可采用岩石允许抗压强度的 0.10~0.125，本次验算岩石抗压强度取 13MPa，抗弯强度为 1300kPa。

适用范围：顶板岩层比较完整，强度较高，而且已知顶板厚度和裂隙切割情况。

共 250 个钻孔揭示溶洞，需处理遇洞钻孔为 122 个，需处理比例为 48.8%。

7.3.2　顶板抗剪强度评价硐室稳定法

原理：当顶板具有一定厚度，岩体抗剪强度大于其所受的剪力时，溶洞顶板稳定(图 7-2)。

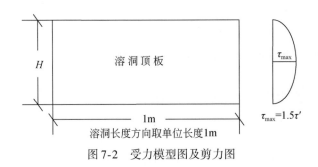

图 7-2　受力模型图及剪力图

由 $f_s/H = \tau'$，$\tau_{max} \leqslant \tau$ 两公式，经推导反算求得顶板最小安全厚度：

$$H = 1.5 f_s / \tau \tag{7-2}$$

式中，f_s 为支座处剪力（kN），$f_s = pb/2$；τ' 为溶洞顶板支座处平均抗剪强度；τ 为岩体的抗剪强度（kPa），对白云岩、灰岩可采用岩石允许抗压强度的 $0.06 \sim 0.10$，本次验算岩石抗压强度取 13MPa。

适用范围：顶板岩层比较完整，强度较高，而且已知顶板厚度和裂隙切割情况。

共 250 个钻孔揭示溶洞，需处理遇洞钻孔为 111 个，需处理比例为 44.4%。

7.3.3　塌落拱理论法

原理：该理论是根据一些矿山坑道多年观测和松散体介质中的模型试验得出，当顶板岩体被裂隙切割成块状岩体或碎块状时，可认为顶板将成拱状塌落，其上的荷载及岩体重量则由拱自身承担（图 7-3）。

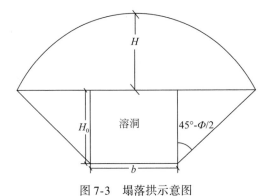

图 7-3　塌落拱示意图

此时破裂拱高：

$$H= \left[b/2+H_0 \times \tan \left(45°-\Phi/2 \right) \right] /\tan\Phi \tag{7-3}$$

式中，b 为溶洞的宽度（m）；H 为塌落拱的高度（m），即溶洞稳定所需顶板最小厚度；H_0 为溶洞纵向高度（m）；Φ 为顶板岩体内摩擦角（°），取 $\Phi=50°$。

共 250 个钻孔揭示溶洞，需处理遇洞钻孔为 141 个，需处理比例为 56.4%。

7.3.4　类比法

据工程实践经验及前人的研究成果，影响岩溶洞穴顶板稳定的因素主要有顶板的厚、顶板的形状（水平的、拱形的）、顶板的完整性、建筑物跨过溶洞的长度等，其中以水平顶板受力条件最为不利。

当顶板岩层比较完整时，对于水平顶板可根据"厚跨比"评价其稳定性。通过工程类比，较完整顶板安全厚度的厚跨比最小值为 0.50~0.87，也有的工程取为 1.0，当某溶洞的顶板厚跨比大于相应的计算值时，即认为是安全的。本次评价取安全厚度的厚跨比最小值为 1.0。

共 250 个钻孔揭示溶洞，需处理遇洞钻孔为 160 个，需处理比例为 64%。

7.3.5　单跨梁模型

原理：当顶板岩层比较完整时，将溶洞围岩视为结构自承重体系，根据洞体形态、完整程度、裂隙情况进行内力分析，求得 H，再加适当安全系数，便为顶板安全厚度。根据结构力学有

$$H = \sqrt{\frac{4KQ}{\tau}}, \quad Q = \beta pL \tag{7-4}$$

式中，Q 为最大剪力（kN）；K 为安全系数，取 $K=1.0$；β 为最大剪力系数，本次采用简支梁模型，取 $\beta=1/2$；τ 为岩体的计算抗剪强度（kPa）；p 为荷载，包括顶板自重，上覆土体自重和外载等（kN/m）；L 为洞跨（m）。

共 250 个钻孔揭示溶洞，需处理遇洞钻孔为 143 个，需处理比例为 57.2%。

7.3.6　板梁模型

据极限平衡条件，可得

$$H = K\frac{pbL}{\tau L'} \tag{7-5}$$

式中，K 为安全系数，取 $K=1.0$；p 为荷载，包括顶板自重，上覆土体自重和外载等（kN/m）；b 为溶洞的宽度（m）；L 为洞跨（m）；τ 为岩体的计算抗剪强度（kPa）；L' 为溶洞的平面周长（m），$L'=2 \left(b+L \right)$。

适用范围：适用于洞顶板完整、岩层较厚、强度较高、洞跨较小、剪力为主要控制条

件的情况。

共 250 个钻孔揭示溶洞，需处理遇洞钻孔为 43 个，需处理比例为 17.2%。

7.3.7　溶洞稳定综合分析

据钻探及测试结果，将 250 个钻孔揭示溶洞分别采用顶板抗弯强度评价硐室稳定法、顶板抗剪强度评价硐室稳定法、塌落拱理论法、类比法、单跨梁模型法和板梁模型法六种方法对每个溶洞进行稳定性评价，结果列于表 7-1。

表 7-1　研究区溶洞稳定性评价结果

序号	钻孔编号	顶板厚度 D/m	顶板抗弯强度评价硐室稳定法		顶板抗剪强度评价硐室稳定法		塌落拱理论法		类比法		单跨梁模型（剪力）		板梁模型		总结果
			D_{min}/m	结果	D_{min}/m	结果	D_{min}/m	结果	厚跨比	结果	D_{min}/m	结果	D_{min}/m	结果	
1	M1	0.5	1.4	不稳定	1.2	不稳定	2.1	不稳定	0.2	不稳定	1.8	不稳定	0.4	稳定	不稳定
2	M7	1.9	1.2	稳定	1.0	稳定	1.8	稳定	0.8	不稳定	1.6	稳定	0.3	稳定	不稳定
3	M8	1	0.9	稳定	0.7	稳定	1.4	不稳定	0.5	不稳定	1.3	不稳定	0.2	稳定	不稳定
4	M16	0.3	1.2	不稳定	1.0	不稳定	1.8	不稳定	0.1	不稳定	1.6	不稳定	0.3	不稳定	不稳定
5	M21	2	4.3	不稳定	3.9	不稳定	5.7	不稳定	0.3	不稳定	3.2	不稳定	1.3	稳定	不稳定
6	M23	1.5	2.8	不稳定	2.6	不稳定	3.8	不稳定	0.3	不稳定	2.6	不稳定	0.9	稳定	不稳定
7	M33	0.3	4.3	不稳定	3.2	不稳定	6.9	不稳定	0.0	不稳定	2.9	不稳定	1.1	不稳定	不稳定
8	M38	0.2	0.8	不稳定	0.5	不稳定	1.5	不稳定	0.1	不稳定	1.2	不稳定	0.2	稳定	不稳定
9	M39	0.6	1.5	不稳定	1.1	不稳定	2.5	不稳定	0.2	不稳定	1.7	不稳定	0.4	稳定	不稳定
10	M40	2	0.7	稳定	0.7	稳定	0.9	稳定	1.5	稳定	1.4	稳定	0.2	稳定	稳定
11	M41	0.7	0.6	稳定	0.6	稳定	0.9	不稳定	0.6	不稳定	1.2	不稳定	0.2	稳定	不稳定
12	M42	0.8	0.2	稳定	0.2	稳定	0.4	稳定	1.6	稳定	0.7	稳定	0.1	稳定	稳定
13	M54	0.6	0.4	稳定	0.3	稳定	0.5	稳定	0.9	不稳定	0.9	不稳定	0.1	稳定	不稳定
14	M62	2.6	0.7	稳定	0.5	稳定	1.0	稳定	1.9	稳定	1.3	稳定	0.2	稳定	稳定
15	M67	1.2	1.0	稳定	1.0	稳定	1.3	不稳定	0.7	不稳定	1.6	不稳定	0.3	稳定	不稳定
16	M69	0.4	3.1	不稳定	2.6	不稳定	4.6	不稳定	0.1	不稳定	2.6	不稳定	0.9	不稳定	不稳定
17	M75	2.5	0.9	稳定	0.8	稳定	1.3	稳定	1.4	稳定	1.5	稳定	0.3	稳定	稳定
18	M77	0.3	1.2	不稳定	1.0	不稳定	1.7	不稳定	0.1	不稳定	1.7	不稳定	0.3	不稳定	不稳定
19	M78	0.6	0.3	稳定	0.3	稳定	0.6	稳定	0.7	不稳定	0.8	不稳定	0.1	稳定	不稳定
20	M81	0.4	1.4	不稳定	1.3	不稳定	1.8	不稳定	0.2	不稳定	1.9	不稳定	0.4	稳定	不稳定
21	M83	2.5	1.5	稳定	1.3	稳定	2.0	稳定	0.4	不稳定	1.7	稳定	0.3	稳定	不稳定
22	M84	7.5	0.7	稳定	0.7	稳定	0.8	稳定	6.8	稳定	1.4	稳定	0.2	稳定	稳定
23	M87	2.2	0.5	稳定	0.5	稳定	0.7	稳定	2.2	稳定	1.2	稳定	0.2	稳定	稳定
24	M91	3.2	0.8	稳定	0.7	稳定	1.1	稳定	2.1	稳定	1.3	稳定	0.2	稳定	稳定
25	M92	3	1.3	稳定	1.1	稳定	1.8	稳定	1.2	稳定	1.7	稳定	0.4	稳定	稳定

续表

序号	钻孔编号	顶板厚度 D/m	顶板抗弯强度评价硐室稳定法		顶板抗剪强度评价硐室稳定法		塌落拱理论法		类比法		单跨梁模型（剪力）		板梁模型		总结果
			D_{min}/m	结果	D_{min}/m	结果	D_{min}/m	结果	厚跨比	结果	D_{min}/m	结果	D_{min}/m	结果	
26	M96	1.5	5.9	不稳定	5.4	不稳定	7.8	不稳定	0.1	不稳定	3.8	不稳定	1.8	不稳定	不稳定
27	M97	0.4	9.2	不稳定	8.4	不稳定	12.1	不稳定	0.0	不稳定	4.7	不稳定	2.8	不稳定	不稳定
28	M98	2.3	8.5	不稳定	7.9	不稳定	11.0	不稳定	0.2	不稳定	4.6	不稳定	2.6	不稳定	不稳定
29	M103	1.7	0.7	稳定	0.6	稳定	1.0	稳定	1.2	稳定	1.3	稳定	0.2	稳定	稳定
30	M107	2.4	3.8	不稳定	3.6	不稳定	4.9	不稳定	0.4	不稳定	3.1	不稳定	1.2	稳定	不稳定
31	M108	1.6	1.7	不稳定	1.5	稳定	2.2	不稳定	0.5	不稳定	2.0	不稳定	0.5	稳定	不稳定
32	M109	1	1.8	不稳定	1.5	不稳定	2.8	不稳定	0.3	不稳定	2.0	不稳定	0.5	稳定	不稳定
33	M110	1.2	2.7	不稳定	2.4	不稳定	3.6	不稳定	0.2	不稳定	2.5	不稳定	0.8	稳定	不稳定
34	M112	1.9	4.7	不稳定	3.8	不稳定	6.9	不稳定	0.2	不稳定	3.2	不稳定	1.3	稳定	不稳定
35	M120	2.7	4.6	不稳定	3.8	不稳定	6.7	不稳定	0.3	不稳定	3.2	不稳定	1.3	稳定	不稳定
36	M123	1.6	2.9	不稳定	2.6	不稳定	4.1	不稳定	0.3	不稳定	2.6	不稳定	0.9	稳定	不稳定
37	M125	0.4	1.1	不稳定	0.9	不稳定	1.5	不稳定	0.2	不稳定	1.5	不稳定	0.3	稳定	不稳定
38	M126	0.4	0.3	稳定	0.3	稳定	0.4	不稳定	0.7	不稳定	0.8	不稳定	0.1	稳定	不稳定
39	M127	1.9	3.8	不稳定	2.9	不稳定	5.9	不稳定	0.2	不稳定	2.8	不稳定	1.0	稳定	不稳定
40	M128	1.4	1.0	稳定	0.9	稳定	1.4	稳定	0.7	不稳定	1.5	不稳定	0.3	稳定	不稳定
41	M130	3.8	0.4	稳定	0.4	稳定	0.5	稳定	5.4	稳定	1.0	稳定	0.1	稳定	稳定
42	M131	3.4	1.2	稳定	1.1	稳定	1.5	稳定	1.6	稳定	1.7	稳定	0.4	稳定	稳定
43	M139	1.2	2.2	不稳定	1.8	不稳定	3.3	不稳定	0.3	不稳定	2.2	不稳定	0.6	稳定	不稳定
44	M144	1	3.2	不稳定	2.7	不稳定	4.6	不稳定	0.2	不稳定	2.7	不稳定	0.9	稳定	不稳定
45	M145	3.2	3.3	不稳定	3.0	稳定	4.4	不稳定	0.5	不稳定	2.8	稳定	1.0	稳定	不稳定
46	M146	0.2	8.3	不稳定	6.4	不稳定	13.0	不稳定	0.0	不稳定	4.1	不稳定	2.1	不稳定	不稳定
47	M147	0.3	0.4	不稳定	0.3	不稳定	0.7	不稳定	0.3	不稳定	1.0	不稳定	0.1	稳定	不稳定
48	M152	2.1	4.9	不稳定	4.5	不稳定	6.5	不稳定	0.2	不稳定	3.5	不稳定	1.5	稳定	不稳定
49	M153	0.5	0.5	稳定	0.4	稳定	0.7	不稳定	0.5	不稳定	1.0	不稳定	0.1	稳定	不稳定
50	M154	7.7	2.6	稳定	2.5	稳定	3.2	稳定	1.8	稳定	2.6	稳定	0.8	稳定	稳定
51	M159	6.9	2.2	稳定	2.2	稳定	2.5	稳定	2.0	稳定	2.4	稳定	0.7	稳定	稳定
52	M161	4.6	1.5	稳定	1.3	稳定	2.0	稳定	1.6	稳定	1.9	稳定	0.4	稳定	稳定
53	M165	5.6	0.5	稳定	0.5	稳定	0.7	稳定	6.2	稳定	1.1	稳定	0.2	稳定	稳定
54	M166	4.5	2.4	稳定	2.5	稳定	2.9	稳定	1.1	稳定	2.6	稳定	0.8	稳定	稳定
55	M167	2.6	4.8	不稳定	4.7	不稳定	6.0	不稳定	0.3	不稳定	3.5	不稳定	1.6	稳定	不稳定
56	M168	1.8	0.3	稳定	0.3	稳定	0.4	稳定	3.0	稳定	0.8	稳定	0.1	稳定	稳定
57	M169	3	1.0	稳定	0.9	稳定	1.4	稳定	1.6	稳定	1.6	稳定	0.3	稳定	稳定
58	M170	2.1	2.2	不稳定	1.8	稳定	3.3	不稳定	0.5	不稳定	2.2	不稳定	0.6	稳定	不稳定
59	M172	0.4	1.9	不稳定	1.6	不稳定	2.8	不稳定	0.1	不稳定	2.1	不稳定	0.5	不稳定	不稳定

续表

序号	钻孔编号	顶板厚度 D/m	顶板抗弯强度评价硐室稳定法		顶板抗剪强度评价硐室稳定法		塌落拱理论法		类比法		单跨梁模型（剪力）		板梁模型		总结果
			D_{min}/m	结果	D_{min}/m	结果	D_{min}/m	结果	厚跨比	结果	D_{min}/m	结果	D_{min}/m	结果	
60	M173	1.1	1.8	不稳定	1.5	不稳定	2.5	不稳定	0.3	不稳定	2.0	不稳定	0.5	稳定	不稳定
61	M174	1.8	1.2	稳定	1.1	稳定	1.7	稳定	0.8	不稳定	1.7	稳定	0.4	稳定	不稳定
62	M175	0.5	4.6	不稳定	3.8	不稳定	6.6	不稳定	0.1	不稳定	3.2	不稳定	1.3	不稳定	不稳定
63	M180	1	0.5	稳定	0.5	稳定	0.7	稳定	1.0	稳定	1.2	不稳定	0.2	稳定	不稳定
64	M181	2.2	2.1	稳定	1.8	稳定	3.1	不稳定	0.5	不稳定	2.2	稳定	0.6	稳定	不稳定
65	M182	0.3	4.1	不稳定	3.2	不稳定	6.4	不稳定	0.0	不稳定	2.9	不稳定	1.1	不稳定	不稳定
66	M185	3	0.6	稳定	0.5	稳定	0.9	稳定	2.5	稳定	1.2	稳定	0.2	稳定	稳定
67	M193	6.2	2.8	稳定	2.8	稳定	3.6	稳定	1.3	稳定	2.7	稳定	0.9	稳定	稳定
68	M194	2.7	3.5	不稳定	3.0	不稳定	4.9	不稳定	0.4	不稳定	2.9	不稳定	1.0	稳定	不稳定
69	M195	2.6	2.9	不稳定	2.7	不稳定	3.9	不稳定	0.5	不稳定	2.7	不稳定	0.9	稳定	不稳定
70	M198	1.1	0.6	稳定	0.4	稳定	0.9	稳定	0.9	不稳定	1.1	稳定	0.1	稳定	稳定
71	M203	4.5	0.9	稳定	0.8	稳定	1.2	稳定	2.6	稳定	1.5	稳定	0.3	稳定	稳定
72	M211	0.5	0.9	不稳定	0.8	不稳定	1.3	不稳定	0.3	不稳定	1.5	不稳定	0.3	稳定	不稳定
73	M213	0.2	0.6	不稳定	0.5	不稳定	0.9	不稳定	0.2	不稳定	1.2	不稳定	0.2	稳定	不稳定
74	M214	1.2	0.5	稳定	0.4	稳定	0.7	稳定	1.2	稳定	1.0	稳定	0.1	稳定	稳定
75	M220	4.7	3.0	稳定	2.9	稳定	3.8	稳定	0.9	不稳定	2.8	稳定	1.0	稳定	不稳定
76	M221	1.6	4.3	不稳定	3.5	不稳定	6.5	不稳定	0.2	不稳定	3.0	不稳定	1.2	稳定	不稳定
77	M228	1.4	0.5	稳定	0.5	稳定	0.7	稳定	1.4	稳定	1.1	稳定	0.2	稳定	稳定
78	M230	2.9	0.4	稳定	0.4	稳定	0.6	稳定	3.6	稳定	1.0	稳定	0.1	稳定	稳定
79	M236	0.7	1.4	不稳定	1.1	不稳定	2.2	不稳定	0.2	不稳定	1.7	不稳定	0.4	不稳定	不稳定
80	M244	1	0.2	稳定	0.2	稳定	0.3	稳定	2.5	稳定	0.6	稳定	0.1	稳定	稳定
81	M249	0.2	0.7	不稳定	0.6	不稳定	1.1	不稳定	0.1	不稳定	1.3	不稳定	0.2	不稳定	不稳定
82	M257	3.5	0.1	稳定	0.1	稳定	0.1	稳定	17.5	稳定	0.5	稳定	0.0	稳定	稳定
83	M259	0.5	0.9	不稳定	0.7	不稳定	1.4	不稳定	0.3	不稳定	1.4	不稳定	0.2	稳定	不稳定
84	M266	0.9	1.0	不稳定	0.8	稳定	1.6	不稳定	0.4	不稳定	1.5	不稳定	0.3	稳定	不稳定
85	M270	0.3	4.6	不稳定	3.8	不稳定	6.7	不稳定	0.0	不稳定	3.2	不稳定	1.3	不稳定	不稳定
86	M273	1.1	1.7	不稳定	1.4	不稳定	2.4	不稳定	0.3	不稳定	2.0	不稳定	0.5	稳定	不稳定
87	M272	0.2	5.2	不稳定	4.6	不稳定	7.0	不稳定	0.0	不稳定	3.5	不稳定	1.5	不稳定	不稳定
88	M278	2.2	0.7	稳定	0.6	稳定	0.9	稳定	1.7	稳定	1.3	稳定	0.2	稳定	稳定
89	M289	2.3	2.6	不稳定	2.2	稳定	3.6	不稳定	0.5	不稳定	2.4	不稳定	0.7	稳定	不稳定
90	M290	3.2	5.5	不稳定	5.7	不稳定	6.4	不稳定	0.4	不稳定	3.9	不稳定	1.9	稳定	不稳定
91	M292	3.1	4.2	不稳定	3.9	不稳定	5.5	不稳定	0.4	不稳定	3.2	不稳定	1.3	稳定	不稳定
92	M297	0.5	1.3	不稳定	1.2	不稳定	1.9	不稳定	0.2	不稳定	1.8	不稳定	0.4	稳定	不稳定
93	M299	0.8	1.1	不稳定	1.0	不稳定	1.4	不稳定	0.4	不稳定	1.6	不稳定	0.3	稳定	不稳定

续表

序号	钻孔编号	顶板厚度 D/m	顶板抗弯强度评价硐室稳定法		顶板抗剪强度评价硐室稳定法		塌落拱理论法		类比法		单跨梁模型（剪力）		板梁模型		总结果
			D_{min}/m	结果	D_{min}/m	结果	D_{min}/m	结果	厚跨比	结果	D_{min}/m	结果	D_{min}/m	结果	
94	M304	4	11.4	不稳定	10.7	不稳定	14.6	不稳定	0.2	不稳定	5.4	不稳定	3.6	稳定	不稳定
95	M305	1.1	2.7	不稳定	2.4	不稳定	3.6	不稳定	0.2	不稳定	2.5	不稳定	0.8	稳定	不稳定
96	M306	1.6	1.1	稳定	0.9	稳定	1.4	稳定	0.8	不稳定	1.6	稳定	0.3	稳定	不稳定
97	M308	0.5	0.5	不稳定	0.4	稳定	0.7	不稳定	0.5	不稳定	1.1	不稳定	0.1	稳定	不稳定
98	M315	0.8	2.5	不稳定	2.3	不稳定	3.2	不稳定	0.2	不稳定	2.5	不稳定	0.8	稳定	不稳定
99	M316	0.6	0.2	稳定	0.2	稳定	0.3	稳定	1.5	稳定	0.7	不稳定	0.1	稳定	不稳定
100	M317	0.2	1.4	不稳定	1.1	不稳定	2.0	不稳定	0.1	不稳定	1.7	不稳定	0.4	不稳定	不稳定
101	M319	0.7	2.7	不稳定	2.4	不稳定	3.6	不稳定	0.1	不稳定	2.5	不稳定	0.8	不稳定	不稳定
102	M320	2.1	0.3	稳定	0.2	稳定	0.4	稳定	4.2	稳定	0.8	稳定	0.1	稳定	稳定
103	M322	0.6	2.0	不稳定	1.7	不稳定	3.0	不稳定	0.1	不稳定	2.1	不稳定	0.6	稳定	不稳定
104	M323	0.1	3.0	不稳定	2.4	不稳定	4.3	不稳定	0.0	不稳定	2.5	不稳定	0.8	不稳定	不稳定
105	M330	1.8	3.6	不稳定	3.0	不稳定	5.3	不稳定	0.2	不稳定	2.8	不稳定	1.0	稳定	不稳定
106	M331	2.2	0.5	稳定	0.4	稳定	0.7	稳定	2.2	稳定	1.0	稳定	0.1	稳定	稳定
107	M332	1.3	0.5	稳定	0.4	稳定	0.7	稳定	1.3	稳定	1.1	稳定	0.1	稳定	稳定
108	M333	2	0.8	稳定	0.6	稳定	1.1	稳定	1.3	稳定	1.3	稳定	0.2	稳定	稳定
109	M334	0.9	3.5	不稳定	2.8	不稳定	5.4	不稳定	0.1	不稳定	2.7	不稳定	0.9	不稳定	不稳定
110	M336	1	0.3	稳定	0.3	稳定	0.4	稳定	1.7	稳定	0.8	稳定	0.1	稳定	稳定
111	M338	0.6	2.2	不稳定	1.9	不稳定	3.0	不稳定	0.1	不稳定	2.2	不稳定	0.6	不稳定	不稳定
112	M339	3.9	0.7	稳定	0.6	稳定	0.9	稳定	3.3	稳定	1.3	稳定	0.2	稳定	稳定
113	M341	2	1.0	稳定	0.8	稳定	1.4	稳定	1.1	稳定	1.5	稳定	0.3	稳定	稳定
114	M343	2	8.4	不稳定	7.5	不稳定	10.8	不稳定	0.1	不稳定	20.1	不稳定	2.5	不稳定	不稳定
115	M351	0.8	0.4	稳定	0.4	稳定	0.7	稳定	0.9	不稳定	1.0	稳定	0.1	稳定	不稳定
116	M352	0.3	1.2	不稳定	1.0	不稳定	1.8	不稳定	0.1	不稳定	1.6	不稳定	0.3	不稳定	不稳定
117	M353	0.5	1.1	不稳定	0.9	不稳定	1.6	不稳定	0.2	不稳定	1.6	不稳定	0.3	稳定	不稳定
118	M357	1.3	0.5	稳定	0.4	稳定	0.7	稳定	1.3	稳定	1.0	稳定	0.1	稳定	稳定
119	M358	1.2	0.2	稳定	0.1	稳定	0.2	稳定	4.0	稳定	0.6	稳定	0.0	稳定	稳定
120	M359	0.5	3.9	不稳定	3.2	不稳定	5.7	不稳定	0.1	不稳定	2.9	不稳定	1.1	不稳定	不稳定
121	M360	3.4	1.5	稳定	1.5	稳定	1.9	稳定	1.3	稳定	2.0	稳定	0.5	稳定	稳定
122	M364	0.7	3.9	不稳定	3.4	不稳定	5.4	不稳定	0.1	不稳定	3.0	不稳定	1.1	不稳定	不稳定
123	M370	0.4	0.8	不稳定	0.6	不稳定	1.2	不稳定	0.3	不稳定	1.3	不稳定	0.2	稳定	不稳定
124	M371	0.7	0.6	稳定	0.5	稳定	0.9	稳定	0.5	不稳定	1.2	不稳定	0.2	稳定	不稳定
125	M373	0.6	0.5	稳定	0.4	稳定	0.8	不稳定	0.5	不稳定	1.0	不稳定	0.1	稳定	不稳定
126	M374	0.4	2.1	不稳定	1.6	不稳定	3.2	不稳定	0.1	不稳定	2.1	不稳定	0.5	不稳定	不稳定
127	M375	0.5	1.5	不稳定	1.3	不稳定	2.1	不稳定	0.2	不稳定	1.8	不稳定	0.4	稳定	不稳定

序号	钻孔编号	顶板厚度 D/m	顶板抗弯强度评价硐室稳定法		顶板抗剪强度评价硐室稳定法		塌落拱理论法		类比法		单跨梁模型（剪力）		板梁模型		总结果
			D_{min}/m	结果	D_{min}/m	结果	D_{min}/m	结果	厚跨比	结果	D_{min}/m	结果	D_{min}/m	结果	
128	M376	2.3	2.2	稳定	1.9	稳定	3.0	不稳定	0.6	不稳定	2.2	稳定	0.6	稳定	不稳定
129	M378	3.2	2.6	稳定	2.3	稳定	3.6	不稳定	0.6	不稳定	2.5	稳定	0.8	稳定	不稳定
130	M387	0.2	0.8	不稳定	0.7	不稳定	1.2	不稳定	0.1	不稳定	1.3	不稳定	0.2	不稳定	不稳定
131	M388	0.3	1.9	不稳定	1.6	不稳定	2.8	不稳定	0.1	不稳定	2.1	不稳定	0.5	不稳定	不稳定
132	M389	3.7	0.7	稳定	0.6	稳定	0.9	稳定	2.8	稳定	1.2	稳定	0.2	稳定	稳定
133	M390	1.1	0.2	稳定	0.2	稳定	0.3	稳定	2.8	稳定	0.7	稳定	0.1	稳定	稳定
134	M391	1.7	3.6	不稳定	3.3	不稳定	4.6	不稳定	0.3	不稳定	3.0	不稳定	1.1	稳定	不稳定
135	M395	4.2	1.7	稳定	1.5	稳定	2.4	稳定	1.3	稳定	2.0	稳定	0.5	稳定	稳定
136	M402	2	2.1	不稳定	1.7	稳定	3.3	不稳定	0.4	不稳定	2.1	不稳定	0.6	稳定	不稳定
137	M403	0.5	1.7	不稳定	1.4	不稳定	2.5	不稳定	0.1	不稳定	1.9	不稳定	0.5	不稳定	不稳定
138	M406	0.6	3.3	不稳定	2.8	不稳定	4.6	不稳定	0.1	不稳定	2.8	不稳定	0.9	不稳定	不稳定
139	M411	0.9	1.1	不稳定	0.9	不稳定	1.7	不稳定	0.4	不稳定	1.6	不稳定	0.3	稳定	不稳定
140	M415	0.7	1.3	不稳定	1.1	不稳定	1.7	不稳定	0.4	不稳定	1.7	不稳定	0.4	稳定	不稳定
141	M416	0.8	1.1	不稳定	1.0	不稳定	1.4	不稳定	0.4	不稳定	1.6	不稳定	0.3	稳定	不稳定
142	M418	0.3	2.0	不稳定	1.8	不稳定	2.6	不稳定	0.1	不稳定	2.2	不稳定	0.6	不稳定	不稳定
143	M419	3.7	2.3	稳定	2.6	稳定	2.5	稳定	1.1	稳定	2.6	稳定	0.9	稳定	稳定
144	M420	0.2	1.6	不稳定	1.4	不稳定	2.3	不稳定	0.1	不稳定	1.9	不稳定	0.5	不稳定	不稳定
145	M421	0.2	2.9	不稳定	2.2	不稳定	4.6	不稳定	0.0	不稳定	2.4	不稳定	0.7	不稳定	不稳定
146	M423	2.9	0.2	稳定	0.1	稳定	0.2	稳定	9.7	稳定	0.6	稳定	0.0	稳定	稳定
147	M428	1.7	4.8	不稳定	3.8	不稳定	7.2	不稳定	0.2	不稳定	3.2	不稳定	1.3	稳定	不稳定
148	M434	1.8	0.8	稳定	0.8	稳定	1.1	稳定	1.2	稳定	1.5	稳定	0.3	稳定	稳定
149	M435	0.3	4.5	不稳定	4.0	不稳定	6.1	不稳定	0.0	不稳定	3.3	不稳定	1.3	不稳定	不稳定
150	M439	1.4	0.4	稳定	0.5	稳定	0.5	稳定	2.0	稳定	0.9	稳定	0.1	稳定	稳定
151	M442	2.9	1.2	稳定	1.0	稳定	1.7	稳定	1.3	稳定	1.6	稳定	0.3	稳定	稳定
152	M443	1.5	12.2	不稳定	11.0	不稳定	16.4	不稳定	0.1	不稳定	5.4	不稳定	3.7	不稳定	不稳定
153	M449	3.3	0.7	稳定	0.6	稳定	1.0	稳定	2.4	稳定	1.3	稳定	0.2	稳定	稳定
154	M454	0.7	0.5	稳定	0.4	稳定	0.7	不稳定	0.7	不稳定	1.1	不稳定	0.1	稳定	不稳定
155	M457	0.6	2.2	不稳定	2.0	不稳定	2.9	不稳定	0.2	不稳定	2.3	不稳定	0.7	不稳定	不稳定
156	M459	0.8	3.3	不稳定	2.8	不稳定	4.5	不稳定	0.1	不稳定	2.8	不稳定	0.9	不稳定	不稳定
157	M463	4.2	2.5	稳定	2.1	稳定	3.4	稳定	0.9	不稳定	2.4	稳定	0.7	稳定	不稳定
158	M464	0.7	1.4	不稳定	1.1	不稳定	2.0	不稳定	0.3	不稳定	1.7	不稳定	0.4	稳定	不稳定
159	M465	1.1	12.9	不稳定	11.1	不稳定	16.5	不稳定	0.0	不稳定	29.7	不稳定	3.7	不稳定	不稳定
160	M466	1	3.5	不稳定	3.1	不稳定	4.7	不稳定	0.2	不稳定	2.9	不稳定	1.0	不稳定	不稳定
161	M468	0.2	0.7	不稳定	0.6	不稳定	1.0	不稳定	0.1	不稳定	1.2	不稳定	0.2	稳定	不稳定

续表

序号	钻孔编号	顶板厚度 D/m	顶板抗弯强度评价硐室稳定法		顶板抗剪强度评价硐室稳定法		塌落拱理论法		类比法		单跨梁模型（剪力）		板梁模型		总结果
			D_{min}/m	结果	D_{min}/m	结果	D_{min}/m	结果	厚跨比	结果	D_{min}/m	结果	D_{min}/m	结果	
162	M469	0.2	1.1	不稳定	0.8	不稳定	1.8	不稳定	0.1	不稳定	1.4	不稳定	0.3	不稳定	不稳定
163	M473	1.3	2.2	不稳定	1.8	不稳定	3.2	不稳定	0.3	不稳定	2.2	不稳定	0.6	稳定	不稳定
164	M474	4.4	1.2	稳定	1.2	稳定	1.5	稳定	2.1	稳定	1.8	稳定	0.4	稳定	稳定
165	M478	1	0.9	稳定	0.8	稳定	1.2	不稳定	0.6	不稳定	1.5	不稳定	0.3	稳定	不稳定
166	M483	1	1.0	稳定	0.8	稳定	1.4	不稳定	0.5	不稳定	1.5	不稳定	0.3	稳定	不稳定
167	M485	1.1	3.0	不稳定	2.3	不稳定	4.9	不稳定	0.2	不稳定	2.5	不稳定	0.8	稳定	不稳定
168	M491	4.9	3.5	稳定	3.4	稳定	4.4	稳定	0.8	不稳定	3.0	稳定	1.1	稳定	不稳定
169	M493	7.8	4.9	稳定	4.9	稳定	5.9	稳定	1.0	不稳定	3.6	稳定	1.6	稳定	不稳定
170	M509	1.6	1.9	不稳定	1.7	不稳定	2.5	不稳定	0.5	不稳定	2.1	不稳定	0.6	稳定	不稳定
171	M517	0.3	0.8	不稳定	0.6	不稳定	1.2	不稳定	0.2	不稳定	1.3	不稳定	0.2	稳定	不稳定
172	M518	0.2	1.1	不稳定	1.0	不稳定	1.6	不稳定	0.1	不稳定	1.6	不稳定	0.3	不稳定	不稳定
173	M519	0.8	1.1	不稳定	1.0	不稳定	1.5	不稳定	0.4	不稳定	1.6	不稳定	0.3	稳定	不稳定
174	M528	2.2	2.1	稳定	1.9	稳定	2.8	不稳定	0.6	不稳定	2.3	不稳定	0.6	稳定	不稳定
175	M529	1.2	1.2	稳定	1.0	稳定	1.7	不稳定	0.5	不稳定	1.7	不稳定	0.3	稳定	不稳定
176	M545	5.7	1.5	稳定	1.5	稳定	1.9	稳定	2.2	稳定	2.0	稳定	0.5	稳定	稳定
177	M546	1.2	1.4	不稳定	1.3	不稳定	1.8	不稳定	0.5	不稳定	1.8	不稳定	0.4	稳定	不稳定
178	M551	0.9	0.3	稳定	0.2	稳定	0.4	稳定	1.8	稳定	0.8	稳定	0.1	稳定	稳定
179	M567	4.1	1.1	稳定	1.0	稳定	1.4	稳定	2.1	稳定	1.6	稳定	0.3	稳定	稳定
180	M568	5.4	0.5	稳定	0.5	稳定	0.7	稳定	6.0	稳定	1.2	稳定	0.2	稳定	稳定
181	M574	1.3	1.2	稳定	1.0	稳定	1.7	不稳定	0.5	不稳定	1.6	不稳定	0.3	稳定	不稳定
182	M576	1.5	0.3	稳定	0.3	稳定	0.4	稳定	2.5	稳定	0.8	稳定	0.1	稳定	稳定
183	M587	2.3	0.9	稳定	0.8	稳定	1.2	稳定	1.4	稳定	1.4	稳定	0.3	稳定	稳定
184	M597	8	0.6	稳定	0.7	稳定	0.7	稳定	8.0	稳定	1.3	稳定	0.2	稳定	稳定
185	M598	0.8	0.2	稳定	0.2	稳定	0.4	稳定	1.6	稳定	0.7	稳定	0.1	稳定	稳定
186	M608	1	0.4	稳定	0.4	稳定	0.7	稳定	1.1	稳定	1.0	稳定	0.1	稳定	稳定
187	M618	0.6	0.7	不稳定	0.6	稳定	1.1	不稳定	0.4	不稳定	1.3	不稳定	0.2	稳定	不稳定
188	M671	0.7	0.4	稳定	0.4	稳定	0.6	稳定	0.9	不稳定	1.0	不稳定	0.1	稳定	不稳定
189	M672	0.9	0.4	稳定	0.3	稳定	0.5	稳定	1.3	稳定	0.9	不稳定	0.1	稳定	不稳定
190	M675	0.7	0.5	稳定	0.4	稳定	0.9	不稳定	0.6	不稳定	1.0	不稳定	0.1	稳定	不稳定
191	M681	1.9	0.3	稳定	0.2	稳定	0.5	稳定	2.7	稳定	0.8	稳定	0.1	稳定	稳定
192	M683	1.2	0.4	稳定	0.3	稳定	0.6	稳定	1.5	稳定	0.8	稳定	0.1	稳定	稳定
193	M685	0.2	2.3	不稳定	1.9	不稳定	3.3	不稳定	0.0	不稳定	2.2	不稳定	0.6	不稳定	不稳定
194	M690	0.3	0.4	不稳定	0.3	不稳定	0.7	不稳定	0.3	不稳定	0.9	不稳定	0.1	稳定	不稳定
195	M692	2	3.8	不稳定	3.4	不稳定	5.1	不稳定	0.3	不稳定	3.0	不稳定	1.1	稳定	不稳定

续表

序号	钻孔编号	顶板厚度 D/m	顶板抗弯强度评价硐室稳定法		顶板抗剪强度评价硐室稳定法		塌落拱理论法		类比法		单跨梁模型（剪力）		板梁模型		总结果
			D_{min}/m	结果	D_{min}/m	结果	D_{min}/m	结果	厚跨比	结果	D_{min}/m	结果	D_{min}/m	结果	
196	M695	0.9	0.2	稳定	0.2	稳定	0.4	稳定	1.8	稳定	0.7	稳定	0.1	稳定	稳定
197	M697	1.5	0.3	稳定	0.3	稳定	0.5	稳定	2.1	稳定	0.9	稳定	0.1	稳定	稳定
198	M704	2.8	4.2	不稳定	3.6	不稳定	5.9	不稳定	0.3	不稳定	3.1	不稳定	1.2	稳定	不稳定
199	M707	3	0.5	稳定	0.4	稳定	0.7	稳定	3.0	稳定	1.1	稳定	0.1	稳定	稳定
200	M713	0.4	4.1	不稳定	3.3	不稳定	5.9	不稳定	0.0	不稳定	3.0	不稳定	1.1	不稳定	不稳定
201	M714	3.5	3.8	不稳定	3.4	稳定	5.2	不稳定	0.5	不稳定	3.0	稳定	1.1	稳定	不稳定
202	M719	3	1.6	稳定	1.4	稳定	2.2	稳定	1.0	稳定	2.0	稳定	0.5	稳定	不稳定
203	M720	1.9	1.0	稳定	0.9	稳定	1.4	稳定	1.0	稳定	1.5	稳定	0.3	稳定	不稳定
204	M727	1.5	0.9	稳定	0.8	稳定	1.3	稳定	0.8	稳定	1.5	稳定	0.3	稳定	不稳定
205	M730	4.6	1.5	稳定	1.3	稳定	2.1	稳定	1.6	稳定	1.8	稳定	0.4	稳定	稳定
206	M731	2.2	0.9	稳定	0.8	稳定	1.2	稳定	1.3	稳定	1.5	稳定	0.3	稳定	稳定
207	M733	0.7	1.1	不稳定	0.9	不稳定	1.8	不稳定	0.3	不稳定	1.5	不稳定	0.3	稳定	不稳定
208	M734	1.1	4.1	不稳定	2.9	不稳定	7.0	不稳定	0.1	不稳定	2.8	不稳定	1.0	稳定	不稳定
209	M736	1.8	1.9	不稳定	1.5	稳定	3.0	不稳定	0.4	不稳定	2.0	不稳定	0.5	稳定	不稳定
210	M738	7.8	2.3	稳定	2.1	稳定	2.9	稳定	2.0	稳定	2.4	稳定	0.7	稳定	稳定
211	M740	2.7	1.4	稳定	1.3	稳定	1.9	稳定	1.0	稳定	1.9	稳定	0.4	稳定	稳定
212	M741	6.9	3.3	稳定	2.9	稳定	4.5	稳定	1.1	稳定	2.8	稳定	1.0	稳定	稳定
213	B407	1.5	0.1	稳定	0.1	稳定	0.1	稳定	7.5	稳定	0.5	稳定	0.0	稳定	稳定
214	B476	0.6	0.9	不稳定	0.8	不稳定	1.2	不稳定	0.4	不稳定	1.5	不稳定	0.3	稳定	不稳定
215	B484	0.4	3.2	不稳定	2.7	不稳定	4.5	不稳定	0.1	不稳定	2.7	不稳定	0.9	不稳定	不稳定
216	B486	1.2	3.6	不稳定	3.2	不稳定	5.1	不稳定	0.2	不稳定	2.9	不稳定	1.1	稳定	不稳定
217	B572	5.7	2.6	稳定	2.4	稳定	3.4	稳定	1.2	稳定	2.6	稳定	0.8	稳定	稳定
218	B939	4.3	1.1	稳定	1.1	稳定	1.2	稳定	2.5	稳定	1.7	稳定	0.4	稳定	稳定
219	B799	0.5	0.6	不稳定	0.3	稳定	1.3	不稳定	0.3	不稳定	0.9	不稳定	0.1	稳定	不稳定
220	YZ2	1.3	2.0	不稳定	1.8	不稳定	2.7	不稳定	0.4	不稳定	2.2	不稳定	0.6	稳定	不稳定
221	YZ4	4.7	0.1	稳定	0.1	稳定	0.1	稳定	23.5	稳定	0.6	稳定	0.0	稳定	稳定
222	YZ5	0.7	1.2	不稳定	1.0	不稳定	1.8	不稳定	0.3	不稳定	1.6	不稳定	0.3	稳定	不稳定
223	YZ8	1	2.7	不稳定	2.4	不稳定	3.6	不稳定	0.2	不稳定	2.5	不稳定	0.8	稳定	不稳定
224	YZ12	10.5	1.3	稳定	1.2	稳定	1.7	稳定	4.4	稳定	1.8	稳定	0.4	稳定	稳定
225	YZ15	1.2	1.6	不稳定	1.3	不稳定	2.5	不稳定	0.4	不稳定	1.8	不稳定	0.4	稳定	不稳定
226	YZ21	6.7	1.9	稳定	1.9	稳定	2.3	稳定	2.1	稳定	2.2	稳定	0.6	稳定	稳定
227	YZ22	1.4	3.8	不稳定	3.0	不稳定	5.7	不稳定	0.2	不稳定	2.8	不稳定	1.0	稳定	不稳定
228	YZ23	4.1	0.2	稳定	0.2	稳定	0.3	稳定	10.3	稳定	0.8	稳定	0.1	稳定	稳定
229	YZ24	1	3.5	不稳定	3.1	不稳定	4.9	不稳定	0.1	不稳定	2.9	不稳定	1.0	不稳定	不稳定

续表

序号	钻孔编号	顶板厚度 D/m	顶板抗弯强度评价硐室稳定法		顶板抗剪强度评价硐室稳定法		塌落拱理论法		类比法		单跨梁模型（剪力）		板梁模型		总结果
			D_{min}/m	结果	D_{min}/m	结果	D_{min}/m	结果	厚跨比	结果	D_{min}/m	结果	D_{min}/m	结果	
230	YZ25	6.1	1.5	稳定	1.4	稳定	1.9	稳定	2.3	稳定	1.9	稳定	0.5	稳定	稳定
231	YZ26	5.9	2.2	稳定	1.8	稳定	3.1	稳定	1.4	稳定	2.2	稳定	0.6	稳定	稳定
232	YZ35	3.5	0.8	稳定	0.7	稳定	1.0	稳定	2.5	稳定	1.4	稳定	0.2	稳定	稳定
233	YZ38	3.8	3.7	稳定	3.7	稳定	4.6	不稳定	0.6	不稳定	3.1	稳定	1.2	稳定	不稳定
234	YZ46	3.4	0.3	稳定	0.2	稳定	0.4	稳定	5.7	稳定	0.8	稳定	0.1	稳定	稳定
235	YZ47	0.4	1.1	不稳定	0.9	不稳定	1.6	不稳定	0.2	不稳定	1.6	不稳定	0.3	稳定	不稳定
236	YZ51	0.6	0.9	不稳定	0.7	不稳定	1.4	稳定	0.3	不稳定	1.4	稳定	0.2	稳定	不稳定
237	YZ59	2	0.2	稳定	0.2	稳定	0.4	稳定	4.0	稳定	0.7	稳定	0.1	稳定	稳定
238	YZ60	4.5	1.5	稳定	1.4	稳定	2.1	稳定	1.6	稳定	1.9	稳定	0.5	稳定	稳定
239	YZ61	7.1	0.5	稳定	0.4	稳定	0.6	稳定	8.9	稳定	1.1	稳定	0.1	稳定	稳定
240	YZ64	3.3	1.8	稳定	1.7	稳定	2.5	稳定	1.0	不稳定	2.1	稳定	0.6	稳定	不稳定
241	YZ66	5.2	2.7	稳定	2.6	稳定	3.4	稳定	1.1	稳定	2.7	稳定	0.9	稳定	稳定
242	YZ68	0.6	0.8	不稳定	0.7	不稳定	1.2	不稳定	0.4	不稳定	1.4	不稳定	0.2	稳定	不稳定
243	YZ69	0.8	0.2	稳定	0.2	稳定	0.4	稳定	1.6	稳定	0.7	稳定	0.1	稳定	稳定
244	YZ70	1.1	0.5	稳定	0.4	稳定	0.7	稳定	1.2	稳定	1.0	稳定	0.1	稳定	稳定
245	YZ73	0.5	0.1	稳定	0.1	稳定	0.1	稳定	2.5	稳定	0.5	稳定	0.1	稳定	稳定
246	YZ75	2.3	1.8	稳定	1.6	稳定	2.5	不稳定	0.7	不稳定	2.0	稳定	0.5	稳定	不稳定
247	YZ76	6.1	0.6	稳定	0.6	稳定	0.7	稳定	6.1	稳定	1.2	稳定	0.1	稳定	稳定
248	YZ78	0.8	0.5	稳定	0.4	稳定	0.8	稳定	0.7	稳定	1.1	不稳定	0.1	稳定	不稳定
249	YZ80	1.2	0.4	稳定	0.4	稳定	0.7	稳定	1.3	稳定	1.0	稳定	0.1	稳定	稳定
250	YZ81	2.4	1.2	稳定	1.1	稳定	1.7	稳定	1.0	稳定	1.7	稳定	0.4	稳定	稳定

　　六种方法计算结果对比见表 7-2，250 个钻孔揭示溶洞中，考虑多种因素综合评价，需要处理遇洞钻孔为 163 个，需要处理比例为 65.2%，其中，163 个不稳定溶洞钻孔分布如图 7-4 所示。初步判断研究区岩溶发育强，其隐伏溶洞群规模较大，对工程建设危害巨大。

表 7-2　六种方法计算结果对比

方法	顶板抗弯强度评价硐室稳定法	顶板抗剪强度评价硐室稳定法	塌落拱理论法	类比法	单跨梁模型（剪力）	板梁模型	六种方法总结果
不稳定数量	122	111	141	160	143	43	163
百分比/%	48.8	44.4	56.4	64	57.2	17.2	65.2
备注	共 250 个钻孔揭示溶洞（不含加密孔）						

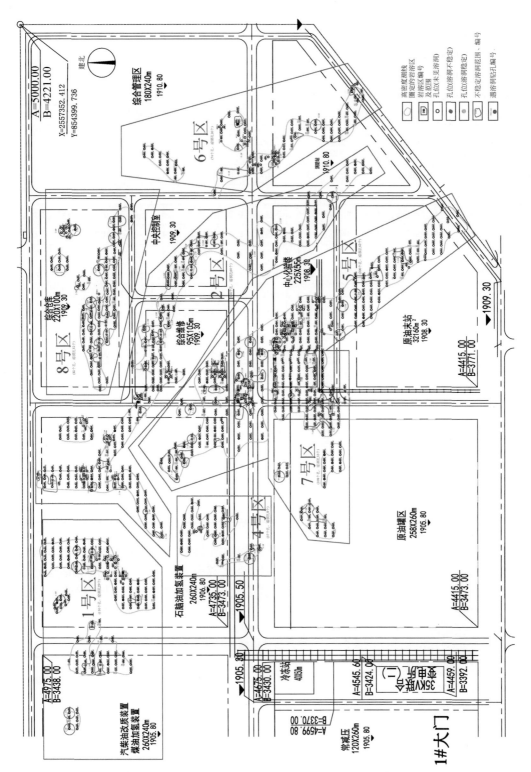

图 7-4　场地不稳定溶洞分布图

以上六种方法是根据前人工程实践经验和理论相结合而得出，具有一定的可靠性和实用性。顶板抗弯强度评价硐室稳定法和顶板抗剪强度评价硐室稳定法是《工程地质手册》（第四版）中专门针对岩溶洞穴稳定性评价的方法，适用于顶板岩层比较完整，强度较高，已知顶板厚度和裂隙切割的情况；塌落拱理论法是根据一些矿山坑道多年观测和松散体介质中的模型试验得出，适用于顶板岩体被裂隙切割成块状岩体或碎块状的溶洞；类比法据工程实践经验及前人的研究成果得出，其公式简单，考虑的因素较少，适用于各种溶洞顶板厚度稳定性的初步评价；单跨梁模型法和板梁模型法为《工程地质手册》（第四版）中针对地下硐室稳定性评价的方法，适用于硐室顶板岩层比较完整的情况。六种方法综合集成评判，互相类比和相互补充，对溶洞发育类型、特征、结构和稳定性进行综合评价，为岩溶地基处理提供思路，增强工程建设的安全性。但由于研究区岩溶发育的复杂性、多变性和特殊性，而六种公式方法均采用的是将溶洞进行简单概化计算，并不能反映溶洞的复杂性、多变性和特殊性，致使评价结果与实际存在一定差异。因此需要寻求另一种更能反映实际情况的方法来对溶洞稳定性进行评价，FLAC^{3D} 数值模拟便是一种行之有效的方法，它能够进行土质、岩石和其他材料的三维结构受力特性模拟和塑性流动分析，较真实地反映溶洞顶板受力后的应力、应变变化过程。

7.4 基于数值模拟的溶洞稳定性分析

7.4.1 计算软件及模拟方案

7.4.1.1 FLAC^{3D}软件简介

FLAC^{3D}（Fast Lagrangian Analysis of Continua）是由美国 Itasca 公司开发的。目前，FLAC 有二维和三维计算程序两个版本。FLAC^{3D}是二维的有限差分程序 FLAC^{2D}的扩展，能够进行土质、岩石和其他材料的三维结构受力特性模拟和塑性流动分析。调整三维网格中的多面体单元来拟合实际的结构。单元材料可采用线性或非线性本构模型，在外力作用下，当材料发生屈服流动后，网格能够相应发生变形和移动（大变形模式）。FLAC^{3D}采用的显式拉格朗日算法和混合-离散分区技术能够非常准确模拟材料的塑性破坏和流动。由于无须形成刚度矩阵，因此，基于较小内存空间就能够求解大范围的三维问题。FLAC^{3D}是采用 ANSI C++语言编写的。FLAC^{3D}有以下几个优点：

（1）对模拟塑性破坏和塑性流动采用的是"混合离散法"。这种方法比有限元法中通常采用的"离散集成法"更为准确、合理。

（2）即使模拟的系统是静态的，仍采用了动态运动方程，这使得 FLAC^{3D}在模拟物理上的不稳定过程中不存在数值上的障碍。

（3）采用了一个"显式解"方案。因此，显式解方案对非线性的应力-应变关系的求解所花费的时间，几乎与线性本构关系相同，而隐式求解方案将会花费较长的时间求解非线性问题。而且，它没有必要存储刚度矩阵，这就意味着采用中等容量的内存可以求解多单元结构；模拟大变形问题几乎并不比小变形问题消耗更多的计算时间，因为没有任何刚度矩阵要被修改。

20 世纪 90 年代中期以来，中国高校开始引进 FLAC 及 FLAC³ᴰ等软件，研究院、研究所及工程公司也拥有相当数量的用户，土建、交通、采矿、地质、水利等工业部门也应用 FLAC 及 FLAC³ᴰ系统进行工程设计计算及科学研究，FLAC 及 FLAC³ᴰ软件已逐渐成为中国岩土工程界发展最快、影响最大的商用软件系统之一[77]。FLAC 是可以完成"拉格朗日分析的显式有限差分程序"，因此首先需对一些术语进行解释[78]。

1. 有限差分法

在有限差分法中的基本方程组和边界条件（一般为微分方程）近似地改用差分方程来表示（代数方程），即由空间离散点处的场变量（应力、位移）的代数表达式代替。这些变量在单元内是非确定的，从而把求解微分方程的问题改换成求解代数方程的问题。相反，有限元法则需要把场变量（应力、位移）在每个单元内部按照某些参数控制的特殊方程进行变化。两种方法都会产生待求的代数方程组，尽管这些方程是由不同方法得出的，但两者产生的方程是一致的。另外，有限元程序通常要将单元矩阵组合成大型整体刚度矩阵，而有限差分法则无需如此，因为它相对高效地在每个计算步重新生成有限差分方程。

2. 显式的时程方案

表 7-3 对显式方法和隐式方法做了比较。显式方法的缺点是时步短，这意味着必须进行多次运算。总的来说，显式方法对于病态系统是最合适的——比如非线性问题、大变形问题、物理不稳定性问题；而对于模拟线性的、小变形的问题并不是很有效。

表 7-3　显式方法和隐式方法的比较

显式方法	隐式方法
时步小于稳定性的临界值	时步可以非常大，没有稳定条件控制
每一时步需要少量的计算	每一时步需要大量的计算
进行动力解时不需要明显的数值阻尼	数值阻尼与时步相关
无需进行反复迭代来实现非线性本构关系	需进行反复迭代来实现非线性本构关系
只要满足时步标准，非线性定律总可以通过有效的物理方式实现	总需要验证以上步骤具有：①稳定性；②对路径敏捷问题遵循正确的路径
不形成矩阵，无带宽限制，占用的内存少	需存储刚度矩阵，需要克服相关的带宽问题，需要的内存较大
由于不形成刚度矩阵，对大位移，大应变问题同样适合，无需额外的计算	对大位移、大应变问题需进行大量的计算

3. 拉格朗日分析

由于我们不需要构造总刚度矩阵，对于大变形模式来说，每一次循环都更新坐标，将位移增量累积到坐标系中，因此，网格与其所代表的材料都发生移动和变形。而对于欧拉方程，材料运动及其变形都是相对固定的网格的。这种更新坐标的方法，就是所谓"拉格朗日方法"。本构方程的每一步运算是小应变的，但是多步以后等效于大应变方程。

采用 FLAC³ᴰ进行数值模拟时，有三个基本部分必须指定，即：有限差分网、本构关系和材料特性、边界和初始条件（表 7-4）。

表 7-4　FLAC³ᴰ 的求解流程说明

基本部分	描述
有限差分网格	定义分析模型的几何形状
本构关系和材料特性	表征模型在外力作用下的力学响应特性
边界和初始条件	定义模型的初始状态（边界条件发生变化或者受到扰动之前，模型所处的状态）

将以上条件定义完成之后，即可对模型的初始应力状态进行求解，然后再执行开挖或变更其他模拟条件，并再次求解以获得模型对条件变更之后的响应情况[79]（图7-5）。

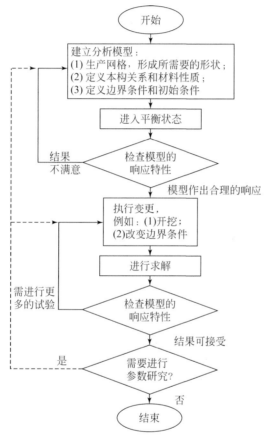

图 7-5　FLAC³ᴰ 的一般求解流程

7.4.1.2　FLAC³ᴰ 前处理程序

由于 FLAC³ᴰ 建立模型只能靠编写一连串的命令流来实现，而岩溶洞穴在三维形态空间上的展布十分复杂，因此若依赖 FLAC³ᴰ 建立模型，其命令流少则几百行，多则成千上万行，其工作量十分巨大甚至难以完成。鉴于此，本次研究采用一款名为"cave.exe"的可视化前处理程序来完成研究区代表性溶洞模型的建立，FLAC³ᴰ 前处理程序"cave.exe"对溶洞模型的设置界面如图7-6所示。

（1）针对岩溶洞隙的形态特征，将其总结为"I"型溶洞、"T"形溶洞、"L"形溶洞、"Lc"型溶洞、"S"型溶洞、反"S"型溶洞、"Y"型溶洞和"肠"状溶洞等基本类别。各类溶洞的可视化操作界面如图7-6。

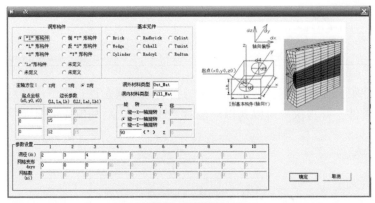

(a)"I"型溶洞操作界面

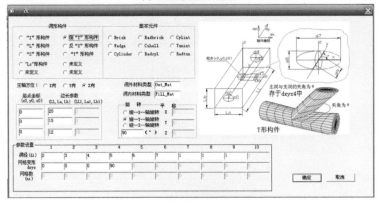

(b)"T"型溶洞操作界面

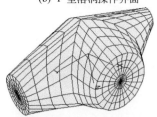

(c)"T"型溶洞的交叉接头部

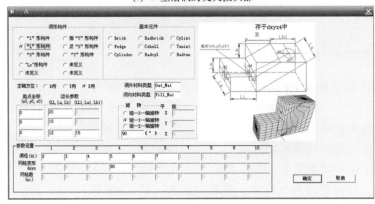

(d)"L"型溶洞操作界面

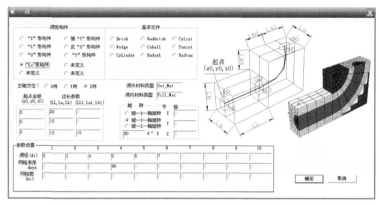

(e)"Lc"型溶洞操作界面

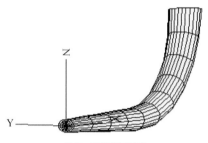

(f)"Lc"型溶洞形态

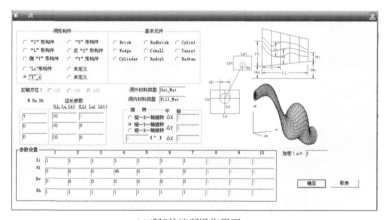

(g)"肠"状溶洞操作界面

图 7-6　不同形状溶洞操作界面

（2）根据溶洞追踪孔 CT 揭露的断面，由概化的基本类别组成相应的计算模型。由于追踪孔 CT 断面数量有限，要建立确定性的三维溶洞形态特征和连接特征仍存在多解性，本次模型的建立主要根据已有的断面，采用准三维的方式来构建计算模型。其理论依据是溶洞的发育扩展过程中，在一定的邻域范围内，小溶洞往往被较大的溶洞"袭夺"而导致该邻域范围内的溶洞以某一较大溶洞为主。当然，以这种方式建立的计算模型与实际情况有一定的差别，但计算模型仍反映了主要溶洞的三维形态特征，取得显著的技术进步。

　　该软件建模的基本思想是将溶洞模型做一个简单概化，分成两大部分，一部分是溶洞模型，另一部分是块模型；在两大部分中又将模型分成许多个小的单位体，通过依次编写各个小单元体的模型命令流，再将所有命令流整合到一个文档中，实现单元体的"拼接"过程，从而得到完成的溶洞模型。

但在单元"拼接"过程中，存在各个单元的网格节点不能连接的问题。此问题是该软件的一个缺陷，本次研究采用人工修正的方式来解决此问题，即进入到命令流中对一些单元的网格节点进行重新设置，从而实现各单元体间的节点连接。

7.4.1.3　模拟方案

鉴于岩溶洞隙的形成过程与人工开挖硐室的区别，即在自重应力作用下的溶洞周边的二次应力集中不显著，模拟过程如下：

（1）对建立好的模型进行参数设置（包括本构关系、材料性质、边界条件和初始条件等），然后计算地层完整（假设未发育溶洞）的情况下的初始应力场；

（2）得到初始应力场后，再将溶洞空间设为空，并进行第二次求解应力场，模拟溶洞形成后的地下应力状态；

（3）施加工程设计荷载并设置监测点，同时将初始位移场和初始速度场设置为0，并进行第三次求解计算，模拟建筑荷载下溶洞围岩的应力状态；

（4）结果输出，依据模型最终的塑性破坏情况和监测点位移量差别判断溶洞是否稳定。

7.4.2　参数选取

溶洞围岩的岩性主要为D_{2+3}中风化白云岩、灰岩，根据勘察资料及工程经验，将研究区数值模拟计算参数归纳如表7-5所示。

表7-5　岩体的物理力学参数建议值表

岩土体名称	密度 / （kg/m³）	体积模量 /GPa	剪切模量 /GPa	内聚力 /MPa	内摩擦角 / （°）	抗拉强度 /MPa
D_{2+3}中风化白云岩、灰岩	2700	1.2	0.8	0.5	50	0.2
钢筋混凝土材料	2300	13.9	10.4	—	—	—
上覆土层	1900	0.001	0.0005	—	—	—

7.4.3　稳定性评判标准

溶洞稳定性评价的出发点是在下部存在溶洞的前提下，上部地基或持力层能否满足工程作用要求。本次模拟以模型的塑性破坏区大小和监测点的竖向位移量综合作为溶洞稳定性评判标准[80]，将溶洞稳定性的评判依据归结如表7-6。

表 7-6　溶洞稳定性的评判判据

序号	对地基的影响程度	评判依据	稳定性等级
1	无影响	监测点最大位移量小于过大变形值；塑性破坏区面积很小且在溶洞顶板上不连通	稳定
2	轻微	监测点最大位移量接近过大变形值；或塑性破坏区面积在洞壁内接近临界值或在溶洞顶板上有由溶洞向浅部发展的趋势	较稳定
3	中等	监测点最大位移量接近过大变形值；且塑性破坏区面积在洞壁内接近临界值或在溶洞顶板上有由溶洞向浅部发展的趋势	较不稳定
4	强烈	监测点最大位移量大于过大变形值；或塑性破坏区面积在洞壁内大于临界值或在溶洞顶板上由洞壁连通到浅部	不稳定

1. 表 7-6 中关于过大变形值的讨论

（1）《建筑桩基技术规范》[81]（JGJ 94–2008）中，多层和高层建筑的整体倾斜允许范围为 2‰~4‰，高耸结构桩基的整体倾斜允许范围为：2‰~8‰；体型简单的剪力墙结构高层建筑桩基最大沉降量为 200mm，高耸结构基础的沉降量为：150~350mm。

（2）《建筑地基基础设计规范设计》[82]（GB 50007–2011）中，多层和高层建筑的整体倾斜允许范围为 2‰~4‰，高耸结构基础倾斜允许范围为 2‰~8‰；体型简单的高层建筑基础的平均沉降量为 200mm，高耸结构基础的沉降量为 200~400mm。

如果取地基间距为 6m，其倾斜由下伏溶洞发生变形或破坏引起，取倾斜控制范围为 2‰~4‰，则相应的沉降量允许范围为 6m×（2‰~4‰）= 12~24mm；为确保工程安全，假设取 1‰~2‰ 作为控制标准，则相应的沉降量允许范围为 6m×（1‰~2‰）= 6~12mm。

综上，当溶洞顶板上的监测点竖向位移量大于 6mm 时称为发生了过大变形。

2. 表 7-6 中关于塑性破坏区的讨论

依据建筑地基稳定性评价（或称之为承载力计算）理论，即使在地基下部的岩土体发生了一定范围的塑性破坏，即溶洞围岩中出现了一定范围的塑性区，但只要该塑性区未超过允许范围（如土基中允许出现 1/3~1/2 的塑性区），就可认为溶洞顶板是稳定的。本次研究将塑性破坏大小的临界值分两种情况：

（1）塑性破坏发生在溶洞内壁的情况，以溶洞内壁塑性破坏区面积占整个洞壁面积的 1/2 作为临界值，若超过该值，则说明溶洞不稳定；若小于该值，则再通过监测点是否发生过大变形进行稳定性综合评判。

（2）塑性破坏发生在溶洞顶板上的情况，如果塑性破坏区贯穿整个溶洞顶板，即说明破坏由溶洞内壁顺延发展到了浅部，造成溶洞顶板塌陷，因此，此种情况下溶洞顶板可判定为不稳定。

7.4.4　计算模型

地下岩溶洞穴的计算模型是在根据勘探钻孔资料所得出的地质剖面图基础上，对岩溶洞穴的空间截面形态假定为圆形或椭圆形的基础上建立的。针对岩溶洞隙的形态特征，将其总结为"I"型溶洞、"T"型溶洞、"L"型溶洞、"Lc"型溶洞、"S"型溶洞、反"S"型溶洞、"Y"型溶洞和"肠"状洞等基本类别。

根据溶洞追踪孔揭露的断面，由概化的基本类别组成相应的计算模型。由于追踪孔断面数量有限，要建立确定性的三维溶洞形态特征和连接特征仍存在多解性的问题，本次模型的建立主要根据已有的断面，采用准三维的方式来构建计算模型。其理论依据是溶洞的发育扩展过程中，在一定的邻域范围内，小溶洞往往被较大的溶洞"袭夺"而导致该邻域范围内的溶洞以某一较大溶洞为主。当然，以这种方式建立的计算模型与实际情况有一定的差别，但计算模型仍反映了主要溶洞的三维形态特征。结合区域岩溶洞隙发育规律和特征，并依据国内工程中溶洞的分类总结[14,15]及昆明长水机场溶洞分类经验[65]，在进行溶洞稳定性分析时，将岩溶洞隙的跨度和顶板厚度分级如表7-7，表7-8所示。

表7-7 跨度分类表

跨度等级	小跨度	中小跨度	中跨度	大跨度	特大跨度
跨度	<2m	2~4m	4~8m	8~12m	≥12m

表7-8 顶板厚度分类表

顶板厚度等级	薄层	中厚层	厚层	特厚层	极厚层
顶板厚度	<1.5m	1.5~3m	3~4.5m	4.5~6m	≥6m

根据勘察资料的统计，按上述方法对溶洞进行分类后，再根据钻孔剖面资料，从中选取了16个代表性溶洞进行建模分析。基本情况及计算模型如表7-9和表7-10所示。

表7-9 代表性溶洞基本情况

序号	区号	经过的钻孔号	溶洞层数	埋深/m	整平后土层厚度/m	洞跨/m	顶板厚/m	类型
模型1	二	M320	1	11.0	11.7	1.9	2.1	小跨中厚层
模型2	五	M587	1	12.0	12.5	3.7	2.3	中小跨中厚层
模型3	五	M331	1	15.4	10.0	4.4	2.2	中跨中厚层
模型4	二	M167	3	27.7	18.7	6.7	2.6	中跨中厚层
模型5	七	YZ60	3	9.4	11.0	7.5	4.5	中跨特厚层
模型6	一	M236	1	10.0	11.3	8.1	0.7	大跨薄层
模型7	三	M96	4	18.5	17.0	8.6	1.5	大跨中厚层
模型8	五	M474	1	15.5	15.7	10.8	4.4	大跨厚层
模型9	三	M97、M98	3	18.9	18.5	26.6	0.4	特大跨薄层
模型10	二	M194、M195	2	21.3	13.7	>30	0.7	特大跨薄层
模型11	五	M473	2	9.0	12.4	19.6	1.3	特大跨薄层
模型12	六	M443	7	17.6	16.1	16.2	1.5	特大跨中厚层

续表

序号	区号	经过的钻孔号	溶洞层数	埋深/m	整平后土层厚度/m	洞跨/m	顶板厚/m	类型
模型 13	三	M181、M182	1	13.0	11.1	27.1	2.2	特大跨中厚层
模型 14	二	M304、M305	1	16.5	17.2	28.4	4	特大跨厚层
模型 15	二	M166	1	30.0	19.3	18.2	4.5	特大跨特厚层
模型 16	三	M146	4	18.2	10.9	27.7	7.3	特大跨极厚层

表 7-10 代表性溶洞剖面图及其三维计算模型

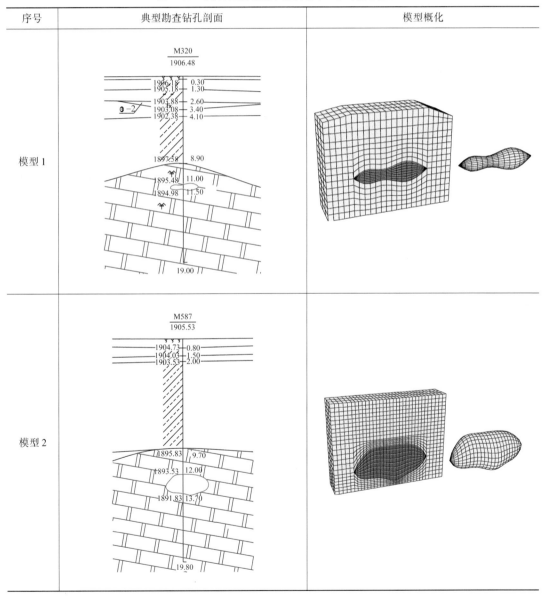

序号	典型勘查钻孔剖面	模型概化
模型 1		
模型 2		

续表

序号	典型勘查钻孔剖面	模型概化
模型 3		
模型 4		

序号	典型勘查钻孔剖面	模型概化
模型 5	YZ60 1905.18 1904.68　0.50 1903.58　1.60 1902.48　2.70 1901.48　3.70 1900.28　4.90 1897.18　8.00 1895.78　9.40 1892.88　12.30 1892.38　12.80 1891.48　13.70 22.00	
模型 6	M236 1904.77 1904.27　0.50 1897.27　7.50 1895.47　9.30 ④ -2 1894.77　10.00 1891.77　13.00 23.00	

续表

序号	典型勘查钻孔剖面	模型概化
模型 7		
模型 8		

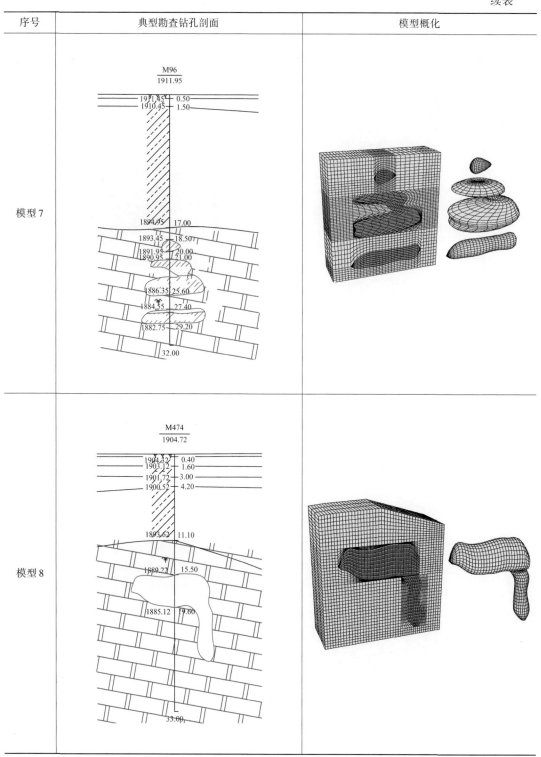

序号	典型勘查钻孔剖面	模型概化
模型 9		
模型 10		

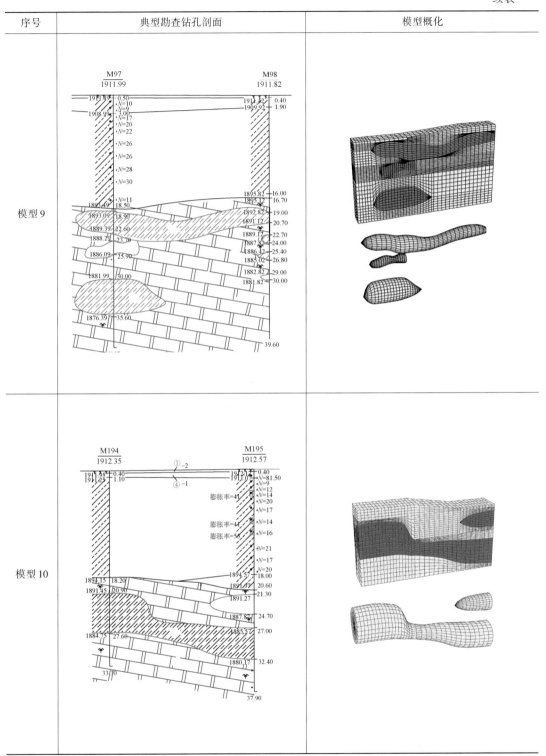

序号	典型勘查钻孔剖面	模型概化
模型 11		
模型 12		

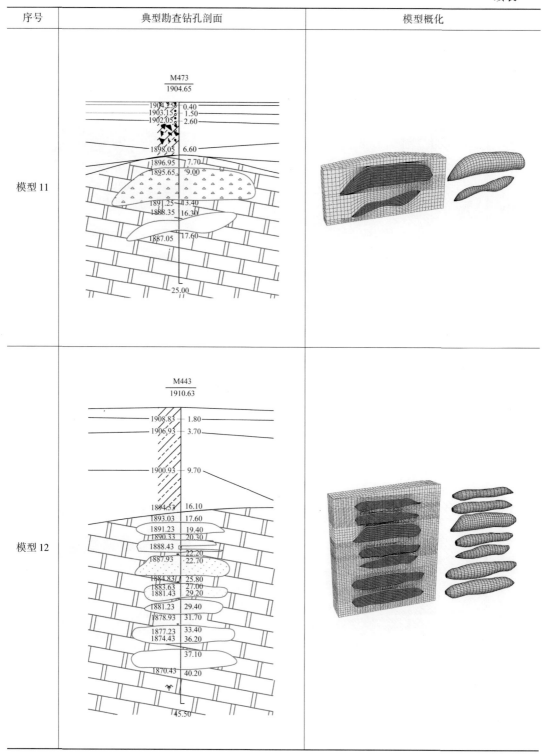

序号	典型勘查钻孔剖面	模型概化
模型 13		
模型 14		
模型 15		

续表

序号	典型勘查钻孔剖面	模型概化
模型 16	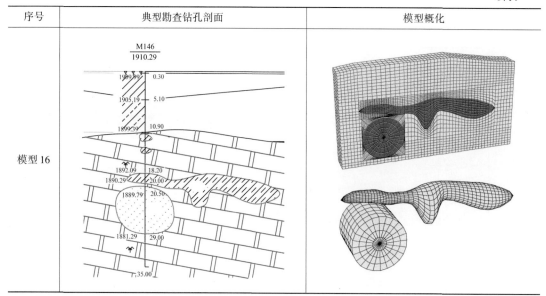	

16 个代表性溶洞所代表的遇溶洞钻孔列于表 7-11。

表 7-11　代表性溶洞所代表的遇溶洞钻孔

序号	类型	代表性遇溶洞钻孔	所代表的遇溶洞钻孔	计数
模型 1	小跨中厚层	M320	B407、B476、B799、M126、M128、M147、M153、M180、M213、M214、M244、M299、M316、M336、M351、M371、M373、M390、M41、M42、M468、M478、M517、M54、M551、M608、M67、M671、M672、M675、M690、M695、M727、YZ73、B939、M130、M449、YZ35、M84、M568、YZ4、M103、M306、M320、M333、M341、M423、M62、M681、M707、M720、M731、YZ59	51
模型 2	中小跨中厚层	M587	M1、M125、M228、M266、M273、M297、M317、M332、M353、M357、M375、M38、M388、M39、M403、M411、M420、M439、M469、M483、M518、M519、M529、M546、M598、M683、M77、M78、M81、YZ15、YZ2、YZ5、YZ51、YZ70、M131、M339、M360、M419、YZ23、YZ46、M159、YZ25、YZ61、M730、M174、M509、M587、M719、M92	51
模型 3	中跨中厚层	M331	M249、M697、M576、M175、M315、M374、YZ78、YZ80、M685、M387、M358、YZ69、M211、M308、M110、M574、M415、M257、M389、M463、YZ64、M376、M736、M169、M230、M331、M170、M402、M278	29
模型 4	中跨中厚层	M167	M370、B484、M23、M421、M618、M464、B486、M459、M334、M352、M359、M185、M203、M714、M292、M107、M167、M428、M692、M87、M330	21

续表

序号	类型	代表性遇溶洞钻孔	所代表的遇溶洞钻孔	计数
模型 5	中跨特厚层	YZ60	M597、M738、M741、YZ21、YZ76、B572、M165、M220、M491、YZ26、YZ60、YZ66	12
模型 6	大跨薄层	M236	M109、M139、M172、M173、M198、M236、M259、M319、M322、M323、M33、M406、M418、M454、M466、M485、M713、M734、M8、YZ47、YZ68	21
模型 7	大跨中厚层	M96	M96、M120、M127、M168、M21、M289、M391、M434、M704、M83、YZ75、YZ81	12
模型 8	大跨厚层	M474	M378、M474、M91、M154、M193、M161	6
模型 9	特大跨薄层	M97、M98	M97、M98、M338、YZ22、YZ24、M457、YZ8、M435、M733、M144、M272、M305、M270、M69	14
模型 10	特大跨薄层	M194、M195	M16、M194、M195、M364	4
模型 11	特大跨薄层	M473	M465、M473	2
模型 12	特大跨中厚层	M443	M740、M123、M75、M108、M343、M443、M112	7
模型 13	特大跨中厚层	M181、M182	M152、M442、M40、M528、M7、M181、M182、M221	8
模型 14	特大跨厚层	M304、M305	M145、M290、M304、M305、M395、M567、YZ38	7
模型 15	特大跨特厚层	M166	M545、M166	2
模型 16	特大跨极厚层	M146	M146、M493、YZ12	3

7.4.5　计算结果

7.4.5.1　模型 1 计算结果

1. 工程原型

模型 1 为 2 号岩溶分区 M320 钻孔揭露的溶洞，洞跨为 2.9m，顶板厚度为 2.1m，属小跨中厚层型溶洞。揭露溶洞层数为 1 层，洞高为 0.5m，埋深为 11.0m，场地整平后上覆土层厚度约 11.7m，填土荷载为 223kPa，外加荷载分别为 160kPa、250kPa 和 350kPa。

2. 计算模型

M320 钻孔揭露的溶洞计算模型如图 7-7 和图 7-8 所示。将地基概化成两种情况，一种是天然基础，另一种是桩基础。鉴于分析的重点为下伏溶洞，将桩基础简化为方形承台，长为 2.2m，宽为 2.2m，厚度 1.0m，单桩，桩径为 0.8m，边距为 0.7m，桩长为 10.2m，嵌岩深 0.6m。计算方案如表 7-12 所示。

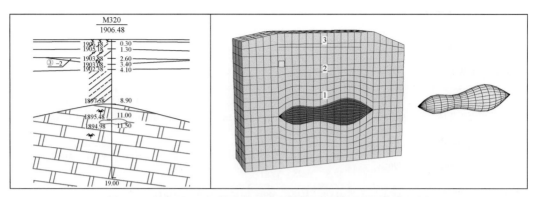

图 7-7　研究区 M320 钻孔钻遇溶洞剖面图及模型监测点布置图

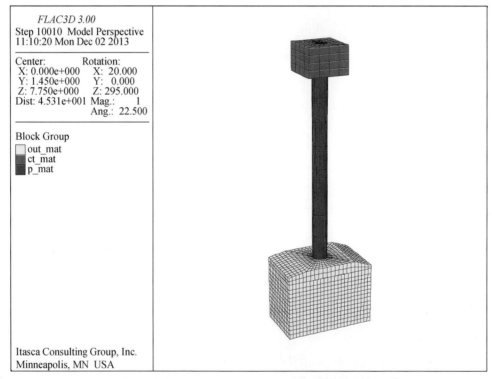

图 7-8　研究区 M320 钻孔揭露溶洞桩基础模型图

表 7-12　M320 钻孔揭露溶洞的计算结果

方案	地基基础	外加荷载/kPa	变形特征	评价结果
方案一	天然基础	160	溶洞两侧有零星张拉破坏区，监测点最大位移为 0.62mm	稳定
方案二	天然基础	250	溶洞两侧有零星张拉破坏区，监测点最大位移为 0.76mm	稳定
方案三	天然基础	350	溶洞两侧有零星张拉和剪切破坏区，监测点最大位移为 0.92mm	稳定

续表

方案	地基基础	外加荷载/kPa	变形特征	评价结果
方案四	桩基础	160	桩体周围有部分张拉破坏区，监测点最大位移为 0.49mm	稳定
方案五	桩基础	250	桩体周围有部分张拉破坏区，监测点最大位移为 0.65mm	稳定
方案六	桩基础	350	桩体周围有部分张拉破坏区，监测点最大位移为 0.82mm	稳定

3. 计算结果

计算结果如图 7-9 和图 7-10 所示，天然基础上部设计荷载由 160kPa 增加到 350kPa 时破坏区均仅零星分布于溶洞两侧，表现为计算过程中的张拉破坏，监测点的最大位移量由 0.62mm 发展到 0.92mm，溶洞顶板表现为稳定。桩基础上部设计荷载由 160kPa 增加到 350kPa 时破坏区分布于桩体周围，亦表现为计算过程中的张拉破坏，但面积不大，监测点的最大位移量由 0.49mm 发展到 0.82mm，溶洞顶板表现为稳定。将评价结果列于表 7-12。

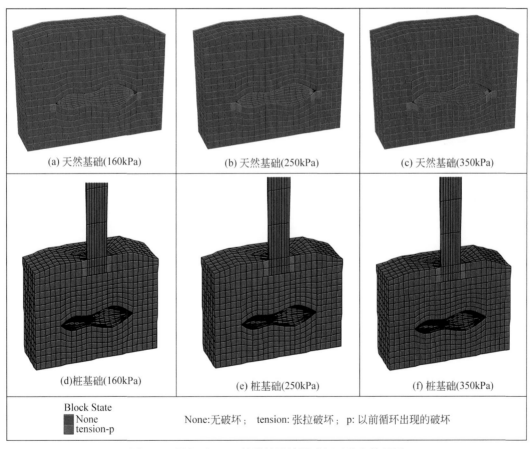

(a) 天然基础(160kPa)　　(b) 天然基础(250kPa)　　(c) 天然基础(350kPa)

(d)桩基础(160kPa)　　(e) 桩基础(250kPa)　　(f) 桩基础(350kPa)

Block State
■ None
■ tension-p
None:无破坏；　tension: 张拉破坏；　p: 以前循环出现的破坏

图 7-9　研究区 M320 钻孔钻遇溶洞破坏区分布特征图

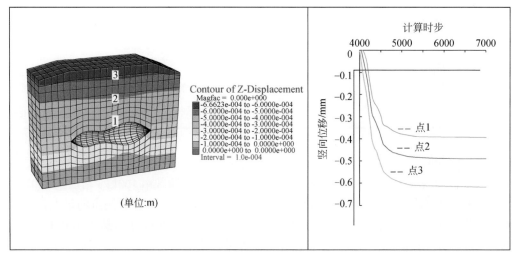

(a)天然基础(160kPa)

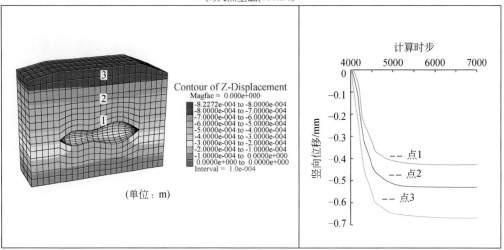

(b)天然基础(250kPa)

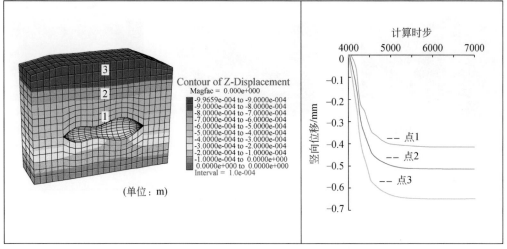

(c)天然基础(350kPa)

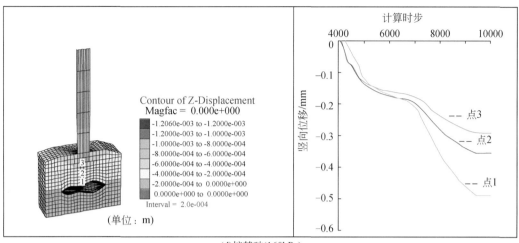

(d)桩基础(160kPa)

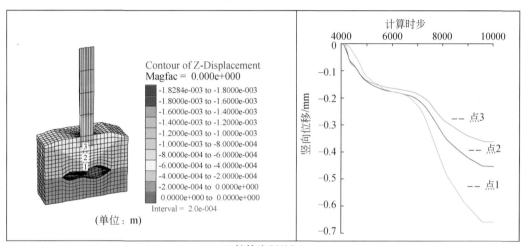

(e)桩基础(250kPa)

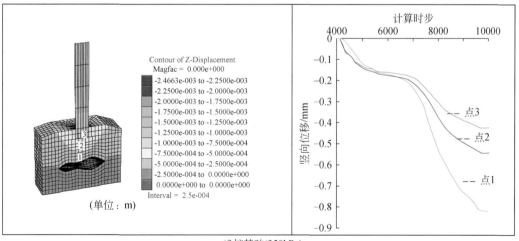

(f)桩基础(350kPa)

图 7-10　研究区 M320 钻孔钻遇溶洞竖向位移等值线云图及顶板监测点竖向位移发展过程曲线

7.4.5.2　模型 2 计算结果

1. 工程原型

模型 2 为 5 号岩溶分区 M587 钻孔揭露的溶洞，洞跨为 4m，顶板厚度为 2.3m，属中小跨中厚层型溶洞。揭露溶洞层数为 1 层，洞高为 1.7m，埋深为 12.0m，场地整平后上覆土层厚度约为 12.5m，填土荷载为 237kPa，外加荷载分别为 160kPa、250kPa 和 350kPa。

2. 计算模型

M587 钻孔揭露的溶洞计算模型如图 7-11 和图 7-12 所示。将地基概化成两种情况，一种是天然基础，另一种是桩基础。桩基础的方形承台，长为 2.4m，宽为 2.4m，厚度为 1.5m，单桩，桩径为 0.8m，边距为 0.6m，桩长为 11m。计算方案如表 7-13 所示。

3. 计算结果

计算结果如图 7-13 和图 7-14 所示，天然基础上部设计荷载为 160kPa 时，破坏区仅零星分布，表现为计算过程中的张拉破坏，监测点的最大位移量为 0.62mm，溶洞顶板表现为稳定；当设计荷载为 250kPa 和 350kPa 时，开始出现张拉破坏和剪切破坏并存的情况，但分布面积不大，监测点的最大位移量分别为 1.42mm 和 1.68mm，溶洞顶板表现为稳定。桩基础上部设计荷载为 160kPa 和 250kPa 时，破坏区主要分布于桩体周围，但面积不大，监测点的最大位移量分别为 0.95mm 和 1.24mm，溶洞顶板表现为稳定；当上部设计荷载为 350kPa 时，出现张拉破坏与剪切破坏并存，分布面积很小，溶洞顶板表现为稳定。将评价结果列于表 7-13。

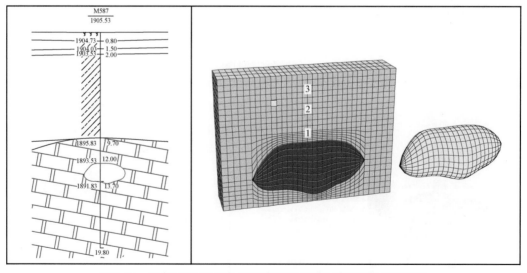

图 7-11　研究区 M587 钻孔钻遇溶洞剖面图及模型监测点布置图

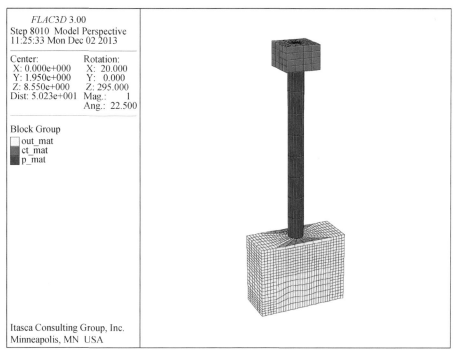

图 7-12 M587 钻孔揭露溶洞桩基础模型图

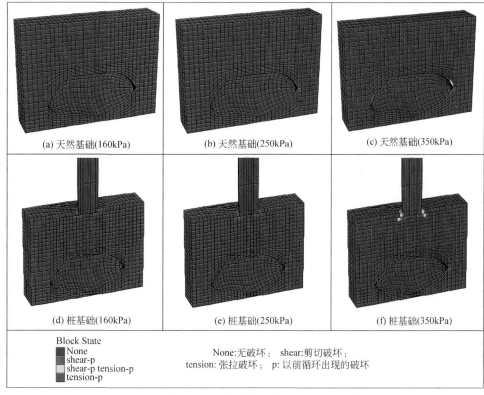

图 7-13 研究区 M587 钻孔钻遇溶洞破坏区分布特征图

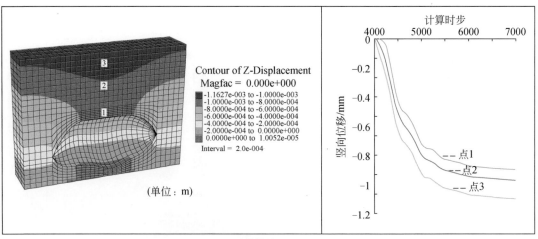

(a)天然基础(160kPa)

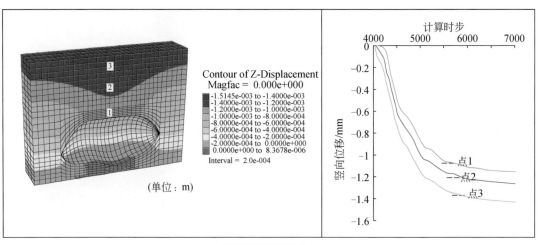

(b)天然基础(250kPa)

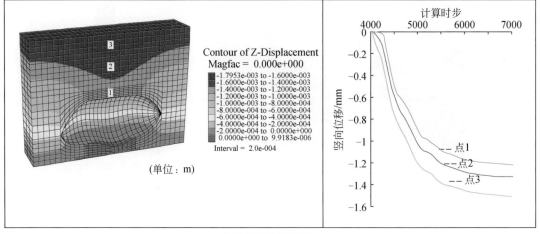

(c)天然基础(350kPa)

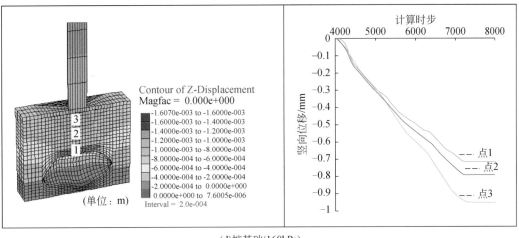

(d)桩基础(160kPa)

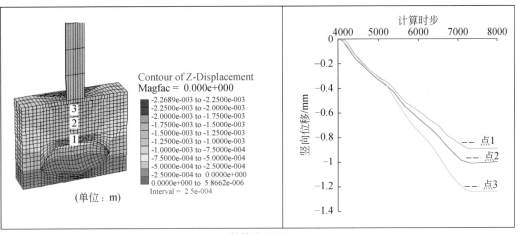

(e)桩基础(250kPa)

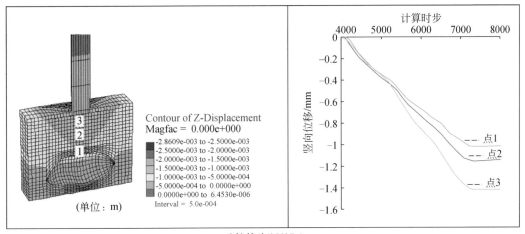

(f)桩基础(350kPa)

图 7-14　研究区 M587 钻孔钻遇溶洞竖向位移等值线云图及顶板监测点竖向位移发展过程曲线

表 7-13　M587 钻孔揭露溶洞的计算结果

方案	地基基础	外加荷载/kPa	变形特征	评价结果
方案一	天然基础	160	溶洞两侧有零星张拉破坏，监测点最大位移为 1.09mm	稳定
方案二	天然基础	250	溶洞两侧有零星张拉和剪切破坏，监测点最大位移为 1.42mm	稳定
方案三	天然基础	350	溶洞两侧有零星张拉和剪切破坏，监测点最大位移为 1.68mm	稳定
方案四	桩基础	160	桩体周围局部受剪切破坏，监测点最大位移为 0.95mm	稳定
方案五	桩基础	250	桩体周围局部受剪切破坏，监测点最大位移为 1.24mm	稳定
方案六	桩基础	350	桩体周围局部受剪切和张拉破坏，监测点最大位移为 1.46mm	稳定

7.4.5.3　模型 3 计算结果

1. 工程原型

模型 3 为 5 号岩溶分区 M331 钻孔揭露的溶洞，洞跨为 4m，顶板厚度为 2.2m，属中跨中厚层型溶洞。揭露溶洞层数为 1 层，洞高为 1m，埋深为 15.4m，场地整平后上覆土层厚度约 10m，填土荷载为 190kPa，外加荷载分别为 160kPa、250kPa 和 350kPa。

2. 计算模型

M331 钻孔揭露的溶洞计算模型如图 7-15 和图 7-16 所示。将地基概化成两种情况，一种是天然基础，另一种是桩基础。桩基础的方形承台，长为 2.4m，宽为 2.4m，厚度为 1.5m，单桩，桩径为 0.8m，边距分别为 0.7m，桩长为 8.5m。计算方案如表 7-14 所示。

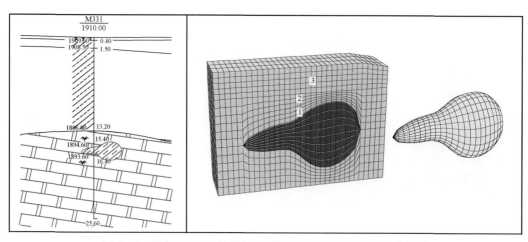

图 7-15　研究区 M331 钻孔钻遇溶洞剖面图及模型监测点布置图

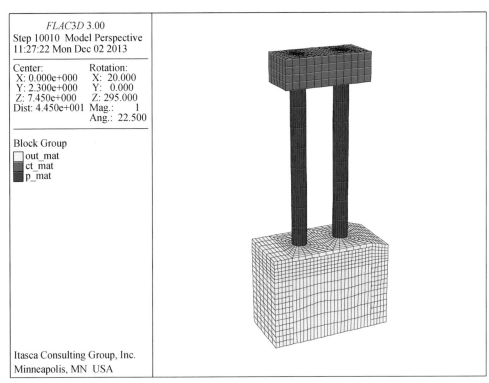

图 7-16　M331 钻孔揭露溶洞桩基础模型图

表 7-14　M331 钻孔揭露溶洞的计算结果

方案	地基基础	外加荷载/kPa	变形特征	评价结果
方案一	天然基础	160	溶洞两侧有少许张拉破坏，监测点最大位移为 1.18mm	稳定
方案二	天然基础	250	溶洞两侧局部有张拉破坏和剪切破坏，监测点最大位移为 1.57mm	稳定
方案三	天然基础	350	溶洞两侧局部有张拉破坏和剪切破坏，监测点最大位移为 1.89mm	稳定
方案四	桩基础	160	桩体周围受剪切破坏，最大位移为 1.11mm	稳定
方案五	桩基础	250	桩体周围受剪切和张拉破坏，监测点最大位移为 1.48mm	稳定
方案六	桩基础	350	桩体周围受到剪切和张拉破坏，并发展到顶板浅部，监测点最大位移为 1.79mm	稳定

3. 计算结果

　　计算结果如图 7-17 和图 7-18 所示，天然基础上部设计荷载为 160kPa 时，溶洞两侧有少许张拉破坏，监测点最大位移量为 1.18mm，溶洞顶板表现为稳定；当设计荷载为 250kPa 和 350kPa 时，开始出现张拉破坏和剪切破坏并存的情况，但分布面积不大，监测点的最大位移量分别为 1.57mm 和 1.89mm，溶洞顶板表现为稳定。桩基础上部设计荷载为 160kPa 时，桩体周围受剪切破坏，最大位移为 1.11mm，溶洞顶板表现为稳定；当上部设计荷载为 250kPa 时，桩体周围出现剪切和张拉破坏并存，但面积不大，监测点最大位移量为 1.48mm，溶洞顶板表现为稳定；当上部设计荷载为 350kPa 时，桩体周围的剪切和张拉破坏发展到顶板浅部，但面积不大，监测点最大位移量为 1.79mm，综合分析溶洞顶板表现为稳定。将评价结果列于表 7-14。

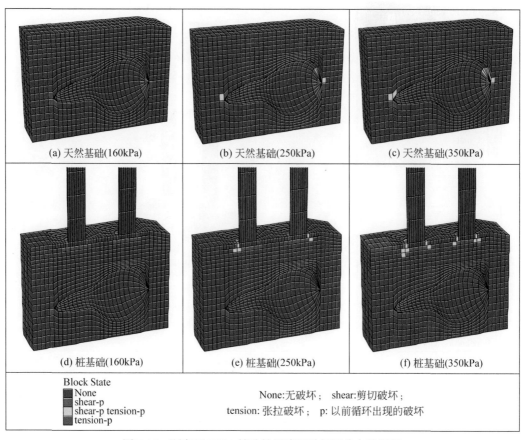

(a) 天然基础(160kPa)　(b) 天然基础(250kPa)　(c) 天然基础(350kPa)

(d) 桩基础(160kPa)　(e) 桩基础(250kPa)　(f) 桩基础(350kPa)

Block State
None
shear-p
shear-p tension-p
tension-p

None:无破坏；　shear:剪切破坏；
tension: 张拉破坏；　p: 以前循环出现的破坏

图 7-17　研究区 M331 钻孔钻遇溶洞破坏区分布特征图

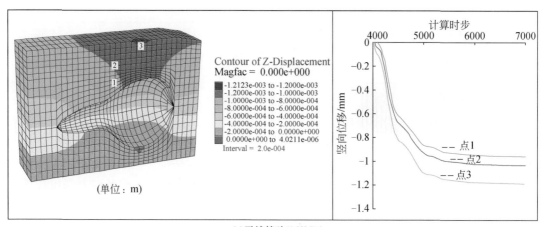

(a)天然基础(160kPa)

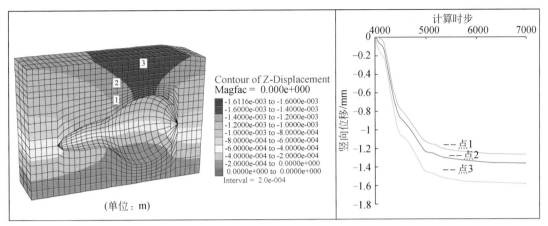

(b)天然基础(250kPa)

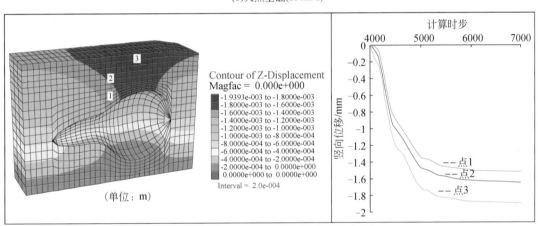

(c)天然基础(350kPa)

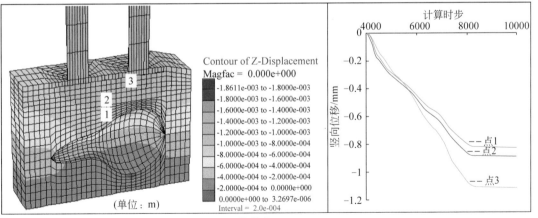

(d)桩基础(160kPa)

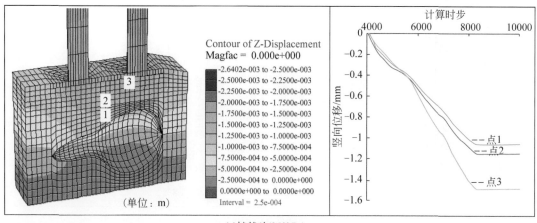

(e)桩基础(250kPa)

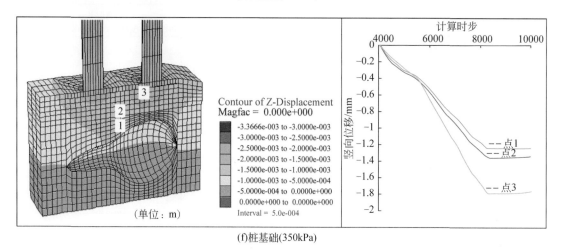

(f)桩基础(350kPa)

图 7-18　研究区 M331 钻孔钻遇溶洞竖向位移等值线云图及顶板监测点竖向位移发展过程曲线

7.4.5.4　模型 4 计算结果

1. 工程原型

模型 4 为 2 号岩溶分区 M167 钻孔揭露的溶洞，洞跨为 7m，最顶层溶洞顶板厚度为 2.6m，属中跨中厚层型溶洞。揭露溶洞层数为 3 层，埋深为 27.7m，场地整平后上覆土层厚度约 18.7m，填土荷载为 355kPa，外加荷载分别为 160kPa、250kPa 和 350kPa。

2. 计算模型

M167 钻孔揭露的溶洞计算模型如图 7-19 和图 7-20 所示。将地基概化成两种情况，一种是天然基础，另一种是桩基础。桩基础的方形承台，长为 5.2m，宽为 2.2m，厚度为 1.5m，两根桩，桩径为 0.8m，边距为 0.7m，桩长为 17.2m，桩间距为 3m，嵌岩深度为 0.2m。计算方案如表 7-15 所示。

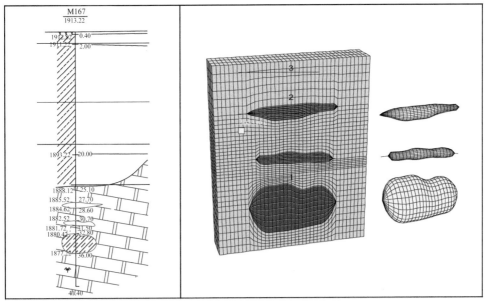

图 7-19　研究区 M167 钻孔钻遇溶洞剖面图及模型监测点布置图

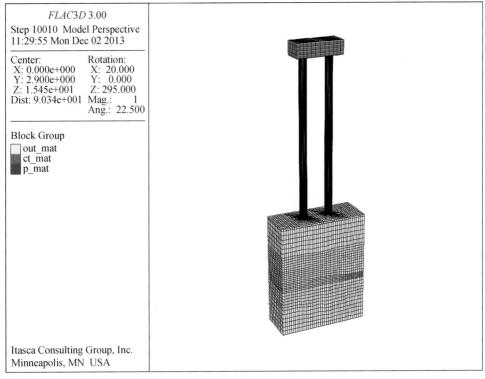

图 7-20　M167 钻孔揭露溶洞桩基础模型图

表 7-15　M167 钻孔揭露溶洞的计算结果

方案	地基基础	外加荷载/kPa	变形特征	评价结果
方案一	天然基础	160	溶洞两侧局部受到剪切和张拉破坏，监测点最大位移为 3.46mm	稳定
方案二	天然基础	250	溶洞两侧局部受到剪切和张拉破坏，监测点最大位移为 4.30mm	稳定
方案三	天然基础	350	溶洞两侧局部受到剪切和张拉破坏，监测点最大位移为 4.95mm	稳定
方案四	桩基础	160	桩体周围和溶洞两侧部分受剪切和张拉破坏，监测点最大位移为 2.99mm	稳定
方案五	桩基础	250	桩体周围和溶洞两侧部分受剪切和张拉破坏，监测点最大位移为 3.57mm	稳定
方案六	桩基础	350	桩体周围和溶洞两侧部分受剪切和张拉破坏，监测点最大位移为 3.93mm	稳定

3. 计算结果

计算结果如图 7-21 和图 7-22 所示，天然基础上部设计荷载由 160kPa 增加到 350kPa

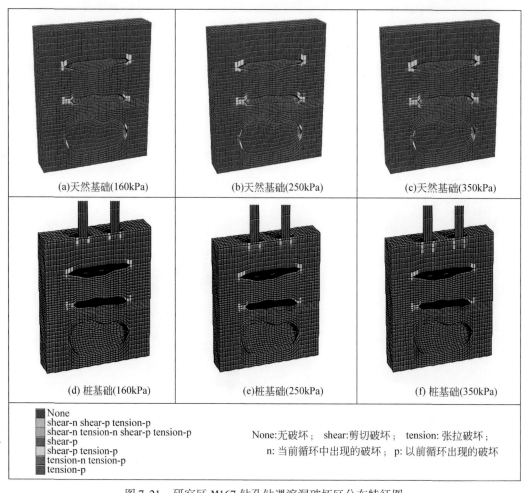

图 7-21　研究区 M167 钻孔钻遇溶洞破坏区分布特征图

时，破坏区均仅分布于各层溶的两侧，表现为剪切破坏与张拉破坏并存，分布面积不大，监测点最大位移量由 3.46mm 发展为 4.95mm，溶洞顶板表现为稳定。桩基础上部设计荷载由 160kPa 增加到 350kPa 时，桩体周围和溶洞两侧部分区域受剪切破坏和张拉破坏，监测点最大位移量由 2.99mm 发展为 3.93mm，溶洞顶板表现为稳定。将评价结果列于表7-15。

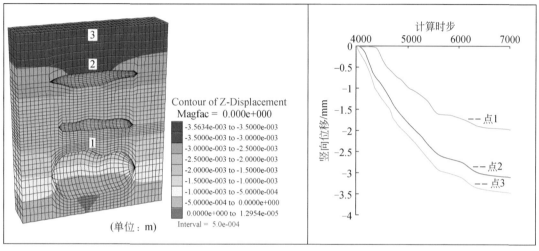

(a)天然基础(160kPa)

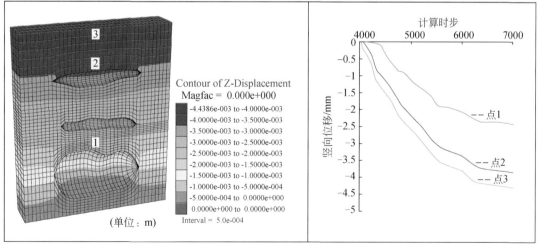

(b)天然基础(250kPa)

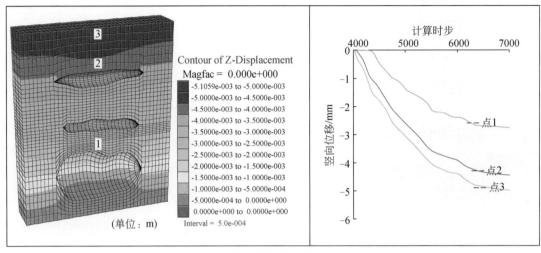

(c)天然基础(350kPa)

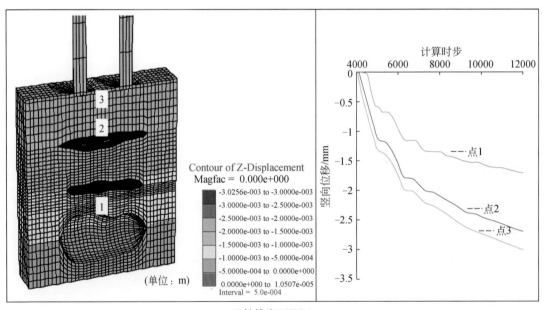

(d)桩基础(160kPa)

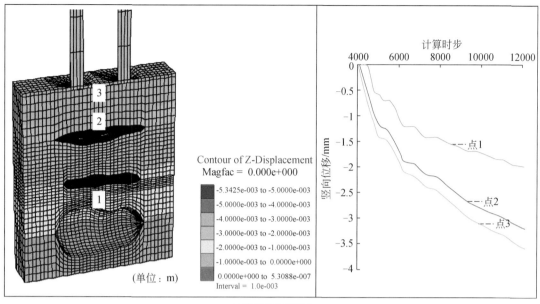

(e)桩基础(250kPa)

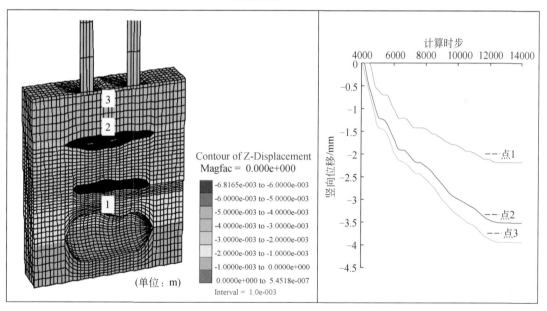

(f)桩基础(350kPa)

图 7-22　研究区 M167 钻孔钻遇溶洞竖向位移等值线云图及顶板监测点竖向位移发展过程曲线

7.4.5.5　模型 5 计算结果

1. 工程原型

模型 5 为 7 号岩溶分区 YZ60 钻孔揭露的溶洞，洞跨为 8m，顶层溶洞顶板厚度为 4.5m，属中跨特厚层型溶洞。揭露溶洞层数为 3 层（模型概化为 2 层），埋深为 9.4m，场地整平后上覆土层厚度约 11m，填土荷载为 209kPa，外加荷载分别为 160kPa、250kPa 和 350kPa。

2. 计算模型

YZ60 钻孔揭露的溶洞计算模型如图 7-23 和图 7-24 所示。将地基概化成两种情况，一种是天然基础，另一种是桩基础。桩基础的方形承台，长为 8.2m，宽为 5.2m，厚度为 1.5m，6 根桩，桩径为 0.8m，边距为 0.6m，桩长为 9.5m，桩间距为 3m，嵌岩深度为 0.2m。计算方案如表 7-16 所示。

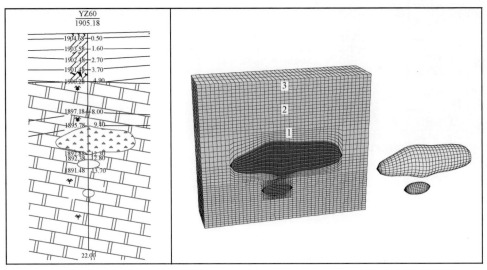

图 7-23　研究区 YZ60 钻孔钻遇溶洞剖面图及模型监测点布置图

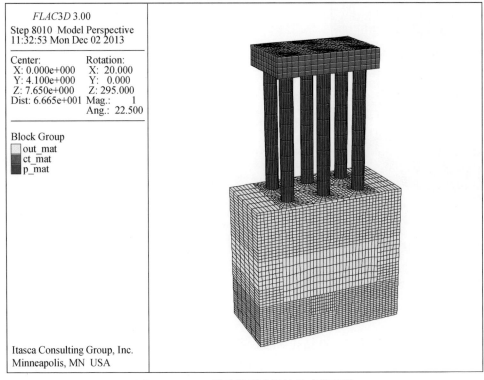

图 7-24　YZ60 钻孔揭露溶洞桩基础模型图

表 7-16　YZ60 钻孔揭露溶洞的计算结果

方案	地基基础	外加荷载/kPa	变形特征	评价结果
方案一	天然基础	160	溶洞两侧有少许塑性破坏，洞壁内破坏区零星分布，监测点最大位移为 2.21mm	稳定
方案二	天然基础	250	溶洞两侧有少许塑性破坏，洞壁内破坏区零星分布，监测点最大位移为 2.83mm	稳定
方案三	天然基础	350	溶洞两侧有少许塑性破坏，洞壁底部破坏区呈带状分布，监测点最大位移为 3.39mm	稳定
方案四	桩基础	160	桩体周围有较大范围破坏区，洞壁底部破坏区呈带状间断分布，监测点最大位移为 2.36mm	稳定
方案五	桩基础	250	桩体周围有较大范围破坏区并在浅部发展，洞壁底部和上部破坏区呈带连续分布，最大位移为 2.96mm	稳定
方案六	桩基础	350	桩体周围有较大范围破坏区并向浅部和较深部发展，洞壁底部和上部破坏区呈带状连续分布，最大位移为 3.46mm	较稳定

3. 计算结果

计算结果如图 7-25 和图 7-26 所示，天然基础上部设计荷载由 160kPa 增加到 350kPa

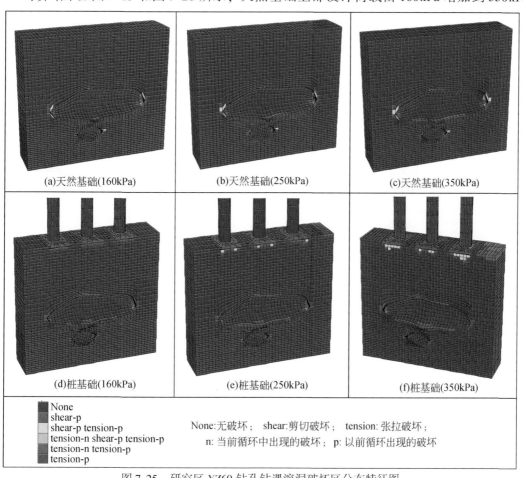

(a)天然基础(160kPa)　　　(b)天然基础(250kPa)　　　(c)天然基础(350kPa)

(d)桩基础(160kPa)　　　(e)桩基础(250kPa)　　　(f)桩基础(350kPa)

None
shear-p
shear-p tension-p
tension-n shear-p tension-p
tension-n tension-p
tension-p

None:无破坏； shear:剪切破坏； tension: 张拉破坏；
n: 当前循环中出现的破坏； p: 以前循环出现的破坏

图 7-25　研究区 YZ60 钻孔钻遇溶洞破坏区分布特征图

时，洞内剪切破坏和张拉破坏并存，溶洞两侧的破坏区分布较小，上层溶洞底部的破坏区则由零星分布发展为带状分布，但分布面积并不大，监测点最大位移量由 2.21mm 发展为3.39mm，综合分析溶洞顶板表现为稳定。桩基础上部设计荷载由 160kPa 增加到 350kPa时，剪切破坏和张拉破坏并存，桩体周围的破坏区面积逐渐扩大并有向深部发展的趋势，但该趋势并未得到充分发展，主要还是集中在嵌岩上的破坏，上层溶洞的底部表现为由带状间断分布发展到带状连续分布，监测点最大位移量由 2.36mm 发展为3.46mm，综合分析溶洞顶板表现为稳定。将评价结果列于表 7-16。

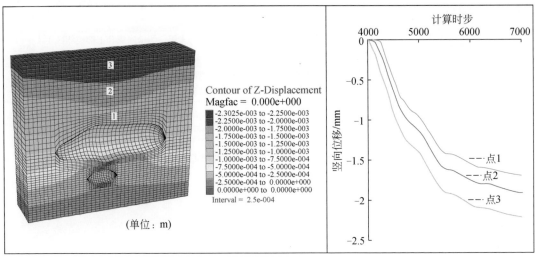

(a)天然基础(160kPa)

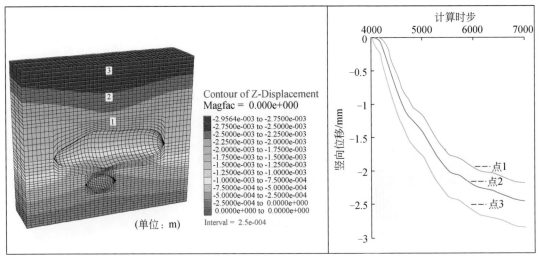

(b)天然基础(250kPa)

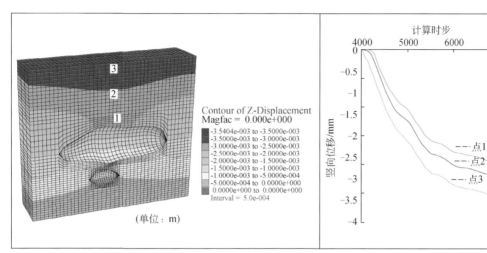

(c)天然基础(350kPa)

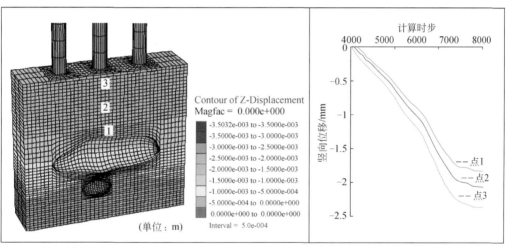

(d)桩基础(160kPa)

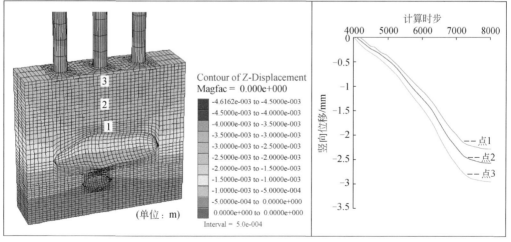

(e)桩基础(250kPa)

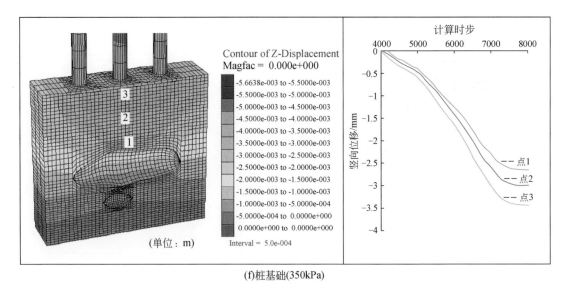

(f)桩基础(350kPa)

图 7-26　研究区 YZ60 钻孔钻遇溶洞竖向位移等值线云图及顶板监测点竖向位移发展过程曲线

7.4.5.6　模型 6 计算结果

1. 工程原型

模型 6 为 1 号岩溶分区 M236 钻孔揭露的溶洞, 洞跨为 8m, 顶板厚度为 0.7m, 属大跨薄层型溶洞。揭露溶洞层数为 1 层, 洞高为 3m, 埋深为 10.0m, 场地整平后上覆土层厚度约 11.3m, 填土荷载为 215kPa, 外加荷载分别为 160kPa、250kPa 和 350kPa。

2. 计算模型

M236 钻孔揭露的溶洞计算模型如图 7-27 和图 7-28 所示。将地基概化成两种情况, 一种是天然基础, 另一种是桩基础。桩基础的方形承台, 长为 8.2m, 宽为 2.2m, 厚度为 1.5m, 3 根桩, 桩径为 0.8m, 边距为 0.7m, 桩长为 8m, 桩间距为 3m, 嵌岩深度为 0.2m。计算方案如表 7-17 所示。

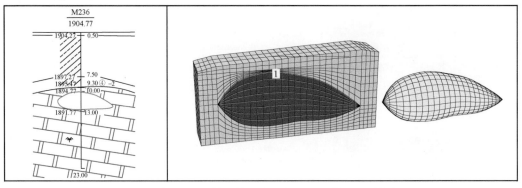

图 7-27　研究区 M236 钻孔钻遇溶洞剖面图及模型监测点布置图

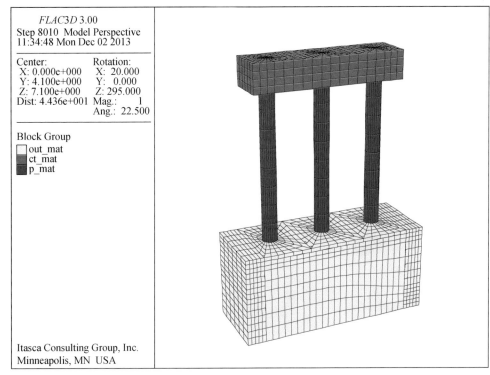

图 7-28 M236 钻孔揭露溶洞桩基础模型图

表 7-17 M236 钻孔揭露溶洞的计算结果

方案	地基基础	外加荷载/kPa	变形特征	评价结果
方案一	天然基础	160	破坏区呈条带状分布于溶洞内壁上部，最大位移为2.22mm	较稳定
方案二	天然基础	250	破坏区呈条带状分布于溶洞内壁上部，浅部亦有少许分布，监测点最大位移为2.87mm	较稳定
方案三	天然基础	350	破坏区呈条带状分布于溶洞内壁上部并延伸至左侧，浅部有较大范围分布，监测点最大位移为3.43mm	较不稳定
方案四	桩基础	160	桩体周围和浅部局部有破坏区分布，监测点最大位移为1.74mm	稳定
方案五	桩基础	250	破坏区在桩体周围及浅部都有较大面积分布，监测点最大位移为2.29mm	较不稳定
方案六	桩基础	350	破坏区在桩体周围及浅部都有较大面积分布，并向下发展到溶洞，监测点最大位移为2.74mm	不稳定

3. 计算结果

计算结果如图 7-29 和图 7-30 所示，天然基础上部设计荷载为 160kPa 和 250kPa 时，洞内剪切破坏和张拉破坏并存，破坏区呈条带状分布于溶洞内壁上部，浅部亦有少许分布，监测点最大位移量分别为 2.22mm 和 2.87mm，综合分析溶洞顶板表现为稳定；当上部设计荷载为 350kPa 时，破坏区呈条带状分布于溶洞内壁上部并连续延伸至左侧，且有向浅部发展的趋势，在浅部有较大范围分布，监测点最大位移量为 3.43mm，综合分析溶洞顶板表现为较不稳定；桩基础上部设计荷载为160kPa时，剪切破坏和张拉破坏并存，桩体周围和浅部局部有破坏区分布，监测点最大位移为1.74mm，溶洞顶板表现为稳定；上部设计荷载为250kPa时，破坏区在桩体周围及浅部都有较大面积分布，并向下影响至溶洞内壁，使溶洞内壁上部有条带状破坏区分布，监测点最大位移为2.29mm，综合分析溶洞顶板表现为较不稳定；上部设计荷载为350kPa时，破坏区在桩体周围及浅部都有较大面积分布，并且破坏区向下发展到溶洞，监测点最大位移为2.74mm，综合分析溶洞顶板表现为不稳定。将评价结果列于表7-17。

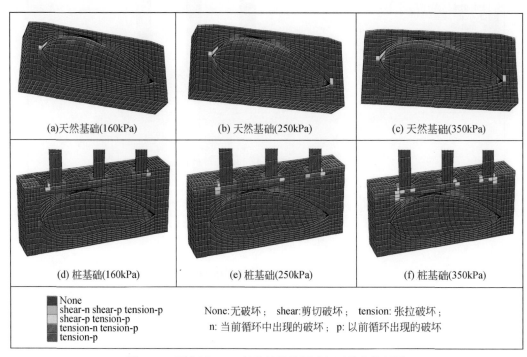

(a)天然基础(160kPa) (b) 天然基础(250kPa) (c) 天然基础(350kPa)

(d) 桩基础(160kPa) (e) 桩基础(250kPa) (f) 桩基础(350kPa)

None
shear-n shear-p tension-p
shear-p tension-p
tension-n tension-p
tension-p

None:无破坏； shear:剪切破坏； tension: 张拉破坏；
n: 当前循环中出现的破坏； p: 以前循环出现的破坏

图 7-29　研究区 M236 钻孔钻遇溶洞破坏区分布特征图

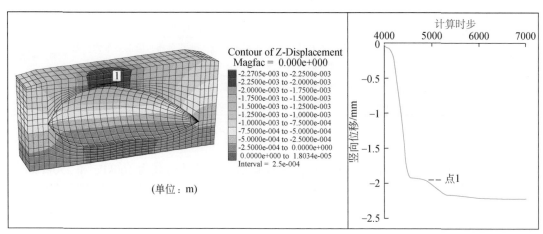

(a)天然基础(160kPa)

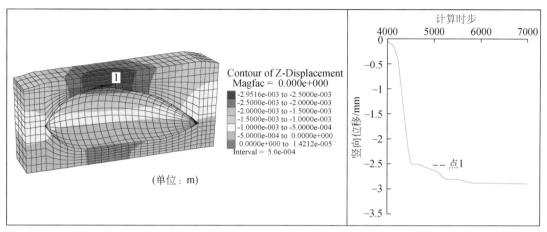

(b)天然基础(250kPa)

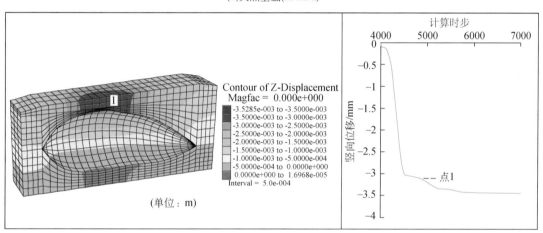

(c)天然基础(350kPa)

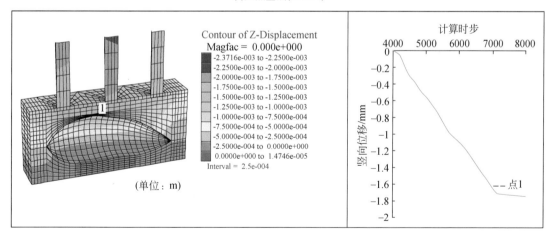

(d)桩基础(160kPa)

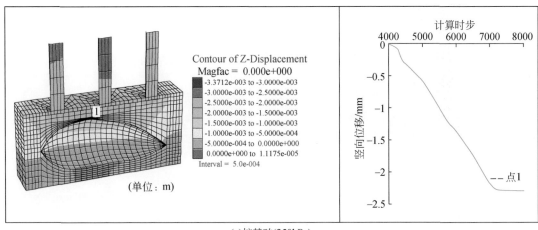

(e)桩基础(250kPa)

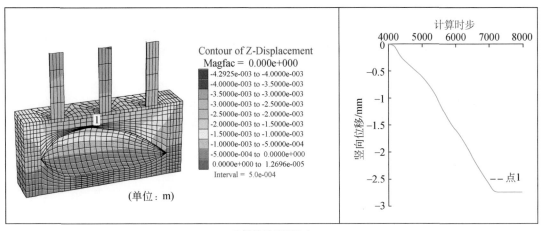

(f)桩基础(350kPa)

图 7-30　研究区 M236 钻孔钻遇溶洞竖向位移等值线云图及顶板监测点竖向位移发展过程曲线

7.4.5.7　模型 7 计算结果

1. 工程原型

模型 7 为 3 号岩溶分区 M96 钻孔揭露的溶洞，洞跨为 9m，最顶层溶洞顶板厚度为 1.5m，属大跨中厚层型溶洞。揭露溶洞层数是 4 层（剖面图中将其概化成 3 层），埋深为 18.5m，场地整平后上覆土层厚度约 17m，填土荷载为 323kPa，外加荷载分别为 160kPa、250kPa 和 350kPa。

2. 计算模型

M96 钻孔揭露的溶洞计算模型如图 7-31 和图 7-32 所示。将地基概化成两种情况，一种是天然基础，另一种是桩基础。桩基础的方形承台，长为 8.2m，宽为 5.2m，厚度为 1.5m，6 根桩，桩径为 0.8m，边距分别为 0.6m，桩长为 15.5m，桩间距为 3m，嵌岩深度为 0.2m。计算方案如表 7-18 所示。

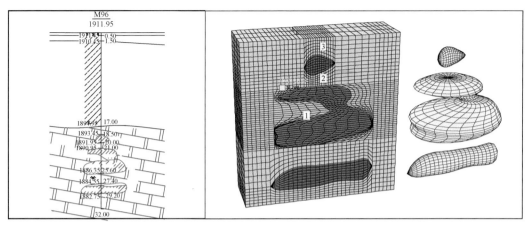

图 7-31　研究区 M96 钻孔钻遇溶洞剖面图及模型监测点布置图

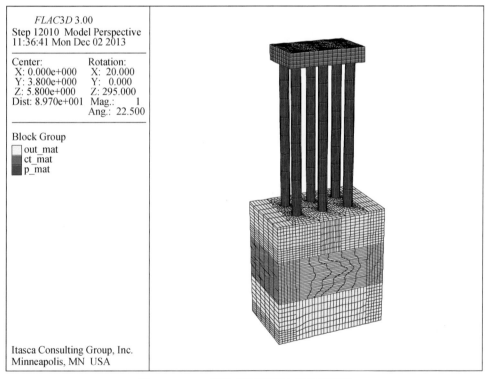

图 7-32　M96 钻孔揭露溶洞桩基础模型图

表 7-18　M96 钻孔揭露溶洞的计算结果

方案	地基基础	外加荷载/kPa	变形特征	评价结果
方案一	天然基础	160	洞壁内有较大面积破坏区，监测点最大位移为 4.49mm	不稳定
方案二	天然基础	250	洞壁内有较大面积破坏区，监测点最大位移为 5.78mm	不稳定
方案三	天然基础	350	洞壁内有大面积破坏区，监测点最大位移为 6.7mm	不稳定

方案	地基基础	外加荷载/kPa	变形特征	评价结果
方案四	桩基础	160	桩体周围有较大面积破坏区，在洞壁破坏区呈片状分布，监测点最大位移为4.32mm	不稳定
方案五	桩基础	250	桩体周围和浅部有较大面积破坏区，在洞壁破坏区呈片状分布，监测点最大位移为5.31mm	不稳定
方案六	桩基础	350	桩体周围和浅部有较大面积破坏区，监测点最大位移为6.01mm	不稳定

3. 计算结果

计算结果如图7-33和图7-34所示，天然基础上部设计荷载由160kPa增加到350kPa时，洞壁内分布有较大面积破坏区，表现为剪切破坏与张拉破坏并存，其面积均超过了洞

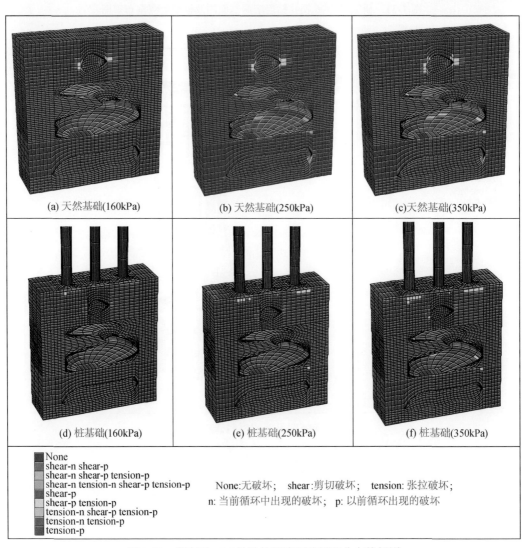

(a) 天然基础(160kPa)　　　　(b) 天然基础(250kPa)　　　　(c)天然基础(350kPa)

(d) 桩基础(160kPa)　　　　(e) 桩基础(250kPa)　　　　(f) 桩基础(350kPa)

None
shear-n shear-p
shear-n shear-p tension-p
shear-n tension-n shear-p tension-p
shear-p
shear-p tension-p
tension-n shear-p tension-p
tension-n tension-p
tension-p

None:无破坏；　shear:剪切破坏；　tension: 张拉破坏；
n: 当前循环中出现的破坏；　p: 以前循环出现的破坏

图 7-33　研究区 M96 钻孔钻遇溶洞破坏区分布特征图

壁面积的 1/2,监测点最大位移量由 4.49mm 发展为 6.7mm,综合分析溶洞顶板均表现为不稳定。桩基础上部设计荷载由 160kPa 增加到 350kPa 时,桩体周围有较大面积破坏区并有向下发展的趋势,在洞壁破坏区呈片状分布,其面积均超过了洞壁面积的 1/2,监测点最大位移量由 4.32mm 发展为 6.01mm,综合分析溶洞顶板均表现为不稳定。将评价结果列于表 7-18。

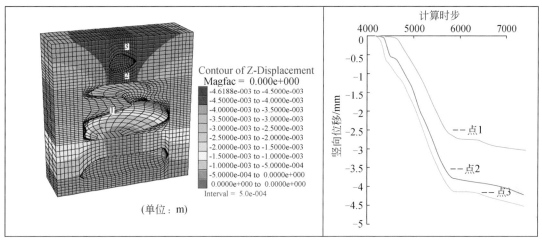

(a) 天然基础(160kPa)

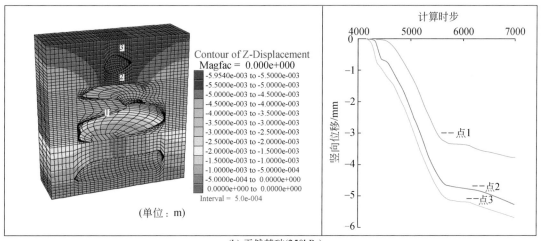

(b) 天然基础(250kPa)

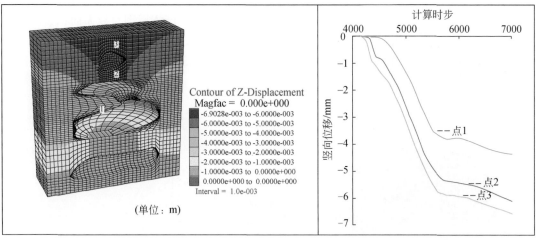

(c) 天然基础(350kPa)

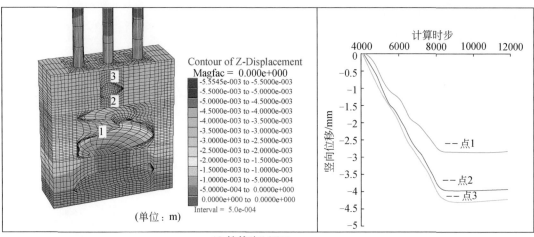

(d) 桩基础(160kP)

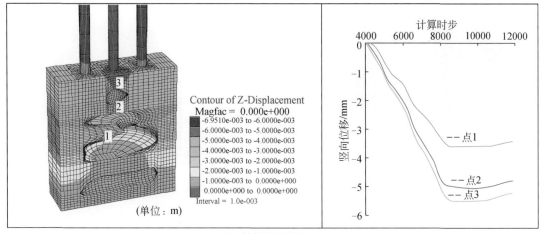

(e) 桩基础(250kPa)

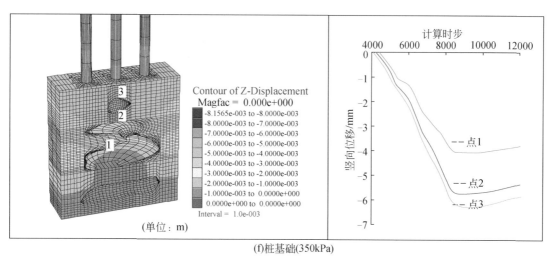

(f)桩基础(350kPa)

图 7-34　研究区 M96 钻孔钻遇溶洞竖向位移等值线云图及顶板监测点竖向位移发展过程曲线

7.4.5.8　模型 8 计算结果

1. 工程原型

模型 8 为 5 号岩溶分区 M474 钻孔揭露的溶洞，洞跨为 11m，顶板厚度为 4.4m，属大跨厚层型溶洞。揭露溶洞层数为 1 层，埋深为 15.5m，场地整平后上覆土层厚度约 15.7m，填土荷载为 298kPa，外加荷载分别为 160kPa、250kPa 和 350kPa。

2. 计算模型

M474 钻孔揭露的溶洞计算模型如图 7-35 和图 7-36 所示。将地基概化成两种情况，一种是天然基础，另一种是桩基础。桩基础的方形承台，长为 8.2m，宽为 5.2m，厚度为 1.5m，6 根桩，桩径为 0.8m，边距分别为 0.6m，桩长为 14.2m，桩间距为 3m，嵌岩深度为 0.5m。计算方案如表 7-19 所示。

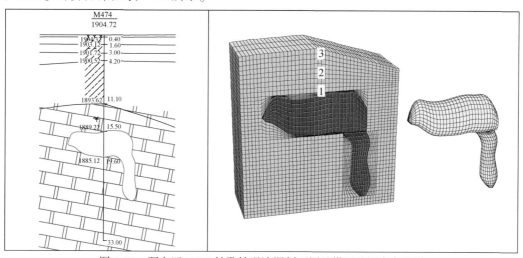

图 7-35　研究区 M474 钻孔钻遇溶洞剖面图及模型监测点布置图

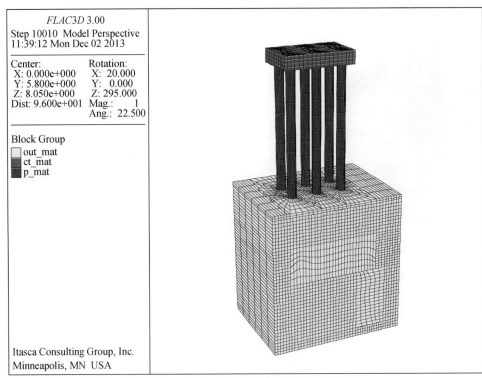

图 7-36　M474 钻孔揭露溶洞桩基础模型图

表 7-19　M474 钻孔揭露溶洞的计算结果

方案	地基基础	外加荷载/kPa	变形特征	评价结果
方案一	天然基础	160	破坏区呈带状分布于洞壁，最大位移为 4.07mm	稳定
方案二	天然基础	250	破坏区呈带状分布于洞壁，最大位移为 5.22mm	稳定
方案三	天然基础	350	破坏区呈带状分布于洞壁，最大位移为 6.10mm	较稳定
方案四	桩基础	160	破坏区主要集中在桩体周围，洞壁内也有少许分布，监测点最大位移为 3.58mm	稳定
方案五	桩基础	250	破坏区主要集中在桩体周围，洞壁内也有少许分布，监测点最大位移为 4.31mm	稳定
方案六	桩基础	350	破坏区主要集中在桩体周围，洞壁内呈带状分布但面积不大，监测点最大位移为 4.82mm	稳定

3. 计算结果

　　计算结果如图 7-37 和图 7-38 所示，天然基础上部设计荷载为 160kPa 和 250kPa 时，洞内剪切破坏和张拉破坏并存，呈带状分布于上层溶洞洞壁底部，但面积不大，监测点最大位移量分别为 4.07mm 和 5.22mm，综合分析溶洞顶板表现为稳定；当上部设计荷载为 350kPa 时，监测点最大位移量为 6.10mm，虽然该值超过了过大变形值，但破坏区分布范围较小，仅在上层溶洞底部有小范围的带状分布，综合分析溶洞顶板表现为较稳定。桩基础上部设计荷载由 160kPa 增加到 350kPa 时，剪切破坏和张拉破坏并存，主要集中在桩体周围，洞壁内也有少面积分布，监测点最大位移由 3.58mm 增加到 4.82mm，综合分析溶洞顶板均表现为稳定。将评价结果列于表 7-19。

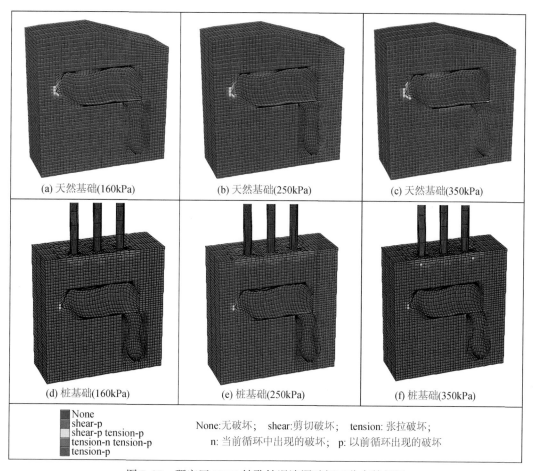

图 7-37　研究区 M474 钻孔钻遇溶洞破坏区分布特征图

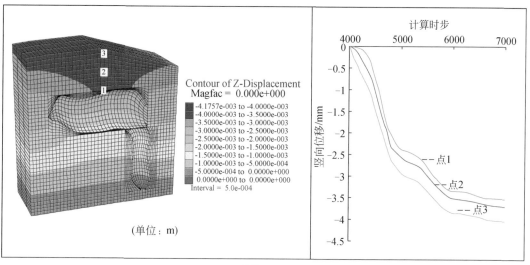

(a)天然基础 (160kPa)

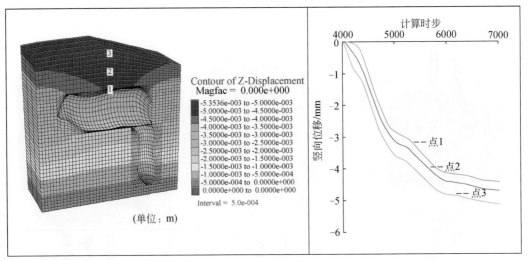

(b)天然基础 (250kPa)

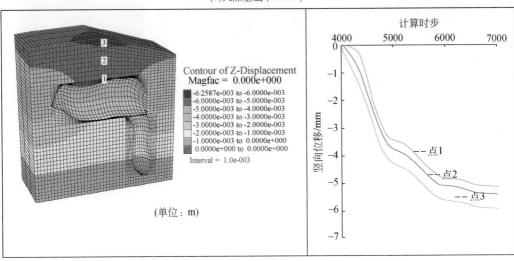

(c)天然基础 (350kPa)

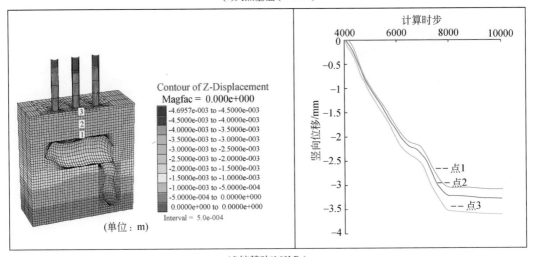

(d)桩基础(160kPa)

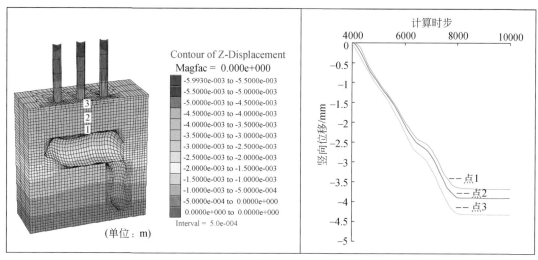

(e)桩基础(250kPa)

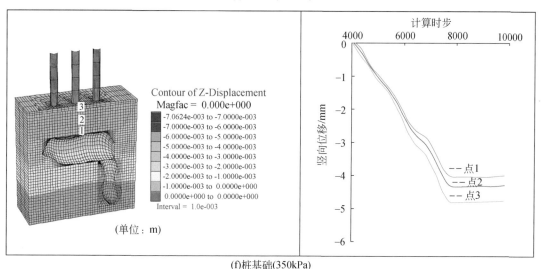

(f)桩基础(350kPa)

图 7-38　研究区 M474 钻孔钻遇溶洞竖向位移等值线云图及顶板监测点竖向位移发展过程曲线

7.4.5.9　模型 9 计算结果

1. 工程原型

模型 9 为 3 号岩溶分区 M97 钻孔和 M98 钻孔揭露的溶洞，洞跨 26.6m，最顶层溶洞顶板厚度为 0.4m，属特大跨薄层型溶洞。揭露溶洞层数为 3 层，埋深为 18.9m，场地整平后上覆土层厚度约 18.5m，填土荷载为 352kPa，外加荷载分别为 160kPa、250kPa 和 350kPa。

2. 计算模型

M97 钻孔和 M98 钻孔揭露的溶洞计算模型如图 7-39 和图 7-40 所示。将地基概化成两种情况，一种是天然基础，另一种是桩基础。桩基础的两个方形承台大小相同，长为8.2m，宽为5.2m，厚度为1.5m，分别有6根桩，桩径为0.8m，边距为0.6m，桩长分别为16m和17m，桩间距为3m，嵌岩深度为0.5m。计算方案如表7-20所示。

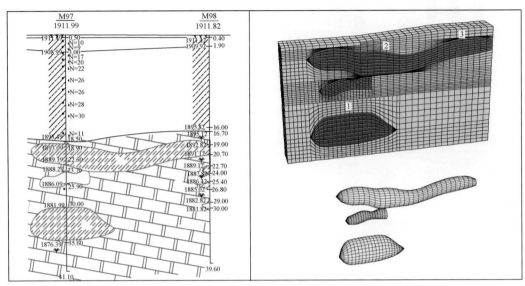

图7-39 研究区M97和M98钻孔钻遇溶洞剖面图及模型监测点布置图

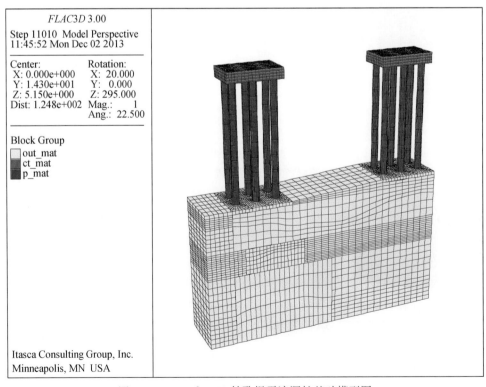

图7-40 M97和M98钻孔揭露溶洞桩基础模型图

表 7-20 M97 和 M98 钻孔揭露溶洞的计算结果

方案	地基基础	外加荷载/kPa	变形特征	评价结果
方案一	天然基础	160	破坏区主要分布于上层溶洞洞壁内，最大位移为7.09mm	不稳定
方案二	天然基础	250	破坏区主要分布于上层溶洞洞壁内且面积较大，监测点最大位移为8.88mm	不稳定
方案三	桩基础	160	桩体周围的破坏区延伸至溶洞，使整个顶板遭到了塑性破坏，监测点最大位移为5.92mm	不稳定
方案四	桩基础	250	桩体周围的破坏区延伸至溶洞，使整个顶板遭到了塑性破坏，监测点最大位移为7.32mm	不稳定
方案五	桩基础	350	桩体周围的破坏区延伸至溶洞，使整个顶板遭到了塑性破坏，监测点最大位移为8.02mm	不稳定

3. 计算结果

计算结果如图 7-41 和图 7-42 所示，天然基础上部设计荷载为 160kPa 和 250kPa 时，破坏区主要分布于上层溶洞洞壁内且面积较大，监测点最大位移量分别为 7.09mm 和 8.88mm，均超过了过大变形值的 6mm，综合分析溶洞顶板表现为不稳定；桩基础上部设计荷载由 160kPa 增加到 350kPa 时，桩体周围的破坏区均已延伸至溶洞，使整个顶板遭到了塑性破坏，监测点最大位移由 5.92mm 增加到 8.02mm，综合分析溶洞顶板均表现为稳定。将评价结果列于表 7-20。

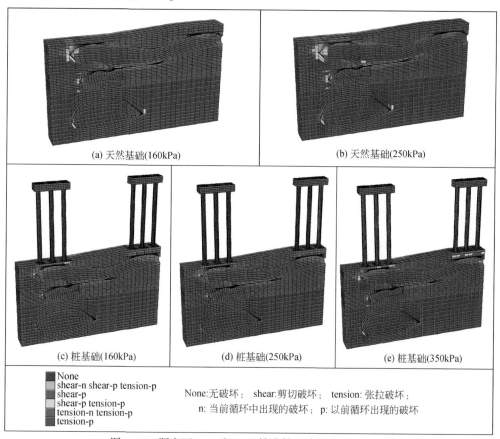

(a) 天然基础(160kPa)   (b) 天然基础(250kPa)

(c) 桩基础(160kPa)   (d) 桩基础(250kPa)   (e) 桩基础(350kPa)

None
shear-n shear-p tension-p
shear-p
shear-p tension-p
tension-n tension-p
tension-p

None:无破坏； shear:剪切破坏； tension: 张拉破坏；
n: 当前循环中出现的破坏； p: 以前循环出现的破坏

图 7-41 研究区 M97 和 M98 钻孔钻遇溶洞破坏区分布特征图

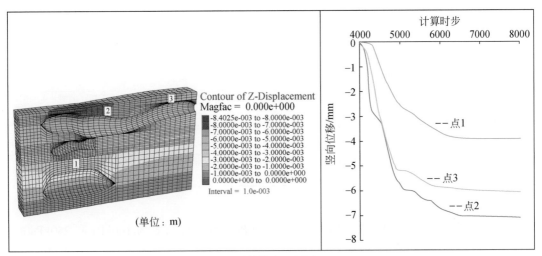

(a)天然基础(160kPa)

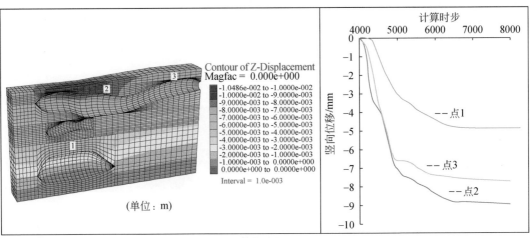

(b)天然基础(250kPa)

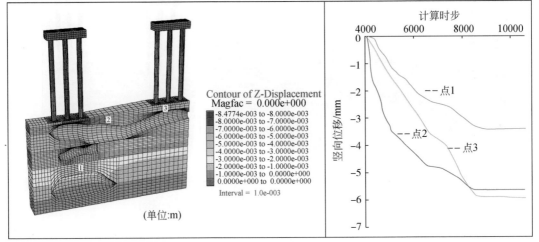

(c)桩基础(160kPa)

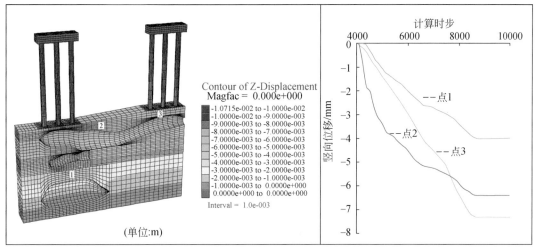

(d)桩基础(250kPa)

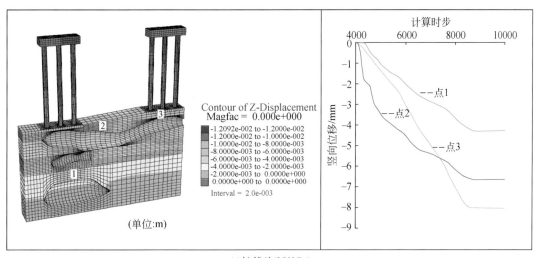

(e)桩基础(350kPa)

图 7-42　研究区 M97 和 M98 钻孔钻遇溶洞竖向位移等值线云图及顶板监测点竖向位移发展过程曲线

7.4.5.10　模型 10 计算结果

1. 工程原型

模型 10 为 2 号岩溶分区 M194 钻孔和 M195 钻孔揭露的溶洞，洞跨大于 30m，最顶层溶洞顶板厚度 0.7m，属特大跨薄层型溶洞。揭露溶洞层两层，埋深为 21.3m，场地整平后上覆土层厚度约 13.7m，填土荷载为 261kPa，外加荷载分别为 160kPa、250kPa和 350kPa。

2. 计算模型

M194 钻孔和 M195 钻孔揭露的溶洞计算模型如图 7-43 和图 7-44 所示。将地基概化成两种情况，一种是天然基础，另一种是桩基础。桩基础的两个方形承台大小相同，长为

8.2m，宽为 5.2m，厚度为 1.5m，分别有 6 根桩，桩径为 0.8m，桩长分别有 12.2m 和 13.7m，桩间距为 3m，边距为 0.6m，行间距 3m，嵌岩深度为 0.5m。计算方案如表 7-21 所示。

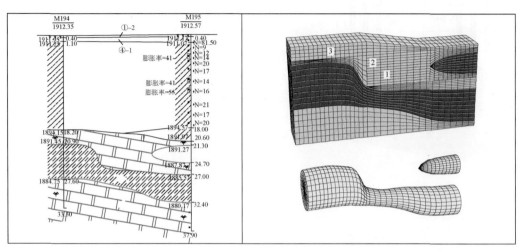

图 7-43　研究区 M194 和 M195 钻孔钻遇溶洞剖面图及模型监测点布置图

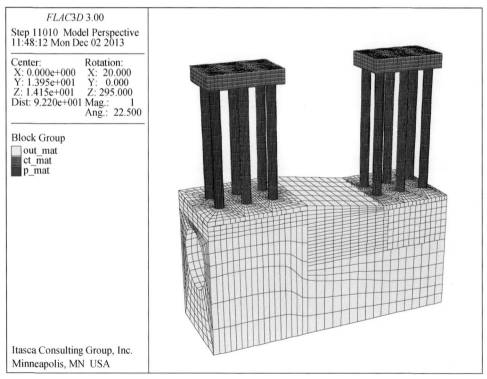

图 7-44　M194 和 M195 钻孔揭露溶洞桩基础模型图

表 7-21 M194 和 M195 钻孔揭露溶洞的计算结果

方案	地基基础	外加荷载/kPa	变形特征	评价结果
方案一	天然基础	160	破坏区呈带状分布于洞壁上部，监测点最大位移为 5.69mm	较不稳定
方案二	天然基础	250	破坏区呈带状分布于洞壁上部，监测点最大位移为 7.28mm	不稳定
方案三	天然基础	350	破坏区呈带状分布于洞壁上部且面积较大，最大位移为 8.49mm	不稳定
方案四	桩基础	160	破坏区主要分布于桩体周围，监测点最大位移为 5.05mm	较稳定
方案五	桩基础	250	破坏区分布于桩体周围并有向下发展的趋势，监测点最大位移为 6.17mm	不稳定
方案六	桩基础	350	破坏区分布于桩体周围并向下发展至洞壁，监测点最大位移为 6.98mm	不稳定

3. 计算结果

计算结果如图 7-45 和图 7-46 所示，天然基础上部设计荷载为 160kPa 时，破坏区呈带状分布于洞壁上部，监测点最大位移量为 5.69mm，已接近过程变形值，综合分析溶洞顶板表现为较不稳定；上部设计荷载为 250kPa 和 350kPa 时，破坏区呈带状分布于洞壁上部

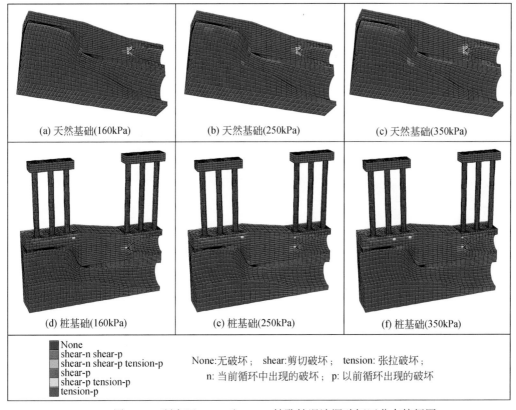

(a) 天然基础(160kPa)   (b) 天然基础(250kPa)   (c) 天然基础(350kPa)

(d) 桩基础(160kPa)   (e) 桩基础(250kPa)   (f) 桩基础(350kPa)

■ None
■ shear-n shear-p
■ shear-n shear-p tension-p
■ shear-p
■ shear-p tension-p
■ tension-p

None:无破坏； shear:剪切破坏； tension: 张拉破坏；
n: 当前循环中出现的破坏； p: 以前循环出现的破坏

图 7-45 研究区 M194 和 M195 钻孔钻遇溶洞破坏区分布特征图

并进一步增大，监测点最大位移量分别为 7.28mm 和 8.49mm，均已超出过大变形值，综合分析溶洞顶板表现为不稳定。桩基础上部设计荷载为 160kPa 时，破坏区主要分布于桩体周围，监测点最大位移量为 5.05mm，综合分析溶洞顶板表现为较稳定；上部设计荷载为 250kPa 和 350kPa 时，破坏区分布于桩体周围并向下发展影响到洞壁，监测点最大位移量分别为 6.17mm 和 6.98mm，均已超出过大变形值，综合分析溶洞顶板表现为不稳定。将评价结果列于表 7-21。

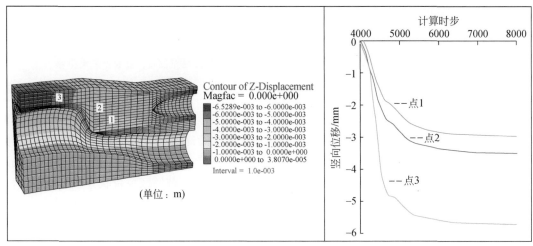

(a)天然基础(160kPa)

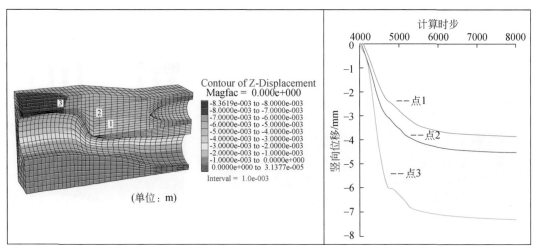

(b)天然基础(250kPa)

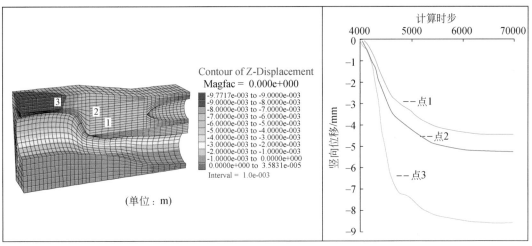

(c)天然基础(350kPa)

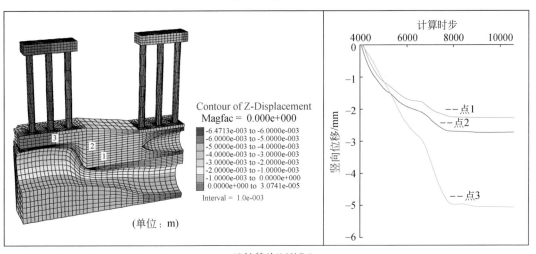

(d)桩基础(160kPa)

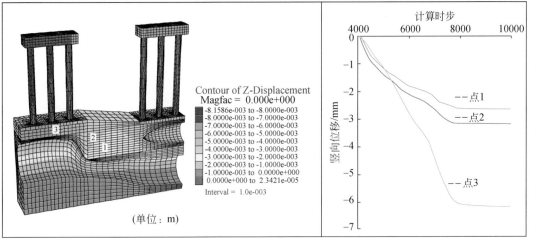

(e)桩基础(250kPa)

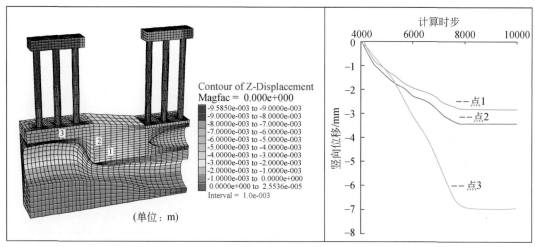

(f)桩基础(350kPa)

图 7-46　研究区 M194 和 M195 钻孔钻遇溶洞竖向位移等值线云图及顶板监测点竖向位移发展过程曲线

7.4.5.11　模型 11 计算结果

1. 工程原型

模型 11 为 5 号岩溶分区 M473 钻孔揭露的溶洞，洞跨为 19.6m，顶层溶洞顶板厚度为 1.3m，属特大跨薄层型溶洞。揭露溶洞层数为两层，埋深为 9.0m，场地整平后上覆土层厚度约 12.4m，填土荷载为 235kPa，外加荷载分别为 160kPa、250kPa 和 350kPa。

2. 计算模型

M473 钻孔揭露的溶洞计算模型如图 7-47 和图 7-48 所示。将地基概化成两种情况，一种是天然基础，另一种是桩基础。桩基础的 3 个方形承台大小相同，长为 8.2m，宽为 5.2m，厚度为 1m，桩数均为 6 根，桩径为 0.8m，边距为 0.6m，桩长分别为 9.4m 和 10.4m，桩间距为 3m，嵌岩深度为 0.5m。计算方案如表 7-22 所示。

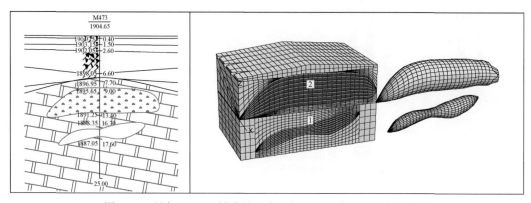

图 7-47　研究区 M473 钻孔钻遇溶洞剖面图及模型监测点布置图

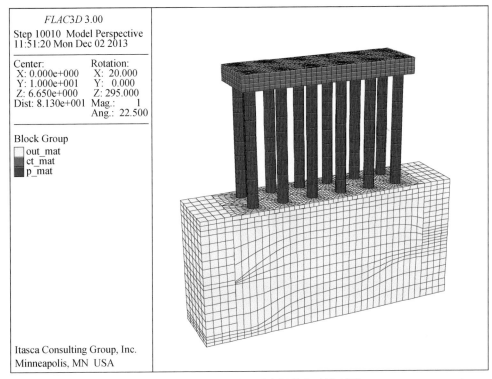

图 7-48 M473 钻孔揭露溶洞桩基础模型图

表 7-22 M473 钻孔揭露溶洞的计算结果

方案	地基基础	外加荷载/kPa	变形特征	评价结果
方案一	天然基础	160	破坏区主要分布于洞壁两侧和浅部，监测点最大位移为4.77mm	稳定
方案二	天然基础	250	溶洞顶板的底部局部受到破坏，监测点最大位移为6.28mm	不稳定
方案三	天然基础	350	破坏区在顶板处由底部发展至浅部，监测点最大位移为7.50mm	不稳定
方案四	桩基础	160	破坏区分布于桩体周围及溶洞两侧，监测点最大位移为4.32mm	稳定
方案五	桩基础	250	破坏区分布于桩体周围及溶洞两侧并在浅部有较大面积分布，监测点最大位移为6.42mm	不稳定
方案六	桩基础	350	破坏区分布于桩体周围及溶洞两侧并在浅部有较大面积分布，监测点最大位移为7.63mm	不稳定

3. 计算结果

计算结果如图 7-49 和图 7-50 所示，天然基础上部设计荷载为 160kPa 时，破坏区主要分布于洞壁两侧和浅部，监测点最大位移量为 4.77mm，综合分析溶洞顶板表现为稳定；上部设计荷载为 250kPa 和 350kPa 时，破坏区由溶洞顶部向上发展，并最终延伸到浅部，监测点最大位移量分别为 6.28mm 和 7.50mm，均已超出过大变形值，综合分析溶洞顶板表现为不稳定。桩基础上部设计荷载为 160kPa 时，破坏区分布于桩体周围及溶洞两侧，监测点最大位移量为 4.32mm，综合分析溶洞顶板表现为稳定；上部设计荷载为 250kPa 和

350kPa 时，破坏区主要分布桩体周围并有向下发展的趋势，但主要还是大面积分布于浅部，监测点最大位移量分别为 6.42mm 和 7.63mm，均已超出过大变形值，综合分析溶洞顶板表现为不稳定。将评价结果列于表 7-22。

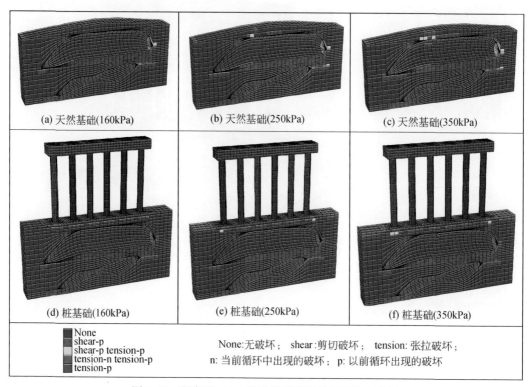

图 7-49　研究区 M473 钻孔钻遇溶洞破坏区分布特征

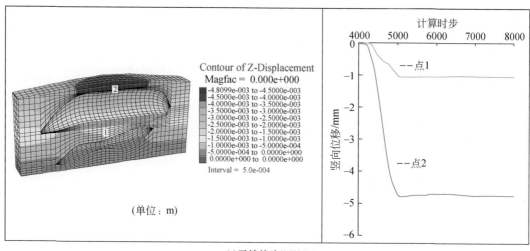

(a)天然基础(160kPa)

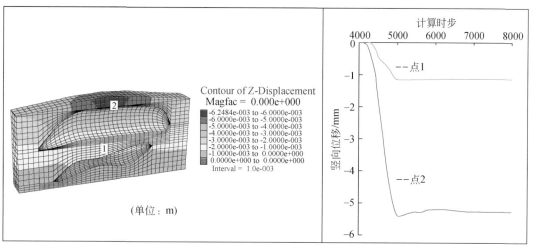

(b)天然基础(250kPa)

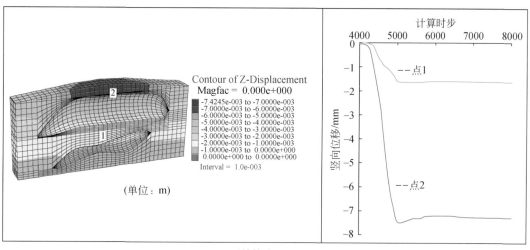

(c)天然基础(350kPa)

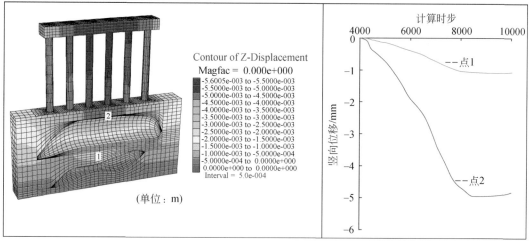

(d)桩基础(160kPa)

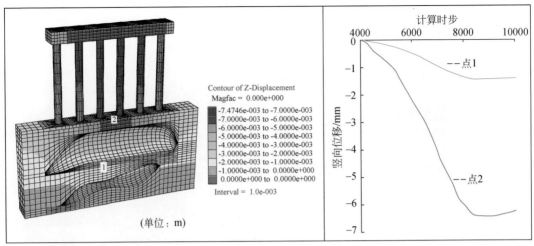

(e)桩基础(250kPa)

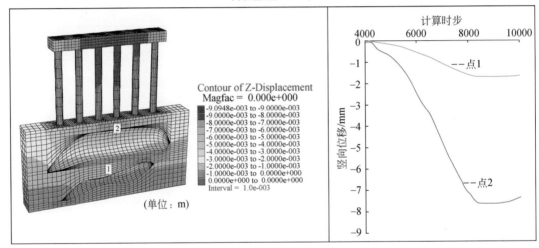

(f)桩基础(350kPa)

图 7-50　研究区 M473 钻孔钻遇溶洞竖向位移等值线云图及顶板监测点竖向位移发展过程曲线

7.4.5.12　模型 12 计算结果

1. 工程原型

模型 12 为 6 号岩溶分区 M443 钻孔揭露的溶洞，洞跨为 16m，最顶层溶洞顶板厚度为 1.5m，属特大跨中厚层型溶洞。揭露溶洞层数为 7 层，埋深为 17.6m，场地整平后上覆土层厚度约 16.1m，填土荷载为 306kPa，外加荷载分别为 160kPa、250kPa 和 350kPa。

2. 计算模型

M443 钻孔揭露的溶洞计算模型如图 7-51 和图 7-52 所示。将地基概化成两种情况，一种是天然基础，另一种是桩基础。桩基础的方形承台，长为 14.2m，宽为 5.2m，厚度为 1.5m，10 根桩，桩径为 0.8m，边距为 0.6m，桩长为 14.6m，桩间距为 3m，嵌岩深度为 0.5m。计算方案如表 7-23 所示。

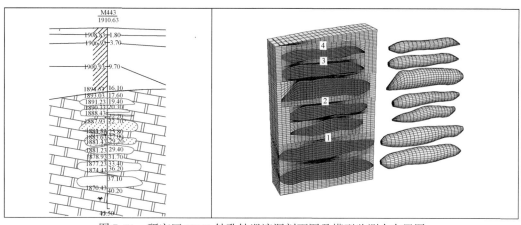

图 7-51　研究区 M443 钻孔钻遇溶洞剖面图及模型监测点布置图

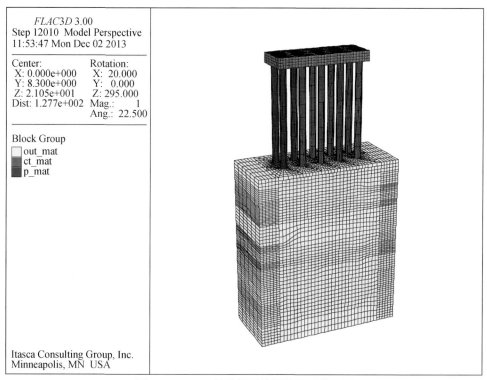

图 7-52　M443 钻孔揭露溶洞桩基础模型图

表 7-23　M443 钻孔揭露溶洞的计算结果

方案	地基基础	外加荷载/kPa	变形特征	评价结果
方案一	天然基础	160	破坏区在各层溶洞两侧均有较大面积分布，并在最底两层溶洞呈带状连续分布，监测点最大位移为 6.3mm	不稳定
方案二	天然基础	250	破坏区在各层溶洞两侧均有较大面积分布，并在最底两层溶洞呈带状连续分布，监测点最大位移为 10.6mm	不稳定
方案三	天然基础	350	破坏区在各层溶洞两侧均有较大面积分布，并在最底层溶洞呈片状大面积分布，监测点最大位移为 15.0mm	不稳定

续表

方案	地基基础	外加荷载/kPa	变形特征	评价结果
方案四	桩基础	160	桩体周围分布有较大面积破坏区并向下发展至溶洞，监测点最大位移为 5.7mm	较不稳定
方案五	桩基础	250	桩体周围分布有较大面积破坏区并向下发展至溶洞，监测点最大位移为 8.4mm	不稳定
方案六	桩基础	350	桩体周围分布有较大面积破坏区并向下发展至溶洞，监测点最大位移为 10.9mm	不稳定

3. 计算结果

计算结果如图 7-53 和图 7-54 所示，天然基础上部设计荷载由 160kPa 增加到 350kPa

(a)天然基础(160kPa)　　　(b) 天然基础(250kPa)　　　(c) 天然基础(350kPa)

(d) 桩基础(160kPa)　　　(e) 桩基础(250kPa)　　　(f) 桩基础(350kPa)

None
shear-n shear-p
shear-n shear-p tension-p
shear-p
shear-p tension-p
tension-n shear-p tension-p
tension-n tension-p
tension-p

None:无破坏；　shear:剪切破坏；　tension: 张拉破坏；
n: 当前循环中出现的破坏；　p: 以前循环出现的破坏

图 7-53　研究区 M443 钻孔钻遇溶洞破坏区分布特征图

时，破坏区在各层溶洞两侧均有较大面积分布，最上层溶洞顶板的塑性区向上延伸至浅部，最底层溶洞则由带状分布逐渐发展成片状分布，监测点的最大位移量由 6.3mm 增至 15.0mm，均已超出过大变形值，综合分析溶洞顶板表现为不稳定。桩基础上部设计荷载由 160kPa 增加到 350kPa 时，桩体周围分布有较大面积塑性破坏区并向下发展至溶洞，监测点的最大位移量由 5.7mm 增至 10.9mm，综合分析溶洞顶板表现为不稳定。将评价结果列于表 7-23。

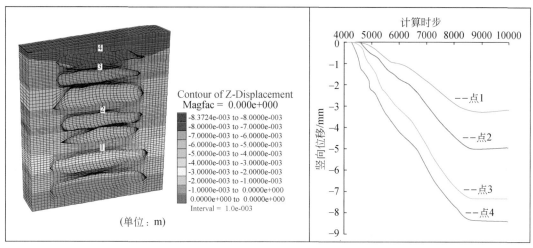

(a) 天然基础(160kPa)

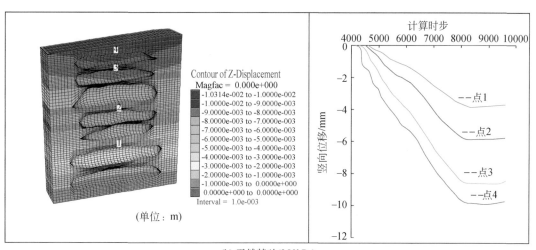

(b) 天然基础(250kPa)

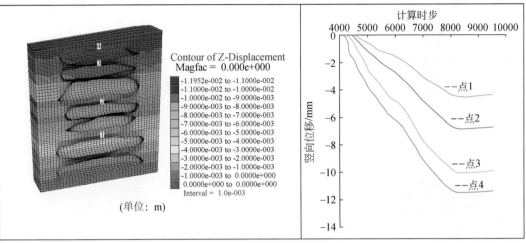

(c) 天然基础(350kPa)

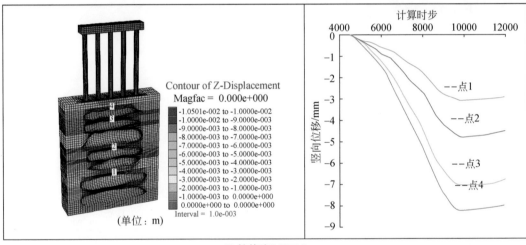

(d) 桩基础(160kPa)

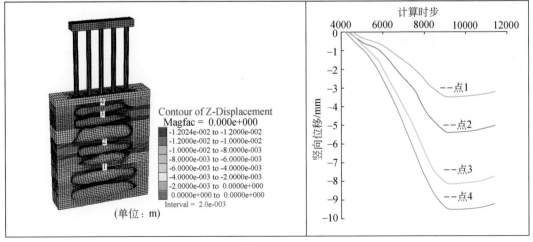

(e)桩基础(250kPa)

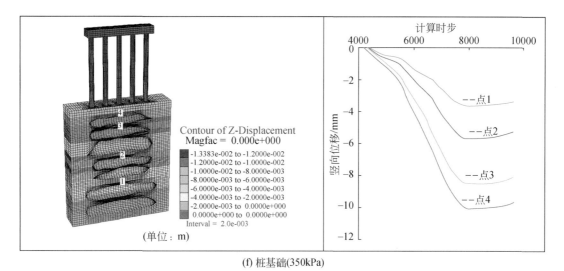

(f) 桩基础(350kPa)

图 7-54　研究区 M443 钻孔钻遇溶洞竖向位移等值线云图及顶板监测点竖向位移发展过程曲线

7.4.5.13　模型 13 计算结果

1. 工程原型

模型 13 为 3 号岩溶分区 M181 钻孔和 M182 钻孔揭露的溶洞，洞跨为 27.1m，顶板厚度约 2.2m，属特大跨中厚层型溶洞。揭露溶洞层数为 1 层，埋深为 13.0m，场地整平后上覆土层厚度约 11.1m，填土荷载为 210kPa，外加荷载分别为 160kPa、250kPa 和 350kPa。

2. 计算模型

M181 钻孔和 M182 钻孔揭露的溶洞计算模型如图 7-55 和图 7-56 所示。将地基概化成两种情况，一种是天然基础，另一种是桩基础。桩基础的三个方形承台大小相同，长为 8.2m，宽为 5.2m，厚度为 1.5m，每个承台分别有 6 根桩，桩径为 0.8m，边距为 0.6m，桩长分别有 9.5m、9m 和 8.5m，桩间距为 3m，嵌岩深度为 0.5m。计算方案如表 7-24 所示。

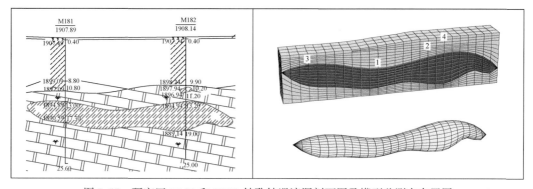

图 7-55　研究区 M181 和 M182 钻孔钻遇溶洞剖面图及模型监测点布置图

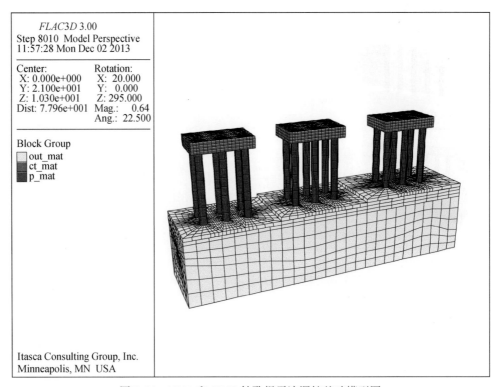

图 7-56　M181 和 M182 钻孔揭露溶洞桩基础模型图

表 7-24　M181 和 M182 钻孔揭露溶洞的计算结果

方案	地基基础	外加荷载/kPa	变形特征	评价结果
方案一	天然基础	160	仅溶洞两侧有塑性破坏区，监测点最大位移为 3.42mm	稳定
方案二	天然基础	250	破坏区分布于溶洞两侧并间断分布于洞壁上部局部地方，监测点最大位移为 4.53mm	较稳定
方案三	天然基础	350	破坏区分布于溶洞两侧并间断分布于洞壁上部局部地方，监测点最大位移为 5.36mm	较稳定
方案四	桩基础	160	破坏区分布于桩端底部附近，监测点最大位移为 2.55mm	稳定
方案五	桩基础	250	破坏区分布于桩端底部附近，监测点最大位移为 3.13mm	稳定
方案六	桩基础	350	破坏区分布于桩端底部附近，监测点最大位移为 3.52mm	稳定

3. 计算结果

计算结果如图 7-57 和图 7-58 所示，天然基础上部设计荷载为 160kPa 和 250kPa 时，破坏区零星分布于溶洞两侧并在浅部开始发展，监测点最大位移为 3.42mm 和 4.23mm，综合分析溶洞顶板表现为稳定；上部设计荷载为 350kPa 时，破坏区分布于溶洞两侧并间断分布于洞壁上部局部地方，监测点最大位移为 5.36mm，该值较接近过大变形值，综合分析溶洞顶板表现为较稳定。桩基础上部设计荷载由 160kPa 增加到 350kPa 时，破坏区分布于桩端底部附近，面积较小，监测点最大位移量由 2.55mm 发展到 3.52mm，综合分析溶洞顶板均表现为稳定。将评价结果列于表 7-24。

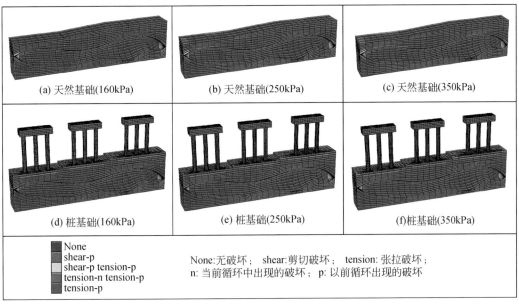

(a) 天然基础(160kPa)　　　(b) 天然基础(250kPa)　　　(c) 天然基础(350kPa)

(d) 桩基础(160kPa)　　　(e) 桩基础(250kPa)　　　(f) 桩基础(350kPa)

None
shear-p
shear-p tension-p
tension-n tension-p
tension-p

None:无破坏；　shear:剪切破坏；　tension: 张拉破坏；
n: 当前循环中出现的破坏；p: 以前循环出现的破坏

图 7-57　研究区 M181 和 M182 钻孔钻遇溶洞破坏区分布特征图

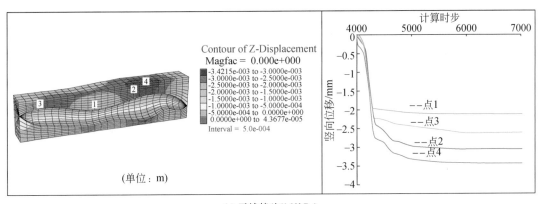

(a) 天然基础(160kPa)

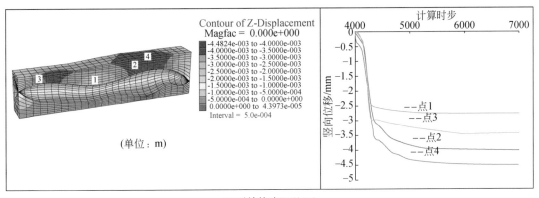

(b) 天然基础(250kPa)

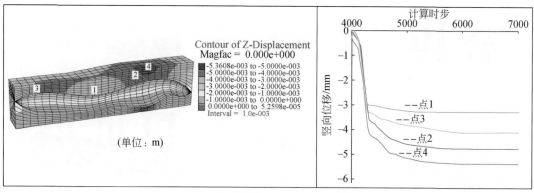

(c) 天然基础(350kPa)

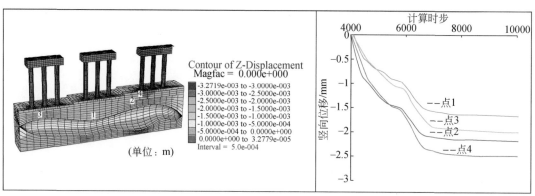

(d)桩基础(160kPa)

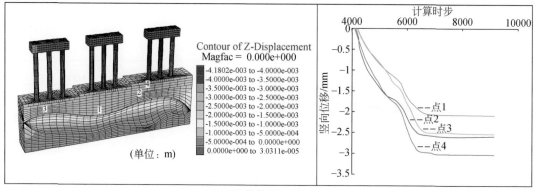

(e) 桩基础(250kPa)

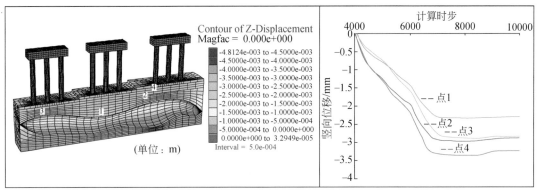

(f) 桩基础(350kPa)

图 7-58　研究区 M181 和 M182 钻孔钻遇溶洞竖向位移等值线云图及顶板监测点竖向位移发展过程曲线

7.4.5.14　模型 14 计算结果

1. 工程原型

模型 14 为 2 号岩溶分区 M304 钻孔和 M305 钻孔揭露的溶洞，洞跨为 28.4m，顶板厚度为 4m，属特大跨厚层型溶洞。揭露溶洞层数 1 层，洞高为 16m，埋深为 16.5m，场地整平后上覆土层厚度约 17.2m，填土荷载 327kPa，外加荷载分别为 160kPa、250kPa 和 350kPa。

2. 计算模型

M304 钻孔和 M305 钻孔揭露的溶洞计算模型如图 7-59 和图 7-60 所示。将地基概化成两种情况，一种是天然基础，另一种是桩基础。桩基础的三个方形承台大小相同，长为 8.2m，宽为 8.2m，厚度为 1.5m，每个承台有 9 根桩，桩径为 0.8m，边距为 1m，桩长分别有 13m 和 14m，桩间距为 3m，行宽为 3m，嵌岩深度为 0.5m。计算方案如表 7-25 所示。

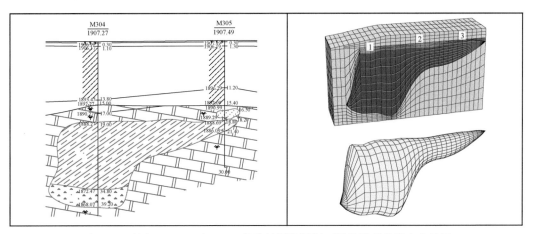

图 7-59　研究区 M304 和 M305 钻孔钻遇溶洞剖面图及模型监测点布置图

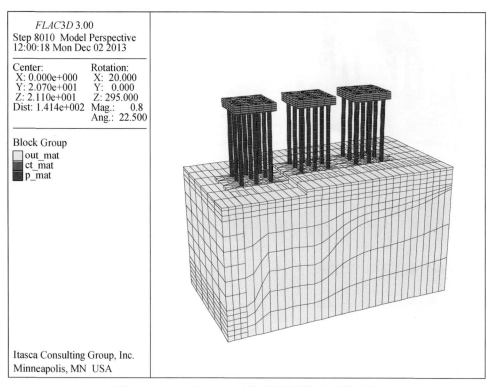

图 7-60　M304 和 M305 钻孔揭露溶洞桩基础模型图

表 7-25　M304 和 M305 钻孔揭露溶洞的计算结果

方案	地基基础	外加荷载/kPa	变形特征	评价结果
方案一	天然基础	160	破坏区主要分布于浅部及洞壁上部且面积较大，监测点最大位移为 13.8mm	不稳定
方案二	天然基础	250	破坏区主要分布于浅部及洞壁上部且面积较大，监测点最大位移为 17.45mm	不稳定
方案三	桩基础	160	破坏区连片分布于桩体周围及浅部，并向下发展至溶洞，监测点最大位移为 11.34mm	不稳定
方案四	桩基础	250	破坏区连片分布于桩体周围及浅部，并向下发展至溶洞，监测点最大位移为 13.09mm	不稳定

3. 计算结果

计算结果如图 7-61 和图 7-62 所示，天然基础上部设计荷载为 160kPa 和 250kPa 时，破坏区主要分布于浅部及洞壁上部且面积较大，监测点最大位移为 13.8mm 和 17.45mm，远远超出过大变形值，综合分析溶洞顶板均表现为不稳定。桩基础上部设计荷载为 160kPa 和 250kPa 时，破坏区连片分布于桩体周围及浅部，并向下发展至溶洞，监测点最大位移为 11.34mm 和 13.09mm，远远超出过大变形值，综合分析溶洞顶板均表现为不稳定。

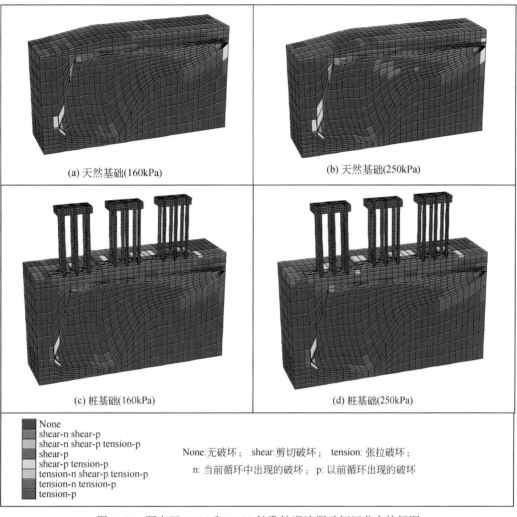

(a) 天然基础(160kPa)　　　　　(b) 天然基础(250kPa)

(c) 桩基础(160kPa)　　　　　(d) 桩基础(250kPa)

None:无破坏； shear:剪切破坏； tension: 张拉破坏；
n: 当前循环中出现的破坏； p: 以前循环出现的破坏

图 7-61　研究区 M304 和 M305 钻孔钻遇溶洞破坏区分布特征图

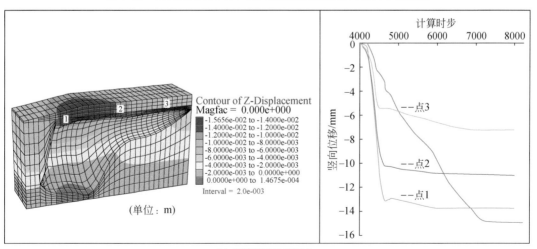

(a) 天然基础(160kPa)

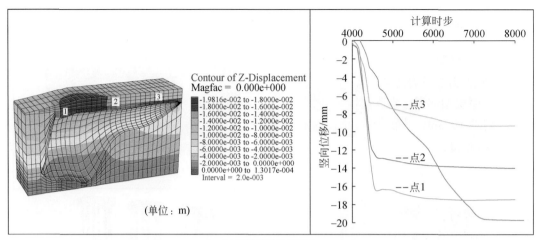

(b)天然基础(250kPa)

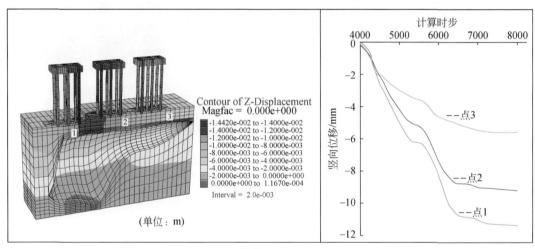

(c)桩基础(160kPa)

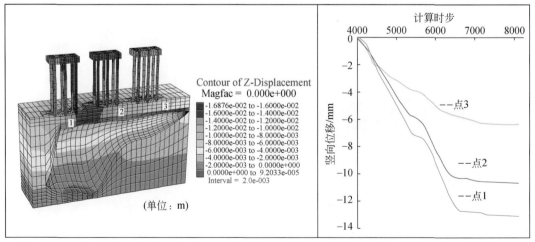

(d) 桩基础(250kPa)

图 7-62　研究区 M304 和 M305 钻孔钻遇溶洞竖向位移等值线云图及顶板监测点竖向位移发展过程曲线

7.4.5.15　模型 15 计算结果

1. 工程原型

模型 15 为 2 号岩溶分区 M166 钻孔揭露的溶洞，洞跨为 18m，顶板厚度为 4.5m，属特大跨特厚层型溶洞；揭露溶洞层数为 1 层，洞高为 4m，埋深为 30m，场地整平后上覆土层厚度约 19.3m，填土荷载为 368kPa，外加荷载分别为 160kPa、250kPa 和 350kPa。

2. 计算模型

M166 钻孔揭露的溶洞计算模型如图 7-63 和图 7-64 所示。将地基概化成两种情况，一种是天然基础，另一种是桩基础。桩基础的方形承台，长为 17.2m，宽为 5.2m，厚度为 1.5m，12 根桩，桩径为 0.8m，边距分别为 0.6m，桩长为 17.3m，桩间距为 3m，嵌岩深度为 0.2m；计算方案如表 7-26 所示。

3. 计算结果

计算结果如图 7-65 和图 7-66 所示，天然基础上部设计荷载由 160kPa 增加到 350kPa 时，破坏区均仅零星分布于溶洞两侧，监测点最大位移量由 3.52mm 发展到 5.05mm，综合分析溶洞顶板均表现为稳定。桩基础上部设计荷载由 160kPa 增加到 350kPa 时，破坏区均仅桩体周围和溶洞两侧有少许分布，监测点最大位移量由 2.44mm 发展到 3.88mm，综合分析溶洞顶板均表现为稳定。将评价结果列于表 7-26。

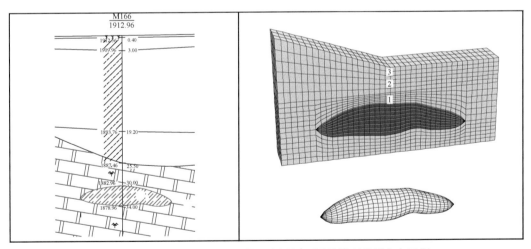

图 7-63　研究区 M166 钻孔钻遇溶洞剖面图及模型监测点布置图

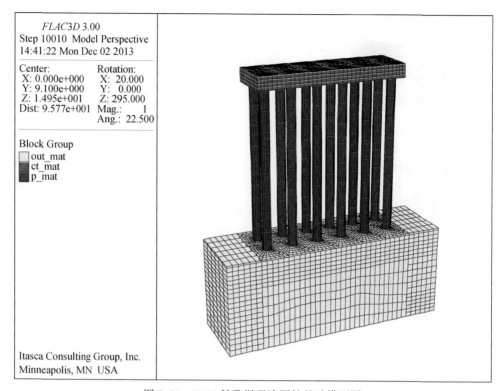

图 7-64　M166 钻孔揭露溶洞桩基础模型图

表 7-26　M166 钻孔揭露溶洞的计算结果

方案	地基基础	外加荷载/kPa	变形特征	评价结果
方案一	天然基础	160	破坏区零星分布于溶洞两侧，监测点最大位移为 3.52mm	稳定
方案二	天然基础	250	破坏区零星分布于溶洞两侧，监测点最大位移为 4.39mm	稳定
方案三	天然基础	350	破坏区零星分布于溶洞两侧，监测点最大位移为 5.05mm	稳定
方案四	桩基础	160	破坏区仅桩体周围和溶洞两侧有少许分布，监测点最大位移为 2.44mm	稳定
方案五	桩基础	250	破坏区仅桩体周围和溶洞两侧有少许分布，监测点最大位移为 3.27mm	稳定
方案六	桩基础	350	破坏区仅桩体周围和溶洞两侧有少许分布，监测点最大位移为 3.88mm	稳定

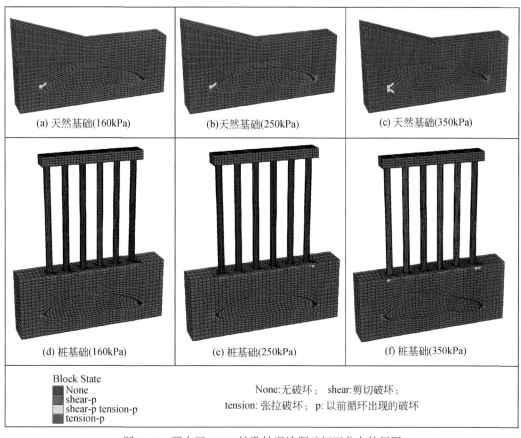

(a) 天然基础(160kPa)   (b)天然基础(250kPa)   (c) 天然基础(350kPa)

(d) 桩基础(160kPa)   (e) 桩基础(250kPa)   (f) 桩基础(350kPa)

Block State
None
shear-p
shear-p tension-p
tension-p

None:无破坏； shear:剪切破坏；
tension: 张拉破坏； p: 以前循环出现的破坏

图 7-65　研究区 M166 钻孔钻遇溶洞破坏区分布特征图

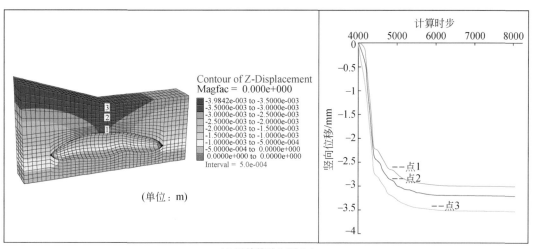

(a) 天然基础(160kPa)

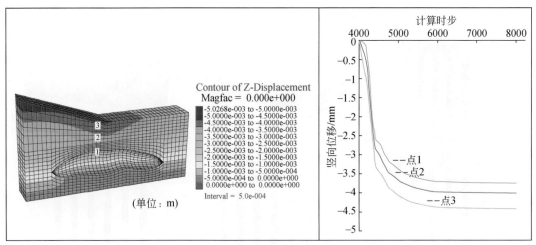

(b) 天然基础(250kPa)

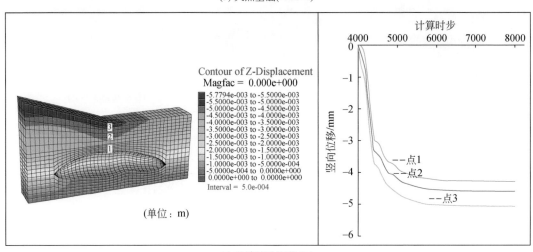

(c) 天然基础(350kPa)

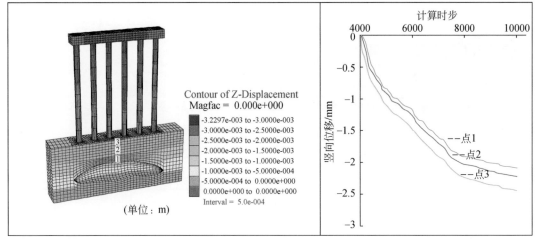

(d) 桩基础(160kPa)

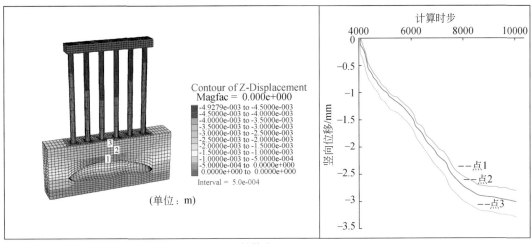

(e) 桩基础(250kPa)

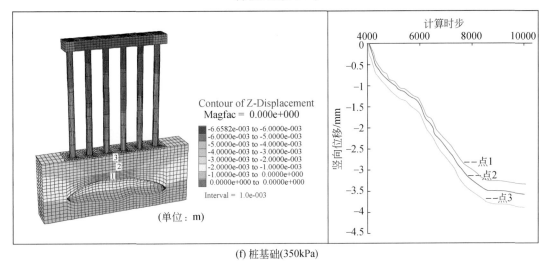

(f) 桩基础(350kPa)

图 7-66   研究区 M166 钻孔钻遇溶洞竖向位移等值线云图及顶板监测点竖向位移发展过程曲线

7.4.5.16   模型 16 计算结果

1. 工程原型

模型 16 为 3 号岩溶分区 M146 钻孔揭露的溶洞，洞跨为 28m，顶板厚度为 7.3m，属特大跨极厚层型溶洞。揭露溶洞层数为 4 层（模型概化为两层），埋深为 18.2m，场地整平后上覆土层厚度约 10.9m，填土荷载为 207kPa，外加荷载分别为 160kPa、250kPa和 350kPa。

2. 计算模型

M146 钻孔揭露的溶洞计算模型如图 7-67 和图 7-68 所示。将地基概化成两种情况，一种是天然基础，另一种是桩基础。桩基础的 3 个方形承台大小相同，长为 8.2m，宽为

5.2m，厚度为1.5m，每个承台有6根桩，桩径为0.8m，边距为0.6m，桩长分别为9.4m和10.4m，桩间距为3m，行宽为3m，嵌岩深度为0.5m。计算方案如表7-27所示。

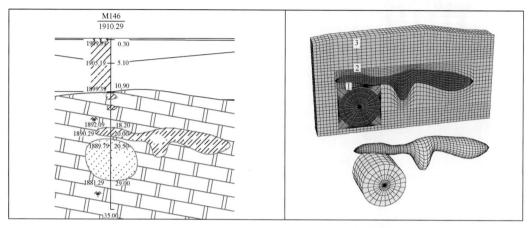

图7-67　研究区 M146 钻孔钻遇溶洞剖面图及模型监测点布置图

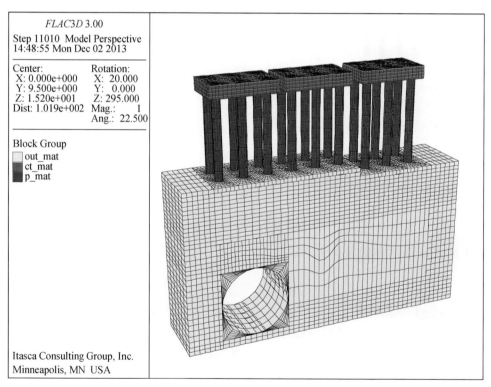

图7-68　M146 钻孔揭露溶洞桩基础模型图

表 7-27　M146 钻孔揭露溶洞的计算结果

方案	地基基础	外加荷载/kPa	变形特征	评价结果
方案一	天然基础	160	破坏区零星分布于溶洞内壁，监测点最大位移为 5.4mm	稳定
方案二	天然基础	250	破坏区分布于局部洞壁，监测点最大位移为 7.12mm	不稳定
方案三	天然基础	350	破坏区分布于局部洞壁，监测点最大位移为 8.52mm	不稳定
方案四	桩基础	160	破坏区主要分布于桩体周围，洞壁内仅有零星分布，监测点最大位移为 5.38mm	稳定
方案五	桩基础	250	破坏区主要分布于桩体周围，洞壁内仅有零星分布，其中最大位移为 6.73mm	较不稳定
方案六	桩基础	350	破坏区主要分布于桩体周围，洞壁内仅有局部分布，其中最大位移为 7.67mm	不稳定

3. 计算结果

计算结果如图 7-69 和图 7-70 所示，天然基础上部设计荷载为 160kPa 时，破坏区零星分布于溶洞内壁，关键点最大位移量为 5.4m，综合分析溶洞顶板表现为稳定；上部设计荷载为 250kPa 和 350kPa 时，破坏区分布于局部洞壁，关键点最大位移分别为 7.12mm 和 8.52mm，超出了过大变形值，综合分析溶洞顶板表现为不稳定。桩基础上部设计荷载为

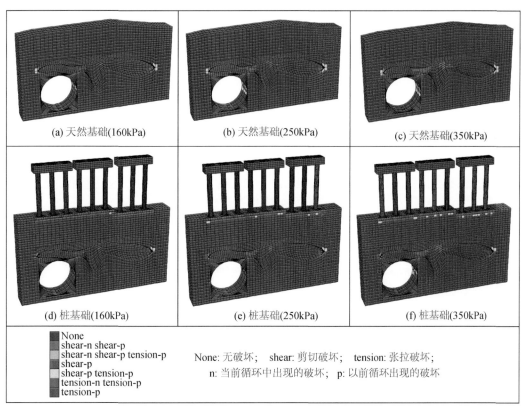

(a) 天然基础(160kPa)　　　(b) 天然基础(250kPa)　　　(c) 天然基础(350kPa)

(d) 桩基础(160kPa)　　　(e) 桩基础(250kPa)　　　(f) 桩基础(350kPa)

None
shear-n shear-p
shear-n shear-p tension-p
shear-p
shear-p tension-p
tension-n tension-p
tension-p

None: 无破坏；　shear: 剪切破坏；　tension: 张拉破坏；
n: 当前循环中出现的破坏；　p: 以前循环出现的破坏

图 7-69　研究区 M146 钻孔钻遇溶洞破坏区分布特征图

160kPa 时，破坏区主要分布于桩体周围，洞壁内仅有零星分布，关键点最大位移为 5.38mm，综合分析溶洞顶板表现为稳定；上部设计荷载为 250kPa 时，破坏区主要分布于桩体周围，洞壁内仅有零星分布，其中最大位移为 6.73mm，综合分析溶洞顶板表现为较不稳定；上部设计荷载为 350kPa 时，破坏区主要分布于桩体周围，洞壁内仅有局部分布，其中最大位移为 7.67mm，综合分析溶洞顶板表现为较不稳定。将评价结果列于表 7-27。

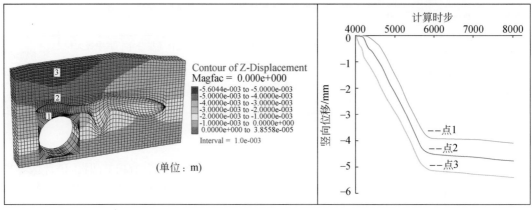

(a) 天然基础(160kPa)

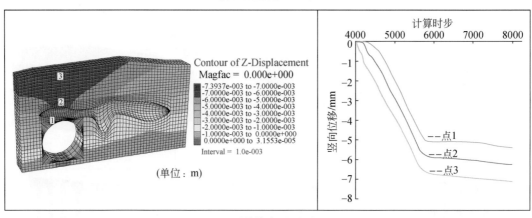

(b) 天然基础(250kPa)

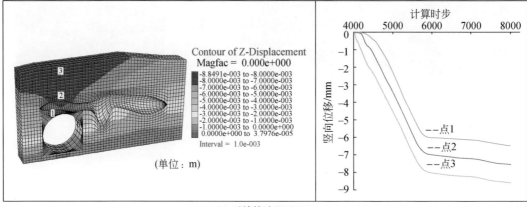

(c) 天然基础(350kPa)

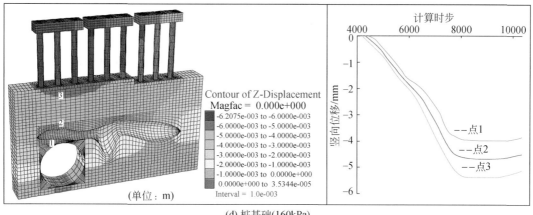

(d) 桩基础(160kPa)

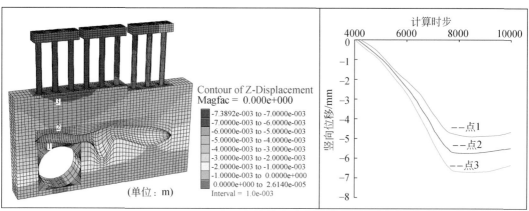

(e) 桩基础(250kPa)

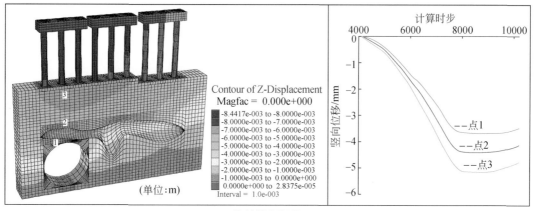

(f) 桩基础(350kPa)

图 7-70　研究区 M146 钻孔钻遇溶洞竖向位移等值线云图及顶板监测点竖向位移发展过程曲线

7.4.6　溶洞稳定综合分析

16 个代表性溶洞代表了研究区大部分溶洞的岩溶类型，采用数值分析方法，将工程基础概化成天然基础和桩基础两种情况，再将工程荷载按 160kPa、250kPa 和 350kPa 分别施加于模型之上，模拟溶洞顶板的受力与形变情况。现将 16 个代表性溶洞稳定性分析汇总列于表 7-28。表中还列出了用公式法评价 16 个代表性溶洞的总结果，两种方法共同为工程建构筑物的基础形式建议提供了重要依据。

表 7-28　代表性溶洞稳定性分析汇总与对比表

序号	经过的钻孔号	类型	公式法	天然基础/kPa			桩基础/kPa		
				160	250	350	160	250	350
模型 1	M320	中小跨中厚层	稳定	稳定	稳定	稳定	稳定	稳定	稳定*
模型 2	M587	中小跨中厚层	稳定	稳定	稳定	稳定	稳定	稳定	稳定
模型 3	M331	中跨中厚层	稳定	稳定	稳定	稳定	稳定	稳定	稳定
模型 4	M167	中跨中厚层	不稳定	稳定	稳定	稳定	稳定	稳定	稳定
模型 5	YZ60	中跨特厚层	稳定	稳定	稳定	稳定	稳定	稳定	较稳定*
模型 6	M236	大跨薄层	不稳定	较稳定	较稳定	较不稳定	稳定	较不稳定*	不稳定*
模型 7	M96	大跨中厚层	不稳定	不稳定	不稳定	不稳定	不稳定	不稳定	不稳定*
模型 8	M474	大跨厚层	稳定	稳定	稳定	较稳定	稳定	稳定	稳定
模型 9	M97、M98	特大跨薄层	不稳定	不稳定	不稳定	—	不稳定	不稳定	不稳定
模型 10	M194、M195	特大跨薄层	不稳定	较不稳定	不稳定	不稳定	较不稳定	不稳定	不稳定
模型 11	M473	特大跨薄层	不稳定	稳定	不稳定	不稳定	稳定	不稳定*	不稳定*
模型 12	M443	特大跨中厚层	不稳定	不稳定	不稳定	不稳定	较不稳定*	不稳定*	不稳定*
模型 13	M181、M182	特大跨中厚层	不稳定	稳定	较稳定	较稳定	稳定	稳定	稳定
模型 14	M304、M305	特大跨厚层	不稳定	不稳定	不稳定*	—	不稳定*	不稳定*	—
模型 15	M166	特大跨特厚层	稳定	稳定	稳定	稳定	稳定	稳定	稳定
模型 16	M146	特大跨极厚层	不稳定	稳定	不稳定	不稳定	稳定	较不稳定	不稳定*

注：带 * 号的表示浅部岩体有较大范围的破坏区存在。

7.5　本 章 小 结

首先应用常规的顶板抗弯强度评价硐室稳定法、顶板抗剪强度评价硐室稳定法、塌落拱理论法、类比法、单跨梁模型法和板梁模型法六种方法对每个溶洞进行稳定性评价，初步判断研究区岩溶发育强，其隐伏溶洞群规模较大，对工程建设危害巨大。虽然以上六种方法是根据前人工程实践经验和理论相结合而得出，具有一定的可靠性和实用性，但是也存在一定的局限性：

（1）顶板抗弯强度评价硐室稳定法和顶板抗剪强度评价硐室稳定法是《工程地质手册（第四版）》中专门针对岩溶洞穴稳定性评价的方法，适用于顶板岩层比较完整，强度较高，已知顶板厚度和裂隙切割的情况。

（2）塌落拱理论法是根据一些矿山坑道多年观测和松散体介质中的模型试验得出，适用于顶板岩体被裂隙切割成块状岩体或碎块状的溶洞。

（3）类比法据工程实践经验及前人的研究成果得出，其公式简单，考虑的因素较少，适用于各种溶洞顶板厚度稳定性的初步评价。

（4）单跨梁模型法和板梁模型法为《工程地质手册（第四版）》中针对地下硐室稳定性评价的方法，适用于硐室顶板岩层比较完整的情况。

六种方法综合集成评判，互相类比和相互补充，对溶洞发育类型、特征、结构和稳定性进行综合评价，为岩溶地基处理提供思路，增强工程建设的安全性。但由于研究区岩溶发育的复杂性、多变性和特殊性，而六种公式方法均采用的是将溶洞进行简单概化计算，并不能反映溶洞的复杂性、多变性和特殊性，致使评价结果与实际存在一定差异。因此需要寻求另一种更能反映实际情况的方法来对溶洞稳定性进行评价，FLAC³ᴰ数值模拟便是一种行之有效的方法，它能够进行土质、岩石和其他材料的三维结构受力特性模拟和塑性流动分析，较真实地反映溶洞顶板受力后的应力、应变变化过程。

对比六种常规方法，FLAC³ᴰ数值模拟计算的优势主要体现在以下四点。

（1）计算方法更为先进：FLAC³ᴰ采用的显式拉格朗日算法和混合-离散分区技术能够非常准确地模拟材料的塑性破坏和流动。对模拟塑性破坏和塑性流动采用的是"混合离散法"。这种方法比有限元法中通常采用的"离散集成法"更为准确、合理；即使模拟的系统是静态的，仍采用了动态运动方程，这使得FLAC³ᴰ在模拟物理上的不稳定过程不存在数值上的障碍；采用了一个"显式解"方案。因此，显式解方案对非线性的应力-应变关系的求解所花费的时间，几乎与线性本构关系相同，而隐式求解方案将会花费较长的时间求解非线性问题。而且，它没有必要存储刚度矩阵，这就意味着采用中等容量的内存可以求解多单元结构；模拟大变形问题几乎并不比小变形问题多消耗更多的计算时间，因为没有任何刚度矩阵要被修改。目前，FLAC 及·FLAC³ᴰ软件已逐渐成为中国岩土工程界发展最快、影响最大的商用软件系统之一。

（2）模型建立更为客观：利用FLAC³ᴰ软件模拟计算溶洞稳定性，不仅可以针对不同形态的溶洞（"I"型溶洞、"T"形溶洞、"L"形溶洞、"Lc"型溶洞、"S"型溶洞、反"S"型溶洞、"Y"型溶洞和"肠"状溶洞等），还可以针对不同的基础形式（天然基础、筏板基础、桩基础等）和不同的附加及原始应力状态等，使模型的建立更为合理。

（3）模拟参数的选取更为齐全：在模型中不仅考虑了岩石层的相关参数，同时也考虑了不同基础形式的地基土以及建筑材料（钢筋和混凝土）的相关物理力学参数，使得模型更加切近实际情况，结果更为可信。

（4）评价结果显示更为直观：模型的模拟以形变量的方式给出计算结果，不仅可以判断溶洞的稳定性，还可以得出应力集中点的位置和形态，为进一步优化基础设计方案提供了更为详尽的参考依据。

　　由于 FLAC^{3D} 建立模型只能靠编写一连串的命令流来实现，而岩溶洞穴在三维形态空间上的展布十分复杂，因此若依赖 FLAC^{3D} 建立模型，其命令流少则几百行，多则成千上万行，其工作量十分巨大甚至难以完成。鉴于此，本次研究采用一款名为"cave. exe"的可视化前处理程序来完成研究区代表性溶洞模型的建立，大大简化了前期工作量，提高了工作效率。

第8章 岩溶复杂地质条件下的基础形式研究

岩溶地区的地基处理还应该考虑地基、基础与上部结构的共同作用，要适应上部结构的选型，同时结构也要适应地基的变形。在确定岩溶地区形式时，应针对岩溶地区各个具体工程的特性和地质条件，寻求一种结构安全稳妥、施工安全快捷、质量满足要求的基础设计方案。

8.1 岩溶地区的基础类型

在岩溶地区，浅基础和深基础的形式在实际工程中都有应用，归纳起来基础形式可以有以下几种：天然地基浅基础、灌注桩基础、预制桩基础、夯扩桩基础和桩筏基础。

1. 天然地基浅基础

在一些岩溶地区，场地岩土层按成因类型从上而下一般依次为人工填土层、冲积土层、残积土层和基岩。土层一般为可塑至硬塑，当接近石灰岩面时，由于含水量增大，土层变为可塑或软塑，甚至流塑。因此对于一般的多层建筑，若柱脚内力不太大，岩溶地区最理想的形式就是采用以基岩以上的可塑至硬塑土层为持力层的天然地基浅基础。同时应根据建筑物的情况，必要时对该土层做压板试验，以取得设计所需的更为精确的承载力计算及沉降验算指标。如果场地上面填土层较厚或土质不好，可采用换土方案进行处理，处理时应分层夯实；也可采用架空地板代替室内填土、设置地下室或半地下室等方案来满足地基承载力的要求，减少建筑物沉降及不均匀沉降。

2. 钻（冲、挖）孔灌注桩基础

《建筑桩基技术规范》[81]（JGJ 94—2008）中建议岩溶地区的桩基宜采用钻、挖孔桩，说明钻孔灌注桩作为岩溶发育地区的基础形式有一定的普遍性和适用性。钻孔桩的成孔直径大，一柱一桩，受力清楚，施工方便，适用于单桩荷载大、地下有孤石，夹层分布，岩溶表面不平的情况，用这种桩能钻穿孤石、夹层，将桩端可靠地支承在持力层上，桩端的嵌岩情况也好。如果建筑物自身荷载较大，则单桩承载力较高的灌注桩基础则更加适用。

3. 预制桩基础

这里讨论的预制桩仅限于预制钢筋混凝土方桩和预应力混凝土管桩。岩溶地区的预制桩不宜直接支承在基岩面上。预制桩的施工方法有采用柴油锤施打的锤击法和采用静力压桩机施压的静压法。在岩溶地区，基岩上面的覆盖土层中，坚硬土层或密实砂层不多见，岩面上土层常呈软塑至流塑状，几乎不存在强风化的过渡岩层，基岩表面就是裸露的新鲜岩石，强度较大。若采用锤击法进行施工，预制桩一旦接触岩面而继续锤击，如果桩身未发生滑移，此时贯入度会立即变得很小，锤击力在桩身中产生很大的拉应力，桩身反弹特别厉害，出现桩端变形、桩头打碎、桩身断裂、桩身倾斜等破坏现象。因此在岩溶地区不适合采用锤击法施工的预制桩基础。但采用静压法施工的预制桩基础在上部荷载不大的情况下，大部分上部荷载可由桩周的桩土摩擦力来承担，因此其不失为一种可供考虑的形式。由于静压法施工是将预制桩缓慢地压入土层中，遇到坚硬的岩面，也是缓慢地接触，只要岩面坡度不是太大，静压桩桩身一般不会被压坏。

4. 夯扩桩基础

夯扩桩是在沉管灌注桩的基础上，桩端混凝土经过锤击夯扩形成扩大头来达到提高桩端阻力和桩承载力的一种新型扩底桩。桩由上部桩身和下部复合载体组成，桩身为钢筋混凝土结构，复合载体是避软就硬，以碎砖、碎石、混凝土块等为填充料，在持力层内夯扩加固挤密形成的挤密实体。因为夯点在深层土内，土体能充分吸收强大的夯击能，使桩端土体密度显著增大，从而大大提高了桩端土的承载力。在岩溶地区，溶（土）洞埋深较浅时，可用重锤击穿洞顶板，以填料填实洞穴，并且在夯击过程中，可即时对土洞进行充填处理，不会危及地面安全。夯击到岩面时，由于强大的夯击能，实际上也是对岩顶板进行强度及稳定性检验。若洞穴埋深较大或顶板较厚，可在洞穴顶板以上适当位置制造有一定厚度的持力层跨越洞穴。

5. 桩筏基础

岩溶土层上通常有一定厚度的覆土层，桩筏基础是使桩端与岩溶地层保持一定距离，因而可使底部筏板落在承载力较好的土层上，使桩与筏板共同承担上部结构荷载。桩筏的共同作用有利于基础差异沉降控制和满足承载力要求，其结构高度可高于复合地基基础结构物。筏板刚度较大，能跨越地下浅层小洞穴和局部软弱层，因而具有良好的整体性，避免桩基因桩端持力层存在溶洞、裂隙等缺陷而给上部结构带来危害，同时因它不直接接触岩溶地层，故可克服预制桩、钻（冲）孔灌注桩和人工挖孔灌注桩的缺点。虽然桩筏基础具有承载力高、整体性好、沉降量小、工期短、投资省等优点，但在岩溶地区的应用尚不多见，其主要原因是桩筏基础中桩-土-筏共同作用机理非常复杂，设计难度相对较大，使得设计人员较少采用。但从概念和理论上讲，针对岩溶地区复杂的地质状况，若建筑物层数较多，荷载较大，则桩筏基础仍是一种技术先进和安全可靠的基础类型。

8.2　研究区建构筑物基础选型

安宁化工项目研究区内基岩上覆土层主要为硬塑状的黏土，接近基岩面时多为可塑—软塑状的粉质黏土和松散状粉砂，层厚多在 10m 以上，其下为白云岩、灰岩，岩质坚硬，溶洞较发育，且揭露溶洞孔内漏水，钻探过程中卡钻、掉钻时有发生。

在岩溶发育地区，因为对溶洞的处理会相当复杂和艰巨，尽量在岩溶地层上部寻找合适的持力层，按上部建筑物的荷载大小和不同地质条件合理选择形式，以满足受力和变形的要求，同时达到节约投资和缩短工期的目的。

根据本书中第 7 章表 7-6 溶洞稳定性的评判判据，结合研究区地基实际情况，总结出该区域的岩溶地基处理方式和建议基础形式见表 8-1。

表 8-1　岩溶地基处理方式和建议基础形式

序号	对地基的影响程度	评判依据	稳定性等级	处理方式	建议基础形式
1	无影响	溶洞顶板的底部、中部和顶部均不发生过大变形，破坏区面积很小	稳定	不需处理，在上覆土满足强度和变形要求的前提下，可作持力层	浅基础
2	轻微	溶洞顶板的底部发生过大变形，但中部和顶部均不发生过大变形，破坏区面积小而断续分布	较稳定	在上覆土满足强度和变形要求的前提下，对地基进行一般处理后可作持力层，如对溶洞周边围岩进行注浆加固或扩大基础，以减小附加应力等	浅基础
3	中等	溶洞顶板的底部、中部均发生较大变形，但顶部不发生过大变形，破坏区断续分布但面积较大	较不稳定	对规模较小的溶洞做一般处理；对规模较大的溶洞建议进行全面处理	荷载不大的一般建、构筑物选用浅基础；荷载较大或重要的建、构筑物选用桩基础
4	强烈	溶洞顶板的底部、中部和顶部均发生过大变形，破坏区连续呈贯通状分布	不稳定	不宜直接作为持力层，须全面处理，如将溶洞填充、灌注桩穿越溶洞顶板等	不宜作为建筑地基，如需作为地基建议选用桩基础

8.2.1　浅基础的选择

该场地岩溶类型为上覆土较厚的覆盖型岩溶，单层建筑、建筑附加荷载较小的多层建筑，应尽量采用浅基础，如天然独立基础、条形基础或筏板基础，避免采用深基础。当地基条件基本满足或大部分满足浅基础设计要求时，也应创造条件，换填处理或者进行部分地基处理以及采用基础变换等方法，选择采用浅基础形式。当然，在岩溶地区采用浅基础，应满足一定的地质条件才能保证建筑物的安全。

（1）在基础底面以下的土层厚度大于三倍独立基础底宽，或大于六倍条形基础底宽，且在使用期间不具备形成土洞的条件时，可不考虑岩溶对地基稳定性的影响。

（2）基础位于微风化硬质岩石表面时，对于宽度小于 1m 的竖向溶蚀裂隙和落水洞近旁地段，可不考虑岩溶对地基稳定性的影响。

（3）当溶洞顶板与基础底面之间的土层厚度小于第（1）条的要求时，应根据洞体大小、顶板形状、岩体结构及强度、洞内填充情况以及岩溶水活动等因素进行洞体稳定性分析。否则，不得进行浅基础设计。

8.2.2　桩基础的选择

若建筑物附加荷载较大或地基条件无法满足浅基础设计要求时，基础设计应选择桩基础形式，必须以有足够安全厚度的溶洞顶板或底板作为持力层，尽量避免穿越大的溶洞。桩基础可以选择夯扩桩、静压预制管桩、人工挖孔桩和钻、冲孔灌注桩等。在研究区内，夯扩桩、静压预制管桩和人工挖孔桩基础由于受地下水、岩面起伏变化、桩长的变化不定以及基岩下存在溶洞等不确定因素的影响，其安全性和承载力难以保证，因此，在该区域的应用上需较为谨慎。钻、冲孔灌注桩，尤其钻孔灌注桩基础，由于其冲击力大，穿透能力强，较易穿透岩溶顶板，且桩长桩径灵活，成为岩溶地区较理想的成桩形式。在岩溶地区，钻、冲孔灌注桩基础施工难度较大，为保证基础的质量，要求在基础设计和施工时，按相关规范严格控制的同时，还应特别做好以下工作：

（1）研究区应做好超前钻，每桩一孔，对于桩径大于 1.2m 的桩应不少于两个钻孔，同时应对整个场地作综合评价，确定持力层的埋置深度，为设计和施工提供有力依据。

（2）在桩基工程大面积施工前应进行试桩，根据试桩结果选用施工机具和施工工艺。

（3）大面积施工前，应对施工中可能出现的各种困难备有预案。准备充足的泥浆，配备一定量的黏土包，以便冲孔过程中出现严重漏浆时及时向桩内补给泥浆，抛填泥包堵漏等。

（4）充分分析场地内溶洞的分布，确定溶洞是否存在一定走向，若存在，则应先完成外侧桩孔施工，减少中间桩孔的施工难度。

（5）全面铺开施工时应先行施工地质条件较好的桩孔。即使存在漏浆，产生塌孔的可能性也不大；同时较细漏浆可以慢慢填满孔隙和小溶洞，减小地质条件较差的桩孔施工的难度；同时较好地质条件桩孔施工完成后对大溶洞的处理起到一定的支护作用。

8.2.3 灌注桩施工工艺研究

因研究区溶洞较多，因此在工程桩施工前应该根据规范要求，在每根桩中心位置进行施工勘察，勘察钻孔应钻穿溶洞或断层破碎带进入预计桩端位置以下完整岩层的厚度不小于 5m。

（1）旋挖钻孔灌注桩工艺流程如图 8-1 所示。

（2）护筒埋设、钻机就位：根据现场情况埋设护筒，护筒直径 0.8m，护筒埋深 1.50m，上设两个溢水口，护筒中心应与桩中心对齐，其顶部应高出地面 300mm，护筒与孔壁之间应用黏土填实。做好测量标识和测量记录。钻机对位允许偏差 2cm。钻机就位后应保持机身平稳，调直机架挺杆，不允许发生倾斜、移位现象。

（3）泥浆护壁成孔：

①钻进过程中时常检查和校正钻杆垂直度，确保孔壁垂直。

② 研究区的工程桩建议采用泥浆护壁，钻机钻进同时注浆，穿过不利地层时泥浆比重可适当增至 1.3～1.5。

③ 钻进过程中必须控制钻头在孔内的升降速度，防止因浆液对孔壁的冲刷及负压而导致孔壁塌方。

④ 待接近设计孔深时注意钻进速度，控制孔深。成孔后泥浆比重应控制在 1.2 以内。

⑤ 成孔时应做好施工记录，收集地质水文资料。

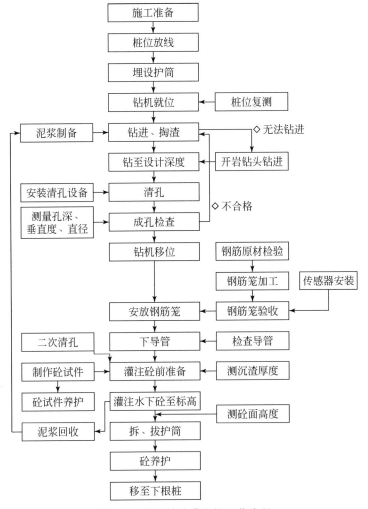

图 8-1　旋挖钻孔灌注桩工艺流程

⑥为提高钻进效率和保证孔壁稳定，必须及时换浆或调浆，确保泥浆性能指标满足钻进成孔需要。

⑦ 钻孔达到设计深度后，清除孔底虚土。

（4）溶洞处理。当发现钻进速度降低，主绳摆动加大偏离设计中心，频率增大，声音增大等情况，则说明孔深已达到溶洞顶板，此时钻机操作要平稳，尽可能少碰孔壁，采取气动潜孔锤的方法慢慢击破溶洞顶板防止卡钻。根据施工勘察资料显示溶洞大小、填充物情况，分别采取以下方法处理：

①规模小的溶洞：则应抛填袋装水泥、片石和黏性土并迅速补充泥浆，使回填物以最快速度沉入孔底，潜孔锤震动挤压，封堵裂隙，使孔底形成黏结力较强的混合料填充溶洞并起到护壁作用。若泥浆下降不剧烈，则证明溶洞不大或溶洞内充填物较多，投放片石黏土与钻进同时进行直到不再漏浆为止。

②溶洞较大或几个溶洞连通：此类溶洞仅靠投放片石、水泥、黏土难于封堵且孔壁稳

定性较差，这时需采用全钢护筒护孔。护筒应分段制作，垂直度偏差不超过1%，所有焊缝应连续，保证不漏水。正常钻进至溶洞上方约1m处，将钻头提起，用振动锤将钢护筒砸至孔底，继续钻进，直至击穿溶洞，然后回填黏土片石混合物（比例1:1），使用潜孔锤震动使其进入洞内密实，再转入正常钻进。

（5）水下灌注混凝土的工艺要求：

①首批混凝土灌注量应超过导管底口0.8m，灌注过程中混凝土面应高于导管下口2.0m。混凝土的灌注必须连续不断地进行直至桩顶，防止断桩。

②随孔内混凝土的上升，需逐节快速拆除导管，时间不宜超过15min，拆下的导管应立即冲洗干净。

③在灌注过程中，当导管内混凝土不满含有空气时，后续的混凝土宜徐徐灌入漏斗和导管，不得将混凝土整斗从上面倾入管内，以免在导管内形成高压气囊，挤出管节间的橡胶垫而使导管漏水。

④由于混凝土上层存在一层与混凝土接触的浮浆要凿除，为此混凝土高度需超浇500mm。

⑤浇注混凝土应参照有关记录表做好施工记录。

⑥根据灌注桩的结果，坍落度采用180～220mm。

（6）当混凝土升到钢筋笼下端时，为防止钢筋笼被混凝土顶托上升，应采取以下措施：

①在孔口固定钢筋笼上端。

②灌注混凝土的时间尽量加快，以防止混凝土进入钢筋笼时其流动性过小。

③当孔内混凝土接近孔口时，应保持埋管深度，并放慢灌注进度。

④当孔内混凝土面进入钢筋笼1～2m后，应适当提升导管，减小导管埋置深度，增大钢筋笼在下层混凝土中的埋置深度。

⑤在灌注将近结束时，由于导管内混凝土桩高度减小，超压力降低，而导管外的泥浆及所含渣土的稠度和比重增大，如出现混凝土上升困难时，可在孔内加水稀释泥浆，也可掏出部分沉淀物，使灌注工作顺利进行。

（7）灌注桩施工过程中的经验总结：

①灌注过程中下料正常，但泥浆面不动或反出量较小，这种情况可判断为人造孔壁出现空洞，使得混凝土流入溶洞内部。混凝土灌注过程中出现这种情况应立即联系拌和站，备足混凝土，继续灌注，直至反出的泥浆量正常，再恢复正常灌注。

②灌注过程中泥浆面突然下降，这种情况可判断为人造孔壁被击穿，此时必须立即暂停灌注，测量混凝土面高度，计算导管埋深，如果导管埋深不满足规范要求的2～4m必须停止灌注，按断桩处理；如果导管埋深满足规范要求的2～4m，应立即恢复灌注，直至泥浆面不再继续下降，此时再量测混凝土面高度，计算导管埋深，如果导管埋深满足规范要求的2～4m，应立即恢复灌注，如果导管埋深不满足规范要求必须停止灌注，按断桩处理。

③灌注即将结束时泥浆面骤然下降，导管从混凝土中脱离，这种情况必须按照断桩处理。测量孔内混凝土面高度，如果混凝土面标高低于溶洞顶标高则在后续处理中采用钢护

筒跟进法处理溶洞；如果混凝土面标高高于溶洞顶标高可在混凝土达到一定强度后重新钻孔，钻进过程中必须密切关注穿越此溶洞位置时泥浆面的变化，如果无漏浆现象说明此溶洞已被混凝土封闭，可继续钻孔，如果出现漏浆现象则必须采用钢护筒跟进法处理溶洞，防止在混凝土灌注中孔壁再次被击穿。

④钻至离溶洞顶部 1m 左右时，在 1~1.5m 范围内变换冲程，逐渐将洞顶击穿，防止卡钻。

⑤溶洞顶板处理时，若溶洞顶板、底板面高低不平时，先向孔内分层抛填片石和黏土，用冲击钻机小冲程式冲击切削硬岩成孔。

⑥对于空溶洞或半充填的溶洞，在击穿洞顶之前，要有专人密切注意护筒内泥浆面的变化，一量泥浆面下降，应迅速补水，然后根据溶洞的大小按 1∶1 的比例回填黏土和片石、整包水泥后冲挤压密实，只有当泥浆漏失现象全部消失后才转入正常钻进。如此反复使钻孔顺利穿越溶洞。

⑦遇到特大型空溶洞或半充填的溶洞时，先在孔口附近准备好足够的块石、黏土、水泥。在洞顶打穿时，一旦发现漏浆，要迅速填堵，防止塌孔。一般溶洞洞顶击穿后，桩孔中泥浆会很快下降，此时要用铲车及时将准备好的碎石、黏土、水泥按适当的比例抛入，直至孔中的泥浆停止下降，并慢慢上升，此时可用冲锤进行适当挤压，反复抛块石、黏土、水泥，直至把桩基两侧的溶洞都填满或堵死为止，最后补充满泥浆再重新成孔，溶洞较大的等 1~2 天后再重新冲孔成桩。

⑧对于溶洞内填充物为软弱黏性土的溶洞，进入溶洞后也应向孔内投入黏土、片石混合物（比例 1∶1），冲砸固壁。

⑨钻头穿越溶洞时要密切注意大绳的情况，以便判断是否歪钻。若歪钻应按 1∶1 的比例回填黏土和片石至弯孔处 0.5m 以上，重新冲砸。

第9章 岩溶地基处理方法概述

9.1 岩溶治理方法概述

岩溶在中国是一种相当普遍存在的不良地质作用，在一定条件下可能发生地质灾害，严重威胁工程安全。特别是在大量抽取地下水使水位急剧下降时，易引起地面塌陷的发生。因此，在安宁化工项目建设过程中，岩溶产生的不良地质作用对场地工程影响很大，需要对不同的岩溶问题进行研究、分析和评价，在地下岩溶的稳定性评价的基础上，分析岩溶对场地的影响，提出合理的地基处理方法。

岩溶类型包括地表岩溶和地下岩溶，岩溶地基处理原则及处理措施如下。

9.1.1 岩溶地基处理原则

（1）重要建筑物宜避开岩溶密集发育区。

（2）当地基含石膏、岩盐等易溶岩时，应考虑溶蚀作用的不利影响。

（3）不稳定的岩溶洞隙应以地基处理为主，并可根据其形态、大小及埋深，采用清爆换填、浅层楔状填塞、洞底支撑、梁板跨越、调整柱距等方法处理。

（4）岩溶水的处理宜采取疏导的原则。

（5）在未经有效处理的隐伏土洞或地表塌陷影响范围内不应采用天然地基；对土洞和塌陷宜采用地表截流、防渗堵漏、挖填灌填岩溶通道、通气降压等方法进行处理，同时采用梁板跨越；对重要建筑物应采用桩基或墩基。

（6）应采取防止地下水排泄通道堵塞造成水压力对基坑底板、地坪及道路等不良影响以及泄水、涌水对环境影响的措施。

（7）当采用桩（墩）基时，宜优先采用大直径墩基或嵌岩桩。

9.1.2 处理措施

岩溶地基的处理措施一般有：挖填、跨盖、灌注和排导等。

（1）挖填：挖除岩溶形态中的软弱充填物、回填碎石、灰土或素混凝土等，以增强地基的强度和完整性，或在压缩性地基上凿去局部突出的基岩，铺盖可压缩的垫层，以调整地基的变形量。

①基础下有溶沟、溶槽、岩溶漏斗等时，挖去其中充填物，回填碎石或毛石混凝土；

②黏性土地基局部有石芽、石笋突出时，将石芽尖部凿去或爆碎，再回填夯实；

③基础下溶洞埋藏不深，顶板不稳定时，可炸开顶板，挖除充填物，回填碎石等。

（2）跨盖：基础下有溶洞、溶槽、岩溶漏斗、小型溶洞等，可采用钢筋混凝土梁板跨越，或用刚性大的平板基础覆盖，但支承点必须放在较完整的岩石上，也可用调整柱距的方法处理。

（3）灌注：基础下的溶洞埋藏较深时，可通过钻孔向洞内灌注水泥砂浆、混凝土或沥青等，以堵填溶洞。

（4）排导：对建筑物地基内或附近的地下水宜疏不宜堵。一般采用排水隧洞、排水管道等进行疏导，以防止水流通道堵塞，造成场地和地基季节性淹没。

研究区内存在的不良地质作用主要是岩溶溶洞，在对物探圈出的岩溶异常区进行钻孔检测时，约有三分之一的钻孔见有溶洞，用多种不同的方法对这些溶洞进行稳定性评价（详见第7章），有41.7%~50%的溶洞是不稳定的溶洞，需要处理。目前溶洞处理主要有三种手段：开挖爆破回填、强夯、溶洞注浆。前两种方法主要适用于裸露型岩溶或埋藏不深的覆盖型岩溶，因本场地溶洞埋藏较深，多在10m以上，开挖爆破回填、强夯不适合研究区的岩溶治理，因此注浆处理是第一选择。

9.2　岩溶地基注浆加固

高压喷射注浆技术由于施工方便、处理效果好等优点，在公路路基和建筑基础工程施工中应用较为广泛，治理岩溶地基效果明显。高压喷射注浆法是利用钻机把注浆管置入土层的预定深度，浆液经高压设备的作用从注浆管的特殊喷嘴喷出，形成高压喷射流强力冲击土体结构，并部分置换土体，最后凝结成固结体，与土体一起构成复合地基，从而达到加固地基的目的。具体作用机理可分为以下几点：

（1）切割破坏：喷射流以脉冲形式连续冲击土体，破坏土体结构，使其出现空洞。

（2）置换作用：喷射注浆时部分土粒被排出孔外，灌入的浆液就置换填充空下的体积。

（3）混合搅拌：射进土体的浆液在压力作用下与被切下的土体颗粒充分搅拌混合形成新的混合体。

（4）充填压密：原有的土体空隙被浆液充填，并且对周边土体有较大的挤压密实作用。

（5）渗透固结：喷射注浆时，浆液可渗入渗透性较好的地层中一定的深度，使周围土体的强度得到有效提高。

高压喷射注浆法根据喷射流移动方向可分为旋转喷射、定向喷射和摆动喷射三类，其中旋喷主要用于软土地基加固、减少地基土变形，而后两者主要用于地基防渗、改善地基土的水力条件及增强地基稳定的工程中。高压旋喷注浆法还可根据土质条件及管路数目，分为单管法、二重管法、三重管法和多重管法。

9.3　注浆方案设计和工艺研究

1. 注浆方法

溶洞注浆可根据溶洞内是否有充填物来采用不同的手段：

（1）未充填或半充填类型溶洞（未充填高度大于2m）：采用先灌中砂充填洞体后用注浆管压密注浆相结合的处理方法。该方案先采用回旋钻进成孔，再下注浆管，然后投入填充材料（施工过程中要注意保护好注浆管），最后再利用注浆管进行压密注浆。采用注浆管压密注浆法可以二次充填固结洞体中部分填充材料之间的空隙，弥补填充材料作为充填骨架的不足之处。

（2）全充填类型溶洞：采用注浆管压密注浆的处理方法。利用浆液的固结特性，将洞体内原有充填的软塑、流塑状态、松散的充填物胶结密实。

2. 注浆工艺

压浆材料采用普通硅酸盐水泥，用地质钻机钻110mm注浆孔，孔深达到最深溶洞底部。用PVC注浆管插入溶洞底部。采用双液压浆系统进行全孔压浆，注意控制浆液比例，掌握浆液的最佳凝固时间，时间不要太快也不要太慢。

3. 注浆孔布置

注浆孔采用正方形布置，间距初定为2m，尽量利用现有的地质钻孔作为注浆孔，如果在地质钻孔中发现有溶洞并且溶洞未充填或半充填或全充填而充填物是软塑、流塑状态、松散的充填物，在钻孔终孔时下入PVC注浆管可以使溶洞处理工作达到事半功倍的效果。

4. 注浆顺序

按先注研究区的外围再注区中心（由四周向中心），先地面标高小的区，再标高大的区的原则进行。先注最外一层，形成一个封闭圈，然后逐层向内推进。施工必须严格按照此顺序进行，不得跳灌。

5. 注浆压力

注浆压力，一般不大于0.5~0.8MPa。

6. 注浆材料

（1）注浆用水尽量选用饮用自来水或就近采用经检测合格的河水。

（2）注浆用的水泥采用普通硅酸盐水泥，水泥强度等级为42.5级，水泥保持新鲜，不超过出厂日期3个月，受潮结块者不得使用。水泥的各项指标符合国家标准，并附有水泥出厂报告。

（3）孔内投入的砂采用优质河砂，并经过筛处理，不得含有砾石、碎石及黏土块，以防堵塞注浆孔，影响投砂量。

（4）水泥浆液水灰比为0.6:1~1:1。

7. 施工工艺流程

施工工艺流程见图9-1。

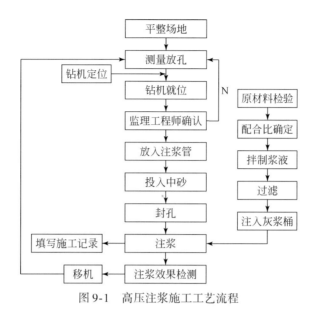

图 9-1　高压注浆施工工艺流程

9.4　施工工艺及技术要求

1. 施工准备

施工准备工作与施工调查同步进行，施工场地预先平整，并沿钻孔位置开挖沟槽和集水坑。在每次注浆施工前，对钻机、注浆泵、拌浆机等机械进行检查、调试、维修，使其保持良好的状态。一次性测定钻孔孔位；钻探先行，注浆随后。及时发现异常，及时调整工艺。同时做好周边环境的监测，避免污染和浆液超出加固范围。

注浆工程施工程序主要为注浆孔钻探、压浆、效果验证三个程序。

2. 注浆施工

（1）试泵。开泵前先将搅拌桶中加满清水，三通转芯阀调到回浆位置，待泵吸水正常时，将三通回浆口慢慢调小，泵压徐徐上升，当泵压达到预定注浆压力时，持续两三分钟不出故障，即可结束。

（2）安装注浆管。钻孔完毕，进行清孔检查，在确认没有塌孔和大石块的情况下，方可下 PVC 管，PVC 管中下部按溶洞大体位置进行打孔，孔的间距视情况而定。注浆套管外露的长度不小于 0.3m，以便连接孔口阀门和管路。

（3）投入中砂。在注浆 PVC 管下入孔内后，向孔内投入过筛后的中砂，待投砂量达到设计要求后停止，并将孔口注浆管四周用水泥混土或水泥混砂浆捣实封闭，防止浆液从套管周围冒出，影响注浆效果。

（4）浆液配制。进场注浆材料必须符合要求，注浆用水为自来水，水泥采用普通硅酸岩水泥，水泥标号为 PO42.5。水泥应保持新鲜，一般不应超过出厂日期三个月，受潮结块不得使用，水泥的各项指标由实验室现场抽样检验，以保证浆液的拌制质量。

（5）注浆压力及顺序。注浆压力一般为不大于 0.5~0.8MPa。注浆施工按照《注浆技术规程》（YBJ 44—92）有关规定与设计要求进行。

3. 结束注浆

当注浆达到下列标准之一时，可结束该孔注浆：

（1）在终注压力下连续注浆 10min 的注入率不大于 5L/min 时，可终止注浆。

（2）冒浆点已出注浆范围外 3~5m 时。

（3）注浆钻孔基岩完整，或多次注浆，孔口压力超过 1.5MPa。

（4）单孔注浆量达到平均注浆量的 1.5~2.0 倍，且进浆量明显减少时。

4. 注浆孔的布置

在确认存在溶洞的勘察孔周边钻 4 个注浆孔，采用的注浆孔距离原详勘孔的距离为 1.41m，呈正方形布置（如图 9-2 所示），若注浆孔仍发现有溶洞的，则按照此方法继续补钻注浆孔（如图 9-3 所示），直至不再发现新的溶洞为止，钻孔完成后将这些孔（包括原勘察孔）全部注浆。

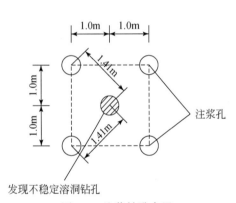

图 9-2　注浆钻孔布置

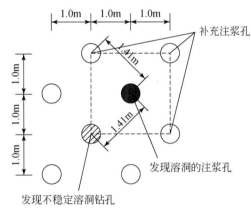

图 9-3　注浆孔发现溶洞后扩大注浆

5. 施工过程中的经验总结

（1）注浆必须连续进行，若因故中断，应找出注浆中断原因，尽快采取处理措施，及早恢复。若因故中断，须按如下原则进行处理：

①尽可能缩短中断时间，尽早恢复灌浆；

②中断时间超过 30min，应立即进行冲洗，如冲洗无效，应在重新灌浆前进行扫孔；

③恢复注浆时，应采用开灌比级的浆液进行灌注，如吸浆量与中断前相似，即可采用中断前的水灰比。如吸浆量较中断前减少较多，则浆液应逐渐加浓。

（2）注浆过程中应分序施工。如出现串浆现象，应对串浆孔同时进行注浆处理。

（3）注浆过程中如有冒浆、返浆等现象发生，应暂停注浆，尽快采取处理措施，处理完后立即恢复注浆。

（4）如浆液漏失严重，局部使用双液注浆堵漏时，应先据试验确定水玻璃与浆液体积比，水玻璃浓度 35~40Be′，模数 2.4~3.4。

（5）大量耗浆孔段的处理：

① 首先应降低灌浆压力，采用浓浆，减少并限制其注入率，待耗浆量超过 10t/孔，仍不见压力回升，而且无漏浆的现象，则应停止灌浆，待凝 24h 后复灌；

② 复灌时若注入率逐渐减少，则灌浆至正常结束；

③ 复灌时注入率仍很大，灌浆难以结束时，则采用掺水玻璃、水泥浆液和水玻璃双液法等方法，待耗浆量超过 0.5~1t/m 后终止，再待凝后复灌至正常结束；

④ 复灌时注入率较待凝前相差悬殊，且耗浆量很小，则应对该段扫孔后再灌浆，如扫孔后注入率仍很小，此孔灌浆即结束。

（6）在中后期施工过程中，串孔现象比较普遍。遇到这种情况，采取的主要措施：用黏土回填冒浆孔，每次回填 1.0~1.5m，直至没有串孔为止。勘探孔的处理，在灌注前对灌注孔周边的勘探孔进行填塞，填塞物主要采用水泥、砂和碎石，人工夯实即可。

第10章　运营期地基稳定性监测

10.1　场区地下水系统水位模拟与监测

10.1.1　地下水位模拟与监测的意义

地下水位的变化对工程岩土体的强度和建筑地基的稳定性有着重要的影响。如地下水位上升时，可引起浅基础地基承载力降低，岩土体发生变形、滑移、崩塌失稳等不良地质作用。就建筑物本身而言，若地下水位在基础底面以下发生上升变化，由于水软化岩土及浮力作用，使得地基土的强度降低，压缩性增大，建筑物会产生过大的沉降，导致地基严重变形。因此，项目运营期为确保建、构筑物地基的持久稳定，有必要建立起一套合理有效的地下水流数值模型，并正确模拟预测场区地下水位分布及动态变化。同时，在场区内应继续开展长期的地下水位动态监测，准确掌握地下水位信息，以及时应对地下水位变化对场区地基稳定性造成的影响。

10.1.2　场区水文地质概念模型构建

水文地质概念模型是一种对地下水含水层结构的概念示意图，主要通过整合在现场和实验中收集到的具体水文地质数据，简化实际的水文地质条件，将场区的含水层组成、特征和整体结构概化地表示出来。水文地质概念模型往往反映了地下水系统的整体特点，是建立地下水各种特性数值模拟模型的重要基础。

本研究对整个场区进行模拟，总模拟面积为 2.64km^2。根据工程地质勘察、钻孔等资料揭示的场区地下水流系统，对其含水层结构、含水层边界条件、水力特征、源汇项等进行概化，构建相应的水文地质概念模型，以便为地下水流数值模型的建立做准备。

10.1.2.1　含水层结构概化

根据场区内大量的深度为 10~60m 地质钻孔资料，以及场区工程地质条件分析，含水层主要由碎石、含角砾粉质黏土等冲洪积物以及全风化、强风化的泥岩、砂岩、角砾岩和白云岩等基岩裂隙构成。其中冲洪积碎石和含角砾粉质黏土中富含孔隙水，具有较强的富水性；风化的泥岩、砂岩、角砾岩和白云岩中含裂隙水，富水性中等或较弱。

根据土层和基岩性质，结合各岩土层的富水性、出露深度和地下水数值模拟软件的特点和要求，地下水含水层可概化为三层：第一层为潜水含水层，主要由冲洪积沉积物的孔隙构成；第二层为相对隔水层，由于风化泥岩、砂岩、角砾岩等的裂隙存在，具有一定透水作用，本层可定为弱透水层，主要由基岩裂隙夹杂部分孔隙构成；第三层为承压含水层，主要由基岩裂隙和少部分的孔隙构成。由于基岩裂隙含水层的水力渗透系数的空间变异性较大，为了更好地模拟基岩裂隙含水层的垂向变异性，以便准确地反映深层基岩裂隙含水层与潜水孔隙含水层之间的水力交换，将承压含水层在垂向上进一步概化为两层：第一个承压含水层和第二个承压含水层。各含水层对应的岩性详见表 10-1。由于场区内的溶洞经处理后被填充，且溶洞的范围较整个含水层分布区域小很多，所以直接以溶洞所在岩层的岩性进行概化，未直接考虑溶洞的透水作用。将整平后的场区切割成 7 个横纵地质剖面（图 10-1），各剖面含水层概化如图 10-2。

表 10-1　场区含水层概化统计表

含水层类型		岩性	地下水的主要赋存形式	场地地层编号
潜水含水层		素填土、粉质黏土、碎石、含砾粉质黏土、粉质黏土（残、坡积）等	孔隙水	①、②、③、④
弱透水层		全风化和强风化泥岩、砂岩，强风化角砾岩，全风化和强风化石英砂岩、硅质岩	孔隙水、基岩裂隙水	⑤-1、⑥-1、⑥-3、⑤-4、⑥-4
承压含水层	第一承压含水层	全风化和强风化白云岩、灰岩，强风化碳质泥岩、砂岩	孔隙水、基岩裂隙水	⑤-6、⑥-6、⑥-7
	第二承压含水层	中风化泥岩、砂岩，中风化白云岩、灰岩，中风化碳质泥岩、砂岩	基岩裂隙水	⑦-1、⑦-6、⑦-7

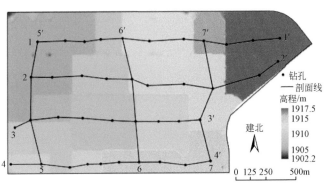

图 10-1　场区整平后的地质剖面线平面分布图

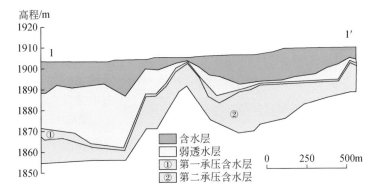

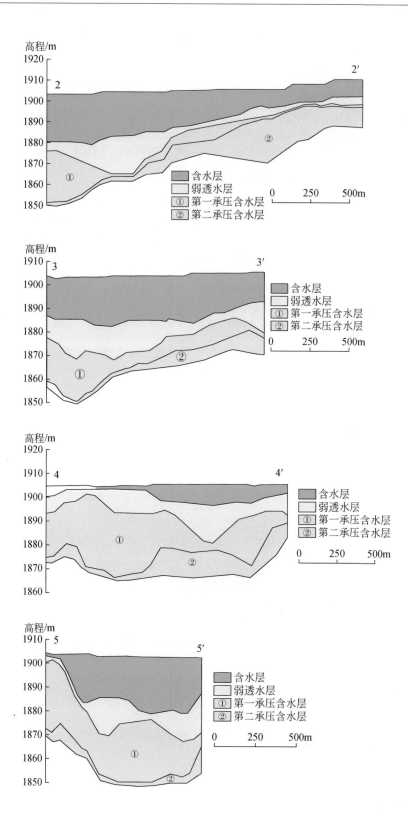

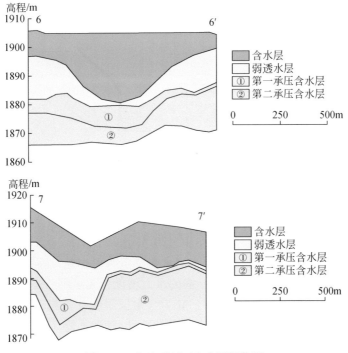

图 10-2　各地质剖面含水层概化图

由于场区进行土地平整时，利用原地土石（又称素填土）进行回填，素填土的性质按第四系冲洪积沉积物的性质考虑，所以认为含水层的分布仍分为三层：潜水含水层、相对弱透水层和承压含水层，每层的组成岩性不变，不过所对应的厚度根据土地平整的空间分布特征作出相对应的调整。

10.1.2.2　含水层边界条件概化

1. 侧向边界概化

场区内含水层的侧向边界主要有两种：一种是场区东南角与场区相邻的权甫水库的自然补给边界，另一种是场区南、北、西、东北面的建设区域边界。这里需要说明的是，场区西北方向的小池塘，由于位于场区地下水及地表水径流的下游，并且池塘的水量也较小，所以认为小池塘对场区内地下水水位的影响可以忽略不计，数值模型的建模过程中也不再对场区西北方向小池塘进行概化处理。考虑到实际水文地质条件、水力特征和可行性，在场区内地下水模型中，将模型东南面边界定为第三类边界条件。通常地下水的分布是具有区域性质的，地下水含水层是具有连通性的，所以也必须考虑场区内、外含水层之间的水力联系。为了建模过程中便于量化场区内、外含水层之间的水力联系，将场区东南边界之外的其余面边界定为第二类边界条件，即定流量边界。将场区的东北和部分东南边界概化为定流入边界，场区的下游西北和西南的边界概化为定流出边界，具体位置如图10-3 所示。

场区的边界侧向补给主要是场区东北边界的潜水层地下水凭借水力坡度，向场区西南

图 10-3　边界条件概化示意图

区域进行补给，其计算公式如下：

$$Q_c = K \cdot I \cdot B \cdot M \cdot 30 \tag{10-1}$$

$$q_c = \frac{Q_c}{B \cdot M \cdot 30} = K \cdot I \tag{10-2}$$

式中，Q_c 为地下水侧向流入/流出量，正为流入量，负为流出量（$\mathrm{m^3/月}$）；K 为断面附近的含水层渗透系数（m/d）；I 为垂直于断面的水力坡度，无量纲；B 为带入计算的含水层断面宽度（即侧向流量边界的边长，m）；M 为含水层厚度（这里记为年平均水位以下含水层厚度，m）；q_c 为单位面积边界断面上的日补给量/日排泄量（m/d）。

根据式（10-2）可以计算出单位面积边界断面上的日补给量或日排泄量，然后作为侧向流入/流出量输入数值模型中，并通过模型识别和校准，并根据水力的变动情况，对模型中输入的侧向流入/流出量进行适当调整。

2. 垂向边界概化

场区内含水层垂直方向的上边界是潜水层自由水面，下边界为承压水含水层组的底板，即不透水基岩。上边界是水量和其他物质纵向交换、传递的主要界面，主要形式有地表水补给、大气降水直接补给、潜水蒸发和地下水溢出等；浅层含水层和深层含水层之间物质水量的交换以越流为主要形式。下边界为不透水基岩，基本上没有纵向交换，这里可认为下边界与含水层之间的水力交换为零。

降水入渗是场区地下水系统的一个重要补给源，其入渗量与降水量、潜水水位埋深和包气带岩性有关。一般认为水位埋深大于 20m，大气降水入渗可以忽略不计。大气降水入渗补给量按下式计算：

$$Q_{pi}^{j} = \alpha_i \cdot P_i^{j} \cdot \varepsilon \cdot 10^{-3} (j = 1, 2, \cdots 12, i = 1, 2, \cdots n) \tag{10-3}$$

式中，Q_{pi}^{j} 为第 i 区在 j 月大气降水补给量（$\mathrm{m^3/月}$）；α_i 为各地区大气降水入渗系数（$i=1, \cdots, n$），无量纲，范围为 $0 \sim 1$；p_i^{j} 为第 i 区在 j 月有效降水量（mm）；ε 为第 i 区大气降水入渗补给面积；n 为降水量和入渗系数分区数。

根据经验值，不同岩性的降雨入渗系数见表 10-2。大气降水的入渗系数受地形、地貌、包气带岩性、厚度、降水特征等因素的影响，故可以根据研究区的岩性出露状况、包气带厚度、包气带岩性等因素综合考虑，将整个场区的入渗系数进行分区。根据场区的地形、场区内的基岩分布以及填土状况将整个场区分为 9 个降水入渗系数分区，如图 10-4 所示。

表 10-2　不同分区的降水入渗系数表

分区	降雨入渗系数	分区	降雨入渗系数
砂卵砾石区	0.65 ~ 0.60	上部黏性土下部砂区	0.35 ~ 0.30
上部薄层黏性土下部砂卵砾石区	0.55 ~ 0.50	黏性土区	0.30 ~ 0.25
上部黏性土下部砂卵砾石区	0.50 ~ 0.45	河流二级阶地区	0.25 ~ 0.20
现代河床砂带区	0.45 ~ 0.40	坡洪积黏性土含碎石区	0.20 ~ 0.15
粉细砂区	0.40 ~ 0.35	城区	0.12 ~ 0.07

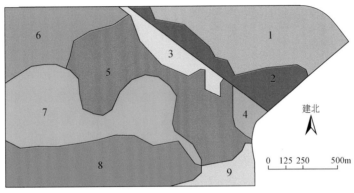

图 10-4　场区降水入渗系数分区

　　考虑到不同分区的降水入渗系数经验参数，现有潜水含水层的岩性、未来场区的建设规划，以及水位埋深状况（水位埋深是否超过 20m），初估了场区建成前后各个分区的降雨入渗系数如表 10-3 所示。由于场区为厂房建设区域，尽管规划厂房建设区域预留一定比例的草坪种植区域，但是厂房的建设势必会减小地表自然出露覆盖层的降水入渗特性，这里按场区建成之后预留的草坪种植区域为整个区域面积的 30% 估算。结合场区 2013 年 4 ~ 6 月的降雨量，计算得到场区各分区降雨入渗初值如表 10-4 所示。

表 10-3　场区各分区降水入渗系数初估表

区域序号	场区建成前降水入渗系数	场区建成之后降水入渗系数	备注
1、2	0.4	0.25	推测断层破碎带，水位埋深 1 ~ 8m
3、4	0.5	0.2	古河道，水位埋深 4 ~ 15m
5	0.5	0.15	古河道，现在大部分范围地下水位埋深 8 ~ 20m
6	0.3	0.15	古河道，现在大部分范围地下水水位埋深较大，约 15 ~ 20m，但区内规划建设雨水收集池、污水处理场等
7、8、9	0.2	0.1	大部分范围地下水水位埋深较大，约 10 ~ 20m

表 10-4 2013 年 4 ~ 6 月场区各分区降水入渗补给量初估表 （单位：m³/月）

区域序号	面积/10⁴ m²	4 月	5 月	6 月
1	45. 34	1. 6	10. 5	27. 69
2	19. 12	0. 87	4. 60	11. 81
3	11. 32	0. 89	3. 62	8. 89
4	5. 05	0. 40	1. 62	3. 97
5	51. 82	4. 09	16. 58	40. 71
6	27. 54	1. 31	5. 29	12. 98
7	53. 72	1. 70	6. 88	16. 88
8	41. 86	1. 32	5. 36	13. 15
9	8. 44	0. 27	1. 08	2. 65

自然蒸发量主要与潜水位埋深、包气带岩性、地表植被和气候因素有关。一般情况下，认为潜水水位低于 2.5m 时，潜水蒸发量可以忽略。地下水潜水自然蒸发量计算公式如下：

$$Q_{ei}^{j} = F \times \varepsilon_0 \times n \times (1 - \Delta/\Delta_0) \times 10^{-3} \tag{10-4}$$

式中，Q_{ei}^{j} 为第 i 区，第 j 个月地下水蒸发排泄量（m³/月）；Δ 为埋深小于 2.5m 的平均水位埋深（m）；Δ_0 为地下水蒸发极限埋深 2.5m；F 为潜水蒸发面积（地下水埋深小于 2.5m 的区域面积，m²）；ε_0 为液面蒸发强度（实际水面蒸发强度，一般为蒸发皿测得蒸发强度的 60%，mm）；n 为与岩性有关的指数（粉土、粉质黏土取 1.5，粉砂取 1.0）。

此公式为经验公式，一般适用于平原区潜水蒸发量的计算。场区中降水入渗系数分区 1 和 2 的潜水含水层（大部分区域）与平原区类似，其分区内部分区域地下水位埋深低于 2.5m，存在潜水蒸散发，其他分区可认为不存在地下水蒸散发排泄。经计算，得出场区潜水自然蒸发量，见表 10-5。

表 10-5 2013 年 4 ~ 6 月场区潜水自然蒸发量 （单位：m³/月）

分区	4 月	5 月	6 月
1	1. 26	1. 13	0. 80
2	0. 33	0. 30	0. 21

由于场区实际的含水层结构、边界条件等参数往往较为复杂，且受多方面因素的共同影响，在水文地质概念模型构建过程中只能做概化处理。为了便于分析，本书将场区地下水含水层组及其边界条件统称为场区地下水系统，着重模拟预测地下水系统水位的变化动态。

10.1.3 场区地下水系统水位观测

为准确掌握场区地下水系统水位的实时动态变化，在整个场区范围内沿地下水流向，并结合地下水的补给、径流、排泄方式，已布设 24 个地下水系统水位观测孔，其构成的观测线纵横相交形成覆盖整个场区的地下水系统水位观测网。场区地下水系统水位观测孔分布见图 10-5（整平后）。

图10-5 安宁化工项目地下水系统水位观测孔分布图

　　本研究于 2013 年 5~7 月对各观测孔开展了地下水系统水位动态观测工作，观测数据见图 10-6。剔除观测数据中水位变动较大的异常值，取水位稳定后的平均值作为地下水系统稳定水位埋深（表 10-6）。

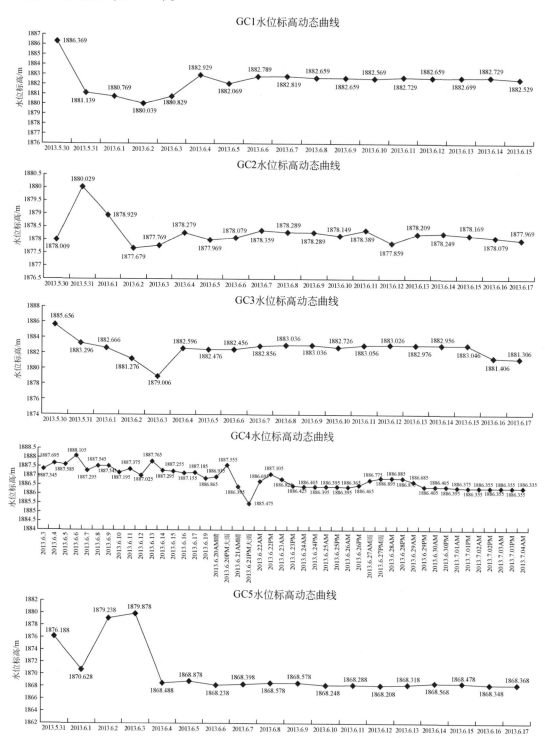

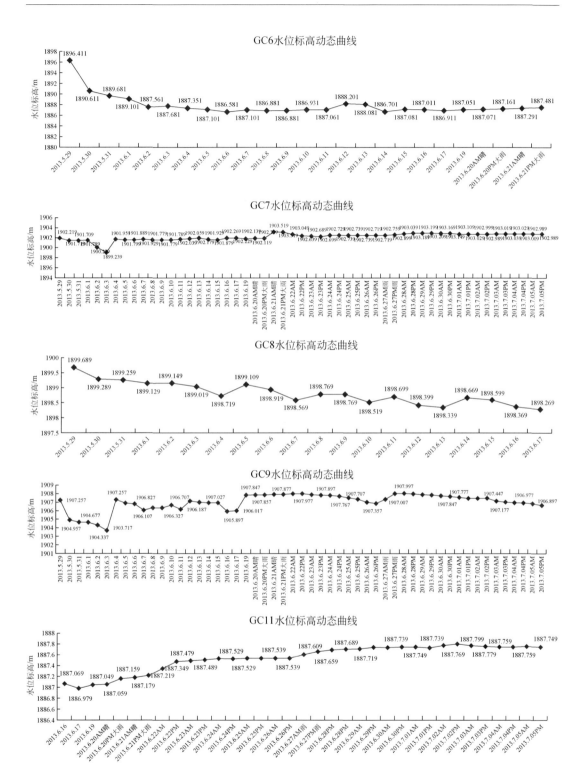

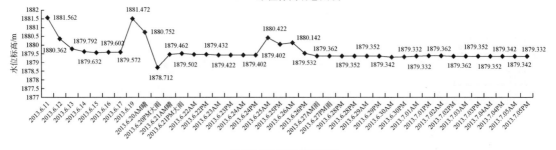

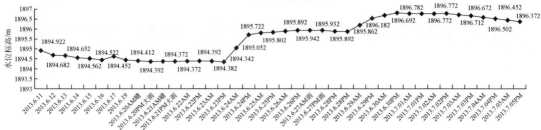

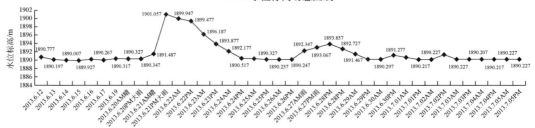

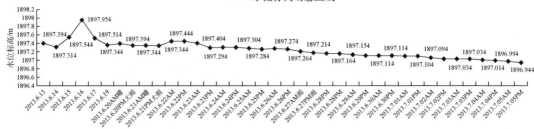

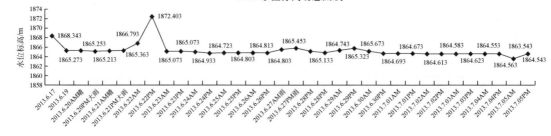

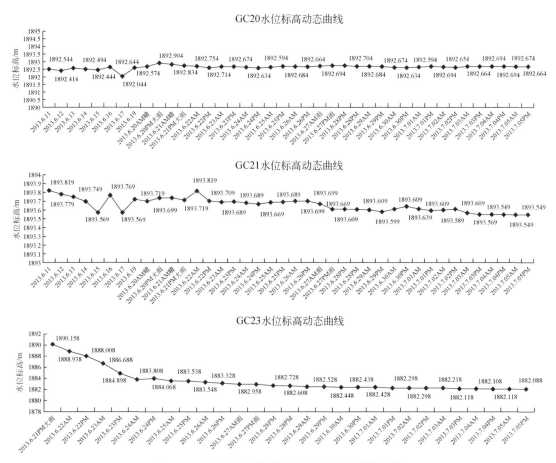

图 10-6　安宁化工项目地下水系统水位观测成果

表 10-6　地下水系统稳定水位埋深统计表

孔号	GC1	GC2	GC3	GC4	GC5	GC6	GC7	GC8
稳定水位埋深/m	21.56	26.26	20.18	14.08	33.69	18.83	3.36	6.72
水位高程/m	1882.41	1878.25	1882.58	1886.98	1870.22	1887.58	1902.26	1898.77
孔号	GC9	GC11	GC12	GC13	GC15	GC16	GC17	GC18
稳定水位埋深/m	1.29	2.69	21.63	38.74	38.99	8.93	12.04	6.07
水位高程/m	1906.77	1887.50	1879.83	1863.35	1865.81	1895.39	1891.49	1897.27
孔号	GC19	GC20	GC21	GC22	GC23	GC24		
稳定水位埋深/m	40.30	14.03	11.16	39.30	21.67	34.20		
水位高程/m	1865.37	1892.61	1893.66	1865.65	1884.00	1872.09		

　　取各观测孔水位稳定后的平均值作为该观测孔处的地下水系统水位，利用反距离加权插值法，求得场区地下水系统水位标高分布图（图 10-7），利用场区整平后的地表标高减去场区地下水系统水位标高，求得场区地下水系统水位埋深图，如图 10-8 所示。地下水

系统水位埋深是场地平整以后，地下水系统水位未发生较大变动情况下的埋深，并非天然地形条件下埋深。

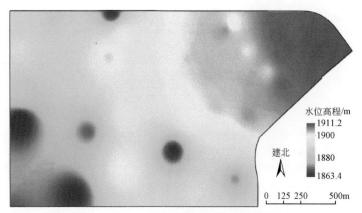

图 10-7　场区地下水系统水位标高分布图

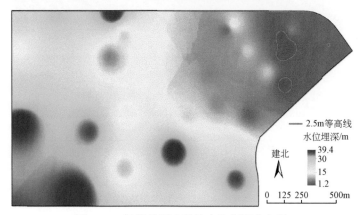

图 10-8　场区地下水系统水位埋深分布图

由图 10-7、图 10-8 所示，场地平整之后，场区的地下水流主要是从东北方向流向西南方向。场区东北角的地下水系统水位埋深最浅，最浅水位为地表以下 1.2m，此外，地下水系统水位埋深小于 2.5m 的区域面积达到 28144m²。

10.1.4　水文地质试验

为获取相关岩土层的水文地质参数，根据场区内各地层岩性的分布及地下水系统水位埋深情况，共布置了 4 个压水试验钻孔和 4 个抽水试验钻孔开展水文地质试验。压水试验钻孔和抽水试验钻孔的位置如图 10-9 所示。

10.1.4.1　压水试验

场区内布置了 4 个压水试验孔，共进行了 7 个段次的水文地质压水试验。其中，在 YS1 孔进行了 4 个段次压水试验，在 YS2、YS3、YS4 孔各进行 1 个段次压水试验。经数据

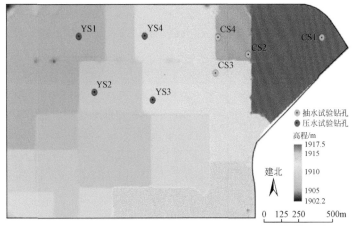

图 10-9　压水试验钻孔和抽水试验钻孔位置图

整理及计算，得到各试验段透水率（吕荣值）和渗透系数的值（表 10-7）。

表 10-7　各试验段透水率（吕荣值）和渗透系数统计表

试验段编号	YS1-1	YS1-2	YS1-3	YS1-4
q（吕荣值）/（lu）	1.07	0.55	0.64	0.28
试验段编号	YS2	YS3	YS4	
q（吕荣值）/（lu）	1.03	0.925	1.21	
试验段编号	YS1-1	YS1-2	YS1-3	YS1-4
渗透系数 K/（m/d）	1.15	0.62	0.69	0.31
试验段编号	YS2	YS3	YS4	
渗透系数 K/（m/d）	1.42	2.78	3.73	

10.1.4.2　抽水试验

场区内共布置了 4 个抽水试验孔进行单孔抽水试验，由于 CS3 试验孔钻探过程中未见地下水，未进行试验，故累计完成 CS1、CS2 和 CS4 抽水试验 3 次，各抽水试验孔的水文地质参数见表 10-8。

表 10-8　各抽水试验孔数据统计表

试验孔编号	含水层岩性	厚度/m	顶、底板埋深/m	试段半径/m	试验参数			涌水量		稳定时间/h
						相应降深涌量		m³/h	m³/d	
					降深/m	Q/（L/s）	q/[L/（s·m）]			
CS1	白云岩	5.7	7.3~13	0.054	5.2	0.15	0.044	0.54	12.96	7
CS2	粉砂碎石层	8.50	16.0~24.5	0.054	1.26	0.24	0.19	0.86	20.74	4
					4.83	0.90	0.186	3.24	77.76	5
					7.13	1.30	0.18	4.68	112.32	13
CS4	白云岩灰岩	9.9	15.1~25.0	0.054	4.8	0.63	0.137	2.27	54.43	3

10.1.5　场区地下水系统水位数值模拟

10.1.5.1　数学模型与求解

地下水系统是空间三维结构、非均质、各向异性、非稳定的，根据达西定律和渗流连续性方程得到以下微分方程组描述。结合已有的定解条件，利用 DHI-WASY GmbH（德国水文研究所下属 WASY 水资源规划与系统研究所）研发的一种模拟地下水水流、污染物和热传输过程的交互式图形有限元模拟系统，即 FEFLOW（finite element subsurface flow system）求解。

初步建立的地下水系统数学模型如下：

$$
\begin{cases}
\dfrac{\partial}{\partial x}\left(K_x \dfrac{\partial h}{\partial x}\right) + \dfrac{\partial}{\partial y}\left(K_y \dfrac{\partial h}{\partial y}\right) + \dfrac{\partial}{\partial z}\left(K_z \dfrac{\partial h}{\partial z}\right) + \dfrac{(h_s - h)}{\sigma} + \varepsilon = S \dfrac{\partial h}{\partial t} & (x,\ y,\ z) \in \Omega,\ t \geqslant 0 \\[2mm]
\mu \dfrac{\partial h}{\partial t} = K_x \left(\dfrac{\partial h}{\partial x}\right)^2 + K_y \left(\dfrac{\partial h}{\partial y}\right)^2 + K_z \left(\dfrac{\partial h}{\partial z}\right)^2 + P & (x,\ y,\ z) \in \Gamma_0,\ t \geqslant 0 \\[2mm]
h(x,\ y,\ z,\ t)\ \Big|_{t=0} = h_0 & (x,\ y,\ z) \in \Omega,\ t \geqslant 0 \\[2mm]
\dfrac{\partial h}{\partial \vec{n}}\ \Big|_{\Gamma_1} = 0 & (x,\ y,\ z) \in \Gamma_1,\ t \geqslant 0 \\[2mm]
K_n \dfrac{\partial h}{\partial \vec{n}}\ \Big|_{\Gamma_2} = q(x,\ y,\ z,\ t) & (x,\ y,\ z) \in \Gamma_2,\ t \geqslant 0
\end{cases}
$$

$$(10\text{-}5)$$

式中，Ω 为模拟渗流区域；h 为含水层水位标高（m）；K_x、K_y、K_z 为分别为 x、y、z 方向上的渗透系数（m/d）；h_s 为河流水位（m）；σ 为河流底部弱透水层的阻力系数；ε 为含水层的点状源汇项（d^{-1}）；S 为自由面以下含水介质的贮水率（m^{-1}）；μ 为潜水含水层的重力给水度；P 为潜水面上的降水入渗、蒸发以及灌溉回归的代数和（d^{-1}）；$h(x,\ y,\ z,\ t)$ 为模拟渗流区域内的水头分布（m）；h_0 为含水层的初始水位分布（m）；n 为边界面的法线方向；K_n 为边界面法向方向的渗透系数（m/d）；$q(x,\ y,\ z,\ t)$ 为第二类边界上的水分通量 [$m^3/(m^2/d)$]；Γ_0、Γ_1、Γ_2 为渗流区域的上边界、第一类边界和第二类边界。

本研究采用了 FEFLOW 系统默认的交互式求解方法 PCG 对式（10-5）中所描述的数学模型进行求解。

10.1.5.2　地下水流数值模型

在对场区水文地质条件进行认识和考察的基础上，通过对场区地下水系统整体结构进行概化，结合水文动态特征和水文地质概念模型，建立场区地下水流数值模型，经过相应的调参和验证，最终对场区地下水系统水位的分布及动态变化进行预测模拟。

10.1.5.3　区域剖分及含水层划分

本研究以整平后的场区作为模拟区域，模拟面积为 2.64km²。应用 FEFLOW 有限元模拟软件对整个模拟区域进行二维平面上的三角网格剖分，以场区的边界节点和初设开采点为网格节点，进行自动离散剖分，每层生成模型不规则三角网格数为 1486，节点数为801，如图 10-10 所示。

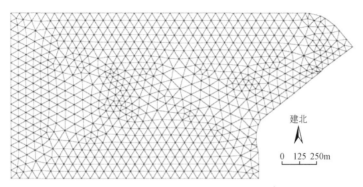

图 10-10 场区的二维平面三角网格剖分图

场区在垂向上划分为 4 个含水层，5 个面，自上往下依次为潜水含水层、相对弱透水层、两个承压含水层。各层面的高程数据通过收集钻孔资料和分析水文地质剖面数据得到；潜水含水层的顶层为填平后的地表标高，模拟的含水层总厚度 69.1m。

10.1.5.4 边界条件概化

场区的边界条件可概化为侧向边界和垂向边界。

侧向边界主要指在水力坡度作用下，场区东南部权甫水库和场区周边的地下水对场区地下水系统的补给和排泄边界。在场区地下水系统模型中，将模型东南面边界定为第三类边界条件，其余面边界定为第二类边界条件，即定流量边界。在场区的东北面边界概化为定流入边界，在场区的下游西北和西南面的边界为定流出边界（图 10-3）。

垂向边界是指场区地下水系统接收大气降水的直接入渗补给和潜水蒸发排泄边界。由于水文地质钻探已经揭露中风化基岩含水层，故可认为中风化基岩含水层的下边界为不透水基岩，基本不与上覆含水层发生垂向上的水力交换。

10.1.5.5 初始条件及模拟期设定

由于本研究以整平后的场区作为模拟区域，其上覆地表与自然地表面有较大变化。选取场区内 21 个有连续观测数据的水位观测孔参与模拟，其中 GC1 ~ GC9 孔的观测期从2013 年 5 月 29 日到 7 月 5 日，其余孔的观测期从 2013 年 6 月 11 日到 7 月 5 日。观测期内以各孔水位达到稳定后的平均地下水位作为地下水系统初始水位，水位观测孔分布和地下水系统初始水位状况见图 10-11。根据已有的水位观测资料，选取 2013 年 4 月 ~ 2013 年 6月共 3 个月的时间作为模拟期，模拟时间步长为 1 天，并以 2013 年 5 月 29 日 ~ 6 月 30 日各水位观测孔实测数据进行模型验证。

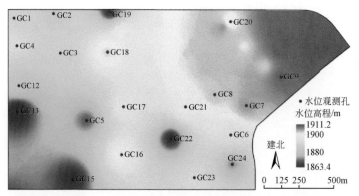

图 10-11　地下水系统初始水位标高及水位观测孔位置分布图

10.1.5.6　参数输入

场区地下水流数值模拟需要的主要水文地质参数有水平（K_x，K_y）和垂直方向渗透系数（K_z）、给水度（S_y）和单位储水率（S_s）。场区内进行的 4 组抽水试验和 4 组压水试验得出的测试结果（表 10-9）表明，场区内孔隙含水层和裂隙含水层均具有较高的透水性，第四系冲洪积物和基岩风化层的渗透系数为 0.31～3.73m/d。

表 10-9　抽水试验和压水试验所得渗透系数

钻孔	压水试验钻孔						抽水试验钻孔		
	YS1				YS2	YS4	CS1	CS2	CS4
试验段	I	II	III	IV	I	I	I	I	I
渗透系数/（m/d）	1.15	0.62	0.69	0.31	1.42	3.73	1.76，2.15，2.24	1.76，2.15，2.24	1.35
岩性	素填土、混粒土、粉质黏土	黏土	黏土	黏土、砾卵石、硅质灰岩	泥岩	强风化和中风化细砂岩	中风化白云岩、溶洞充填物	粉砂、碎石、中风化白云岩	白云岩、溶洞充填物

由于场区内的压水试验和抽水试验主要是针对单个观测孔内含水层的某一段或者某种岩性的水文地质参数进行测试，为了更为准确地模拟整个场区范围内地下水系统水位动态变化，在依据压水试验和抽水试验成果的同时，须考虑参考不同岩性的水文地质参数的经验值，以便更好地代表整个场区含水层的水力属性。按照 FEFLOW 的数据输入要求，将整个场区各含水层相应水文地质参数进行了概化处理，在模型中输入初始水文地质参数，然后进行模型识别和校准，最终确定各区域的水文地质参数。

考虑到场区内岩性变化的各向异性，将场区含水层水力学参数进行分区，每层共分 9 个区，如图 10-12 所示。各层的水力参数设置参考范围见表 10-10。

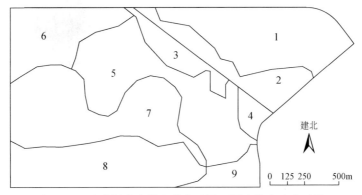

图 10-12 含水层水力学参数分区图（图中数字为分区号）

表 10-10 不同含水层水文参数设置参考范围

含水层	$K_x/K_y/$（m/d）	$K_z/$（m/d）	$S_y/$（无量纲）	S_s/m^{-1}
潜水含水层	0.5 ~ 30	0.05 ~ 3	0.07 ~ 0.25	—
弱透水层	0.05 ~ 5	0.005 ~ 0.5	0.1 ~ 0.25	$5 \times 10^{-5} ~ 5 \times 10^{-4}$
第一承压含水层	0.1 ~ 10	0.01 ~ 1	0.1 ~ 0.2	$5 \times 10^{-5} ~ 5 \times 10^{-4}$
第二承压含水层	0.1 ~ 10	0.01 ~ 1	0.1 ~ 0.2	$5 \times 10^{-5} ~ 5 \times 10^{-4}$

10.1.5.7 模型验证

对场区的地下水流数值模型进行调试和验证是模拟研究工作的重要步骤，模型识别结果的好坏直接决定着模拟结果是否能够很好地代表真实的地下水运动机制。由于本研究对水文地质结构的认识到水文地质概念模型的确定再到地下水流数值模型的构建，整个过程经历了一系列概化处理，而且对系统与环境的作用也在模型中进行了一系列量化处理（如降雨入渗、侧向流入、侧向流出等），加上场区地质构造、地下水位等近期内受人为影响明显（如开挖钻孔、地面填挖等），这些诸多因素导致模型不可能细致地、完全真实地刻画出各处的地下水运动，而只能对场区内地下水运动进行宏观的、趋势性的模拟和预测。因此，本次模型的参数识别主要遵循以下原则：

（1）模拟的地下水流场要与实际的地下水流形态值基本相似；

（2）识别的水文地质参数符合实际含水层的特征。

依据以上两个原则，对模型进行反复调参，最终得到拟合结果较好的水文地质参数。经模拟调试，场区模拟的地下水系统流场与实测流场除在局部地区有差异外，整体拟合效果较好（图 10-13），这表明本研究构建的地下水流数值模型能够很好地代表场区的实际水文地质条件，可以用于预测未来场区地下水系统水位的变化动态。

(a)实测的地下水系统水位标高平均值的等距离插值图

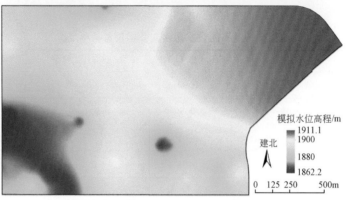

(b)模拟时段末模拟的地下水系统水位标高图

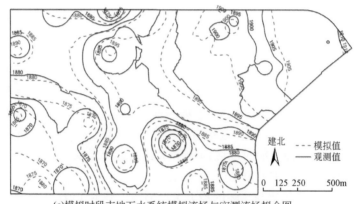

(c)模拟时段末地下水系统模拟流场与实测流场拟合图

图10-13　模拟时段末地下水系统模拟流场与实测流场拟合图

10.1.6　场区地下水系统水位变化动态及预测

通过搜集的历史气象水文资料，应用上述已验证的地下水流数值模型进一步预测未来场区地下水系统水位的动态变化以及最高水位的变化趋势。经详细调查，影响场区地下水系统水位变化主要有两大因素：大气降水和东南部权甫水库水位的变化。

10.1.6.1　大气降水对场区地下水系统水位的影响

大气降水是地下水的一个重要的补给来源，大气降水量的月际和年际变化都直接或间接地影响着地下水位的动态变化。本研究假设场区周边地下水位不变，且权甫水库水位也保持不变，从不同的降雨强度和降雨特征两个角度出发，结合场区近 53 年和近 10 年的降雨量资料，选取了三种极端降雨情况，模拟大气降水对场区地下水系统水位变化的影响。这三种情景分别是：

（1）情境 1：近 10 年来最大月降雨量（2008 年 7 月 351.8mm）。

（2）情境 2：近 53 年来最大月降雨量情况（1997 年 7 月 418.6mm）。

（3）情境 3：连续多月较大降雨量（如 2001 年 5 月 ~ 10 月，连续 6 个月月降雨量维持在 124 ~ 209mm 之间）。

通过 3 个极端情境模拟，发现场区地下水系统水位随降雨量变化浮动较为明显。对比情境 1 和情境 2（图 10-14 和图 10-15）模拟场区地下水系统的水位高程，发现随着月降雨量的增加，场区地下水系统水位有所抬升。此外，在连续多月较大降雨量的情况下（情境 3，图 10-16），场区地下水系统水位较单个月份最大降雨量的情况下更高。总的来说，多个月连续较大降雨对场区地下水系统水位的升高贡献较大。

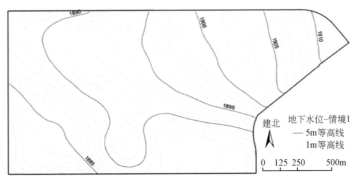

图 10-14　情境 1 模拟的场区地下水系统水位高程图

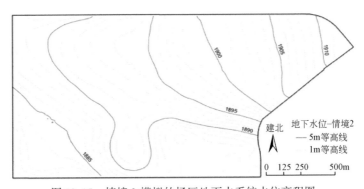

图 10-15　情境 2 模拟的场区地下水系统水位高程图

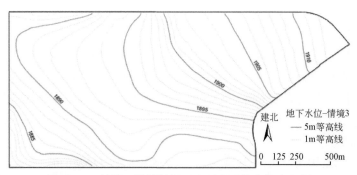

图 10-16　情境 3 模拟的场区地下水系统水位高程图

10.1.6.2　权甫水库水位变化对场区地下水系统水位的影响

地表水是地下水的一个重要的补给来源，场区内与地下水系统联系密切的地表水体是位于场区东南侧的权甫水库。测绘数据表明，2004 年 12 月 8 日水库的水位为 1915.1m，堤坝的水位为 1920.7m。为了便于模拟权甫水库水位变化对场区地下水系统水位的影响，假设降雨量不变，保持为 2013 年 4 月~6 月的降雨量，且周边其他地区的地下水位也保持不变，通过调整权甫水库的水位，来模拟其对场区地下水系统水位变化的影响，主要通过两个情境进行模拟：

（1）情境 4：水库的水位升高 1m。

（2）情境 5：水库的水位升高 5m。

通过比较分析，发现权甫水库水位的升高，虽然对场区地下水系统水位变化有一些细微的影响（图 10-17，图 10-18），但是这种影响相对大气降水量的变化来说，几乎可以忽略不计。换言之，场区整平后的地下水系统水位与权甫水库的水力联系较弱，或者说几乎没有直接水力联系。

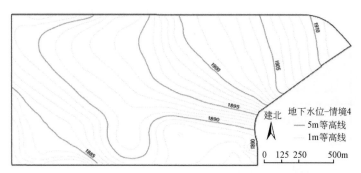

图 10-17　情境 4 模拟的场区地下水系统水位高程图

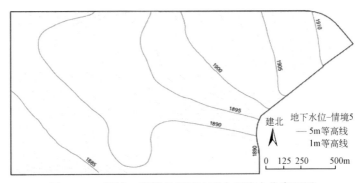

图 10-18　情境 5 模拟的场区地下水系统水位高程图

10.1.6.3　场区地下水系统潜在最高水位预测

通过比较分析大气降水和权甫水库水位变化对场区地下水系统水位的影响，发现大气降水是场区地下水系统水位浮动的一个主要因素。尽管项目建成之后，受建筑物和植被覆盖的影响，大气降水的入渗系数会明显减少，但是较大的降雨量特别是多月连续型较大降雨量仍然是场区地下水系统水位抬升的最主要因素。

假设场区地下水系统水位处于最大抬升时的情境（即在连续多月最大降雨量情况下，同时考虑权甫水库的水位以及场区周边地下水位的浮动变化），模拟预测场区地下水系统潜在最高水位，结果见图 10-19。从图中可看出，场区地下水系统水位基本呈现东高西低，北高南低的趋势。另外，场区地下水系统水位变化的空间变异性较大，整个场区地下水系统最高水位与最低水位的高程相差约 35m。

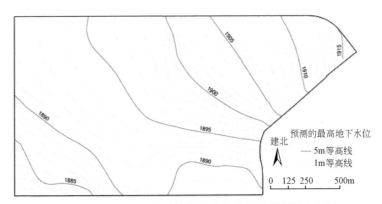

图 10-19　场区地下水系统潜在最高水位高程预测分布图

10.1.6.4　场区各分区地下水系统潜在最高水位预测

根据建设项目的功能和位置将整个场区分为 39 个分区（图 10-20），并以编码表示，各编码所代表的建设项目见表 10-11。根据上述计算结果，可得到各分区地下水系统潜在最高水位分布（图 10-21）及各建设项目地下水系统潜在最高水位情况（表 10-11）。

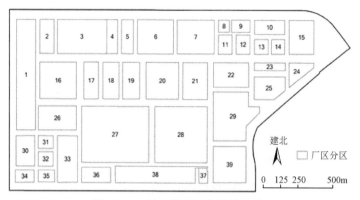

图 10-20　场区各分区位置及编码

图中数字为每个分区的编号，各编号所代表的分区名称见表 10-11

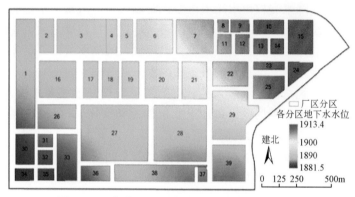

图 10-21　各分区地下水系统潜在最高水位分布

图中数字为每个分区的编号，各编号所代表的分区的名称见表 10-11

表 10-11　各建设项目地下水系统潜在最高水位统计表

编号	分区	地下水系统潜在最高水位高程/m
1	铁路装卸站	1893.1
2	事故水池（含雨水收集池）	1893.8
3	污水处理场	1896.0
4	再生水处理设施	1896.3
5	35kV 联合变电所（七）、第一循环水场	1897.0
6	35kV 联合变电所（一）、催化汽油加氢装置、直柴加氢精制装置、汽柴油改质装置、煤油加氢装置	1902.3
7	35kV 联合变电所（五）、连续重整、石脑油加氢装置、芳烃抽提、异构化	1905.2
8	净水场	1906.5
9	空分装置及空压站	1907.4
10	35kV 联合变电所（六）、给水及高压消防泵站	1910.4

续表

编号	分区	地下水系统潜在最高水位高程/m
11	余热回收设施、冷冻站	1905.7
12	除盐水站	1906.9
13	综合维修	1908.3
14	中央控制室	1909.6
15	综合管理区	1913.4
16	硫黄回收	1894.2
17	蜡油加氢裂化装置	1894.8
18	35kV 联合变电所（四）、制氢联合装置	1895.5
19	渣油加氢脱硫	1896.4
20	35kV 联合变电所（三）、催化裂化、气体分馏	1900.2
21	常减压	1903.0
22	罐区预留	1905.7
23	生产车间办公楼、中心化验楼	1909.0
24	消防站	1912.3
25	原油末站	1908.7
26	延迟焦化、35kV 联合变电所（八）	1892.9
27	产品罐区	1895.7
28	中间原料罐区	1898.2
29	原油罐区（一）	1904.1
30	汽车装卸站	1888.1
31	油气回收、酸碱站	1889.1
32	综合仓库	1887.7
33	预留用地	1890.6
34	总变	1885.3
35	化学品库	1886.1
36	航煤产品罐区	1891.0
37	火炬气回收站	1889.6
38	压力罐区	1891.8
39	原油罐区（二）	1892.7

10.1.7 运营期场区地下水系统水位预警及应急措施

根据场区内各建设项目的建筑设计条件，工程地质条件及数值模拟的计算结果，本书给出了各分区地下水系统抗浮设防水位[83]（表 10-12）。

表 10-12　各分区地下水系统抗浮设防水位

编号	分区	地下水系统抗浮设防水位高程/m
1	铁路装卸站	1894
2	事故水池（含雨水收集池）	1895
3	污水处理场	1896.5
4	再生水处理设施	1897
5	35kV 联合变电所（七）、第一循环水场	1897
6	35kV 联合变电所（一）、催化汽油加氢装置、直柴加氢精制装置、汽柴油改质装置、煤油加氢装置	1902.5
	污水提升设施 2〔198101 B 0510-2〕	1897
7	35kV 联合变电所（五）、连续重整、石脑油加氢装置、芳烃抽提、异构化	1905.5
	含油污水提升池	1903.5
8	净水场	1906.5
	清水池〔Z-0005A〕、吸水池〔Z-0006〕	1906.5
9	空分装置及空压站	1906.5
10	35kV 联合变电所（六）、给水及高压消防泵站	1909
11	余热回收设施、冷冻站	1906
12	除盐水站	1906.5
	中和池	1906.5
13	综合维修	1909
14	中央控制室	1909
15	综合管理区	1910
16	硫黄回收	1895
17	蜡油加氢裂化装置	1895
18	35kV 联合变电所（四）、制氢联合装置	1896
19	渣油加氢脱硫	1896.5
20	35kV 联合变电所（三）、催化裂化、气体分馏	1900.5
	污水提升设施 1〔198101D0510-1〕	1897.5
21	常减压	1903
	0100-Z-0801、0100-Z-0802	1900
22	罐区预留	1905.5
23	生产车间办公楼、中心化验楼	1908
	污水池、中和水池、污油罐	1908
24	消防站	1910.5
25	原油末站	1908
26	延迟焦化 35kV 联合变电所（八）	1893

编号	分区	地下水系统抗浮设防水位高程/m
27	产品罐区	1896
28	中间原料罐区	1898.5
	轻油污水收集池	1896
29	原油罐区（一）	1904.5
30	汽车装卸站	1889
31	油气回收、酸碱站	1890
32	综合仓库	1889
33	预留用地	1891
34	总变	1886
35	化学品库	1886
36	航煤产品罐区	1891
37	火炬气回收站	1892
38	压力罐区	1890
39	原油罐区（二）	1893

　　本研究采用场区地下水系统抗浮设防水位作为预警界限，以此来判定场区地下水系统水位变化对建筑地基稳定性的影响。运营期间，场区地下水系统水位可能受外在因素（如连续多月较大降雨等）的影响而出现较大变动，根据场区内布置的 24 个地下水系统水位观测孔的实时观测数据，结合观测孔的分布位置及所属分区，将各孔的实测地下水系统水位与所属分区地下水系统抗浮设防水位进行比较，若实测水位高于抗浮设防水位，则评定该处地基处于不稳定状态。

　　由场区地下水系统水位实时观测数据及数值模拟得到的结果可看出，场区东北侧地下水系统水位偏高，埋深较浅，对建筑物地基稳定安全可能会构成一定影响。因此，运营期应把场区东北侧作为地下水系统水位变化重要预警区，着重加大该区地下水系统水位的监测频次和监测时间，在出现单次较大降雨量、月较大降雨及连续多月较大降雨时要准确地判断地下水系统水位实时变化对建筑地基的影响程度，如果水位上升迅速且有接近预警界限的趋势时，须及时采取必要的应急处理措施，如人工降低地下水位等，此外，还可以通过设置排水井、排水渠道和泵站及时抽排地下水，以此保障场区地基的稳定安全。

10.1.8　运营期场区地下水系统水位监测

　　由于场区内地质构造条件复杂，地下水系统水位受人为干扰因素较多（如平整地面、改道河流、开挖、钻孔等，这些因素均能对地下水系统运动产生较大影响）。本研究在开展场区地下水系统水位数值模拟时选取的模拟周期较短，且用于拟合模型实测水位的资料历时也较短，为了能够确保模拟结果的可靠性，保障建设项目地基的安全稳定，运营期必须对场区地下水系统水位继续开展长期动态观测，获取完善的水位动态变化长序列资料，再通过数次拟合与修正，以此不断优化场区地下水流数值模型。

10.1.8.1 地下水系统水位新增观测孔布置

根据水文地质钻探、地下水系统水位实时观测及数值模拟的结果可知，场区地下水的流向主要沿东北方向至西南方向，地下水埋深也随之逐渐增大。目前，由于场区现有的地下水系统水位观测孔主要集中布置在场区西北部及南部，对整体场区地下水系统水位变化的揭示还不够完整，尤其是对场区地下水埋深较浅的东北侧，仅布置有 GC9、GC20 两个水位观测孔，其观测的资料无论是对场区地下水系统水位的正确模拟，还是在运营期内判断地下水系统水位变化对建筑地基稳定性的影响等方面都有一定局限。因此，建议运营期在场区内沿地下水流向及地质剖面方向再新布置 6 个地下水系统水位观测孔，其中东北部 3 个，中北部 3 个，以此达到场区地下水系统水位全面监测的目的。新增地下水系统水位观测孔分布见图 10-22。

10.1.8.2 地下水系统水位分层监测

场区现有的水位观测孔获得的水位数据既包括潜水含水层水位，也包括承压含水层水位，在开展场区地下水流数值模拟过程中，本书将整个场区地下水含水层组概化为一个地下水系统，而将不同观测孔揭露的潜水水位和承压水位统一概化为地下水系统水位。

为进一步掌握运营期场区地下水系统各含水层水位信息，应针对场区潜水含水层、承压水含水层开展水位分层监测。根据水位实时观测及数值模拟的结果，场区东北部地下水位埋深浅，应以潜水位监测为主；北部、中部及南部地下水位埋深较复杂，应根据不同观测孔的水文地质钻探结果进行潜水位或承压水位监测；西南部地下水埋深较深，应以承压水位监测为主。

10.1.8.3 地下水系统水位观测计划

以场区现有布置的 24 个水位观测孔及新增的 6 个水位观测孔作为载体，配置相应的地下水位监测装置，在运营期内继续开展地下水系统水位长期动态监测。按照《地下水动态监测规程》[84]（DZ/T 0133—1994）的相关要求，为充分查明场区地下水系统水位变化对建筑地基的影响，水位监测频率每月不得少于 3 次。在丰水季节，对月降雨量较大、连续多月降雨量较大的情况，要增加场区地下水系统水位月监测频次；对出现的单次特大暴雨，要开展水位实时动态监测。

10.1.8.4 地下水系统水位数据处理与分析

对获取的地下水系统水位观测数据要及时处理，按周、月、季、年等时间跨度进行汇总，并与以往的水位监测数据进行对比分析，查明地下水位变化的异同及发展趋势。同时，要着重分析场区内出现单次较大降雨、月较大降雨及连续多月较大降雨等情况时，降雨量、降雨历时与地下水系统水位变化的关系，为进一步优化场区地下水流数值模型及开展有效的地下水系统水位模拟提供依据。

图10-22　安宁化工项目地下水系统水位新增观测孔分布图

10.2　建筑物沉降监测

安宁化工项目东北部的研究区地下岩溶发育较强，区内有规模较大的溶隙和隐伏溶洞群出现。工程建设过程中及运营期地基在一定外界因素（地震、人工抽取地下水、连续强降雨、地面建筑物高荷载等）诱导下，有可能出现过大变形，并引发建筑物沉降、地表塌陷等不良作用，对区内建筑及人身安全构成潜在威胁。因此，项目运营期仍有必要针对地基稳定性继续开展长期的变形监测。而由于地基位于地下岩土体中，直接对其监测有一定困难，故地基变形实测过程中往往采取监测地基上部建筑物沉降的办法来实现对地基变形的间接监测。

10.2.1　沉降监测点的布置及监测方法

根据地球物理勘探、地质钻探及溶洞稳定性评价得到的综合结果，选取研究区内地下溶洞呈密集、连片分布的 2 号岩溶分区、3 号岩溶分区和 5 号岩溶分区作为建筑物沉降主要监测区。依据《建筑变形测量规范》[85]（JGJ 8—2007）的相关要求，可选择监测区内地面建筑的四角、外墙柱基作为沉降监测点。工程建设完工后，以场地外布置的基准点作为参照，采用精密水准仪器测量各沉降监测点的初始高程。运营期间，于不同时段分别对各沉降监测点继续开展高程测量，由高程差即可确定建筑物沉降随时间变化的关系。

10.2.2　沉降监测计划

沉降监测频率应遵循由密至疏的原则。运营初期，监测区建筑物沉降处于活跃阶段，沉降监测的频率应加大，每月至少监测两次。监测过程中，如有基础附近地面荷载突然增减、基础四周大量积水、长时间连续降雨等情况，均应及时增加观测次数。当建筑突然发现大量沉降、不均匀沉降或严重裂缝时，应立即进行逐日或 2~3 天一次的连续监测。随着沉降量逐渐变小，可根据沉降差的变化情况逐步减少沉降监测的次数，改为每月 1 次、每年 5~6 次等，每个周期监测结束后，应及时对监测资料进行整理，计算监测点的沉降量、沉降差以及本周期平均沉降量、沉降速率和累计沉降量。

按照规范要求研究区建筑物沉降监测期限不得少于 5 年，直到沉降量达到稳定为止。建筑物沉降是否进入稳定阶段，应由沉降量与时间关系曲线判定，当最后 100 天的沉降速率小于 0.02mm/d 时，可认为建筑物沉降已进入稳定阶段。

10.2.3　地基稳定性的判据

由已统计好的研究区各建筑物沉降监测点的最终沉降量，参照《建筑地基基础设计规范》[50]（GB 50007—2011）中关于建筑物地基变形允许值（表 10-13）的相关内容，以此来判断运营期研究区内建筑物地基稳定性情况。

表 10-13　建筑物地基变形允许值

变形特征		地基土类别	
		中、低压缩性土	高压缩性土
砌体承重结构基础的局部倾斜/ (mm/m⁻¹)		0.002	0.003
工业与民用建筑相邻柱基的沉降差/m	框架结构	$0.002l$	$0.003l$
	砌体墙填充的边排柱	$0.0007l$	$0.001l$
	当基础不均匀沉降时不产生附加应力的结构	$0.005l$	$0.005l$
单层排架结构（柱距为 6m）柱基的沉降量/mm		（120）	200
桥式吊车轨面的倾斜（按不调整轨道考虑）/（mm/m⁻¹）	纵向	0.004	
	横向	0.003	
多层和高层建筑的整体倾斜/（mm/m⁻¹）	$H_g \leqslant 24$	0.004	
	$24 < H_g \leqslant 60$	0.003	
	$60 < H_g \leqslant 100$	0.0025	
	$H_g > 100$	0.002	
体型简单的高层建筑基础的平均沉降量/mm		200	
高耸结构基础的倾斜/（mm/m⁻¹）	$H_g \leqslant 20$	0.008	
	$20 < H_g \leqslant 50$	0.006	
	$50 < H_g \leqslant 100$	0.005	
	$100 < H_g \leqslant 150$	0.004	
	$150 < H_g \leqslant 200$	0.003	
	$200 < H_g \leqslant 250$	0.002	
高耸结构基础的沉降量/mm	$H_g \leqslant 100$	400	
	$100 < H_g \leqslant 200$	300	
	$200 < H_g \leqslant 250$	200	

注：①本表数值为建筑物地基实际最终变形允许值；②有括号者仅适用于中压缩性土；③l 为相邻柱基的中心距离（mm）；H_g 为自室外地面起算的建筑物高度（m）。

由表 10-13 可知，当研究区内建筑物沉降值超过 200mm 时，可判断地基处于不稳定状态，须采取必要的地基应急处理措施。

第11章 溶洞稳定性评价程序软件设计

11.1 设计软件目的

FLAC^{3D}程序是目前岩土力学计算中的重要数值方法之一，用于拟三维土体、岩体或其他材料体力学特性，尤其是达到屈服极限时的塑性流变特性，被广泛应用于边坡稳定性评价、支护设计及评价、地下硐室、施工设计、隧道工程、矿山工程等多个领域。

但FLAC^{3D}采用命令流的方式建立模型，对于较复杂的模型需要编写大量的命令代码，增加工作难度，有学者利用有限元程序（ANSYS）进行复杂地质体建模，通过接口程序转换为FLAC^{3D}软件平台中的模型，这就需要熟悉ANSYS的程序原理和文件结构特征，且难以判别和控制程序执行过程中产生的差错[86]。无论从可视化三维前处理程序的数据库中转换，还是在其他的数值模拟软件之间转换，都会增加三维建模的工作量，同时对工程技术人员提出更高的技术要求和操作技巧[87]。针对FLAC^{3D}建模难度大的问题，特别是在岩溶发育极不规律的情况下，使用其他有限元进行建模更是遇到诸多技术难题，很多用计算机编程来建模的FLAC^{3D}前处理程序软件应运而生，通过拾取溶洞的某些形态参数，自动生成FLAC^{3D}模型命令流，较好地解决了FLAC^{3D}中岩溶洞穴建模难的问题。

本次工程项目中使用一款用C++语言编写的"cave.exe"前处理程序，该软件的优点是通过输入某些溶洞形态参数，就能生成各种形态下的溶洞模型，还可以对模型进行平移和旋转操作；不足之处在于该软件的建模思路是先将模型分割成许多个小块，再根据各小块是否为溶洞而采用brick单元和radcyl单元进行建模，然后将各小块"拼接"到一起组成模型，其过程就涉及网格节点是否能重合的问题。图11-1为M473钻孔遇溶洞使用该软件生成的模型，该模型最大的问题就是溶洞的网格数为系统生成，不能更改，使得在多层溶洞中出现各层溶洞之间的网格节点数不一样，从而导致节点不能拼接到一起。同时，各个brick单位与radcyl单元的拼接也存在节点不能相连的问题。

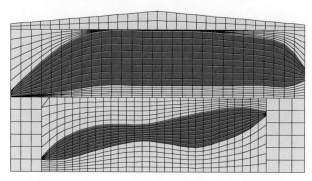

图11-1 "cave.exe"前处理程序生成的溶洞模型

为了解决上述问题，笔者的解决方案是对该软件生成的命令流进行逐行修改，并将块模型单元尽量细分，使之与 radcyl 单元上所有节点相连。图 11-2 为 M473 钻孔遇溶洞修改命令流之后的模型，该模型的各个节点已经基本连接。

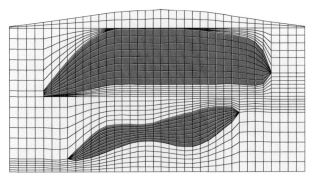

图 11-2 人工修改命令流之后的溶洞模型

鉴于溶洞模型的复杂性，其命令流少则上百行，多则成千上万行，人工修改其工作量可想而知，于是笔者提出了重新编写软件的思想，从而弥补 "cave.exe" 这个软件的不足之处。并对该软件进行一些改进，不仅能进行前期的建模操作，还能进行后期的一些设置，一步到位将 FLAC^{3D} 溶洞稳定性评价所有代码写出，为一些初学者提供方便。

11.2　软件基本思路

软件采用当前流行的功能非常强大的可视化操作软件 Visual Basic 进行编制，其基本思路如图 11-3 中简化步骤流程图所示。

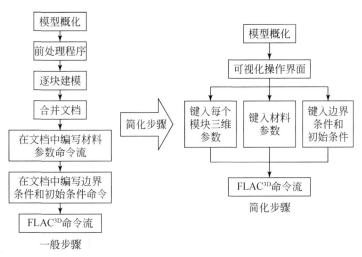

图 11-3 FLAC^{3D} 的一般计算步骤和程序设计简化步骤对比图

该软件除了对原来用 "cave.exe" 前处理建模进行改进外，还对原来编写 FLAC^{3D} 命令流的过程进行简化，使用者通过在可视化操作界面上输入溶洞的三维模型坐标参数、模型材料、材料参数、边界条件和初始条件等，便可自动生成 FLAC^{3D}命令流，再通过 FLAC^{3D}软件调用该命令流进行检查和计算，最后得到计算结果。

11.3 Visual Basic 简介

Visual Basic（简称 VB）是美国微软公司推出的 Windows 环境下的软件开发工具，是当前流行的一种功能非常强大的可视化编程语言，该编程语言具有简单易学、功能强大、软件费用支出低、见效快的特点。在 Visual Basic 程序设计中，操作者只用编写程序功能的那部分代码，对于图形界面部分只需 VB 提供的工具和控件在屏幕上"画出"出来，并设置其属性，系统会自动产生界面的程序代码，可谓"所见即所得"[88]。

Visual Basic 操作界面如图 11-4 所示，它的特点主要表现为可视化的集成开发环境、面向对象的程序设计思想、交互式的开发环境和高度的可扩充性（表 11-1）。

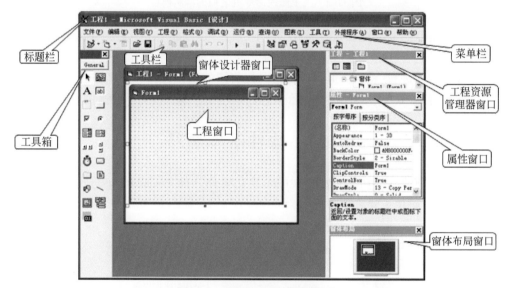

图 11-4　Visual Basic 操作界面

表 11-1　Visual Basic 程序设计特点[88]

特点	描述
可视化的集成开发环境	"Visual"指的是开发图形用户界面（GUI）的方法。使用 Visual Basic 编写应用程序时，不需编写大量代码去描述界面元素的外观和位置，而只要把预先建立的对象添加到屏幕上
面向对象的程序设计思想	所谓"对象"就是一个可操作的实体，如窗体、窗体中的按钮、文本框等控件。每个对象都能响应多个不同的事件，每个事件均能驱动一段代码（事件过程），该段代码决定了对象的功能。我们称这种机制为事件驱动，事件由用户的操作触发
交互式的开发环境	传统的应用程序开发过程可以分为 3 个步骤：编码、编译和测试代码。但是 Visual Basic 与传统的语言不同，它使用交互式方法开发应用程序，使 3 个步骤之间不再有明显的界限。由于 Visual Basic 的交互特性，因此可以在开发应用程序时运行它。通过这种方式，代码运行的效果可以在开发时就进行测试，而不必等到编译完成以后

特点	描述
高度的可扩充性	主要体现在以下 3 方面： （1）支持第三方软件商为其开发的可视化控制对象； （2）支持访问动态链接库（Dyrnamic Link Library，DLL）； （3）支持访问应用程序接口（API）

11.4　软件开发和运行平台要求

11.4.1　硬件平台

本系统的硬件平台选择 PC 系列计算机及其兼容机，对计算机硬件要求不高，推荐运行硬件指标如下：

CPU：P4　2.8G 或者更高性能 CPU；

内存：512M 内存及以上容量；

显卡：128M 或以上显存；

硬盘：80G 及以上空余空间；

显示器：1024×768 以上分辨率。

11.4.2　软件平台

1. 开发环境

编程语言：Visual Basic。

操作系统：Microsoft Windows NT 3.51 或 Microsoft Windows95，或两者的更新版本。

2. 运行环境

将开发好的软件转化成"exe"格式，使其在任何系统下都能运行。

11.5　软件系统模块的划分与功能实现

11.5.1　系统模块的划分

在使用 FLAC[3D] 软件评价溶洞稳定性过程中，其一般步骤主要包含模型的建立、设置材料参数、设置初始条件、布置监测点、设置边界条件、求解初始应力场、施加工程荷载并计算求解等。基于这一思路，将程序软件的基本框架列于图 11-5。该软件分为八个模块，即溶洞模型模块、块模型模块、桩模型模块、材料参数模块、监测点布置模块、边界及初解模块、施加荷载模块和求解方式模块，前面三个模块进行模型的建立，后面五个模块对模型进行设置。

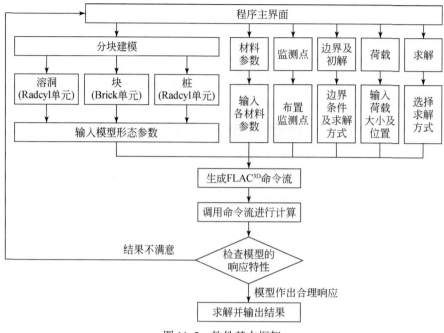

图 11-5　软件基本框架

11.5.2　主控界面

软件的主控界面如图 11-6 所示，主控界面上包括了上述八个模块的命令按钮，在使用软件的过程中需按照 FLAC^{3D}命令流编写的顺序进行设置，比如首先需要建立模型，才能进行模型参数的设置；进行初始求解之前必须对材料参数进行设置，如果使用者不按照此顺序进行操作，则系统并不会进入下一个模块的设置，并给出相应的提示。

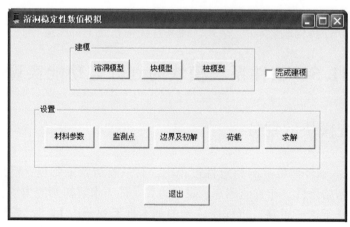

图 11-6　程序软件的主控界面

　　主控界面的主要功能是将各个模块调出进行设置，因此程序代码相对较为简单，其程序代码如下：

```
Option Explicit
Private Sub Form_Load()
Dim aa As String
Dim ss As String
aa = Dir(App. Path & "/* . xls")
If aa = "flac3d. xls" And aaa = 0 And ccc = 0 Then
form1. Show
ss = MsgBox("请将"flac3d. xls"文件删除或更改名字,再进行计算", vbYes, "系统提示")
End
Else
End If
End Sub
Private Sub Command1_Click()
Form2. Show
End Sub
Private Sub Command2_Click()
Form3. Show
End Sub
Private Sub Command3_Click()
Form4. Show
End Sub
Private Sub Command4_Click()
Form5. Show
End Sub
Private Sub Command5_Click()
Form6. Show
End Sub
Private Sub Command6_Click()
Form7. Show
End Sub
Private Sub Command7_Click()
End
End Sub
Private Sub Command8_Click()
Form8. Show
End Sub
Private Sub Command9_Click()
form9. Show
End Sub
```

　　软件在计算过程中会自动生成一个名为"flac3d. xls"的 excel 电子表格文档，并将生成的 FLAC³ᴰ命令流保存于其中, 使用者只需将表格中的内容另存为 txt 文档中, 就可以实现用 FLAC³ᴰ软件对命令流的调用。本软件不直接将命令流写入 txt 文档中, 而是先写入 excel 电子表格中再进行文档格式转换工作, 其原因在于 excel 电子表格中的每个单元格都有固定的地址, 方便数据的读取和写入, 节省程序编写的工作量。新建、调用和保存 excel 电子表格的程序代码如下:

```
Private Sub Command1_Click()   '打开 excel 过程
Dim aa,ss As String            '定义变量
aa = Dir(App.Path & "/*.xls")  '设置保存路径为根目录下
If aa = "flac3d.xls" Then      '如果根目录下已有"flac3d.xls"文档,则直接打开
    Set xlapp = CreateObject("excel.application")'创建 excel 应用类
    Set xlbook = xlapp.Workbooks.Open(App.Path & "/flac3d.xls")'打开 excel 工作簿
    Set xlsheet = xlbook.Worksheets(1)'打开 excel 工作表
    xlapp.Visible = True
    Call Cal                   '调用子过程,将代码写入 excel 工作表中
    'Exit Sub
    xlbook.Save 'As 'App.Path & "/flac3d.xls" '保存!!
Else                           '如果根目录下没有"flac3d.xls"文档,则新建
    Set xlapp = CreateObject("excel.application")'创建 excel 应用类
    Set xlbook = xlapp.Workbooks.Add '新建 excel 工作簿
    Set xlsheet = xlbook.Worksheets(1)'打开 excel 工作表
    xlapp.Visible = True
    xlsheet.Range("a1")= "new" '将代码写入 excel 工作表中
    Call Cal                   '调用子过程,将代码写入 excel 工作表中
    xlbook.SaveAs App.Path & "/flac3d.xls" '保存!!
End If
xlbook.Close       '关闭工作表
xlapp.Quit         '结束 excel 对象
Set xlapp = Nothing '释放 xlApp 对象
ss = MsgBox("完成",vbYes,"系统提示")
End Sub
```

该软件使用时有一点需要注意, 即每次打开软件之前, 需要将根目录下的 "flac3d.xls" 文档更名或删掉, 否则不能进行下一步操作。这是因为每次操作时, 程序都是在名为 "flac3d.xls" 的 excel 表格上进行编辑, 并且均是在表格的第一个单元格开始写入数据, 如果之前表格中已存有数据, 会导致程序运行中出现错误。

11.5.3　各个模块操作界面

通过主控界面将各个功能模块调出并进行设置, 从而完成 FLAC³ᴰ整个命令流的编写过程。各个功能模块的操作界面如图 11-7 ~ 图 11-17 所示。限于篇幅, 各功能模块的程序

代码不在此列出，表 11-2 对各个功能模块进行了简单的描述。

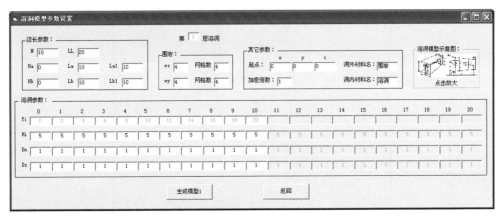

图 11-7　溶洞模型参数设置操作界面

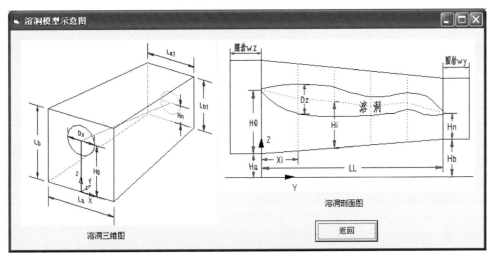

图 11-8　溶洞模型示意图

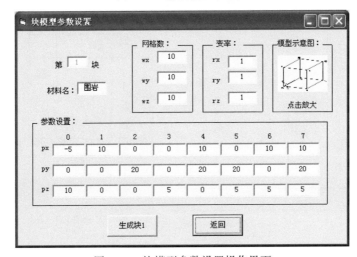

图 11-9　块模型参数设置操作界面

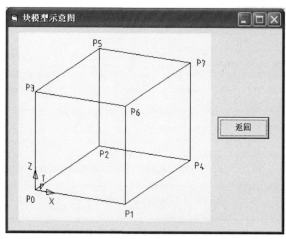

图 11-10　块模型示意图

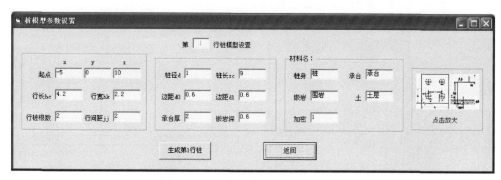

图 11-11　桩模型参数设置操作界面

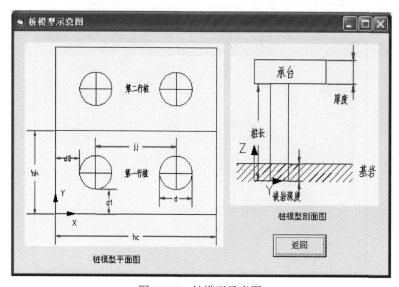

图 11-12　桩模型示意图

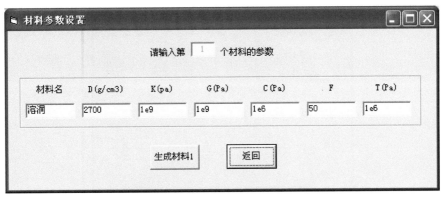

图 11-13　材料参数设置操作界面

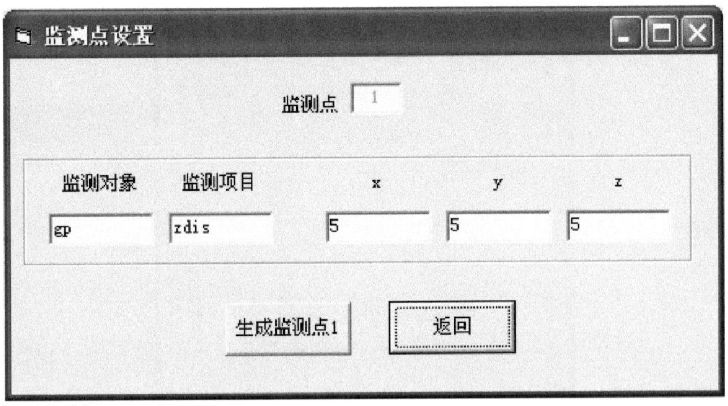

图 11-14　监测点设置操作界面

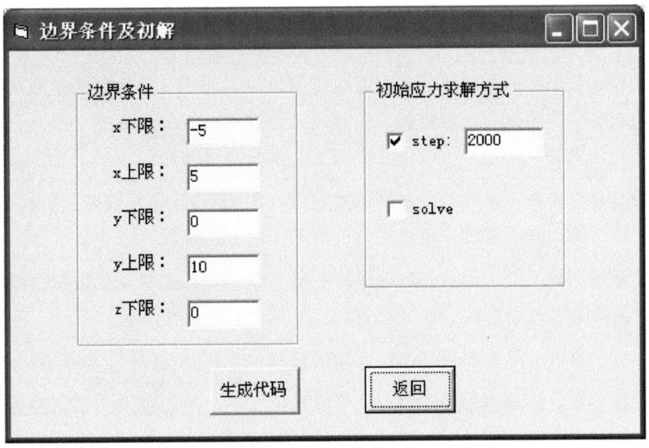

图 11-15　边界条件及初解操作界面

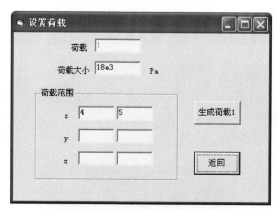

图 11-16　荷载设置操作界面

图 11-17　求解方式设置操作界面

表 11-2　程序中各个功能模块简介

模块名称	描述
溶洞模型	按照溶洞模型示意图将一系列溶洞形态参数进行设定，采用 radcyl 单元生成溶洞模型；每次只能建一层溶洞，若有多层溶洞则需逐层建模，通过设置起点坐标使之组合到一起（注意起点坐标在 Y 方向上位于模型的正中央）
块模型	按照块模型示意图输入六面体八个顶点的坐标值，生成 brick 单元模型，每次只能建一个六面体模块，若有几个小块，则需逐一建模，通过设置起点坐标使之组合到一起
桩模型	按照桩模型示意图输入桩、承台和嵌岩等的参数，采用 radcyl 单元生成桩模型，每次只能生成一行桩模型，若有几行则需逐行建模，通过设置起点坐标使之组合到一起
材料参数	包括材料名称、密度、弹性参数和塑性参数的设置，若有多组材料，则需逐一输入
监测点	包括设置监测对象、监测项目和监测点的位置坐标，一次只能输入一个监测点，若有几个监测点则需逐一输入
边界及初解	包括模型各方向上的边界上限和下限约束设置以及初始应力的求解方式
设置荷载	包括荷载大小和施加范围，若荷载分布于不同的范围则需逐一输入
求解	选择最后的求解方式为 step 或 solve

11.5.4　软件正确性验证

本软件是在安宁化工项目溶洞稳定性评价结束之后才进行编制的，目的是对前处理程序"cave. exe"在网格节点上的不足进行改进和完善。前期工作均已通过人工对 FLAC^{3D}命令流进行修改完成，因此，软件正确性的验证其实只需输入相应的参数，看其生成的代码是否与修改后的 FLAC^{3D}命令流相同，若相同，则说明软件内部的代码和公式编写无误。笔者通过选取代表性溶洞中的单层溶洞模型 1 和双层溶洞模型 11 进行验证，结果表明软件能准确生成相应的 FLAC^{3D}命令流。

11.6　建模操作实例

运用本次设计的程序软件进行溶洞稳定性数值模拟评价主要包括建立模型、参数设置和 FLAC^{3D}计算求解三大步骤，具体流程如图 11-18 所示。其中，建立模型和参数设置两个步骤是在程序软件操作界面中完成，第三个步骤则是在软件以外的操作，首先将第一和第二步骤操作中生成的".xls"格式 FAC^{3D}命令流另存为". txt"格式，再用 FLAC^{3D}软件对其进行调用，完成计算后即可对模型进行稳定性分析评价。

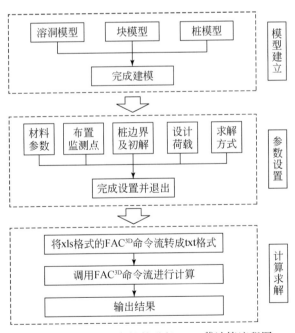

图 11-18　运用程序软件进行 FLAC^{3D}计算流程图

在对软件进行操作过程中，最麻烦的也是最关键的一个步骤就是建立模型，即使是使用有限元软件或其他前处理程序，也需要做大量的工作才能完成整个建模过程。为了让读者能更直观地了解本编制软件的操作流程，下面就建模这一块作简单介绍，其他模块读者只需要按照上述说明的顺序进行设置。

下面以代表性溶洞模型 11 的 M473 钻孔遇溶洞为例：

11.6.1　模型概化

根据溶洞追踪孔钻遇的剖面（如图 11-19），首先将上覆土层及填土按等效荷载施加，建立模型时不考虑土层。针对岩溶洞隙的形态特征，将断面分为 3 大部分，即两个溶洞模型（1-①和1-②）、4 个溶洞左右围岩模型（2-①、2-②、2-③和 2-④）和 6 个块模型（3-①、3-②、3-③、3-④、3-⑤和 3-⑥），如图 11-20 所示。溶洞模型和溶洞左右围岩模型将按照溶洞模型模块操作界面进行建模，块模型将按照块模型模块操作界面进行建模。

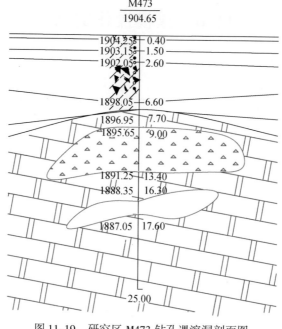

图 11-19　研究区 M473 钻孔遇溶洞剖面图

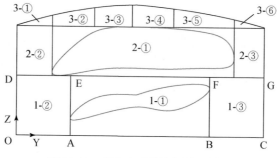

图 11-20　概化之后的溶洞模型剖面

11.6.2　溶洞模型模块设置

打开溶洞模型模块操作界面，如图 11-7 所示，先进行溶洞 1-①及其左右围岩 1-②和 1-③的设置：LL 为溶洞 AB 长度，将溶洞 1-①沿 Y 方向分成 N 个等分，N 的值只能取 1 ~ 20（当加密倍数为 1 时，N 的值就是溶洞在 Y 方向的网格数），当 LL 和 N 确定之后，系统会自动生成 Yi 的值，Yi 值为灰色，表示操作者不能进行修改（目的是使得生成的溶洞模型网格均匀化）。Ha、Hb、La、Lb、La1、Lb1、Hi、Dx、Dz、wz 和 wy 的值参照溶洞模型示意图（图 11-8）进行设置（围岩网格数指其在 Y 方向上的网格数），在 CAD 上将相应的参数值量好，然后填入相应的位置，点击生成模型 1，系统会自动新建一个名为"flac3d. xls"的表格，并将模型命令流写入其中。

此时溶洞模型参数设置操作界面最上边一行的文字"第 1 层溶洞"和最下行的命令按钮上的文字"生成模型 1"会相应改为"第 2 层溶洞"和"生成模型 2"，表示可以进行第二层溶洞 2-①及其左右围岩 2-②和 2-③的设置了，操作步骤与第一层溶洞的操作基本相同。这里特别需要注意的是起点坐标的填写，事先必须将起点坐标量好，否则生成的模型有可能出现重叠的现象。还有一点值得注意，那就是溶洞的网格节点问题，由于溶洞的洞长不一样，因此系统不会自动将各节点对齐，这就需要操作人员自行量取并计算相应的参数值。多层溶洞之间的网格节点是否能相连的关键就取决于这一步骤的实现。点击生成模型 2，系统会自动打开"flac3d. xls"表格，并将第二层溶洞模型的命令流添加在第一层溶洞命令流之后。

11.6.3　块模型模块设置

主要介绍块 3-①的建模过程，其余以此类推。打开块模型参数设置操作界面（图 11-9），按照块模型示意图（图 11-10）进行设置。P0 为模型的起点，wx、wy 和 wz 分别为 x、y 和 z 方向上的网格数，rx、ry 和 rz 分别为 x、y 和 z 方向上变率。设置完成后点击生成块 1，系统会自动打开"flac3d. xls"表格，并将命令流往后添加。

此时块模型参数设置操作界面中的文字"第 1 块"和命令按钮上的文字"生成块 1"会相应改为"第 2 块"和"生成块 2"，表示可以进行第二块模型 3-②的设置了，操作步骤与第一块模型的操作基本相同。这里亦需要注意起点坐标和网格数的设置，操作之前必须经过计算，使网格节点能与各个块模型及溶洞模型相连接。

11.6.4　完成建模

将各块模型建立完成后，点击"返回"回到主控界面，点击"完成建模"，系统会自动将"plot block group yellow"和"plot add axes"两行命令流添加到"flac3d. xls"表格，表示建模完成。此时可以打开"flac3d. xls"表格，查看生成的模型命令流，将其全选复制并粘贴到 txt 文档中，就可以用 FLAC[3D] 软件对其进行调用了。最终生成的溶洞模型剖面图如图 11-21 所示。

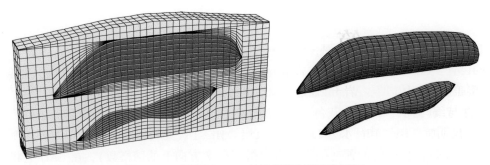

图 11-21　研究区 M473 钻孔遇溶洞模型剖面图

第12章 结　　语

《覆盖型岩溶地区岩溶岩土工程技术研究》是在中国石油工程建设公司岩土工程公司负责勘探与编写的《云南安宁化工项目岩溶详细勘察报告》基础上完成的，并参考了《1：5万昆明幅区域地质及水文地质普查报告》、《云南安宁化工项目岩土工程初步勘察报告》、《云南安宁化工项目地质灾害危险性评估报告》、《云南省安宁市草铺磷矿区柳树矿段资源储量核实报告》、《云南安宁化工项目工程场地地震安全性评价报告》、《云南省地质构造及区域稳定性遥感综合调查报告》和《云南安宁化工项目抗浮水位专题研究报告》等相关区域地质、地下水等方面的资料。

（1）在区域上重点分析研究了与安宁化工项目有紧密联系的安宁岩溶盆地的地质条件，之后围绕安宁化工项目及其周边的地质特征，系统分析和探讨研究区岩溶发育的规律。区域上，安宁岩溶盆地地层分布，除了缺失奥陶系、志留系等地层之外，其余地层都有出露，主要有昆阳群（Pt）、震旦系（Z）、寒武系（Ꞓ）、泥盆系（D）、二叠系（P）、三叠系（T）、侏罗系（J）、第四系（Q），这些地层岩性不仅是形成安宁盆地的地质条件，也是安宁化工项目的岩溶发育的主要影响因素。

（2）区域地质构造以南北向、东西向、北东及北西向等四个方向的构造最为发育。各类构造的特点主要表现为：

①南北构造为区域规模最大、控制范围最广的构造，并有一系列次级构造与主构造伴生，在平面上构成棋盘状或网格状构造格局；

②东西向构造，由一系列沿东西方向延伸不远的短距离断层组成，常常与近东西和近南向、北西向以及众多的背斜、向斜构成棋盘状构造系统；

③北东与北西向构造，是南北向构造控制下形成的次级构造系统，对地层破坏性很大，致使分布在这类构造系统中的各类地层，均被分裂切割，多呈方块状、棱形状、条带状等形状；

④背斜及向斜构造，背斜构造在本区轴线走向近南北，主要分布在权甫西部和安宁东部，沿轴线出露寒武系、泥盆系、石炭系等老地层，两翼出露二叠系、三叠系、侏罗系等新地层；褶皱构造的组合形式，表现在区域上构成背斜-向斜、背斜复式与向斜复式的褶皱构造形式。

（3）在安宁化工项目及附近的碳酸盐岩地层，只分布寒武系（Ꞓ）和泥盆系（D）两种地层。区域内岩溶主要发育在泥盆系地层，碳酸盐岩地层岩性为白云岩夹灰质白云岩、白云质灰岩、灰岩、硅质夹白云质灰岩、泥灰岩及砂质生物碎屑灰岩等。

（4）碳酸盐岩地层在平、剖面上分布各异：

①平面分布特征，主要表现为沿安宁岩溶盆地四周边缘的山前地带向盆地中部延伸，在山前斜坡的碳酸盐岩地层，多处于裸露、半裸露区；从盆地的中—浅部到盆地中部，碳酸盐岩地层由浅覆型向深埋藏型过渡，上伏第四系土层厚度从 10～35m 左右向 50～100m

以上交替增厚；

②剖面分布特征，岩溶盆地基岩由老到新从盆地四周向盆地中部倾斜，而盆地中部地层则由新到老从上到下垂直状分布，构成埋藏岩溶区；整体分析表明，盆地中部地层厚度大，层次多，地下岩溶发育程度弱；而盆地四周的边缘地带属于浅覆盖型区，岩溶发育强烈。

（5）安宁化工项目及周边地区岩溶发育属限制性溶蚀岩溶类型，其岩溶过程受控于非碳酸盐岩地层和构造，演变为溶蚀-构造岩溶形态。

①在岩溶地区，由于受地层岩性条件控制，常构成碳酸盐岩与非碳酸盐岩接触带；在接触带上，一侧是碳酸盐岩，另一侧是非碳酸盐岩，在地下水强烈活动作用下，沿该接触带岩溶发育强烈，常形成强岩溶带与地下水强径流带。

②研究区地下岩溶发育强度与断裂构造密切相关，岩溶发育主要受区内"X"型共轭剪节理控制，表现出沿北西、北东及近东西向分布的特点；在节理上岩溶发育程度深，且在节理交叉部位地下水运动活跃，对可溶岩形成长期反复地侵蚀、溶蚀，易形成较大规模的溶洞；此外，溶洞充填物的类型没有明显的分带性，亦表明该区岩溶发育受控于断裂构造。

③研究区层状岩溶发育强烈，地下溶洞呈垂直串珠状是区内岩溶发育的最大特点，这是一种持久性潜伏岩溶地质灾害，对工程建设具有较大的潜在隐患。

（6）安宁化工项目及周边地区岩溶多重介质环境由其内水体（大气水、地表水和地下水）、碳酸盐岩岩体、土体、生物及其他物质组成，在构造与岩溶双重作用下，并以水岩作用为主体，以"三水"参变作用方式一以贯之，以岩溶化不断演变为特征。

（7）岩溶发育是在岩溶多重介质环境下的一个复合演变过程，涵盖多种作用。研究区岩溶发育过程受地形地貌、地层岩性、岩溶化程度、地质构造、水文气象、新构造运动、充填物及气候条件等因素的综合影响。

（8）为了查明覆盖型岩溶发育参数采用了多种物探、钻探结合的三阶段综合勘察方法。在安宁化工项目 $2km^2$ 范围内完成 $1km^2$ 面积的物探扫面普查，剖面测量工作达到 118km、在 255 对钻孔内进行电磁波跨孔 CT 层析成像测试，是迄今为止岩溶勘察界投入工作量最大、方法最全面的课题研究。经过大量现场试验（三类八种试验手段）和工程实践（四个阶段的试验研究），积累了大量实际工程经验。

（9）总结出了针对高原覆盖型岩溶发育区的勘察体系：

①根据地质调查资料和初步勘察，确定可溶岩分布范围；

②以高密度电法为主，地震映像法为辅，结合钻探验证，确定岩溶发育区范围；

③最后利用详细勘察和电磁波跨孔 CT 技术确定溶洞的形态。

该方法利用相对较低的成本，较精确地确定了岩溶发育范围、溶洞的形态以及连通性，满足研究区岩溶治理和重点工程设计的要求。该勘察体系在对覆盖型岩溶的勘察方面取得了很大的成功，提供了相似地质条件下大规模岩溶勘察极富价值的实践经验。

（10）岩溶发育的不均匀性和复杂多变性，使得影响溶洞顶板稳定性的因素较多，在实际工程中必须采用多种方法对其进行综合评价分析，避免简单地使用某一种方法得出片面结论，确保工程安全。

①采用顶板抗弯强度评价硐室稳定法、顶板抗剪强度评价硐室稳定法、塌落拱理论法、类比法、单跨梁模型法和板梁模型法六种半定量方法对研究区 250 个遇溶洞钻孔进行稳定性评价，并考虑多种因素综合评价，结果显示 250 个遇溶洞钻孔中，需要处理的遇洞钻孔为 163 个，需要处理比例为 65.2%。

②结合区域岩溶洞隙发育规律和特征，选取 16 个具有代表性的溶洞进行数值模拟分析。模拟在浅基础和桩基础情况下，荷载分别为 160kPa、250kPa 和 350kPa 时溶洞顶板的稳定性。依据模拟结果和半定量综合分析结果，结合建筑物结构特点，建议合理的基础形式，并提出溶洞处理方案。

（11）单层建筑、建筑附加荷载较小的多层建筑，应尽量采用浅基础，如天然独立基础、条形基础或筏板基础，避免采用深基础；大型单体建筑或附加荷载较大的建、构筑物，应尽量选用桩基础。钻、冲孔灌注桩，尤其钻孔灌注桩基础，由于其冲击力大，穿透能力强，较易穿透岩溶顶板，且桩长桩径灵活，是研究区宜优先采用的桩基础形式。

（12）目前溶洞处理主要有三种手段：开挖爆破回填、强夯、溶洞注浆。前两种方法主要适用于裸露型岩溶或埋藏不深的覆盖型岩溶，因研究区溶洞埋藏多在 10m 以上，开挖爆破回填、强夯不适合本地区，注浆处理是第一选择。

（13）在构建场区水文地质概念模型的基础上，合理概化场区地下水系统。运用 FEFLOW 地下水流数值模拟系统，得出大气降水是影响场区地下水系统水位变化的主要因素。通过进一步模拟预测运营期场区地下水系统潜在最高水位，由此确定了场区地下水系统抗浮设防水位，并将其作为判断场区地下水系统水位影响地基稳定性的预警界限。此外，为保障运营期场区地基稳定安全，宜采取新增水位观测孔、含水层分层监测等方式，继续开展长期的地下水系统水位动态观测。

（14）通过对安宁化工项目研究区内建筑物沉降的监测，实现运营期对地基变形的有效监测。依据行业规范的相关内容，可判定当建筑物沉降值超过 200mm 时，地基处于不稳定状态。

（15）针对 FLAC^{3D} 在评价溶洞稳定性过程中的不足之处，采用可视化操作软件 Visual Basic 编写程序软件，解决 FLAC^{3D} 前处理程序 "cave.exe" 网格节点不相连问题，并对该软件进行改进和完善。程序中包括溶洞模型、块模型、桩模型、材料参数、监测点布置、边界及初解、施加荷载和求解方式八个功能模块。软件专门针对溶洞稳定性评价，操作界面简单，便捷易懂。编写简单软件可以大大减少工作量，提高工作效率，为今后做类似的溶洞稳定性评价提供新方法。

主要参考文献

［1］郭纯青. 中国岩溶水文系统分类与水资源特征［A］//中国水利学会水资源专业委员会，中国水利水电科学研究院，大连理工大学. 变化环境下的水资源响应与可持续利用——中国水利学会水资源专业委员会 2009 学术年会论文集［C］. 中国水利学会水资源专业委员会，中国水利水电科学研究院，大连理工大学，2009：10.

［2］郭纯青，胡君春，李庆松. 特长隧道岩溶涌水量预测方法分析［J］. 煤田地质与勘探，2010，6：43-47.

［3］卢耀如，等. 岩溶水地质环境演化与工程效应研究［M］. 北京：科学出版社，1999.

［4］George S. Building on Sinkholes：Design and Construction of Foundations in Karst Terrain［M］. USA，1996.

［5］Tony W. Sinkholes and Subsidence：Karst and Cavernous Rocks in Engineering and Construction［M］. Springer Berlin Heidelbery，2004.

［6］龙艳魁. 长沙地铁 1 号线工程岩溶洞穴稳定性及其病害处理研究［D］. 中南大学，2012.

［7］何宇彬，徐超. 论喀斯特塌陷的水动力因素［J］. 水文地质工程地质，1993，（5）：39-42.

［8］王建秀，杨立中，刘丹，等. 铁路岩溶塌陷典型概念模型研究及实例分析［J］. 铁道工程学报，1999，12（4）：75-80.

［9］陈学军，罗元华. GIS 支持下的岩溶塌陷危险性评价［J］. 水文地质与工程地质，2001，（4）15-18.

［10］程星，黄润秋. 岩溶塌陷的地质概化模型［J］. 水文地质与工程地质，2002，（6）：30-34.

［11］王年生. 自然因素、抽水因素与岩溶塌陷的关系［J］. 西部探矿工程，2006，121（5）：281-282.

［12］胡亚波，刘光润，肖尚德，等. 一种复合型岩溶地面塌陷的形成机理——以武汉市烽火村塌陷为例［J］. 地质科技情报，2007，26（1）：96-100.

［13］苏欧. 昆明小哨机场地基岩溶稳定性的分析研究［D］. 成都理工大学，2007.

［14］付博. 昆明小哨机场航站楼区岩溶发育特征及地基稳定性评价［D］. 成都理工大学，2008.

［15］张敏，杨武年，李天华，等. 机场建设区岩溶塌陷综合评价模型建立与实现［J］. 计算机工程与应用，2009，7：244-248.

［16］陈海旭，罗爱忠. 基于有限差分法的岩溶地基稳定性研究［J］. 山西建筑，2011，32：51-53.

［17］张永杰，曹文贵，赵明华，等. 岩溶区公路路基稳定性的区间模糊评判分析方法［J］. 岩土工程学报，2011，1：38-44.

［18］周伟. 岩溶对桥梁地基稳定性分析及注浆治理研究［D］. 中南大学，2012.

［19］黄伟，谢承平，王磊. 某变电站岩溶地基稳定性分析［A］. 河南地球科学通报，2012：3.

［20］龙艳魁. 长沙地铁 1 号线工程岩溶洞穴稳定性及其病害处理研究［D］. 中南大学，2012.

［21］林智勇，戴自航. 椭球状溶洞上方路基稳定性数值分析［J］. 土工基础，2013，6：51-54，64.

［22］唐国东. 串珠状岩溶区桥梁桩基沉降计算与稳定性分析［D］. 湖南大学，2013.

［23］李毅军. 高速公路岩溶地基稳定性分析及工程处理［D］. 中南大学，2013.

［24］陈磊鑫. 贵州某重大工程场区岩溶发育特征及地基稳定性研究［D］. 成都理工大学，2015.

［25］曾艺. 岩溶隧道岩盘安全厚度计算方法及突水灾害发生机理研究［D］. 西南石油大学，2015.

［26］刘波. 基于等效岩体力学参数的隧道下伏溶洞顶板安全厚度研究［D］. 北京科技大学，2016.

［27］黎斌，范秋雁，秦凤荣. 岩溶地区溶洞顶板稳定性分析［J］. 岩石力学与工程学报，2002，21（4）：532-536.

［28］牟春梅. 岩溶区地基岩体溶洞顶板稳定性评价［J］. 西部探矿工程，2002，（4）：33-35.

［29］周建普，李献民. 岩溶地基稳定性分析评价方法［J］. 矿冶工程，2003，23（1）：4-7.

[30] 刘之葵，梁金城，朱寿增，等．岩溶区含溶洞岩石地基稳定性分析［J］．岩土工程学报，2003，25（5）：629-633.

[31] 赵瑞峰，赵跃平，王亨林，等．溶洞顶板安全厚度估算［J］．工业建筑，2009，39（增）：800-803.

[32] 黎斌，范秋雁，秦凤荣．岩溶地区溶洞顶板稳定性分析［J］．岩石力学与工程学报，2002，21（4）：532-536.

[33] 牟春梅．岩溶区地基岩体溶洞顶板稳定性评价［J］．西部探矿工程，2002，(4)：33-35.

[34] 李志宇，郭纯青，田月明，等．集成多种方法的溶洞顶板稳定性评价［J］．工程勘察，2014，(2)：5-11.

[35] 刘之葵，梁金城，朱寿增，等．岩溶区含溶洞岩石地基稳定性分析［J］．岩土工程学报，2003，25（5）：629-633.

[36] 刘国喜．岩溶地区大桥桩基下伏溶洞稳定性研究［D］．北京科技大学，2005.

[37] Heinz K. Numerical modeling to investigate slopes and mass flow phenomena［J］．Global Geology，2006，9（2）：180-188.

[38] 铁道部第二勘测设计院．岩溶工程地质［M］．北京：中国铁道出版社，1984.

[39] 黎斌，范秋雁，秦凤荣．岩溶地区溶洞顶板稳定性分析［J］．岩石力学与工程学报，2002，4：532-536.

[40] 赵明阶，刘绪华，敖建华，等．隧道顶部岩溶对围岩稳定性影响的数值分析［J］．岩土力学，2003，3：445-449.

[41] 曹武安．溶洞对隧道围岩稳定性影响的数值分析［D］．东北大学，2005.

[42] 王丹辉，王亨林，刘宏．FLAC3D 在溶洞顶板稳定性评价中的应用［J］．人民长江，2009，40（9）：71-73.

[43] 邱新旺．溶洞与隧道间岩层安全厚度研究［D］．广西大学，2012.

[44] 宋建禹．隐伏溶洞与山岭隧道间安全厚度预测及其稳定性研究［D］．重庆交通大学，2012.

[45] 陈宁．云南临沧某机场岩溶发育规律及地基稳定性研究［D］．成都理工大学，2012.

[46] 吴明鑫．高层建筑下岩溶空洞地基的稳定性分析［D］．广州大学，2013.

[47] 张军强．水电工程多尺度三维地质建模及分析技术研究［D］．中国地质大学（武汉），2015.

[48] 邓家喜．广西典型岩溶发育区路基基底勘察及处治技术的研究［D］．广西大学，2006.

[49] 中国建筑西南勘察设计研究院．昆明新机场航站楼岩土工程详细勘察报告［R］．2008.

[50] GB 50007—2011．建筑地基基础设计规范设计［S］．

[51] 工程地质手册编写委员会．工程地质手册（第四版）［M］．北京：中国建筑工业出版社，2007.

[52] 地基处理手册编写委员会．地基处理手册（第三版）［M］．北京：中国建筑工业出版社，2008.

[53] JTGD 30—2004．公路路基设计规范［S］．

[54] 陈永奇，王腊芝．北美洲大坝安全监测．河海大学科技情报，1989，9（2）：1-7.

[55] 冯兆祥．岩质桥基稳定性分析方法及监测系统研究［D］．河海大学，2002.

[56] 曹乐安，等．建筑物及其基础的安全监测［M］．北京：水利电力出版社，1990.

[57] 西南有色昆明勘测设计院．云南安宁化工项目地质灾害危险性评估报告［R］．2010.

[58] 北京中震创业工程科技研究院．云南安宁化工项目工程场地地震安全性评价报告［R］．2008.

[59] GB 18306—2001．中国地震动参数区划图［S］．

[60] 北京中震创业工程科技研究院．云南省地质构造及区域稳定性遥感综合调查报告［R］．2008.

[61] 西南有色昆明勘测设计院．云南省安宁市草铺磷矿区柳树矿段资源储量核实报告［R］．2010.

[62] 中国石油工程建设公司岩土工程公司．云南安宁化工项目岩土工程初步勘察报告［R］．2011.

[63] 中国石油工程建设公司岩土工程公司. 云南安宁化工项目岩溶详细勘察报告 [R]. 2012.

[64] DB 22/46—2004. 贵州省建筑设计研究院. 贵州建筑岩土工程技术规范 [S].

[65] 中国建筑西南勘察设计研究院. 昆明新机场航站楼岩土工程详细勘察报告 [R]. 2008.

[66] 王建秀, 杨立中, 刘丹, 等. 覆盖型无充填溶洞薄顶板塌陷稳定性研究 [J]. 中国岩溶, 2000, 19 (1): 65-72.

[67] 籍长志. 基于桥基荷载作用下的溶洞顶板稳定性研究 [D]. 西南交通大学, 2010.

[68] 金瑞玲, 彭跃能, 李献民. 岩溶地基稳定性评价方法 [J]. 公路与汽运, 2003, 6: 29-31.

[69] 赵明阶, 敖建华, 刘绪华, 等. 岩溶尺寸对隧道围岩稳定性影响的模型试验研究 [J]. 岩石力学与工程学报, 2004, 23 (2): 213-217.

[70] 陈国亮. 岩溶地面塌陷的成因与防治 [M]. 北京: 中国铁道出版社, 1994.

[71] 廖如松. 应用逐步判别法预测岩溶塌陷探讨——以桂林岩溶区为例 [J]. 中国岩溶, 1987, 6 (1): 11-12.

[72] Ranieri G, Sambuelli L. A new procedure to perform differential underground gravity measurements [J]. Journal of Applied Geophysics, 1996, 36 (2): 123-129.

[73] Abdulla W A, Goodings D J. Modeling of sinkholes in weakly cemented Sand [J]. Journal of Geotechnical Engineering, 1996, 122 (2): 998-1005.

[74] 陈明晓. 岩溶覆盖层塌陷原因分析及其半定量预测 [J]. 人民珠江, 2001, 2: 3-6.

[75] 刘辉. 铁路施工中处理岩溶塌陷的几点认识 [J]. 地质灾害与环境保护, 1998, 3: 63-65.

[76] 王建秀, 杨立中, 刘丹, 等. 覆盖型无充填溶洞薄顶板塌陷稳定性研究 [J]. 中国岩溶, 2000, 1: 67-74.

[77] 张海东. 多层黄土边坡动力响应分析 [D]. 兰州大学, 2012.

[78] 唐雨春. 正阳隧道进口段围岩变形特性与稳定性研究 [D]. 重庆交通大学, 2008.

[79] 陈育民, 徐鼎平. FLAC/FLAC3D 基础与工程实例 [M]. 北京: 中国水利水电出版社, 2009.

[80] 王丹辉. 昆明新机场航站区岩溶洞隙稳定性研究 [D]. 贵州大学, 2009.

[81] JGJ 94—2008. 建筑桩基技术规范 [S].

[82] GB 50007—2011. 建筑地基基础设计规范设计 [S].

[83] 中国石油工程建设公司岩土工程公司. 云南安宁化工项目抗浮水位专题研究报告 [R]. 2013.

[84] DZ/T 0133—1994. 地下水动态监测规程 [S].

[85] JGJ 8—2007. 建筑变形测量规范 [S].

[86] 廖秋林, 曾钱帮, 刘彤, 等. 基于 ANSYS 平台复杂地质体 FLAC3D 模型的自动生成 [J]. 岩石力学与工程学报, 2005, 24 (6): 1010-1013.

[87] 汪吉林, 丁陈建, 吴圣林. 基于 FLAC3D 的复杂地貌三维地质建模 [J]. 地质力学学报, 2008, 2: 149-157.

[88] 姜武中. Visual Basic 6.0 基础教程 [M]. 北京: 中国商业出版社, 2001.